“十三五”普通高等教育规划教材

网络综合布线实训教程

（第四版）

王　磊　主编

束遵国　庄　焰　潘凯恩　金之杰　副主编

中国铁道出版社有限公司
CHINA RAILWAY PUBLISHING HOUSE CO., LTD.

内容简介

本书围绕着“综合布线系统”而展开，从基本的理论知识到相关的实际操作技能，以及布线工程的相关测试与验收方法等均进行了详细介绍。

本书共 12 章，主要内容包括：综合布线系统的基本理论知识；综合布线系统的相关设计与验收，综合布线系统施工过程中的各种操作技巧；综合布线工程测试概述、测试仪介绍、认证测试、测试报告生成软件安装与报告分析、OptiView XG 平板式手持网络分析仪的使用。

本书适合作为高等学校、高职高专计算机网络相关专业的教材，也可作为网络综合布线工程技术人员的参考用书。

图书在版编目（CIP）数据

网络综合布线实训教程/王磊主编. —4 版. —北京：中国铁道出版社，2017.12（2022.7 重印）

“十三五”普通高等教育规划教材

ISBN 978-7-113-23393-8

Ⅰ. ①网… Ⅱ. ①王… Ⅲ. ①计算机网络-总体布线-高等学校-教材 Ⅳ. ①TP393.033

中国版本图书馆 CIP 数据核字(2017)第 236611 号

书　　名：网络综合布线实训教程
作　　者：王　磊

策　　划：王春霞　　　　编辑部电话：（010）63549458
责任编辑：王春霞　李学敏
封面设计：大象設計·小戚
封面制作：刘　颖
责任校对：张玉华
责任印制：樊启鹏

出版发行：中国铁道出版社有限公司（100054，北京市西城区右安门西街 8 号）
网　　址：http://www.tdpress.com/51eds/
印　　刷：三河市宏盛印务有限公司
版　　次：2006 年 12 月第 1 版　2009 年 7 月第 2 版　2012 年 8 月第 3 版
2017 年 12 月第 4 版　2022 年 7 月第 4 次印刷
开　　本：787 mm×1 092 mm　1/16　**印张**：17.5　**字数**：414 千
书　　号：ISBN 978-7-113-23393-8
定　　价：45.00 元

前言（第四版）

PREFACE

本书围绕着综合布线系统而展开，从基本的理论知识，到相关的实际操作技能，以及布线工程的相关测试与验收方法等均进行了详细介绍。使读者能够由浅入深地了解整个综合布线系统的基本情况，并对综合布线系统中的各种施工技能有一个全面而深入的了解和掌握。

全书共 12 章，第 1 章主要介绍了综合布线系统的基本概念、特点，以及各类布线标准、拓扑结构等一些基本的理论知识。第 2 章主要介绍了综合布线系统的相关设计和验收工作，从前期的准备工作，到具体的工作区设计、水平干线子系统设计、管理间子系统设计、垂直干线子系统设计、设备间子系统设计、建筑群子系统设计，以及相关图纸的绘制、工程验收流程步骤均进行了详尽的说明和介绍，第 3 章～第 8 章分别对综合布线系统施工过程中可能遇到的各种操作技能进行了详细介绍，具体包括桥架、管槽系统的安装、双绞线与 RJ-45 水晶头的连接技术、5 类和 6 类模块的压制技术、语音点与数据点的转换技术、光纤研磨技术、快速端接口连接技术、光纤熔接技术等。第 9 章～第 11 章主要对综合布线系统工程中可能遇到的各类测试标准、测试链路模型、电气参数进行了介绍，并详细介绍了各类测试操作技巧，具体包括认证测试仪的基本使用、数据跳线测试、电缆链路测试、光纤链路测试、OTDR 测试、测试报告的生成与分析。第 12 章主要介绍了 OptiView XG 平板式手持网络分析仪，包括基本功能模块介绍、操作流程介绍和实际案例介绍。

第四版教材对整本书的内容重新进行了梳理，删减和浓缩了部分内容，并根据目前综合布线领域的发展现状，更新了综合布线工程中涉及的各项标准内容，例如，增加了 2016 年 8 月 26 日发布的最新国家标准 GB 50311—2016 和 GB/T 50312—2016 的相关内容；在工程操作方面增加了光纤快速端接技术的内容；在认证测试方面，介绍了福禄克公司最新的 DSX-5000 电缆分析仪和 OptiView XG 平板式手持网络分析仪的基本操作。通过内容的修订和补充，更好地保证了全书内容的先进性和实用性。此外为了能更好地为读者提供服务，编者录制了大量的教学操作视频供学生和老师下载观看，提供了微信公众号，实时提供最新的教学视频观看；提供了微信答疑平台，实时解决学生的疑难问题。

本书由王磊任主编，束遵国、庄焰、潘凯恩、金之杰任副主编，陆洁齐和宋旺参与编写。全书编写分工如下：第 1、3、4、5、9、10 王磊负责编写，第 2 章由束遵国编写，第 6 章由陆洁齐编写，第 7 章由金之杰编写，第 8 章由宋旺编写，第 11 章由庄焰编写，第 12 章由潘凯恩编写，王磊负责统稿。本书在编写过程中还得到了众多同行的支持和帮助，上海建桥学院汪燮华教授、上海建桥学院信息技术学院徐方勤院长、上海朗坤信息系统有限公司吴怡等均提出了许多有益的建议，在此对上述各位表示感谢！

由于时间仓促，作者水平有限，不足和疏漏之处在所难免，恳请广大读者批评指正，作者 E-mail 地址 03010@gench.edu.cn。

综合布线课程微信答疑公众号

编　者

2017 年 6 月

目　录

CONTENTS

第 1 章 综合布线系统概述

本章主要介绍了综合布线系统的定义、特点、发展历程，以及综合布线系统的基本标准，包括国内、国际标准，并对综合布线系统的基本组成和拓扑结构进行了介绍，此外，还对综合布线系统的等级、适用场合、产品的选择等内容进行了介绍。

1.1 综合布线系统的定义、特点与发展历程

综合布线系统是伴随着智能大厦而崛起的，作为智能大厦的中枢神经，综合布线系统是近三十年来发展起来的多学科交叉型的新型研究领域。随着计算机技术、通信技术、控制技术与建筑技术的发展，综合布线系统在理论和技术方面也不断得到提高。

目前，由于理论、技术、厂商、产品甚至国别等多方面的不同，综合布线系统在命名、定义、组成等多方面都有所不同。按照《综合布线系统工程设计规范》（GB 50311—2016）的定义，综合布线系统采用标准的线缆与连接器件将所有语音、数据、图像及多媒体业务系统设备的布线组合在一套标准的布线系统中，其开放的结构可以作为各种不同产品标准的基准，使得配线系统将具有更大的适用性、灵活性、通用性，而且可以以最低的成本随时对设于工作区域的配线设施重新规划。综合布线系统作为结构化配线系统，综合了通信网络、信息网络及控制网络的配线，为其相互间的信号交互提供通道，在智慧城市信息化的建设中，综合布线系统有着极其广阔的使用前景。在此要注意区分综合布线和综合布线系统这两个基本概念：综合布线只作为一个概念而存在，综合布线系统则是一种解决方案或者是一种布线产品，两者既密不可分，又有所区别。

1.1.1 综合布线系统的特点

与传统的布线相比较，综合布线系统有着许多优越性，是传统布线所无法相比的，其特点主要表现在它具有兼容性、开放性、灵活性、模块化、扩展性和经济性，而且在设计、施工和维护方面也给人们带来了许多方便。综合布线系统与传统布线系统的性能价格比，如图 1-1 所示。

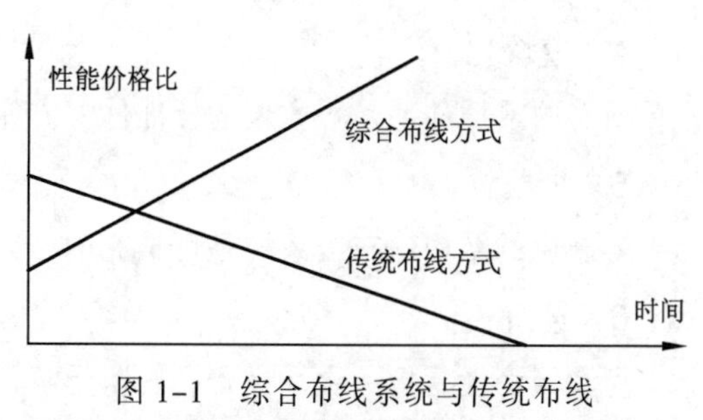

图 1-1 综合布线系统与传统布线系统性能价格比

1. 兼容性

综合布线系统的首要特点是它的兼容性。所谓兼容性是指它自身是完全独立的，与应用系统相对无关，可以适用于多种应用系统，能支持多种数据通信、多媒体技术及信息管理系统等，能够适应现代和未来技术的发展。

过去，为一幢大楼或一个建筑群内的语音或数据线路布线时，往往是采用不同厂家生产的电缆、配线插座以及接头等。例如，用户交换机通常采用双绞线，计算机系统通常采用粗铜轴电缆或细铜轴电缆。这些不同的设备使用不同的配线材料，而连接这些不同配线的插头、插座也各不相同，彼此互不相容。一旦需要改变终端设备或设备位置时，就必须铺设新的缆线，以及安装新的插座和插头。

综合布线系统可将语音、数据与监控设备等信号经过统一的规划和设计，采用相同的传输媒体、信息插座、互连设备、适配器等，把这些不同信号综合到一套标准的布线系统中进行传送。由此可见，这种布线比传统布线大为简化，可节约大量的物资、时间和空间。

在使用时，用户不需要定义某个工作区信息插座的具体应用，只把某种终端设备（如个人计算机、电话、视频设备等）插入这个信息插座，然后在管理间和设备间的配线设备上做相应的接线操作，这个终端设备就被接入到各自的系统中。

2. 开放性

所谓开放性是指它能够支持任何厂家的任何网络产品，支持任何网络结构，如总线结构，星状，环状等。在传统的布线方式下，只要用户选定了某种设备，也就选定了与之相适应的布线方式和传输媒体。如果更换另一台设备，那么原来的布线就要全部更换。对于一个已经完工的建筑物，这种变化是十分困难的，需要增加很多投资。

综合布线系统由于采用开放式体系结构，符合各种国际上现行的标准，因此它几乎对所有著名厂商的产品都是开放的，如计算机设备、交换机设备等。

3. 灵活性

所谓灵活性是指任何的信号点都能够连接不同类型的设备，如微机、打印机、终端、服务器、监视器等。而传统的布线方式是封闭的，其体系结构是固定的，若要迁移或增加设备，则相当困难而麻烦，甚至是不可能的。

综合布线系统采用标准的传输缆线和相关连接硬件，模块化设计，因此所有通道是通用的。在计算机网络中，每条通道可支持终端、以太网工作站及令牌环网工作站，所有设备的开通及更改均不需要改变布线，只需增减相应的应用设备以及在配线架上进行必要的跳线管理即可。另外，组网也可灵活多样，甚至在同一房间为用户组织信息流提供了必要条件。

4. 模块化

所有的接插件都是积木式的标准件，方便使用、管理和扩充。

5. 扩展性

实施后的结构化布线系统是可扩充的，以便将来有更大需求时，很容易将设备安装接入。

6. 经济性

所谓经济性是指一次性投资，长期受益，维护费用低，使整体投资达到最少。综合布线系统比传统布线更具经济性，主要是综合布线系统可适应相当长时间的用户需求，而传统布线改造则很费时间，耽误工作造成的损失更是无法用金钱计算。

上述介绍了综合布线系统的六大主要特点，与传统布线系统相比综合布线系统还具有以下几大优点：

1. 结构清晰，便于管理维护

传统的布线方法，对各种不同设施的布线分别进行设计和施工，如电话系统、消防与安全报警系统、能源管理系统等都是独立进行的。一个自动化程度较高的大楼内，各种线路如麻，造成整个系统管理困难，布线成本高，功能不完善，并且不能适应形势发展的需要，综合布线系统就是针对这些缺点而采取的标准化的统一材料、统一设计、统一施工安装，做到了结构清晰，便于集中管理和维护。

2. 便于扩展，节约成本

综合布线系统采用的冗余布线和星状结构的布线方式，既提高了设备的工作能力又便于用户扩充。虽然传统的布线所使用的线材比综合布线的线材要便宜，但在统一的情况下，可统一安排线路的走向，统一施工，这样就减少了用料和施工费用，也减少了所使用的大楼的空间。

3. 灵活性强，适应各种需求

由于统一规划，设计、施工，使综合布线系统能适应各种不同的需要，使用起来非常灵活，例如，一个标准的插座，既可接入电话，又可用于连接计算机终端，实现语音/数据点互换，可适应各种不同拓扑结构的局域网。

1.1.2 综合布线系统的发展历程

综合布线系统的发展首先与通信技术、计算机技术的飞速发展密切相关。网络应用成为人们日益增长的一种需求，综合布线是网络实现的基础，它能够支持数据、语音及图形图像等的传输要求，成为现今和未来计算机网络和通信系统的有力支持环境。

综合布线系统的发展同时也与智能大厦的崛起密切相关。20 世纪 50 年代初期，一些发达国家就在高层建筑中采用电子器件组成的控制系统；60 年代末，开始出现数字式自动化系统；70 年代，采用专用计算机系统进行管理、控制和显示，建筑物自动化系统迅速发展；80 年代中期开始，随着超大规模集成电路技术和信息技术的发展，开始出现了智能大厦（Intelligent Building）。

1984 年，世界上第一座智能大厦产生。人们对美国哈特福特市的一座大楼进行改造，对空调、电梯、照明、放火防盗系统等采用计算机监控，为客户提供语音通信、文字处理、电子邮件以及情报资料等信息服务。同时，多家公司转入布线领域，但各厂家之间产品兼容性差。

1985 年初，计算机工业协会（CCIA）提出对大楼布线系统标准化的倡议，美国电子工业协会（EIA）和美国电信工业协会（TIA）开始标准化制定工作。

1991 年 7 月，ANSI/EIA/TIA568 即《商业大楼电信布线标准》问世，同时，与布线通道及空间、管理、电缆性能及连接硬件性能等有关的相关标准也同时推出。

1995 年底，EIA/TIA568 标准正式更新为 EIA/TIA/568A，同时，国际标准化组织（ISO）推出相应的标准 ISO/IEC 11801。

制定 EIA/TIA568A 标准基于下述目的：

（1）建立一种支持多供应商环境的通用电信布线系统。

（2）可以进行商业大楼的综合布线系统的设计和安装。

（3）建立布线系统配置的性能和技术标准。

该标准基本上包括以下内容：

（1）办公环境中电信布线的最低要求。

（2）建设的拓扑结构和距离。

（3）决定性能的介质参数。

（4）连接器和引脚功能分配，确保互通性。

（5）电信布线系统要求超过十年的使用寿命。

2000 年，我国推出了《建筑与建筑群综合布线系统工程设计规范》GB/T 50311—2000，《建筑与建筑群综合布线工程施工及验收规范》GB/T 50312—2000。

2007 年，我国修订推出了《综合布线系统工程设计规范》GB 50311—2007 和《综合布线系统工程验收规范》GB 50312—2007，原先的《建筑与建筑群综合布线系统工程设计规范》GB/T 50311—2000 和《建筑与建筑群综合布线工程施工及验收规范》GB/T 50312—2000 同时废止，这两个标准的出台标志着综合布线在我国逐步走向正规化和标准化。

2016 年重新修订了国家综合布线标准，于 2016 年 8 月 26 日发布了《综合布线系统工程设计规范》GB 50311—2016 和《综合布线系统工程验收规范》GB/T 50312—2016，并于 2017 年 4 月 1 日正式实施。

1.2 综合布线系统标准

综合布线系统的建设通常要遵守相应的标准和规范。随着综合布线系统技术的不断发展，与之相关的综合布线系统的国内和国际标准也更加规范化、标准化和开放化。国际和国内的各标准化组织都在努力制定新的布线标准，以满足技术和市场的需求，标准的完善又会使市场更加规范化。

目前主要的标准体系有：国内常用标准、国际标准、美国标准、欧洲标准。制订综合布线标准的主要国际组织有：国际标准化委员会 ISO/IEC、北美的工业技术标准化委员会 TIA/EIA、IEEE 美国电气与电子工程师协会、欧洲标准化委员会 CENELEC 等。

1.2.1 国内常用标准

国家标准《建筑与建筑群综合布线系统工程设计规范》（GB/T 50311—2000）、《建筑与建筑群综合布线系统工程验收规范》（GB/T 50312—2000）于 1999 年底上报国家信息产业部、国家建设部、国家技术监督局审批，并于 2000 年 2 月 28 日发布，在 2000 年 8 月 1 日开始执行。该标准主要是由我国通信行业标准 YD/T 926—1997《大楼通信综合布线系统》升级而来。

2007 年根据建设部最新公告，《综合布线系统工程设计规范》编号为 GB 50311—2007，自 2007 年 10 月 1 日起实施，其中，第 7.0.9 条为强制性条文，必须严格执行，原《建筑与建筑群综合布线系统工程设计规范》GB/T 50311—2000 同时废止。同时，批准《综合布线系统工程验收规范》为国家标准，编号为 GB 50312—2007，自 2007 年 10 月 1 日起实施，其中，第 5.2.5 条为强制性条文，必须严格执行，原《建筑与建筑群综合布线系统工程验收规范》GB/T 50312—2000 同时废止。

《综合布线系统工程设计规范》编号为 GB 50311—2007 是由中华人民共和国建设部在 2007 年 4 月 6 日公告，2007 年 10 月 1 日开始实施的。该规范是根据建设部建标[2004] 67 号文件《关于印发“2004 年工程建设国家标准制订、修订计划”的通知》要求，对原《建筑与建筑群综合布线系统工程设计规范》GB/T 50311—2000 工程建设国家标准进行了修订，由信息产业部作为主编部门，中国移动通信集团设计院有限公司会同其他参编单位组成规范编写组共同编写完成的。

该标准共分为 8 章，分别是第 1 章总则，第 2 章术语和符号，第 3 章系统设计，第 4 章系统配置设计，第 5 章系统指标，第 6 章安装工艺要求，第 7 章电气防护及接地，第 8 章防火。

该标准的第 3 章系统设计中对综合布线系统的基本结构进行了说明，将综合布线系统的基本结构分为了 7 大子系统，分别是工作区、配线子系统、干线子系统、建筑群子系统、设备间、进线间和管理。

（1）工作区：一个独立的需要设置终端设备（TE）的区域宜划分为一个工作区。工作区应由配线子系统的信息插座模块（TO）延伸到终端设备处的连接缆线及适配器组成。

（2）配线子系统：配线子系统应由工作区的信息插座模块、信息插座模块至电信间配线设备（FD）的配线电缆和光缆、电信间的配线设备及设备缆线和跳线等组成。

（3）干线子系统：干线子系统应由设备间至电信间的干线电缆和光缆、安装在设备间的建筑物配线设备（BD）及设备缆线和跳线组成。

（4）建筑群子系统：建筑群子系统应由连接多个建筑物之间的主干电缆和光缆、建筑群配线设备（CD）及设备缆线和跳线组成。

（5）设备间：设备间是在每幢建筑物的适当地点进行网络管理和信息交换的场地。对于综合布线系统工程设计，设备间主要安装建筑物配线设备。电话交换机、计算机主机设备及入口设施也可与配线设备安装在一起。

（6）进线间：进线间是建筑物外部通信和信息管线的入口部位，并可作为入口设施和建筑群配线设备的安装场地。

（7）管理：管理应对工作区、电信间、设备间、进线间的配线设备、缆线、信息插座模块等设施按一定的模式进行标识和记录。

《综合布线系统工程验收规范》编号为 GB 50312—2007，由中华人民共和国建设部在 2007 年 4 月 6 日公告，2007 年 10 月 1 日开始实施，该标准共分为 9 章，分别是第 1 章总则，第 2 章环境检查，第 3 章器材及测试仪表工具检查，第 4 章设备安装检验，第 5 章缆线的敷设和保护方式检验，第 6 章缆线终接，第 7 章工程电气测试，第 8 章管理系统验收，第 9 章工程验收。

2016 年重新修订了国家综合布线标准，于 2016 年 8 月 26 日发布了《综合布线系统工程设计规范》，编号 GB 50311—2016 和《综合布线系统工程验收规范》，编号 GB 50312—2016，原有《综合布线系统工程设计规范》GB 50311—2007 和《综合布线系统工程验收规范》GB 50312—2007 同时废止，新条例于 2017 年 4 月 1 日正式实施。

《综合布线系统工程设计规范》GB 50311—2016 共分为 9 章和 3 个附录，主要技术内容包括：总则、术语和缩略语、系统设计、光纤到用户单元通信设施、系统配置设计、性能指标、安装工艺要求、电气防护及接地、防火等。

修订的主要技术内容包括：

（1）在《综合布线系统工程设计规范》GB 50311—2007 内容基础上，对建筑群与建筑物综合布线及通信基础设施工程的设计要求进行了补充与完善。

（2）增加了布线系统在弱电系统中应用的相关内容。

（3）增加了光纤到用户单元通信设施工程设计要求，并新增有关光纤到用户单元通信设施工程建设的强制性条文。

（4）丰富了管槽和设备的安装工艺要求。

（5）增加了相关附录。

整个条例中，第4.1.1、4.1.2、4.1.3、8.0.10条文为强制性条文，必须严格执行。

《综合布线系统工程验收规范》GB/T 50312—2016共分为10章，3个附录，主要技术内容包括总则、缩略语、环境检查、器材及测试仪表工具检查、设备安装检验、缆线的敷设和保护方式检验、缆线终接、工程电气测试、管理系统验收、工程验收等。

修订的主要技术内容包括：

（1）在原规范内容基础上，对建筑群和建筑物综合布线系统及通信基础设施工程的验收要求进行补充与完善。

（2）增加缩略语。

（3）增加光纤到用户单位通信设施工程的验收要求。

（4）完善了光纤信道和链路的测试方法与要求。

更新后的验收规范对综合布线工程竣工验收内容进行了详细说明，具体需要提交的资料包括：

（1）竣工图纸。

（2）设备材料进场检验记录及开箱检验记录。

（3）系统中文检测报告及中文测试记录。

（4）工程变更记录及工程洽商记录。

（5）随工验收记录，分项工程质量验收记录。

（6）隐藏工程验收记录及签证。

（7）培训记录及培训资料。

新修订标准进一步提高了综合布线系统工程的质量要求，为了确保工程验收的合格率，因此在验收项目和内容上进一步提出了要求，具体验收内容如表1-1所示。

表1-1 综合布线系统工程检验项目及内容（2016版）

阶段	验收项目	验收内容	验收方式
施工前检查	施工前准备资料	① 已批准的施工图 ② 施工组织计划 ③ 施工技术措施	施工前检查
	环境要求	① 土建施工情况，地面、墙面、门、电源插座、接地装置 ② 土建工艺，机房面积，预留孔洞 ③ 施工电源 ④ 地板铺设 ⑤ 建筑物入口设施检查	
	器材检验	① 按工程技术文件对设备、材料、软件进行进场验收 ② 外观检查 ③ 品牌、型号、规格、数量 ④ 电缆及连接器件电气性能测试 ⑤ 光纤及连接器件特性测试 ⑥ 测试仪表和工具的检验	

续表

阶　段	验收项目	验收内容	验收方式
施工前检查	安全、防火要求	① 施工安全措施 ② 消防器材 ③ 危险物的堆放 ④ 预留孔洞防火测试	施工前检查
设备安装	电信间、设备间、设备机柜、机架	① 规格、外观 ② 安装垂直度、水平度 ③ 油漆不得脱落，标志完整齐全 ④ 各种螺丝必须紧固 ⑤ 抗震加固措施 ⑥ 接地措施及接地电阻	随工检验
	配线模块及 8 位模块式通用插座	① 规格、位置、质量 ② 各种螺丝必须拧紧 ③ 标志齐全 ④ 安装符合工艺要求 ⑤ 屏蔽层可靠连接	
缆线布放（楼内）	缆线桥架布放	① 安装位置正确 ② 安装符合工艺要求 ③ 符合布放缆线工艺要求 ④ 接地	随工检验及隐藏工程签证
	缆线暗敷	① 缆线规格、路由、位置 ② 符合布线缆线工艺要求 ③ 接地	隐藏工程签证
缆线布放（楼间）	架空缆线	① 吊线规格、架设位置、装设规格 ② 吊线垂度 ③ 线缆规格 ④ 卡、挂间隔 ⑤ 缆线的引入符合工艺要求	随工检验
	管道缆线	① 使用管孔孔位 ② 缆线规格 ③ 缆线走向 ④ 缆线的防护设施的设置质量	隐藏工程签证
	埋式缆线	① 缆线规格 ② 敷设位置、深度 ③ 缆线的防护设施的设置质量 ④ 回填土夯实质量	
	通道缆线	① 缆线规格 ② 安装位置、路由 ③ 土建设计符合工艺要求	
	其他	① 通信线路与其他设施的间距 ② 进线间设施安装、施工质量	随工检验或隐藏工程签证
缆线成端	RJ-45、非 RJ-45 通用插座	符合工艺要求	随工检验
	光纤连接器件		
	各类跳线		
	配线模块		

续表

阶　段	验收项目	验收内容		验收方式
系统测试	各等级的电缆布线系统工程电气性能测试内容	A、C、D、E、E_A、F、F_A	① 接线图 ② 长度 ③ 衰减 ④ 近端串音 ⑤ 传播时延 ⑥ 传播时延偏差 ⑦ 直流环路电阻	竣工检验（随工测试）
		C、D、E、E_A、F、F_A	① 插入损耗 ② 回波损耗	
		D、E、E_A、F、F_A	① 近端串音功率和 ② 衰减近端串音比 ③ 衰减近端串音比功率和 ④ 衰减远端串音比 ⑤ 衰减远端串音比功率和	
		E_A、F_A	① 外部近端串音功率和 ② 外部衰减远端串音比功率和	
		屏蔽布线系统屏蔽层的导通		
		为可选的增项测试（D、E、E_A、F、F_A）	① TLC ② ELTCTL ③ 耦合衰减 ④ 不平衡电阻	
	光纤特性测试	① 衰减 ② 长度 ③ 高速光纤链路 OTDR 曲线		竣工检验
管理系统	管理系统级别	符合设计文件要求		
	标识符与标签设置	① 专用标识符类型及组成 ② 标签设置 ③ 标签材质及色标		
	记录和报告	① 记录信息 ② 报告 ③ 工程图纸		
	智能配线系统	作为专项工程		
工程总验收	竣工技术文件	清点，交接技术文件		
	工程验收评价	考核工程质量，确认验收结果		

1.2.2 国际标准

ISO/IEC 通用布线规范的相关标准由 ISO/IEC JTC 1 SC25 负责编写，该组织由 ISO 机构和 IEC 机构的成员协同组成，是负责“IT 设备互联”产品和系统的 ISO 标准化组织，SC25 委员会下设有多个工作组，其下属的 Working Group 3（以下简称 WG3）负责通用布线的标准化工作，主要包括标准如下：

（1）ISO/IEC 11801 版本 2.2：信息技术-用户楼宇通用布线。

（2）ISO/IEC 15018 版本 1.0：信息技术-家用通用布线。

（3）ISO/IEC 24702 版本 1.0：信息技术-工业楼宇通用布线。

（4）ISO/IEC 24764 版本 1.0：信息技术-数据中心通用布线。

（5）ISO/IEC 14763-2 版本 1.0：信息技术-用户建筑群布缆的实施和操作-第 2 部分，设计和安装。

（6）ISO/IEC 14763-3 版本 1.1：用户建筑群布缆的实现和操作-第 3 部分，光缆布线的测试。

（7）ISO/IEC 18010：信息技术-用户基础布缆系统路由及空间。

（8）ISO/IEC 18598：自动化基础设施管理。

最初工作组仅制定了办公楼宇通用布缆标准，随着应用环境和网络架构的日益复杂化，先后又推出了适用于家庭、工业、数据中心的通用布缆标准，而这些布缆规范的分散化对于标准化工作的开展具有一定限制，比如一个新的信道规范颁布时，以上所有规范都需要更新，此外，各标准之间可能存在名词解释不一致情况，容易产生分歧。因此，SC25/WG3 工作组近几年正在讨论制定 ISO/IEC 11801 的第三版，致力于将以上涉及的一些通用布缆设计规范归总成一个综合的规范。

WG3 工作组同时负责一些热点问题的技术文档的发布，目前已发布和制定中的技术文档有 4 个：

（1）ISO/IEC 11801-9901：平衡缆线支持 40 Gbit/s 传输速率的指导。

（2）ISO/IEC 11801-9902：端到端链路模型和要求。

（3）ISO/IEC 11801-9903：平衡缆线布线的信道和链路性能索引表。

（4）ISO/IEC 11801-9904：对已安装布线系统支持 2.5G/5GBASE-T 的指导。

以下就分别对 ISO/IEC 11801 标准和 ISO/IEC 24764 标准进行说明和介绍：

1. ISO/IEC 11801

国际标准 ISO/IEC 11801 是联合技术委员会 ISO/IEC JTC1 的 SC 25/WG 3 工作组在 1995 年制定发布的，这个标准把有关元器件和测试方法归入国际标准。

该标准目前有 1995、2000、2002、2008 和 2010 两个版本三个修正案。

（1）ISO/IEC 11801:1995 (Ed.1)（First Edition）。

（2）ISO/IEC 11801:2000 (Ed.1.1)（Edition 1 Amendment 1）。

（3）ISO/IEC 11801:2002 (Ed.2)（Second Edition）。

（4）ISO/IEC 11801:2008 (Ed.2.1)（Edition 2 Amendment 1）。

（5）ISO/IEC 11801:2010 (Ed.2.2)（Edition 2 Amendment 2）。

ISO/IEC11801 的修订稿 ISO/IEC 11801:2000 对链路的定义进行了修正。ISO/IEC 认为以往的链路定义应被永久链路和通道的定义所取代。此外，将对永久链路和通道的等效远端串扰 ELFEXT、综合近端串扰、传输延迟进行规定。而且，修订稿也将提高近端串扰等传统参数的指标。应当注意的是，修订稿的颁布，可能使一些全部由符合现行五类标准的线缆和元件组成的系统达不到 ClassD 类系统的永久链路和通道的参数要求。

ISO/IEC 11801:2002 是 2002 年 9 月正式公布的标准，新标准定义了六类、七类线缆的标准，给布线技术带来革命性的影响。第二版的 ISO/IEC11801 规范将把 Cat5/ClassD 的系统按照 Cat5 + 重新定义，以确保所有的 Cat5/ClassD 系统均可运行千兆位以太网。更为重要的是，Cat6/ClassE 和 Cat7/ClassF 类链路将在这一版的规范中定义。

目前第三版的 ISO/IEC11801 规范（Edition 3）也即将年正式发布执行，该版本将对整个标准进行较大的修订，将原有的标准划分成了六个部分，分别规定了不同的内容，具体内容如下：

（1）11801-1 铜缆双绞线和光纤布线的一般布线要求。

（2）11801-2 办公场所。

（3）11801-3 工业场所，代替旧的 ISO/IEC 24702，主要针对工业建筑的布线，用于过程控制、自动化和监测。

（4）11801-4 住宅，代替旧的 ISO/IEC 15018，主要针对住宅建筑的布线，包括用于 CATV/SATV 应用的 1.2GHz。

（5）11801-5 数据中心，代替旧的 ISO/IEC 24764，用于规划数据中心使用的高性能网络布线。

（6）11801-6 分布式构建服务，针对分布式园区网络布线，涵盖楼宇自动化和其他服务。

2．ISO/IEC 24764 标准

ISO/IEC SC25/WG3 针对信息技术数据中心通用布缆的标准为 ISO/IEC 24764，该标准发布于 2010 年，描述了适用于数据中心环境的布线系统规划、设计、选型等方面的相关内容，ISO/IEC 24764 在 2014 年发布了一个增补。在不久的未来，该标准以及其相关的附录将收录于 ISO/IEC 11801 的第三版中，作为 ISO/IEC11801-5 部分出现。标准对于数据中心建议的布线系统等级参照 ISO/IEC 11801 内规定的相关等级，并根据数据中心的特殊需求，建议对绞电缆部分为 Class EA 或更高等级，光缆部分为 OM3（多模）/OS2（单模）或更高等级，当光缆布线系统涉及并行多通道传输时，建议采用 MPO 接口。当 ISO/IEC 11801 第三版发布时，对绞电缆部分将加入 Class I 和 Class II 等级以支持未来针对 25G/40Gbit/s 高速传输速率。

ISO/IEC 24764 描述适用于数据中心的通用布缆设计架构，通用布缆架构有助于数据中心运维，采用了通用布缆架构的设计后，仅在相邻设备或通用布缆无法支持的情况下，通常不建议采用互连缆线。采用互连缆线存在管理不便、追溯不便等问题，长久以后，容易造成连接信息混乱，缆线拥堵等问题，进而加大维护和排错的困难。

设计数据中心通用布缆架构前，应充分考虑布缆系统如何最大化支持系统可行性，同时尽量避免中断或因重新布线而产生的费用。因此，设计人员应该考虑以下因素：

（1）通用布缆系统应尽可能支持数据中心内的各种连接需求。

（2）通用布缆系统应考量数据中心业务未来的增长需求。

1.2.3 北美标准

北美标准一般可以包括以下几类，具体对其中的部分标准进行详细说明介绍：

（1）568 商业建筑通信布线标准。

（2）569 商业建筑电信布线路径和空间标准。

（3）570 居住和轻型商业建筑标准。

（4）606 商业建筑电信布线基础设施管理标准。

（5）607 商业建筑中电信布线接地及连接要求。

1. EIA/TIA-568

1991 年 7 月，由美国电子工业协会/电信工业协会发布了 ANSI/EIA/TIA-568，即“商业建筑通信布线标准”，正式定义发布综合布线系统的线缆与相关组成部件的物理和电气指标。

1995 年 8 月，ANSI/EIA/TIA-568-A 出现，TSB36 和 TSB40 被包括到 ANSI/EIA/TIA-568 的修订版本中，同时还附加了 UTP 的信道（Channel）在较差情况下布线系统的电气性能参数。

自从 ANSI/EIA/TIA-568-A 发布以来，随着更高性能产品的出现和市场应用需求的改变，对这个标准也提出了更高的要求。委员会也相继公布了很多的标准增编、临时标准，以及技术公告（TSB）。为简化下一代的 568-A 标准，TR42.1 委员会决定将新标准分成三个部分。每个部分都与现在的 568-A 章节有相同的着重点。

ANSI/EIA/TIA-568-B.1：第一部分，一般要求。该标准目前已发布，它最终将取代 ANSI/EIA/TIA-568-A。这个标准着重于水平和主干布线拓扑、距离、介质选择、工作区连接、开放办公布线、电信与设备间、安装方法以及现场测试等内容。它集合了 TSB67、TSB72、TSB 75、TSB 95、ANSI/EIA/TIA-568-A-2、A-3、A-5、EIA/TIA/IS-729 等标准中内容。

ANSI/EIA/TIA-568-B.2：第二部分，平衡双绞线布线系统。这个标准着重与平衡双绞线电缆、跳线、连接硬件的电气和机械性能规范以及部件可靠性测试规范、现场测试仪性能规范、实验室与现场测试仪比对方法等内容。它集合了 ANSI/EIA/TIA-568-A-1 和部分 ANSI/EIA/TIA-568-A-2、A-3、A-4、A-5、IS729、TSB95 中的内容。

ANSI/EIA/TIA-568-B.2.1：它是 ANSI/EIA/TIA-568-B.2 的增编，是目前第一个关于 6 类布线系统的标准。

ANSI/EIA/TIA-568-B.3：第三部分，光纤布线标准。这个标准定义了光纤布线系统的部件和传输性能指标、包括光缆、光跳线和连接硬件的电气与机械性能要求，可靠性测试规范，现场测试性能规范。该标准将取代 ANSI/EIA/TIA-568-A 中的相应内容。

2008 年 8 月 29 日，在 TIA（电信工业协会）的临时会议上，TR-42.1 商业建筑布线小组委员会同意发布 TIA-568-C.0 以及 TIA-568-C.1 标准文件，在 TR-42 委员会的十月全体会议上，这两个标准最终被批准出版，因此新标准将最终替代 ANSI/EIA/TIA-568 标准。

新标准在结构及布局上有了一定的调准，标准共分为 5 个部分，分别是：

（1）TIA-568-C.0-2009 用户建筑物通用布线标准。

（2）TIA-568-C.1-2009 商业楼宇电信布线标准。

（3）TIA-568-C.2-2009 布线标准 第二部分：平衡双绞线电信布线和连接硬件标准。

（4）TIA-568-C.3-2008 光纤布线和连接硬件标准。

（5）TIA-568-C.4-2011 宽带同轴电缆及其组件标准。

TIA-568-C.0 标准将是其他现行和待开发标准的基石，具有最广泛的通用性，标准融合了其他许多 TIA 标准的通用部分，涉及的标准包括：TIA-569-C 通道和空间、TIA-570-B 家居布线标准、TIA-606-B 管理标准、TIA-607-B 接地和连接标准、TIA-862-A 建筑自动化系统、TIA-758-B 室外设施和 TIA-942 数据中心标准等。

TIA-568-C.1 是现有的 ANSI/EIA/TIA-568-B.1 的修订标准，该标准不是一个独立的文档，除了包括 TIA-568-C.0 通用标准部分以外，所有适用于商业建筑环境的指导和要求，都在 C.1 标准中的“例外”和“允许”部分进行说明。这使得 C.1 标准更聚焦于办公用类型的商业楼宇，而不是其他建筑环境。TIA-568-C.1 的术语是与 TIA-568-C.0 密切相连，TIA-568-C.0 突出了通用性，其概念可用于其他类型建筑物，而 TIA-568-C.1 则显示了商业应用环境的特点。

TIA-568-C.2 连接硬件标准是针对铜缆连接硬件标准 ANSI/EIA/TIA-568-B.2 进行修订，主要是为铜缆布线生产厂家提供具体的生产技术指标。所有有关铜缆的性能和测试要求都包括在这个标准文件中，其中的性能级别将主要支持三类，超五类、六类、扩展六类。

2016 年 6 月，TIA-568-C.2-1 刚刚得到了批准，该标准涵盖 Cat 8 了布线和元器件技术指标，TIA 对于 Cat 8 的解决方案是基于 RJ45 连接器的，并且 Cat 8 为仅使用屏蔽电缆的解决方案，频率范围为 2.0 GHz，标准定义了实验室和现场测试的具体要求，最大通道长度为 30 m，包括两个连接器，目标是支持 25G/40G 高速传输速率。TIA-568-C.2-2 标准是关于 Cat 6A 跳线测试的附加事项，强调了制造此类线缆时的附加要求。

TIA-568-C.3 连接硬件标准主要针对光缆连接硬件标准 ANSI/EIA/TIA-568-B.3 进行修订，主要是为光缆布线生产厂家提供具体的生产技术指标。具体修改包括：①国际布线标准 ISO 11801 的术语（OM1，OM2，OM3，OS1，OS2）被加入标准，其中单模光缆又分为室内室外通用、室内、室外三种类型，这些光纤类型以补充表格形式予以了认可；②连接头的应力消除及锁定、适配器彩色编码相关要求被改进，用于识别光纤类型（彩色编码不是强制性的，颜色可用于其他用途）；③OM1 级别，62.5/125um 多模光缆、跳线的最小 OFL 带宽提升到 200/500MHz（原来的是 160/500 MHz）；④附件 A 中有关连接头的测试参数与 IEC 61753-1，C 级规范文档相一致，这表示与 IEC 相适应的光纤连接头，如 Array Connectors 光纤阵列连接器，将适用于 568-C.3 标准。

TIA-568-D 也在陆续颁布，基本包括 5 个部分，第 4 个版本在命名规则上和之前的有所不同，以光纤相关标准为例，在第 4 版中命名为 TIA-568.3-D，该部分主要规定了对光纤、连接器、连接以构建及转接线的要求。目前已经颁布的第 4 版标准包括 TIA-568.0-D、TIA-568.1-D、TIA-568.3-D。

2. TIA-942-A-2014

TIA-942-A-2014 标准关于数据中心的相关标准，是以一个建筑物展开，在建筑物中数据中心机房内部则形成主配线、中间配线、水平配线、区域配线、设备配线的布线结构。同时，数据布线空间还包含进线间、电信间、行政管理区、辅助区和支持区。并与建筑物通用布线系统及电信业务经营者的通信设施进行互通。从而完成数据中心布线系统与建筑物通用布线系统及外部电信业务经营者线路的互联互通。标准中所描述的布线系统，提出了机房布线与楼宇布线系统的共同点与区别，是目前机房布线工程中广为采用的实施方案架构。

3. TIA-570-C：住宅电信布线标准

TIA-570-C 主要是订出新一代的家居电信布线标准，以适应现今及将来的电信服务。标准提出了有关布线的新等级，并建立了一个布线介质的基本规范及标准，主要应用支持话音、数据、影像、视频、多媒体、家居自动系统、环境管理、保安、音频、电视、探头、警报及对讲机等服务。标准主要规划于新建筑，更新增加设备，单一住宅及建筑群等。

4．TIA-606：商业建筑电信基础设施管理标准

606 标准的起源是 EIA/TIA-568、EIA/TIA-569 标准，在编写这些标准的过程中，委员会试图提出电信管理的目标，但是很快发现管理本身的问题应予以标准化，这样 TR41.8.3 管理标准开始制定了。这个标准用于对布线和硬件进行标识，目的是提供与应用无关的统一管理方案。

EIA/TIA-606 标准的目的是提供一套独立于应用之外的统一管理方案。与布线系统一样，布线的管理系统必须独立于应用之外，这是因为在建筑物的使用寿命内，应用系统大多会多次变化。这套管理方法可以使系统移动、增添设备以及更改更加容易、快捷。

5．EIA/TIA-607：商业建筑物接地和接线规范

制定这个标准的目的是在了解要安装电信系统时，对建筑物内的电信接地系统进行规划设计和安装。它支持多厂商、多产品环境及可能安装在住宅的工作系统接地。

1.2.4　欧洲标准

一般而言，CELENEC EN50173 标准与 ISO/IEC11801 标准是一致的，但是，EN50173 比 ISO/IEC 11801 严格。该标准至今经历了 4 个版本：EN50173:1995、EN50173A1:2000、EN50173:2001 和 EN50173:2007。

EN50173 的第一版是 1995 年发布的，目前已经在很多方面没有什么实际意义了。它没有定义 ELFEXT 和 PSELFEXT，因此它也不能用于支持千兆以太网。因此这个标准就必须修改，即 EN50173A1:2000。它支持千兆以太网，也制订了测试布线系统的规范。但它没有涉及新的 Class E 和 Class F 电缆及其布线系统。

EN 50173 系列标准主要内容包括：

（1）EN50173-1 信息技术　总电缆铺设系统　第 1 部分：总要求。

（2）EN50173-2 信息技术　总电缆铺设系统　第 2 部分：办公设施。

（3）EN50173-3 信息技术　总电缆铺设系统　第 3 部分：工业建筑。

（4）EN50173-4 信息技术　总电缆铺设系统　第 4 部分：家用。

（5）EN50173-5 信息技术　总电缆铺设系统　第 5 部分：数据中心。

（6）EN 50173-6 信息技术-通用布线系统-第 6 部分：分布式建设服务。

目前欧洲标准已经推出 EN 50174 标准内容，具体内容如下：

（1）EN 50174 系列：信息技术-布线安装。

（2）EN 50174-1 信息技术-布线安装　第一部分安装规范和质量保证。

（3）EN 50174-2 信息技术-布线安装　第二部分建筑物内的安装规划和实践。

（4）EN 50174-3 安装技术-布线安装　第三部分建筑物外安装规划和实践。

1.2.5　标准的选择和使用

在进行综合布线系统设计、施工和测试时，到底采用何种布线标准，国家并未进行强制规定，但实际情况下，选择标准时主要考虑以下几个因素。

（1）用户个人要求，即如果用户对综合布线系统比较熟悉，可由用户指定使用哪类标准。

（2）根据工程情况推荐标准，可根据实际工程的使用功能和相关情况，由承包商推荐相关标准。

（3）采用多种标准相结合的原则，如将国际标准和国家标准相结合等。

1.3 综合布线系统的组成和拓扑结构

目前，不同的标准对综合布线系统组成的划分也不一样。国内外对综合布线系统组成划分方法主要有两个派别：一派是按 ISO/IEC11801 标准把综合布线系统划分为三个子系统，另一派是按 EIA/TIA 568A 标准把综合布线系统划分为六个子系统。

1.3.1 ISO/IEC11801 标准的综合布线组成

按照 ISO/IEC11801 国际标准，可将综合布线系统分为建筑群主干布线子系统、建筑物主干布线子系统和水平布线子系统三个布线子系统组成，其组成结构图如图 1-2 所示。

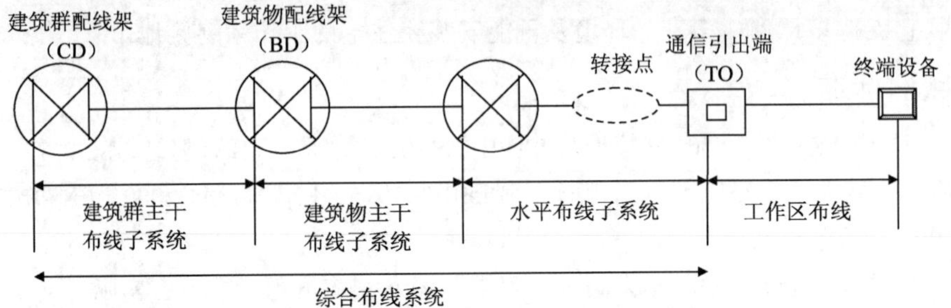

图 1-2 综合布线系统的组成结构图

1. 建筑群主干布线子系统

从建筑群配线架到各建筑物配线架属于建筑群主干布线子系统，该子系统包括建筑群主干电缆、建筑群主干光缆及其在建筑群配线架和建筑物配线架上的机械终端和建筑群配线架上的接插软线和跳线。

一般情况下，建筑群主干布线宜采用光缆。建筑群主干布线也可直接连接两个建筑物配线架。

2. 建筑物主干布线子系统

从建筑物配线架到各楼层配线架属于建筑物主干布线子系统，该子系统包括建筑物主干电缆、建筑物主干光缆及其在建筑物配线架和楼层配线架上的机械终端和建筑物配线架上的接插软线和跳线。

建筑物主干电缆、建筑物主干光缆应直接端接到有关的楼层配线架，中间不应有转接点或接头。

3. 水平布线子系统

从楼层配线架到各通信引出端属于水平布线子系统，该子系统包括通信引出端、水平电缆、水平光缆及其在楼层配线架上的机械终端、接插软线和跳线。

水平电缆、水平光缆宜从楼层配线架直接连到通信引出端。

在楼层配线架和每个通信引出端之间允许有一个转接点，进入与接出转接点的线对或光纤应按 1∶1 连接以保持对应关系。转接点处的所有电缆、光缆应作机械终端。转接点处只包括无源连接硬件。应用设备不应在这里连接，用电缆进行转接时，所用的电缆应符合 YD/T926.2 对多单位电缆的附加串音要求。

转接点处应为永久性连接，不做配线用。特殊情况下，对于包含多个工作区的较大房间，且工作区划分有可能调整时，允许在房间的适当部位设置非永久性连接的转接点。

4. 工作区布线

工作区布线用于把终端设备连接到通信引出端。工作区布线一般是非永久性的，由用户在使用前随时布线，在工程设计和安装施工中一般不列在内，所以工作区布线不包括在综合布线系统工程中。

1.3.2　EIA/TIA 568 标准的综合布线组成

EIA/TIA 568 标准将综合布线系统划分为六个组成部分：工作区子系统、水平干线子系统、管理间子系统、垂直干线子系统、设备间子系统、建筑群子系统，如图 1-3 所示。

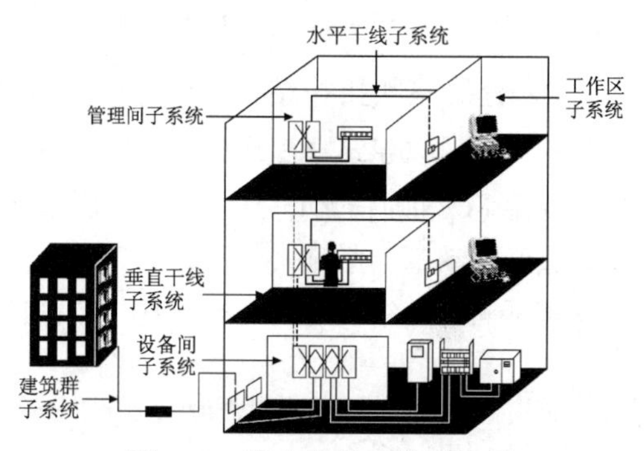

图 1-3　综合布线系统结构图

1. 工作区子系统

工作区为需要设置终端设备的独立区域。工作区子系统又称为服务区子系统，它是由 RJ-45 跳线与信息插座所连接的设备（终端或工作站）组成。其中，信息插座有墙上型、地面型、桌上型等多种。

2. 水平干线子系统

水平干线子系统也称为水平子系统，水平干线子系统是整个布线系统的一部分，它是从工作区的信息插座开始到管理间子系统的配线架。结构一般是星状的，它与垂直干线子系统的区别在于：水平干线子系统总是在一个楼层上，仅与信息插座，管理间连接；水平干线子系统由信息插座、配线电缆或光缆、配线设备和跳线等组成。

3. 管理间子系统

管理间子系统为连接其他子系统提供了手段，它是连接垂直干线子系统和水平干线子系统的设备，其主要设备是配线架，集线器和机柜，电源等组成。

4. 垂直干线子系统

垂直干线子系统也称骨干子系统，它是整个建筑物综合布线系统的一部分。它提供建筑物的干线电缆，负责连接管理间子系统到设备间子系统的系统，一般使用光缆或选用大对数的非屏蔽双绞线。垂直干线子系统由配线设备、干线电缆或光缆、跳线等组成。

5. 设备间子系统

设备间子系统也称为设备子系统，设备间子系统由电缆、连接器和相关支撑硬件组成。它把各种公共系统的多种设备互联起来，其中包括邮电部门的光缆、同轴电缆、交换机等。

6. 建筑群子系统

建筑群子系统是将一个建筑物中的电缆延伸到另一个建筑物的通信设备和装置，通常是由光缆和相应设备组成，建筑群子系统是综合布线系统的一部分，它支持楼宇之间通信所需的硬件，其中包括电缆、光缆以及电气保护装置等。

1.3.3 综合布线系统拓扑结构

由于传输距离、建筑物形态的多样性，以及工程范围的大小等问题，在进行网络综合布线施工前必须选择正确的拓扑结构，构建有效的网络布线通道。

1. 星状拓扑结构

星状拓扑结构是以一个建筑物配线架 BD 为中心，配置若干个楼层配线架 FD，每个楼层配线架 FD 连接若干个通信出口 TO，表现了传统的两级星状拓扑结构，如图 1-4 所示，这种形式有较好的对等均衡的网络流量分配，是单幢建筑物的内部综合布线系统的基本形式。

2. 分层星状拓扑结构

这种形式以建筑群配线架 CD 为中心，以若干个建筑物配线架 BD 为中间层，再下层为楼层配线架 FD 和通信出口 TO，这种分层星状拓扑结构的每个分支都相互独立，对每个分支单元系统进行改动都不影响其他子系统，同时，只要改变结点的连接，就可使网络在星状、总线状、环状等不同拓扑结构之间进行转换，拓扑图如图 1-5 所示。

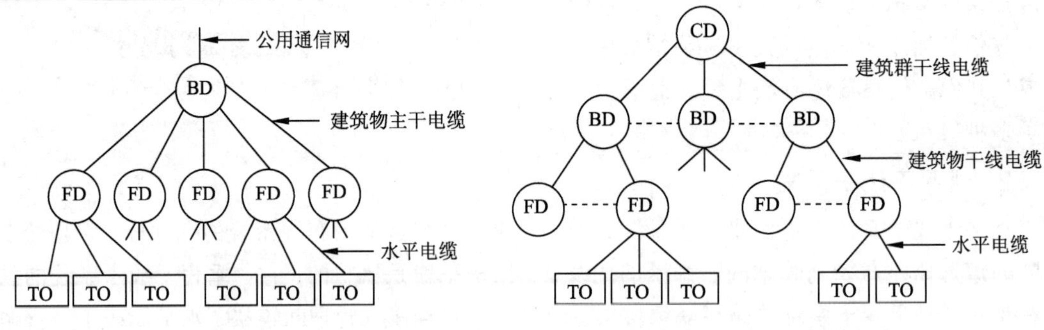

图 1-4 星状拓扑结构　　图 1-5 分层星状拓扑结构

1.4 综合布线系统的等级

根据综合布线工程实际需要，一般可分为 3 种不同的综合布线系统等级，分别是基本型综合布线系统、增强型综合布线系统和综合型综合布线系统。

1. 基本型综合布线系统

基本型综合布线系统方案是一种经济有效的布线方案，该系统支持语音或综合型语音/数据产品，并能够全面过渡到数据的异步传输或综合型布线系统，采用双绞线作为传输介质。基本配置为：

- 每个工作区为 8～10 m^2；
- 每个工作区有两个信息插座（语音、数据）；
- 每个工作区有一条水平布线 4 对双绞线系统；
- 完全采用 110A 交叉连接硬件，并与未来的附加设备兼容；

- 每个工作区的干线电缆至少有 4 对双绞线，两对用于数据传输，两对用于语音传输。

2．增强型综合布线系统

增强型综合布线系统不仅支持语音和数据的应用，还支持图像、影像影视、视频会议等，并能够利用接线板进行管理，该方案的基本配置为：

- 每个工作区 8～10 m^2；
- 每个工作区有两个信息插座（语音、数据）；
- 每个信息插座均有一条水平布线 4 对双绞线系统；
- 具有 110A 交叉连接硬件；
- 每个工作区的电缆至少有 8 对双绞线（两条 4 对双绞线系统）。

3．综合型综合布线系统

综合型综合布线系统是将双绞线和光缆引入建筑物布线系统，适用于综合布线系统中配置标准较高的场合，基本配置为：

- 每个工作区 8～10 m^2；
- 每个工作区有两个以上信息插座（语音、数据）；
- 在建筑、建筑群的干线或水平布线子系统中配置 62.5 μm 的光缆；
- 每个信息插座均有水平布线 4 对双绞线；
- 每个工作区的电缆中应有两条以上 4 对双绞线系统。

1.5　综合布线系统的选择

1.5.1　屏蔽与非屏蔽系统的选择

综合布线系统的产品有屏蔽和非屏蔽两种，在综合布线系统中采用哪类系统，一直有着不同的意见，抛开两种系统产品的性能优劣、现场环境和数据安全等因素，采用屏蔽系统还是采用非屏蔽系统，很大程度上取决于综合布线市场的消费观念，在欧洲占主流的是屏蔽系统，而且已经成为地区的法规，而以北美为代表的其他国家则采用非屏蔽系统较多，我国最早是从美国引进的综合布线系统概念，所以工程中使用非屏蔽系统较多，而采用屏蔽系统的较少。综合布线施工人员应该对不同系统的各类电气特性都有一个全面的了解，以便在实际的工程中根据用户需求和实际环境，选择合适的非屏蔽和屏蔽系统产品。在实际的综合布线工程中应根据用户需求，实际通信要求，以及现场实际环境情况来考虑到底选择哪类系统，具体考虑的因素有：

（1）当综合布线工程现场的电磁干扰强度低于防护标准的规定时，或者综合布线系统与其他电磁干扰源的间距符合规定时，综合布线系统宜采用非屏蔽系统产品。

（2）当综合布线工程现场存在的电磁干扰场强度高于防护标准的规定，或者建设单位对电磁兼容性有较高的安全性和保密性要求时，综合布线系统宜采用屏蔽系统产品。

（3）在综合布线工程中，选用的传输介质和连接硬件，必须从综合布线系统的整体和全局考虑，必要保证系统工程的一致性和统一性，即如决定选用屏蔽系统产品，则整个综合布线系统的连接硬件和传输介质均应采用屏蔽产品，不能混合使用。

（4）当布线环境周围存在强电磁干扰时，为了实现正常的数据传输，需要对布线系统进行屏蔽处理，一般可根据电磁干扰的强度，实现三个层次的屏蔽措施。其一，在一般电磁干扰的情况下，可使用金属线管屏蔽电磁干扰，即将所有的线缆封闭在预先铺设好的金属桥架或管道中，并使金属桥架或管道保持良好的接地，这样就可以把干扰电流导入大地，取得良好的屏蔽效果；其二，在存在较强电磁干扰的环境下，可采用屏蔽双绞线和屏蔽连接器，并配合以金属桥架或管道，从而实现屏蔽电磁干扰的效果；其三，在有极强电磁干扰的环境下，一般直接采用光缆进行布线，虽然相对成本会有所提高，但其屏蔽效果最好，而且可以获得极高的带宽和传输速率。

1.5.2 双绞线与光纤系统的选择

目前在综合布线工程中，除了铜缆布线系统外，还包括有光缆布线系统和无线网络系统，并且随着用户对数据传输的带宽和速率的要求，光缆布线系统已经越来越受到用户的追捧。光缆布线系统相对于铜缆布线系统具有以下优点：

- 具有更宽的带宽；
- 允许传输的距离更长；
- 数据传输的安全性更高；
- 抗干扰能力强；
- 光缆制造资源丰富；
- 线径细，重量轻。

在早期的综合布线系统中，当时的传输速率只有 10 Mbit/s 时，其骨干网通常也采用了光缆进行铺设，以满足数据传输的需要。因此，在综合布线系统工程中的数据干线，绝大多数的工程都采用了光缆布线系统。而在水平布线子系统中，则绝大部分采用的铜缆布线，在实际的工程中一般是将铜缆布线系统与光缆布线系统相结合。当然目前也有光纤到桌面的布线方式，即省去楼层配线架 FD，直接从建筑物配线架 BD 通过光缆连接到用户桌面。

虽然光缆布线系统在传输带宽、速率等方面占有优势，但其也存在一定的局限性，如采用光纤到桌面的布线方式，其相对成本必然会提高，因为光缆布线系统的价格比铜缆布线系统要高出很多，其次光缆布线系统的施工工艺较复杂，难度较大。因此，目前光缆布线系统主要还是应用在建筑物的主干系统中。

1.6 综合布线系统产品的选择

综合布线产品是决定综合布线系统工程质量的关键因素，产品的优劣将直接影响工程的质量，因此在选择布线产品时应格外重视，谨慎选择。

1.6.1 综合布线产品现状

我国最早是从美国引进的综合布线系统这一理念，因此市场上最早的综合布线产品主要是美国的品牌，随着市场的扩大和发展，欧洲等地的产品也相继进入了中国市场，此外，国内的各个综合布线厂商也分别生产了各自的产品，目前进入国内市场的国外布线厂商包括有 Avaya、3M、西蒙、AMP、康普等，国内的厂商则有普天、TCL、大唐电器等，图 1-6 就是部分布线厂商的商标。

1.6.2　综合布线产品的选择原则

综合布线产品的选择原则包括有：

- 选择主流成熟的产品；
- 在同一个布线工程中尽量选择同一个品牌的产品；
- 根据环境选择布线产品；
- 根据用户功能要求选择布线产品；
- 选取的产品必须符合布线的相关标准；
- 应综合考虑产品的性能价格比；
- 考虑产品的售后服务。

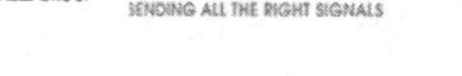

图 1-6　综合布线厂商商标

1.7　综合布线系统的适用场合和未来发展趋势

1.7.1　综合布线系统的适用场合

为适应社会需要，目前，综合布线系统主要满足传送语音、数据、文字和图像以及自动控制信号等各种信息的要求，今后将成为具备能传送宽带、高速、大容量和多媒体为特征的信息网络。在现阶段，综合布线系统在我国主要的适用场合和服务对象是智能化建筑。随着社会的发展，信息需求日益增多，科学技术日益进步，综合布线系统的适用场合、应用范围、服务对象和通信内容都会逐步扩大和增加。

1.7.2　综合布线系统的未来发展趋势

当前，我国要加快建设宽带信息网，包括城域网和宽带接入网，并积极发展宽带业务，以满足我国社会和人民的客观需要，我国现有通信网络的带宽资源相对不足，成为我国信息化发展的"瓶颈"之一。同时，网络科技时代的来临使越来越多人的生活离不开网络的支持，这无疑都给网络的带宽提出了更高的要求，推动了综合布线行业的发展。

现在市场主要是超 5 类与 6 类综合布线系统。对于超 5 类布线系统主要支持 1 000 Mbit/s 以太网应用，如果大于 1 000 Mbit/s 以太网时，就可以看到 6 类布线系统的优势。目前，6 类布线系统开始在一些政府部委及重点工程中得到广泛的应用，并得到了认可。可以预见随着新技术、新产品的推广及市价下降，未来的综合布线系统将普遍采用 6 类系统。

无线局域网的利用也将成为未来的一个发展趋势，无线局域网是利用无线技术来传输数据。由于在传输距离、传输速率、抗干扰能力、可靠性和安全性等方面的局限，目前市场定位仍然是有线网络的延伸和补充。同时，无线局域网的覆盖范围室内可达到 30～100 m，为用户提供了无须连接线缆的网络连接方案，相对于有线的局域网来说，免除了布线的困扰，同时为笔记本式计算机用户提供了自由移动的便利。越来越多的用户开始关注无线局域网技术，希望了解适合自己的产品。

随着相关技术的发展，综合布线系统本身也将发生一些变化，但在总体的目标上主要向着两个方向发展，具体表现为：

（1）下一代的布线系统——集成布线系统。

（2）智能大厦、智能小区家居布线系统。

1. 集成布线系统

集成布线系统是美国西蒙公司于1999年1月推出的，它的基本思想是："现在的结构化布线系统对语音与数据系统的综合支持给我们带来了一个启示，能否使用相同或类似的综合布线思想来解决楼房自控制系统的综合布线问题，使各楼房控制系统都像电话和计算机一样，成为即插即用的系统呢？"西蒙公司根据市场的需要，在1999年初推出了整体大厦集成布线系统（Total Building Cabling，TBIC）。TBIC系统扩展了结构化布线系统的应用范围，以双绞线、光缆、同轴电缆为主要传输介质，支持语音、数据及所有的楼宇自控系统等的连接。为大厦铺设一条完全开放的、综合的信息高速公路。它的目的是为大厦提供一个集成布线平台，使大厦真正成为即插即用大厦。

结构化综合布线系统（Structured Cabling System）的诞生解决了电话和网络系统的综合布线问题。它独立于应用系统，支持多厂商和多系统应用，配置灵活方便，满足现在及未来需要，现在结构化布线早已成为一个国际标准，为大楼提供了综合的电讯系统的支持服务。

再来看楼宇内的其他子系统，如空调自控系统、照明控制系统、保安监控系统等等，仍然采用分离的各自独立的布线系统。这一现象与结构化布线系统出现前的电话和网络布线是类似的，缺乏开放性、灵活性、标准性。这类布线方式是从电力线布线变革而来的，明显存在着工业化时代的痕迹，具体的布线系统现状如图1-7所示。

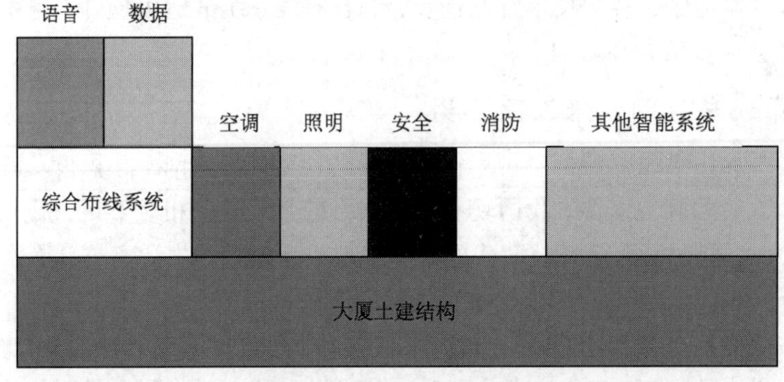

图1-7 结构化综合布线系统对大厦的服务

西蒙公司针对市场需要推出了新的布线系统——TBIC（整体大厦集成布线系统），其目的是为大厦提供一个集成的布线平台，它以双绞线、光缆、同轴电缆为主要传输介质来支持语音，数据及所有的楼宇自控系统弱电信号的传输。TBIC系统支持所有的系统集成方案，这使大厦成为一个真正的即插即用的大厦，具体情况如图1-8所示。

2. 智能小区布线

智能小区布线将成为今后一段时间内的布线系统的新热点。这其中有两个原因：一是标准已经成熟，1998年9月，EIA/TIA TR委员会正式修订了小区布线的标准，命名为EIA/TIA570-A小区电讯布线标准；另一个原因是市场的推动，有越来越多的人在家里办公和需要在家中上网，并且多数家庭已不止一部电话和一台电视，他们对宽带的要求也是越来越高，所以家庭也需要一套系统来对这些接线进行有效的管理。智能小区布线正是针对这样的一个市场而提出来的。智能小区布线系统除了支持语音、数据、电视媒体应用外，还可提供对家庭的保安管理和对家用电器的自动控制以及能源自控等。

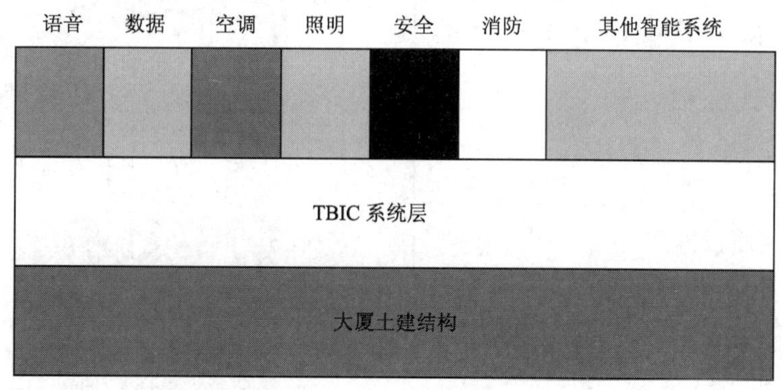

图 1-8　西蒙 TBIC 系统对大厦的服务

1.8　标准机柜拆装

随着计算机与网络技术的发展，服务器、网络通信设备等 IT 设备正在向着小型化、网络化、机架化的方向发展，机房对机柜管理的需求将日益增长。机柜/机架将不再只是用来容纳服务器等设备的容器，不再是 IT 应用中的低值、附属产品。在综合布线领域，机柜正成为其建设中的重要组成部分越来越受到关注。

机柜安装

19 寸标准机柜内设备安装所占高度用一个特殊单位“U”来表示，1U=44.45 mm。U 是指机柜的内部有效使用空间，也就是能装多少 U 的 19 寸标准设备，使用 19 寸标准机柜的标准设备的面板一般都是按 *n* 个 U 的规格制造。

根据机柜的外形，可以将机柜分为立式机柜、挂墙式机柜和开放式机柜，如图 1-9 所示。

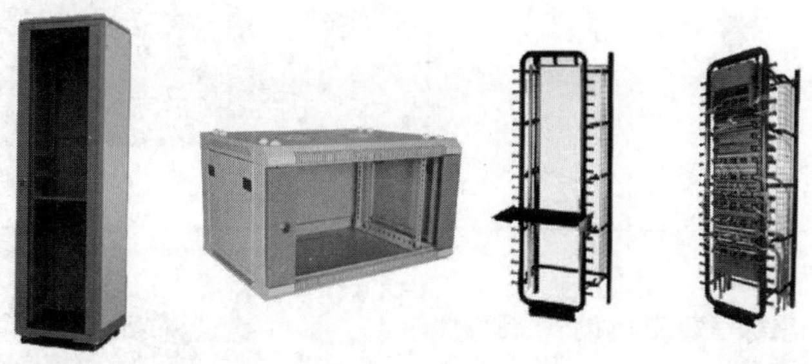

图 1-9　机柜

标准机柜拆装包括三个部分，分别是机柜布局设计；机柜整体安装；机柜内布线理线操作。具体操作步骤如下：

（1）整体设计

根据实际需要对机柜进行整体设计，包括理线器、配线架、隔板等布线配件的数量位置布局等相关内容的确定，如图 1–10 所示。

图 1–10　整体布局设计

（2）机柜侧面板拆卸

在进行机柜设备安装前建议将机柜的侧面板进行拆卸，方便设备的安装和布局的整体设计，如图 1–11 所示。

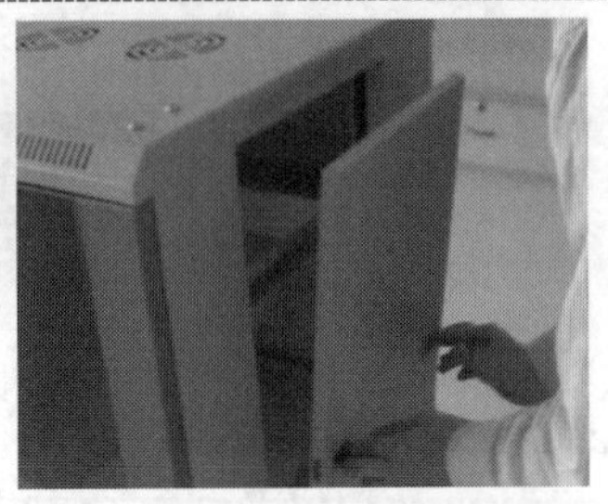

图 1–11　机柜侧面板拆卸

（3）机柜前后面板拆卸

拆卸机柜前后面板，使机柜只保留基本框架，如图 1–12 所示。

图 1–12　机柜前后面板拆卸

（4）固定螺母安装

在机柜设备安装前需要安装固定方螺母，一般 2 个螺母为 1U 空间，如图 1–13 所示。

图 1–13　安装固定螺母

（5）交换设备安装

在机柜中一般需要安装交换设备，通过整体布局可将交换设备安装在适当的位置，如图 1–14 所示。

图 1–14　交换设备安装

（6）理线器安装

在机柜的布局设计中一般会配备理线设备，即理线器，该设备可对各类连接线进行整合，一般情况下理线器与交换设备、配线架成对出现，即一个交换机配一个理线器，一个配线架配一个理线器，如图 1-15 所示。

图 1-15 理线器安装

（7）配线架安装

在机柜中一般会安装多个配线架用于连接水平子系统的电缆，配线架一般可以分为五类配线架和六类配线架，如图 1-16 所示。

图 1-16 配线架安装

（8）光纤配线盘安装

为连接室外光缆一般需要在机柜中安装光纤配线盘，光纤配线盘的作用是将室外光缆引入室内，一般可分为机架式、机柜式和壁挂式三种，安装方式如图 1-17 所示。

图 1-17 光纤配线盘安装

（9）110 配线架安装

作为管理间、设备间的重要设备，机柜中必定会连接大对数电缆，这时就需要安装 110 配线架，如图 1-18 所示。

图 1-18 110 配线架安装

（10）理线排线操作

根据连接的配线架不同，使用不同的连接跳线将配线架与交换设备进行连接，注意连接端口必须一致统一，并进行排线理线操作，完成后安装理线器盖板，如图 1-19 所示

图 1-19 理线排线操作

（11）面板安装

理线排线完成后，可安装机柜侧面、前后面板，如图 1-20 所示。

图 1-20　面板安装

（12）完成拆装

相关交换设备、配线设备、理线器、光纤配线盘、110 配线架等安装完成后，进行了理线排线操作，机柜面板安装，即完成了整个机柜的拆装操作，成品如图 1-21 所示。

图 1-21　完成拆装

1.9 知 识 扩 展

1.9.1 计算机网络概述

在 20 世纪中期，计算机网络仅仅是以单个计算机为中心的面向终端的远程联机系统。1969 年分组交换网 ARPANET 的运行将整个网络分为通信子网和用户资源子网，采用动态分配数据传输通道的分组交换技术，使计算机网络发展为以通信子网为中心的多个主机通过线路互连的计算机系统，构成 Internet 的基础。1979 年国际标准化组织 ISO 提出开放系统互连参考模型 OSI/RM，提供了不同网络体系结构之间互连的框架结构标准，此时的计算机网络具有了统一的网络体系结构并遵循国际标准化协议。随后局域网和网络互连有了很大发展，分布式技术得到广泛应用，计算机网络向高速智能化发展，方便地共享远程资源，具有高可靠性、可扩展性，逐渐成为社会生活中不可缺少的一部分。

计算机网络是现代计算机技术和通信技术密切结合的产物，是随着社会对信息共享和信息传递的日益增强的需求而发展起来的。所谓计算机网络，就是利用通信设备和线路将地理位置不同的、功能独立的多个计算机系统互连起来，以功能完善的网络软件（既网络通信协议，信息交换方式和网络操作系统等）实现网络中资源共享和信息传递的系统。

1.9.2 因特网

单一的网络技术不能满足所有的需求，在不同结构或者不兼容的多种网络之间，用户希望存在通用的互连。因特网（Internet）就是满足以上要求的互连的物理网络集合，又称为网络互连（Internetwork）。因特网支持灵活的拓扑结构，对用户隐藏底层的结构，使用户摆脱网络的硬件细节和拓扑结构，同时因特网允许任意两台计算机间的数据传输，使网络中所有的信息资源对所有计算机都是可以共享的。

因特网的关键设备是路由器(Router)。路由器是专门用于网络互连的计算机，能够在不同网络之间传递分组，对每一个连接在网络分配一个输入/输出接口。路由器在网络中的作用主要有三个方面，即网络互连、网络隔离和流量控制。

因特网的高速发展以及计算机的广泛普及使得信息传播的流程大大缩短，地球从一个互相隔绝的多种族社会变成一个信息交流方便的村落。使得世界各地的人们可以足不出户而一览天下，互相发送邮件，进行网络会议，查询公共数据资源，阅读电子期刊，玩网络游戏等。信息高速公路使远隔天涯的人感到近在咫尺，使信息从一个地方几乎不受限制地被传递到另一个地方，也使我们的社会发生了极大的变化。随着作为信息传播载体的因特网的进一步发展，信息高速公路将逐渐渗透到社会的各个层面中，从而方便人们的社会活动。

1.9.3 OSI 参考模型

OSI 参考模型是 ISO 组织公布的开放系统互连参考模型，它是为在世界范围内实现不同系统之间的互连而制定的一种国际标准。OSI 参考模型采用的是层次结构，按照不同等级抽象划分出层次，选择通过信息量最少的边界为层间界面，使各层具有明确的功能，层数不会太多或太少，如图 1-22 所示。OSI 参考模型由 7 个有序层组成，分别是：物理层、数据链路层、网络层、传输层、会话层、表示层和应用层。

应用层
表示层
会话层
传输层
网络层
数据链路层
物理层

图 1-22 OSI 参考模型层次示意图

OSI 参考模型中各层的主要功能如下：

1. 物理层

物理层用于为数据链路层提供物理连接，实现比特流的透明传输，所传输数据的单位是比特。物理层定义了通信设备与传输线路接口硬件的机械、电气、功能和类型等特性，用以建立、维持和释放物理连接。物理层发送比特时将比特进行编码变为电信号或光信号，因此由物理层对编码的类型以及比特的传输速率进行定义，同时控制发收双方的比特同步。

2. 数据链路层

数据链路层负责建立、维护和释放数据链路的连接，用于在两个相邻节点之间的线路上无差错地传输数据。所传数据的单位是帧。数据链路层负责把从物理层接收到的比特流组成可以处理的帧，并将发送地址和接收地址加入帧的首部。如果接收节点查出所传数据中有差错，就要通知发方重传该帧，直到该帧正确到达接收节点。因此，在每一帧中必须带有同步，地址，差错控制以及流控制等信息。这样，数据链路层就可以把物理层转换为可靠的链路。

3. 网络层

网络层负责将一个分组从源端传送到目的端，所以数据的单位是分组或包。网络层的任务是选择合适的路由和交换结点，使源端的传输层传下来的分组能够正确无误地找到目的端地址并被目的端的传输层接收，这就需要在接收到的上层分组前加上一个首部，其中写入源端和目的端的逻辑地址，然后寻址发送。分组在传输时必须进行路由选择、差错检测、排序和流量控制。

4. 传输层

传输层负责将完整的报文进行端到端的传送，所传数据的单位是报文。当报文较长时，传输层将其分割成许多分组，交给网络层传输。每个分组有一个序号，使到达目的地的报文能够被重装起来，同时如果有分组丢失，依靠序号可以重新接收正确的分组。传输层为了将整个报文送到目的计算机的指定进程，在报文的首部加入了端口地址指明接收进程。传输层的任务是在源端和目的端的会话层之间建立一条连接，可靠，透明地传输报文，执行端到端的差错控制，顺序和流控制，管理多路复用等。

5. 会话层

会话层负责建立并维持通信系统间的数据交换，对数据传输的同步进行管理。所传数据的单位是报文。会话层是在两个不同系统的相互通信的应用进程之间建立、组织和协调交互，是网络层的会话控制器。它允许两个系统建立对话，允许两个进程之间按半双工或全双工方式进行通信，在出现意外时确定恢复点。

6. 表示层

表示层负责向应用进程提供信息的语法表示，对不同编码方法进行转换管理和协调等，使采用不同语法表示的系统之间能进行通信。表示层还对传送的信息进行加密解密，对数据进行压缩还原。

7. 应用层

应用层是开放系统与用户应用进程的接口，负责提供 OSI 用户服务，管理和分配网络资源。文件传送，电子邮件，共享数据报和网络管理等都发生在应用层。

1.9.4 TCP/IP 协议

TCP/IP 是因特网的基础协议，它是“传输控制协议/网间协议”（Transmit Control Protocol/Internet Protocol）的简称，用以把不同类型的网络连接起来。Internet 就是靠 TCP/IP 把分布在全球的不同类型的网络连接起来的。

TCP/IP 参考模型可分为网络接口层、IP 层（互联网层）、传输层和应用层，如图 1-23 所示。各层的主要功能如下：

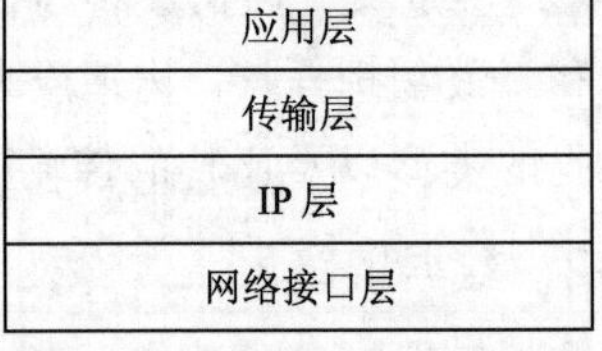

图 1-23 TCP/IP 参考模型层次示意图

1. 网络接口层

网络接口层是 TCP/IP 分层模型的最低一层，在这层中协议标准很多，包括各种逻辑链路控制和媒体访问协议。网络接口层的作用是接收 IP 数据报并通过特定的网络进行传输，或从网络上接收物理帧，抽出 IP 数据报交 IP 层。

2．IP 层（互联网层）

IP 层负责将传输层的分组装入 IP 数据报，填充报头，选择去往目的主机的路由，将数据报发往适当的网络接口，对从网络接口收到的数据报首先检查它的合理性。然后进行寻径，若该数据报已经到达目的地，则去掉报头，将剩余部分交给传输层。否则，转发该数据报。该层专为解决不同体系网络的互连而设，其思路是在不同的物理网络的网络层上建立统一的路由方案，包括统一的地址方案。

3．传输层

TCP/IP 传输层提供端到端的通信服务，其功能为：格式化信息流，提供可靠传输。为此，传输层的每个分组均含有校验字段，接收端根据校验判断收到分组的正确性，并发回确认，分组丢失，出错必须重发。

4．应用层

TCP/IP 的应用层对应于 ISO/OSI 的会话层，表示层和应用层，向用户提供一组常用的应用层协议。应用层的协议可分为三类：依赖于面向连接的TCP；依赖于无连接的 UDP；依赖于 TCP 和 UDP 的协议；当然应用层还包含用户应用程序，它们建立在 TCP/IP 协议族之上。

1.9.5　计算机局域网概述

局域网（Local Area Network，LAN）是处于较小地理范围内的专用网络，常用于连接企业、学校办公室或工厂中的个人计算机和工作站，由于覆盖范围小，传输时间有限并可预知。局域网的传输速率高，误码率低，多采用分布式控制和广播式通信，局域网技术已成为计算机网络中最常用的形式。常见的拓扑结构有：星状结构、总线结构、环状结构。

1．星状结构

以一台主计算机为中心，呈放射状连接其他计算机，由主计算机存储转发其他计算机之间的通信数据，这就是星状结构，如图 1-24（a）。此种结构非常简单，容易建立和增减设备，除主计算机以外的计算机发生故障时并不会影响其他计算机，易检修维护，但主机要保持高度安全，否则将会使整个网络瘫痪。通常采用高性能的计算机等。星状结构适用于数据传输的源端和目的端多为主计算机的网络和智能大厦系统。

2．总线结构

总线结构采用一条公共电缆，提供许多接口连接线路上所有的计算机和设备，任何计算机都可以在总线上发送和接收信号，但由于线路只有一条，任意时刻只能有一台计算机发送信号，否则会引起冲突，如图 1-24（b）。这种结构的优点是电缆短，容易架设，结构简单，减少某个设备不影响其他网络设备。缺点是不易扩展，故障检测困难。

3．环状结构

环状结构是将网络中各计算机通过一条首尾相连的线路连接起来形成的一个闭合环状的回路，如图 1-24（c）。在此种结构中，各个计算机是平等的，不存在从属关系，通信方向固定，两个计算机之间只有一条通信线路，无须选择线路，因此设备和线路损耗小。优点是各计算机独立工作，其状态不会影响网络其他设备，可靠性高。缺点是环状回路是封闭的，网络一旦架设完成，设备的数目就固定了，不能扩展。

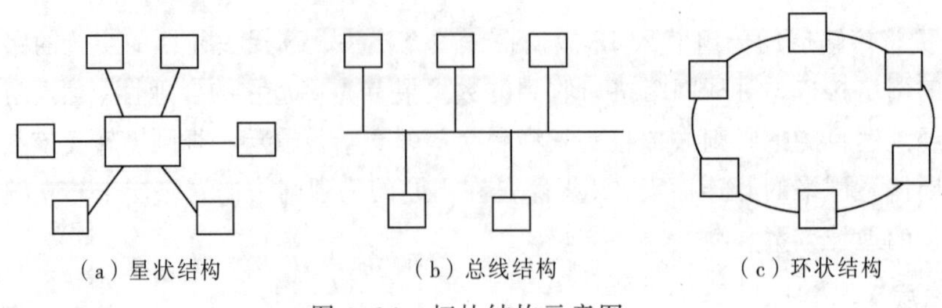

图 1-24　拓扑结构示意图

1.9.6　网络互连设备

1. 中继器

信号在网络媒体上传输时会因损耗发生衰减，衰减到一定程度便导致信号是失真，因此需要一个能够连续检测放大信号的底层连接设备，这就是中继器。中继器直接连接到电缆上，驱动电流传送，无须了解帧格式和物理地址，随时传递帧信息。因此中继器就是一个物理层的硬件设备，对高层协议透明。

理论上用户可以无限制地使用中继器使网络得到无限扩展，但实际应用中，中继器的数目受到网络标准的约束，由于每个中继器和网络段都增加了延迟，为避免网络故障，其数目只能在信号延迟规定范围之内。

2. 集线器

集线器（Hub）是一种特殊的中继器，不同之处在于集线器是多端口的中继器，可使连接的网络之间互不干扰，若一条线路或一个结点出现故障，不会影响其他设备的正常工作。目前主流的集线器带宽主要有：10 Mbit/s，10/100 Mbit/s 自适应型和 100 Mbit/s 三种，端口主要有 8 口、16 口和 24 口等。

3. 网卡

网卡是计算机与网络相连的接口设备。网卡可以接收并拆分网络传入的数据报，组装并传送计算机传出的数据报，转化并行与串行数据，产生网络信号，利用缓存区对数据进行缓存和存取控制。在接收数据时，网卡识别数据头字段中的目的地址，依据驱动程序设置的标准判断该数据是否合法，若数据满足接收条件即合法，则向 CPU 发出中断信号，若目的地址处于禁止状态则丢弃数据报。CPU 收到中断信号后产生中断，由操作系统调用程序接收并处理数据。新型的网卡采用并行机制，将以前的整帧处理变为确定帧地址后即开始转发数据，当网卡读完第一数据帧的最后字节后，CPU 就开始处理中断并转移数据。

4. 网桥

网桥同中继器一样是连接两个网络的设备，用于扩展局域网，可以将地理位置分散或类型互异的局域网互连，也可以将一个大的单一局域网分割成多个局域网。网桥的特殊之处在于内部的逻辑电路可以随机监听网络信息并控制网络的通信量，不会转发干扰信息，从而保证了整个网络的安全。网桥是数据链路层的存储转发设备，由于数据链路层分为逻辑链路控制层（LLC）和媒体访问控制层（MAC）两层，网桥工作在 MAC 子层，因此网桥连接的网络必须在 LLC 子层以上使用相同的协议。

5. 交换机

交换机也被称为交换式集线器，它的外观类似于多端口的集线器，每个端口连接一台计算机，负责在通信网络中进行信息交换。交换机与集线器存在着许多不同的特性，首先，集线器工作在 OSI 第一层（物理层），而交换机工作在 OSI 的第二层（数据链路层）。其次在工作方式上，集线器采用广播方式发送信号，很容易产生网络风暴，对规模较大的网络的性能有很大的影响。而交换机工作时，只在源计算机和目的计算机之间互相作用而不影响其他计算机，当目的计算机不在地址表中时才采用广播方式转发数据，并在数据到达目的地后及时扩展自身的原有地址表，因此能够在一定程度上隔离冲突，有效防止网络风暴产生。

6. 路由器

路由器是在网络层实现互连的设备，能够对分组信息进行存储转发，路由器需要确定分组从一个网络到任意目的网络的最佳路径，因此具有协议转换和路由选择功能。路由器不关心所连接网络的硬件设备，但要求运行软件要与网络层协议一致，因此多用于异种网络互连和多个同构网互连。路由器为了实现最佳路由选择和有效传送分组，必须能够选择最佳的路由算法。路由表的存在支持了路由器的这种功能，表中保存了各条路径的各种信息供路由选择时使用，包括所连接各个网络的地址、整个网络系统中的路由器数目和下一个路由器的IP 地址等。路由表可以在系统构建时根据配置预先由管理员设定，在系统运行过程中不会改变，也可以由路由器在路由协议支持下根据系统运行状况自动调整，计算最佳路径。

7. 防火墙

网络互连使资源共享成为可能，但共享的数据可能是机密的信息，也可能是危险的病毒，这就需要一种技术或者设备，使进入网络的数据都是必要的，而输出网络的数据不会有安全隐患，防火墙正是解决这个问题的方法，防火墙的名字形象地体现了它的功能，传统的防火墙是在两个区域之间设置的关卡，起隔离或阻隔的作用，而网络中的防火墙则被安装在受保护的内部网络与外部网络的连接点上，负责检测过往的数据，将不安全的数据拦截下来，只允许那些合法的安全的数据通过。

实训 1　标准机柜的拆装操作

背景描述：

你是某综合布线施工公司的现场操作员，现要求你完成管理间机柜的组装工作，要求合理分配机柜空间，机柜中应包含配线架、理线器、光纤配线盘，110 配线架等设备（见图 1–25）。

实训要求：

掌握标准机柜的基本布局，对标准机柜进行拆装操作。

实训内容：

要求对理线器、配线盘、110 配线架、光纤配线盘等设备进行拆装操作。

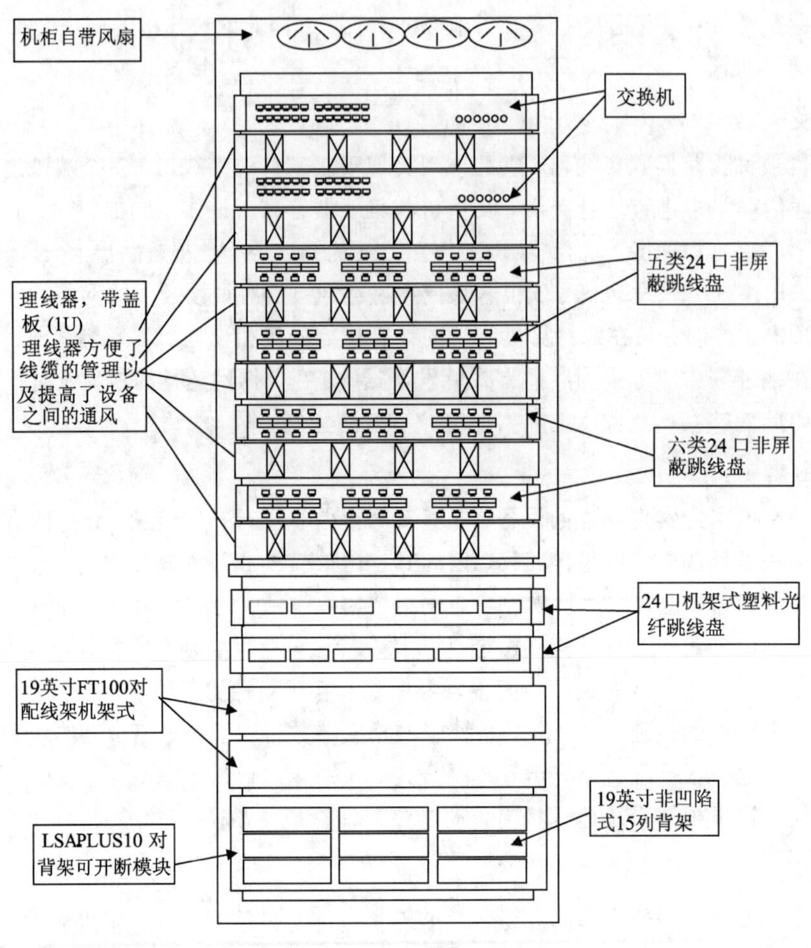

图 1-25 机柜布局图

实训报告：

1. 本次实训，所使用的工具有：________________________________。
2. 本次实训，所使用的耗材有：________________________________。
3. 本次实训，所使用的设备有：________________________________。
4. 简述理线器的基本作用。
5. 简述合理分配机柜空间的优越性。
6. 简述线缆配线盘和光缆配线盘的区别。

习 题

1. 综合布线系统采用标准的线缆与连接器件将所有________、________、图像及多媒体业务系统设备的布线组合在一套标准的布线系统中。

2. 综合布线系统有着许多优越性，其特点主要表现在它具有________、________、________、________、________、________。

3. 所谓开放性是指它能够支持任何厂家的________，支持任何________，如总线结构，星状结构，环状结构等。

4. 所谓灵活性是指任何的信号点都能够连接不同类型的________，如微机，打印机，终端，________，监视器等。

5. 国内常用标准可分为________、________、________。

6. EIA/TIA 568 标准将综合布线系统划分为六个组成部分，分别是：________、________、________、________、________、________。

7. 根据综合布线工程实际需要，综合布线系统等级一般可分为 3 种，分别是________、________和________。

8. 简述综合布线产品的选择原则。

9. 简述综合布线系统的未来发展趋势。

10. 简述 OSI 七层模型和基本功能。

11. 根据 ISO/IEC11801 国际标准对综合布线系统的组成划分，填写下列示意图。

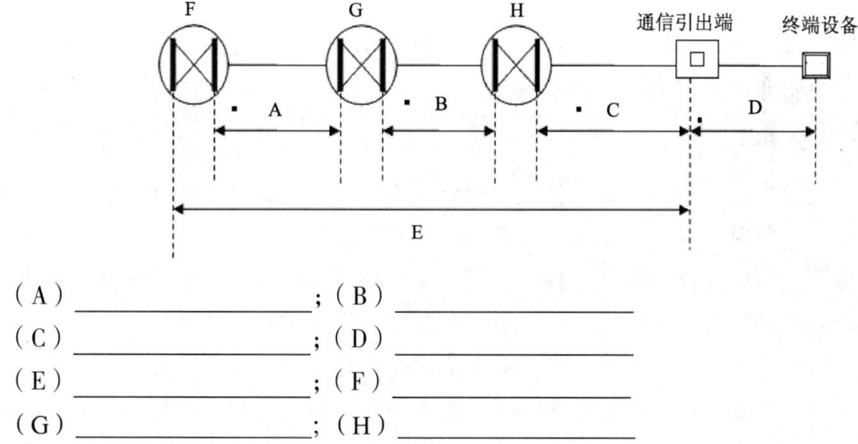

（A）__________________；（B）__________________

（C）__________________；（D）__________________

（E）__________________；（F）__________________

（G）__________________；（H）__________________

第 2 章　综合布线系统工程设计与验收

本章主要介绍了如何进行综合布线系统工程设计与验收，设计部分包括前期准备工作、技术设计、图纸设计等，讲解了综合布线系统设计方案的整体制作步骤，并对各类综合布线工程中可能遇到的图纸设计与绘制进行了讲解，验收部分主要介绍了验收项目和具体操作步骤。

2.1　综合布线系统设计的准备工作

综合布线系统在设计前需要进行一些准备工作，具体包括用户需求分析、设计原则制定、设计步骤确定、建筑物布线类型和应用级别确定。

2.1.1　用户需求分析

综合布线设计人员在进行综合布线系统工程设计前，必须首先对用户的需求信息进行详细准确的收集和分析，把握用户的真实要求，这样才能在系统设计中打下良好的基础。目前综合布线系统的对象主要是智能大厦或智能小区，为了使综合布线系统更好地满足客户的要求，在设计或规划前，必须对智能大厦或智能小区的用户和业主的需求进行了解和分析，即对用户所需信息点的数量、位置及实际的通信业务要求进行了解和分析。这一分析结果将成为综合布线系统设计的基础数据，它的准确性和真实性将直接影响到综合布线系统的整体设计。综合布线系统设计方应该根据这一数据，充分考虑该智能大厦或智能小区的近期和未来的信息通信需求，分析和制定出信息点的数量及具体分布位置，并且将该结果提供给建设方，当该设计方案得到了用户和建设方的确认后，才能作为设计的依据。在进行需求分析时一般要遵循以下要求：

1. 通过用户调查，确认建筑物中工作区的数量和用途

在对用户进行需求分析时，其中一个重要的调查内容就是了解信息点的数量和相应的功能位置，这就需要了解该智能大厦或智能小区中工作区的数量和用途，如某一个工作区作为集中的办公场所，则应在工作区中配置较多的信息点，以便使用；而如果该工作区只是作为一个值班室使用时，则可配置较少的信息点。通过这一调查和分析就能大体判断出整个工程所需要的信息点的数量和位置。

2. 实际需求应满足当前需要，但也应有一定发展空间

在进行需求分析时，应以当前的用户需求为主，必须满足用户的当前的实际需求，但在设计的过程中，还应留有一定的发展空间，即当智能大厦的某些空间需要进行扩建或相关功能发生了变化时，需要设计方案对此有一定的应变和冗余能力。

3．需求分析时要求总体规划，全面兼顾

在进行设计时，应该能够从智能大厦的整体设计出发，充分发挥综合布线系统的兼容性特性，在设计时将语音、数据、监控、消防等设备集中在一起进行考虑，例如，在现在的综合布线工程中，数据和语音传输经常采用同样的双绞线进行铺设，以便日后进行互换操作。

2.1.2　综合布线系统设计原则

综合布线系统在进行设计时应遵循以下原则：

（1）将综合布线系统设计纳入建筑物整体规划、设计和建设中，在进行新建筑物的设计时，应确认综合布线系统中的设备间、管理间、竖井、水平干线子系统和垂直干线子系统的管道走线路由等的位置和空间大小。

（2）系统设计的兼容性和可扩展性，在综合布线系统设计时，应能兼容各种系统，包括语音系统、数据系统、监控系统等，并且要考虑到未来的发展需要预留一定的发展空间。

（3）系统设计要有一定的超前意识，在系统设计时，应使用成熟的技术，但在设计时也应具有一定的超前意识，即智能大厦在建设完成后在一段时间内该建筑物应具有领先性，从而满足用户的使用需要。

（4）系统设计过程中应考虑工程的性价比，并要求建设完成后，系统方便管理和维护，设计过程中，在满足用户要求的前提下，应尽可能节约成本，使有限资源发挥最大的功效，并且要求在设计建设完成后，用户使用时方便管理和维护。

2.1.3　综合布线系统设计步骤

综合布线系统设计的步骤一般需要经历七个步骤，分别是：

（1）用户需求分析。

（2）获得智能大厦的平面图。

（3）综合布线系统技术设计。

（4）综合布线路由走线设计。

（5）设计方案可行性论证。

（6）绘制综合布线施工图。

（7）编制综合布线工程材料清单。

设计流程图，如图 2-1 所示。

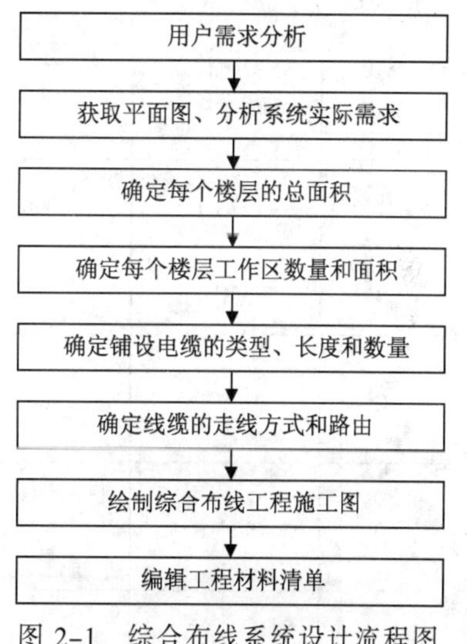

图 2-1　综合布线系统设计流程图

2.1.4　建筑物布线类型及应用级别确定

在综合布线系统设计时，应先确定建筑物的功能类型，即智能大厦承担哪方面的功能，目前由于建筑物的功能各异，一般可分为以下几类：

1．专用办公楼

（1）政府机关办公楼。

（2）跨国公司办公楼。

（3）金融（银行、证券、期货、保险等）办公楼。

（4）科教（研究院、研究所、学校、医院等）办公楼。

2．出租办公楼

由房产商投资兴建，然后出租或者出售。楼内的公用设施一次建成，出租或者出售的房间由使用者根据各自的需要进行二次装修。

3．综合型建筑物

这是集办公、金融、商业、娱乐、生活于一体的多功能的建筑物（群）。

4．住宅楼

住宅楼是以生活起居为目的的多层、高层建筑物。

在确定了建筑物的布线类型后，还需要根据实际的需求，确定综合布线系统的应用级别，根据综合布线的应用场合，可分成为五种不同的应用等级，如表 2-1 所示。

A 类应用于语音带宽和低频，平衡布线通道支持的 A 级应用，指定频率最高达 100 kHz。

B 类应用于中比特数字应用，平衡布线通道支持的 B 级应用，其最高频率达 1 MHz。

C 类应用于高比特数字应用，平衡布线通道支持的 C 级应用，其最高频率达 16 MHz。

D 类应用于更高比特数字应用，平衡布线通道支持的 D 级应用，其最高频率达 100 MHz。

光纤应用与高比特数字和更高比特数字应用，光纤布线通道可支持 100 MHz 及其以上的应用，用户可以根据需要而定，带宽通常可以不加限制。

表 2-1　系统分级和传输距离限值

系统分级	最高传输频率	对绞电缆传输距离(m)		光纤传输距离(m)		应用举例
		100 Ω 3 类	100 Ω 5 类	多模	单模	
A	100 kHz	2000	3000	–	–	PHX X.21/V/11
B	1 MHz	200	260	–	–	N-ISDN CSMA/CDIBASE5
C	16 MHz	100	160	–	–	CSMA/CD10BASE-T Token Ring 4 Mbit/s Token Ring 16 Mbit/s
D	100 MHz		100	–	–	Token Ring 16 Mbit/s B-ISDN(ATM) TP-PMD
光纤	–	–	–	2000	3000	CSMA/CD/FOIRL CSMA/CD 10BASE-F Token Ring FDDI LCF FDDI SM FDDI HIPPI ATM FC

（1）100 mm 的信道长度中包括 10 m 软电缆长度，分配给接插软件线或跳线、工作区和设备连接用软电缆，其中工作区电缆和设备电缆的总电气长离不超过 7.5 m（指电气长度 7.5 m，

相当于物理长度 5 m）。

（2）3000 m 是标准范围规定的极限，不是介质极限。

（3）信道长度超过 100 m 时，应核对具体的应用标准。

2.2　综合布线系统技术设计

技术设计也称为子系统设计，这个阶段的设计主要是对综合布线的组成进行具体设计。即工作区设计、水平（配线）子系统设计、干线（垂直）子系统设计、设备间设计、建筑群主干子系统设计和管理间子系统设计。同时对相关的一些必要环节（如干扰、接地等）进行设计。

2.2.1　工作区设计

工作区是指从设备出线到信息插座的整个区域，即一个独立的需要设置终端的区域划分为一个工作区。工作区域可支持电话机、数据终端、计算机、电视机、监视器以及传感器等终端设备。

1. 确定信息插座的数量的类型

信息插座大致可分为：嵌入式安装插座（暗装）、表面安装插座和多介质信息插座（光纤和铜缆）等三种。其中嵌入式安装插座和表面安装插座是用来连接双绞线的。多介质信息插座是用来连接铜缆和光纤，即用来解决用户对"光纤到桌面"的需求。

① 根据已掌握的客户需求，确定信息插座的类别，即采用 3 类还是 5 类插座或 3 类、5 类插座混合使用。一般认为在未来使用要求还不明确的情况下，宜全部采用 5 类或更高级别的线缆和插座，在使用要求明确的情况下，可以根据用户的要求，以降低综合布线系统的投资，电话传输采用 3 类线缆和插座，计算机传输采用 5 类或更高级别的线缆和插座的形式。但是采用 3 类线缆和插座只能支持到 10 Mbit/s 的计算机传输速率，这一点必须向用户讲清楚，如果需要更高速率的传输就需要更高级别的线缆和插座。这也就是说，如果需要做到信息点互换时，采用 3 类线缆和插座的信息点在计算机传输速率上会受到限制。一般而言在楼宇的建设初期，楼宇的未来使用目的往往不是十分明确，因此建议在可能的情况下，用户首选 5 类（或更高级别）线缆插座作为水平系统的主要线缆，以满足未来情况的变化。

② 根据楼面平面图计算实际可用的空间。这是由建筑面积计算使用面积的过程，由于建筑物的建筑面积并不代表真正的使用空间，所以在确定信息点的分布标准之前计算建筑物的使用面积是十分必要的，通常我们认为使用面积=建筑面积 × 0.75，0.75 这一系数是经验值。

③ 根据上述①、②估计工作区和信息插座的数量，可分为基本型和增强型两类。基本型每 9～10 m^2 安装 1 个双孔信息插座，即每个工作区提供一部电话和一部计算机终端。增强型每 9～10 m^2 安装 2 个双孔信息插座，即每个工作区提供两部电话和两部计算机终端。

④ 根据建筑物的结构不同，可采用不同的安装方式。新建筑物通常采用嵌入式（暗装）信息插座，现有建筑物则采用表面安装（明装）的信息插座。

一般情况下我们在选择插座时经常使用 86 系列国家标准插座。面板尺寸和预埋底盒的尺寸见图 2-2、图 2-3 和图 2-4。

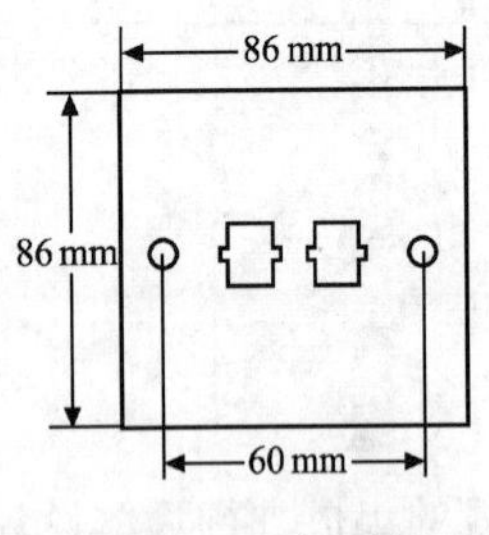

图 2-2 国标面板

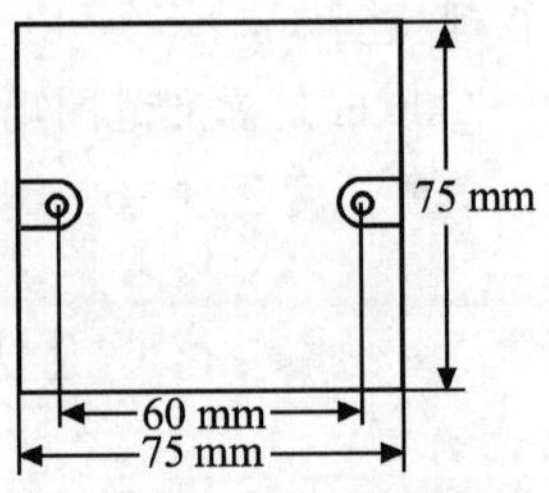

图 2-3 国标面板底盒尺寸

86 系列产品盒深有 40mm、50mm、60mm 等规格。如果选用 Lucent 公司生产的原装面板，那么其设计尺寸见图 2-5、图 2-6 和图 2-7。

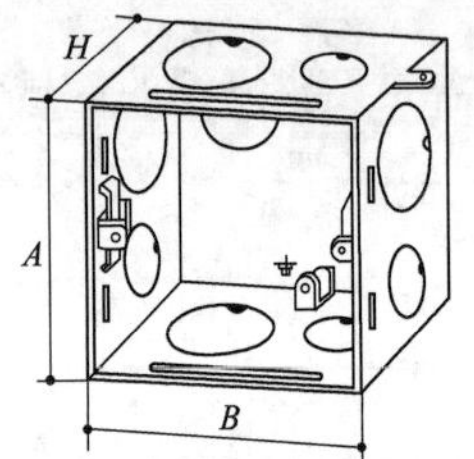

图 2-4 预埋底盒

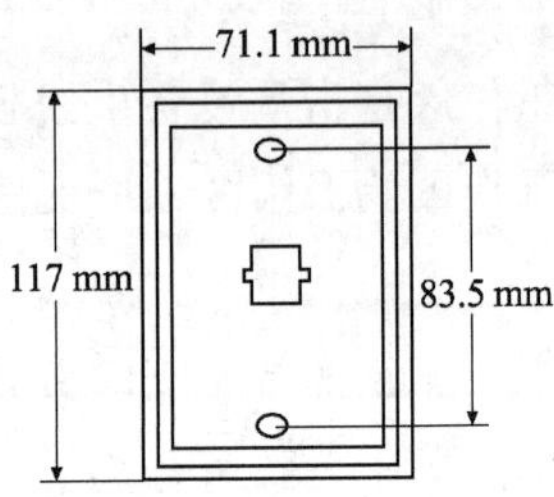

图 2-5 美标插座

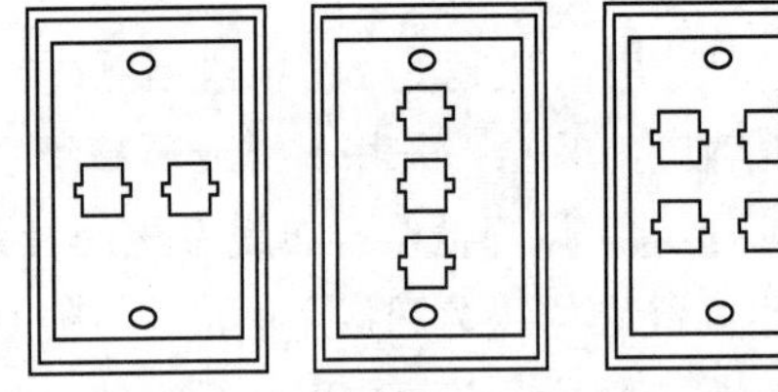

图 2-6 双孔、三孔、四孔、六孔美标插座

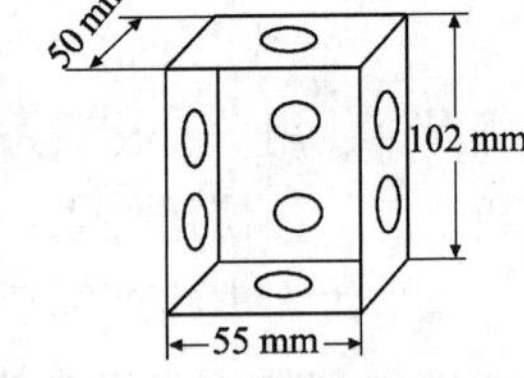

图 2-7 美标预埋底盒

注：Lucent 公司生产的美标系列模块化面板，该面板的尺寸为长 117 mm × 宽 71.1 mm，安装钉距离 83.5 mm，预埋底盒（长 × 宽 × 深为 102 mm × 55 mm × 50 mm）。

2. 适配器的使用

综合布线系统是一个开放的系统，它应能兼容各厂家所生产的各种不同的终端设备。通过选择适当的适配器，即可使综合布线系统的输出与用户的终端设备保持完整的电气兼容性。

工作区的适配器应符合如下要求：

① 在设备连接器采用不同信息插座的连接器时，可用专用电缆或适配。

② 当在单一信息插座上进行两项服务时，宜用“Y”型适配器，或者一线两用器。

③ 在配线（水平）子系统中选用的电缆类别（介质）不同于设备所需的电缆类别(介质)时，宜采用适配器。

④ 在连接使用不同信号的数模转换或数据速率转换等相应的装置时，宜采用适配器。

⑤ 对于网络规程的兼容性，可用配合适配器。

2.2.2 水平（配线）子系统设计

水平布线子系统由建筑物各层的配电间至各工作区之间的配置线缆所构成。综合布线系统的水平子系统多采用 3 类、5 类或更高级别的线缆。这种双绞线具有支持工作区中的语音、数据、图像传输所要求的物理特性。对于用户有高速率终端要求的场合，可采用光纤直接布设到桌面的方案。

1．确定导线的类型

① 对于 10 Mbit/s 或 10 Mbit/s 以下低速数据和话音传输，采用 3 类双绞线。

② 10 Mbit/s 以上的高速数据传输采用 4 类、5 类或更高标准的双绞线。

③ 高速率或特殊要求的可以采用光纤。

2．确定导线的长度

① 确定布线方法和线缆走向。

② 确定配线间所管理的区域。

③ 确定离配线间最远的信息插座的距离。

④ 确定离配线间最近的信息插座的距离。

⑤ 平均电缆长度=两条电缆的总长/2。

⑥ 总电缆长度=平均电缆长度+备用部分（平均长度的 10%）+端接冗余（5～10 m）。

⑦ 估算总订购线缆箱数=电缆总长度/305 m。

3．确定布线方式

水平布线可采用各种方式，要求根据建筑物的结构特点，用户的不同需要，灵活掌握。一般采用走廊布金属线槽，各工作区用金属管沿墙暗敷设引下的方式。对于大开间办公区可采用内部走线法，或在混凝土层下敷设金属线槽，采用地面出线方式。

水平布线主要有 6 种类型的布线方式：

① 地板下管道型（一层或二层）。

② 蜂窝型（金属和混凝土）。

③ 无限制的进出型（活动地板）。

④ 吊顶型（顶棚型）。

⑤ 管道型。

⑥ 其他类型。

如果选择吊顶内布线，可以采用的方法有：分区法、内部布线法、电缆管道布线法和插通布线法等四种。如果是在新铺设的地板中布线，可以采用方法有：地板下线槽布线法、蜂窝状地板布线法、高架地板布线法、地板下管道布线法和网络地板布线法等。对于旧建筑物或翻新的建筑物，较为经济的有方法：护壁板电缆管道布线法、地板上导管布线法、模制电缆管道布线法和通信线槽敷设法等。

下面对各种布线方法分别予以介绍：

（1）吊顶内布线形式的主要方法：

① 区域布线法（见图 2-8）。

这是一个针对大开间办公环境设计的水平布线方式。可以分为两个部分：固定线缆（从管理系统到中转点）、延伸线缆（从中转点到信息插座）。中转点设置，形成了一个工作区组或区域组。使大开间办公环境设计更加方便灵活便于二次装修、分段安装。

② 内部布线法（见图 2-9）。

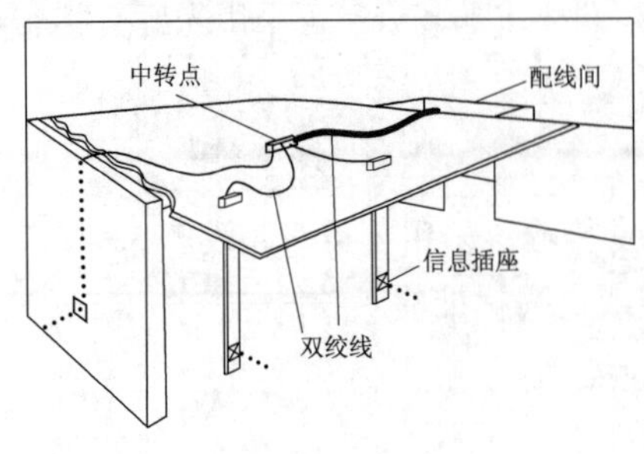

图 2-8 区域布线法

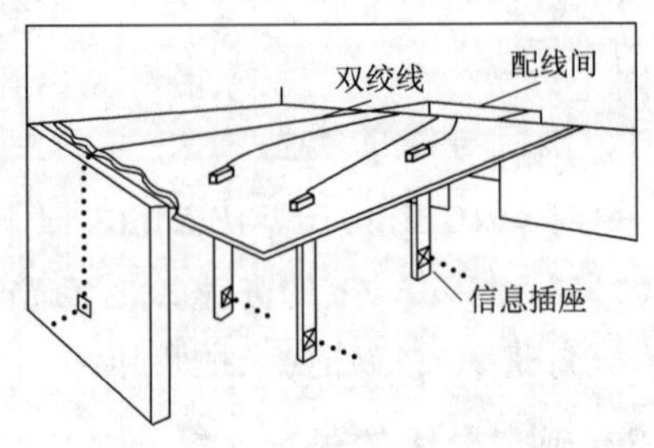

图 2-9 内部布线法

采用内部布线法时，直接将电缆从配线间引向工作站位置的插座。内部布线法也是一种经济的布线方式，并为吊顶布线提供最大的灵活性。由于来自不同插座的双绞线不在同一电缆护套内，所以也可以使串扰减到最小。

③ 电缆管道布线法（见图 2-10）。

电缆管道布线法是一种开式或闭合式金属托架，悬浮在吊顶上方，通常用在大型建筑物或布线系统非常复杂而需要额外支持物的场所。用横梁式电缆管道将电缆引向所希望的区域，分支电缆管道从横梁式电缆管道分叉后供下面的地板空间使用，然后将电缆穿过一段很短的柔性管道后，引向公用设施用的柱状物或隔断墙，最后端接在信息插座上。

④ 插通布线法（见图 2-11）。

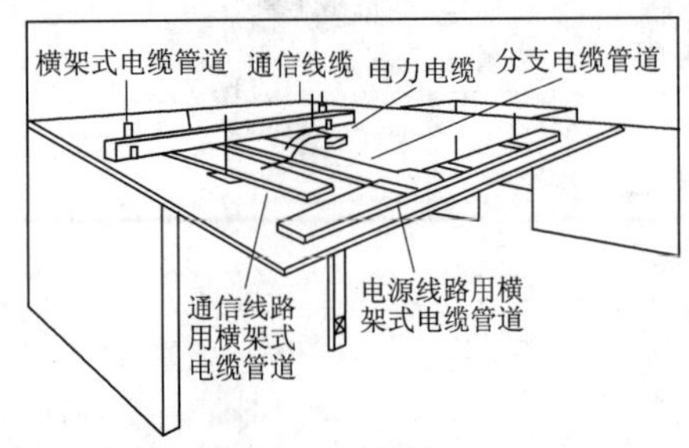

图 2-10 电缆管道布线法

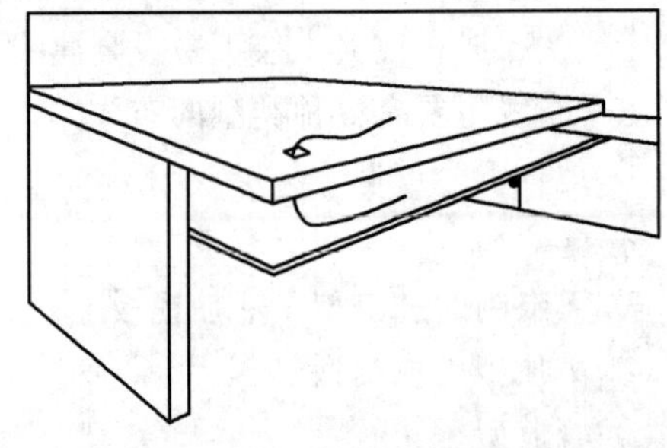

图 2-11 插通布线法

采用插通布线法时要在地板上钻一个孔，并从顶棚向下插通电缆，而且要在电缆经过的地板四周建防火区。在安装过程中，这个方法会使地板强度减弱，中断下面楼层的正常工作，因此不推荐使用插通布线法，只在其他布线方法无法实现时才作为一种不得已采用的最后手段。

（2）地板下线槽布线法（见图 2-12）。

① 地面线槽布线法。

由一系列金属布线线槽（常用混凝土密封）和馈线走线槽组成。这是一种安全的方法，其优点是：机械保护性好，减少电气干扰，提高安全性、隐蔽性和保持外观完好，减少安全风险。其缺点是：费用高，特别是地面出线盒的价格较高，结构复杂，对铺有地毯、花岗岩处的地面出口要进行专门的处理。

② 蜂窝状地板布线法（见图 2-13）。

蜂窝状地板由一系列供电缆穿越用的通道组成。这些通道为电力电缆和通信电缆提供现成的电缆管道。交替的电缆槽和通信电缆槽提供一种灵活的布局。根据地板结构，布线槽可由钢铁或混凝土制成。无论在哪种情况，横梁式导管都用作馈线槽，从其中将电缆从布线槽引向配线间。蜂窝状地板布线法具有地板下导管布线法的优点，且容量要更大些。缺点是：费用高、结构复杂，增加了地板重量，对铺有地毯处的服务设备用的通孔要进行专门的处理。

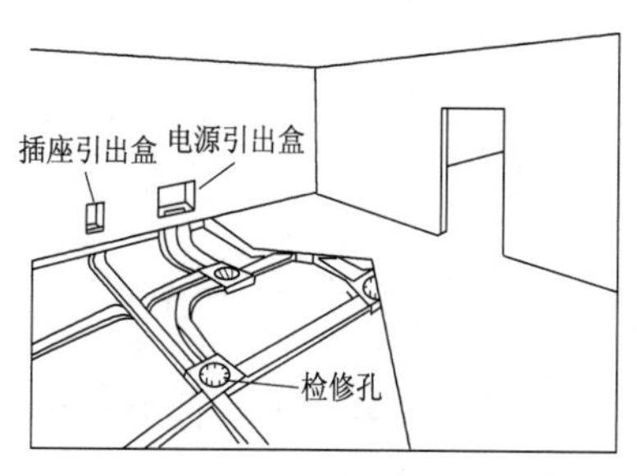

图 2-12　地板下线槽布线法

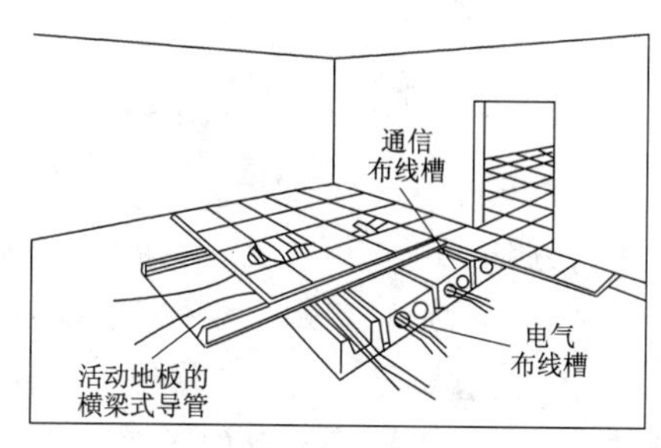

图 2-13　蜂窝状地板布线法

③ 高架地板布线法（见图 2-14）。

高架地板，又称活动地板或防静电地板，由许多方块板组成，这些板放置在固定于建筑物地板上的金属锁定支架上。任何一个方块板都是可以活动的，以便能接触到下面的电缆。

这种布线法非常灵活，而且容易安装，不仅容量大，防火也方便。缺点是：在活动地板上走动产生的声音较大，初期安装费用昂贵，电缆走向控制不方便，房间高度降低。

④ 地板下管道布线法（见图 2-15）。

地板下管道布线法由许多金属管组成，这些金属管由管理区向各个信息出线口敷设，该方法适用于有相对稳定终端位置的建筑物。其优点是初期安装费用低，缺点是灵活性差。

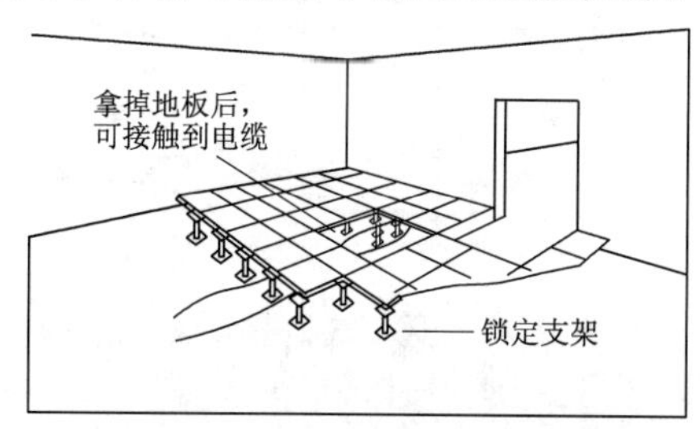

图 2-14　高架地板布线法

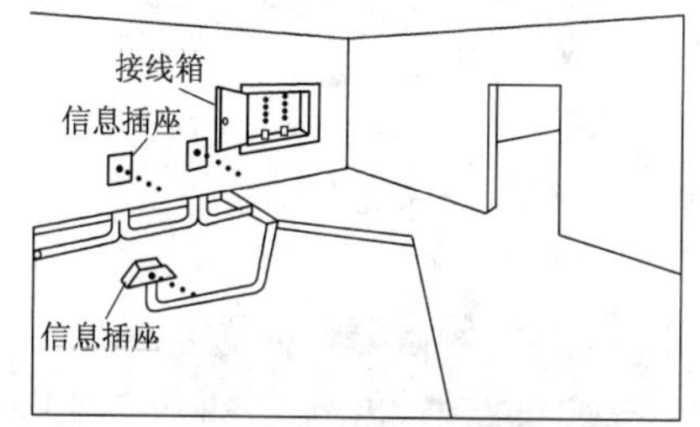

图 2-15　地板下管道布线法

（3）旧建筑物或翻新的建筑物的布线方法：

① 护壁板电缆管道布线法（见图 2-16）。

护壁板电缆管道是一个沿建筑物护壁板敷设的金属管道。这种布线结构便于接触到电缆，通常用于墙上装有大多数插座的小楼层区。电缆管道的前面盖板是活动的，插座可装在沿管道的任何位置上。电力电缆和通信电缆由接续接地的金属隔板隔开来。

② 地板上导管布线法（见图 2-17）。

采用这种布线法时，地上的胶皮或金属导管用来保护并承载地板表面敷设的裸露布线。电缆藏在这些导管内，而导管又固定在地板上。然后将盖板紧固在导管基座上。地板上导管布线法具有快速和容易安装的优点，适用于通行量不大的区域。不要在过道或主楼层区使用这种布线法。

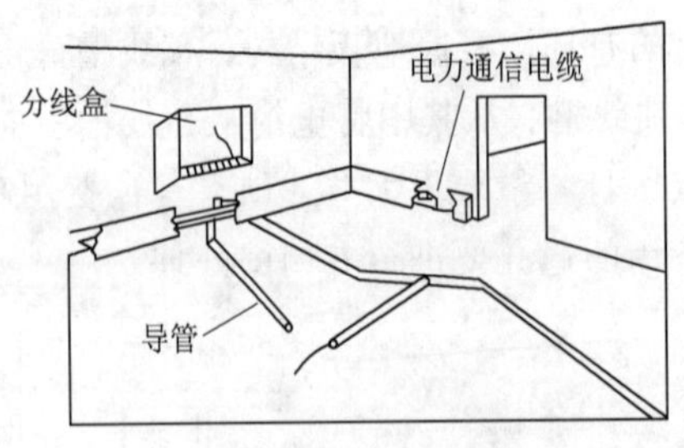

图 2-16 护壁板电缆管道布线法

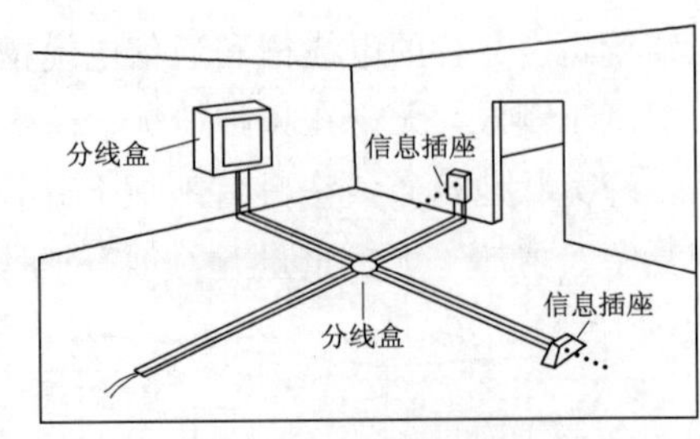

图 2-17 地板导管布线

③ 模制电缆管道布线法（见图 2-18）。

模制电缆管道是金属模制件，固定在接近顶棚与墙壁接合处的过道和房间的墙上。管道可以把模压件连接到配线间。在模压件后面，小套管穿过墙壁，以便使电缆通向房间。在房间内，另外的模压件将连接到插座的电缆隐蔽起来。

④ 通信线槽敷设法（见图 2-19）。

在旧楼改造中，目前常采用的是塑料通信线槽布线方式。通常可以有两种形式：一种可以将通信线槽安装在旧楼的吊顶内，如果施工难度较大可以将线槽明敷在通道内，通常选择与屋顶接近，而且便于向各个房间分布的安装高度；另一种是线槽可以由配线间引向各个楼层，然后由通道向办公区穿孔引向各个工作点。

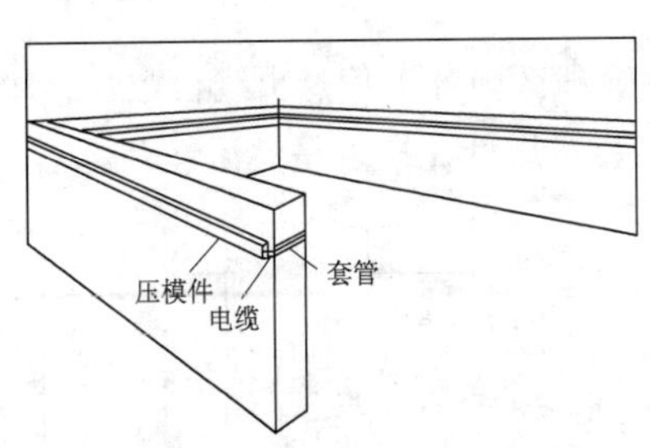

图 2-18 模制电缆管道布线法

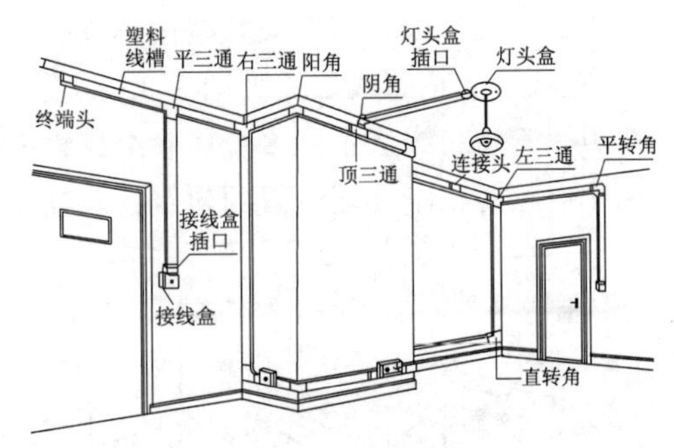

图 2-19 通信线槽敷设法

2.2.3 管理间子系统设计

管理设置分布在建筑物每层的配电间内（通常设于弱电竖井内，如图 2-20），由配线间的配线设备（双绞线配线架、光纤配线架）以及输入输出设备等组成。其连接方式取决于工作区设备的需要和计算机网络的拓扑结构。

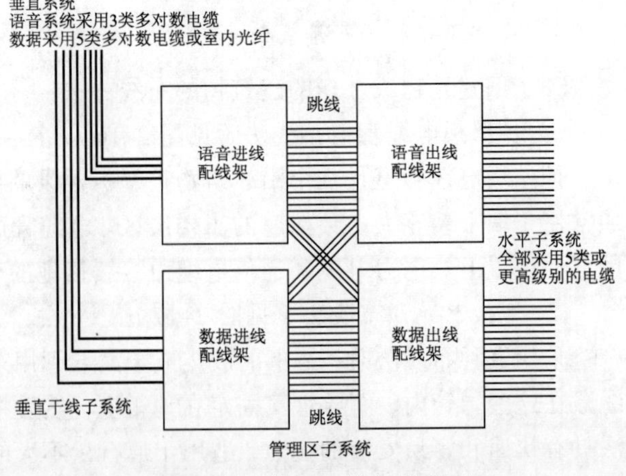

图 2-20 管理配线架示意图

1. 管理间的主要作用

① 连接主干线（垂直子系统）和水平子系统。

② 管理本层（或若干层）的信息点，

实现本层信息点的灵活移动和互换。

③ 如果主干线缆（垂直系统）采用光纤，水平系统采用双绞线，在管理子系统实现光电转换。

④ 管理可以实现本层的计算机联网。

2．管理间的硬件构成

① 双绞线电缆配线架。配线架按配线类型不同分类，可分为快接跳线类和多对数配线类。多对数配线架的价格较低；快接式配线架便于使用快接跳线，对管理人员水平要求不高。

② 跨接式跳线和插入式跳线。跨接式跳线（简易跳线）有 1、2、3 和 4 对线几种，使用专用工具直接压入跳线架完成跳线操作。

③ 跳线架的标志。跳线架标志是管理间子系统的一个重要组成部分。一个建筑群系统，其标志应提供信息端口的名称、位置、区号、起始点和功能。当然，系统管理人员也可按具体情况自行设计标志内容。

3．管理间的设计

① 决定配线架的类别。配线架的种类不同，适用的场合也不同。快接式配线架适用于信息点数较少，主要以计算机为使用对象，用户经常对楼层的线路进行修改、移位或重组。多对数配线架适用于信息点多，以电话和计算机为主要使用对象，用户经常对楼层的线路进行修改、移动或重组。

② 计算配线架数量的原则。计算配线架数量的原则有两个：语音配线架与数据配线架分开；进线与出线分开（即垂直连接与水平连接分开）。此外为了保证系统的未来应用，建议用于水平双绞线（包括数据与语音）的所有 8 芯线都要打在配线架上。

③ 列出管理接线间墙面全部材料清单，并画出详细的墙面结构图。

4．配线架的种类

配线架分为两大种类，即光纤配线架和电缆配线架，另外，也有厂家提供光纤和电缆共用配线架。光纤配线架和电缆配线架都有多对数型和快接型。

① 双绞线多对数配线架。多对数配线架也叫大对数配线架。在安装电缆时，双绞线被卡接在线排上，线排上卡接模块端子，在端子模块上实现跳线。模块端子有 2 对线式、4 对线式、5 对线式，一个 25 对的配线排可以安装 5 个 4 对线式端子和 1 个 5 对线式端子。模块端子的下端卡接在大对数配线架上，模块端子的上端连接跳线。由于大对数配线架的连接容量很大，一般大对数配线架都有理线器，线缆在理线器中穿过，使整个配线系统更加美观。

② 快接式配线架。快接式配线架的表面直接是 RJ45 的标准接口，通过使用带有 RJ45 接头的连接跳线，可以方便地连接设备。这也是目前进行计算机联网经常使用的配线架。

③ 光纤配线箱。多对数的光纤配线架称为光纤配线箱，光纤配线箱可以连接多对数光纤。

④ 光纤配线盘。小规模的光纤连接采用光纤配线盘。光纤配线盘可连接 2-48 口的光纤应用。

⑤ 光纤和其他种类电缆合用的配线架。这种配线架采用模块化安装，可以在配线架上安装 ST、SC。屏蔽双绞线、非屏蔽双绞线以及同电缆模块。

2.2.4 干线（垂直）子系统设计

干线子系统是指设备间系统与管理之间的连接电缆，是建筑物中的主干电缆。

1. 干线子系统的硬件

① 非屏蔽型多对数电缆。此电缆内含 24—AWG（美国线标）硬铜导线，外包有 PVC 绝缘，为非阻燃型电缆，常用的有 25 对、50 对、100 对。通用型电缆敷设时应符合防火规范，作防火处理。同时应符合 TIA/EIA 568 商业建筑物布线标准。

② 屏蔽型电缆。此电缆内包含 24—AW 铜导线，以聚乙烯绝缘，外包 PVC 外皮，缆芯绕着一层塑料带，并包一层波纹留铝屏蔽物，电缆符合 TIA/EIA 568 商业建筑物布线标准。

2. 设计原则

① 在确定干线子系统所需要的芯缆总对数之前，必须确定电缆中语音和数据信号的共享原则。

② 应选择干线电缆最短、最安全和最经济的路由。宜选择带盖的封闭通道敷设干线电缆。

③ 干线电缆可采用点对点端接，可采用分支递减端接以及电缆直接连接的方法。

④ 如果设备间与计算机房处于不同的地点，而且需要把话音电缆连至设备间，把数据电缆连至计算机房，则宜在设计中选取干线电缆的不同部分来分别满足话音和数据的需要。

3. 设计步骤

① 确定每层楼的干线电缆要求。根据不同需要和经济性选择干线电缆类别，确定使用光纤还是双绞线。

② 确定干线电缆路由。选择干线电缆路由的原则，应是最短、最安全、最经济。垂直干线通道主要有两种方法可供选择；电缆孔法和电缆井法。水平干线主要有管道法和托架法两种敷设方法可供选择。

由于建筑物结构特点和用户要求不同，主干线可能有多个路由或者采用多种敷设方式。

③ 确定干线电缆长度。干线电缆的长度可用比例尺在图纸上实际量得，也可用等差数列计算。注意：每段干线电缆长度要有备份（约 10%）和进行端接损耗的考虑。

4. 干线（垂直）子系统的布线方式

① 开放型通道。开放型通道是指从建筑物的地下室到楼顶的一个开放空间，中间没有任何楼板隔开，例如，风道或电梯通道。目前的法令不允许在现有的开放通道之外再增加任何其他开放型通道。

② 封闭型通道。封闭型通道是指一连串上下对齐的接线间，每层一间或几间，电缆就穿过这些房间的地板，利用电缆孔、管道或者电缆井。每个接线间通常还有一些便于固定电缆的设施和消防装置。

5. 垂直的干线电缆穿过建筑物的方法

① 电缆孔法（见图 2-21）。

干线通道中所用的电缆孔是很短的管道，通常用直径 10 cm 的金属管做成。它们嵌在混凝土地板中，这是在浇注混凝土地板时嵌入的，比地板表面高出 2.5～10 cm。电缆往往捆在钢丝绳上，而钢丝绳又固定在墙上已钉好的金属条上。当接线间上下都对齐时，一般采用电缆孔法。

② 电缆井法（见图 2-22）。

电缆井方法有时用于干线通道。电缆井是指在每层楼板上开出一些方孔，方孔的大小依据所用的电缆数目而定。与电缆孔方法一样，电缆也是捆在或箍在支撑用的钢丝绳上，钢丝绳靠墙上的金属条或地板三脚架固定住。离电缆井很近的墙上立式金属架可以支撑很多电缆。电缆井的选择非常灵活，可以让粗细不同的各种电缆以任何组合方式通过，电缆井虽然比电缆孔灵活，但在原有建筑物中开电缆井安装电缆代价较大，另外使用电缆井要注意防火。电缆井是目前经常使用的干线电缆敷设方法。

在多层楼房中，经常需要使用干线电缆的横向通道才能从设备间连接到干线通道以及在各个楼层上从干线接线间连接到任何一个配线间。横向走线需要寻找一条易于安装的方便通道。

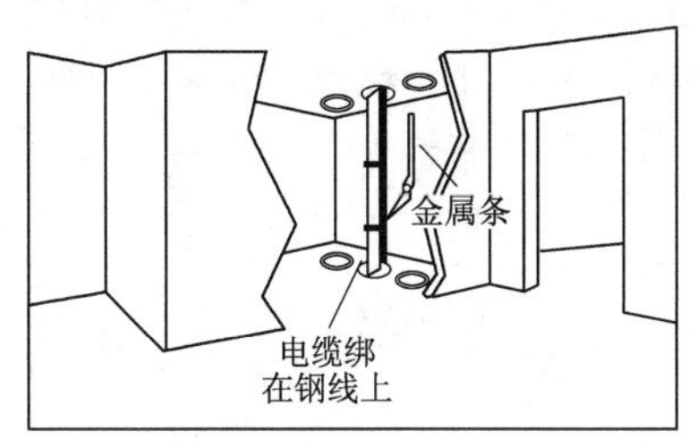

图 2-21　电缆孔法

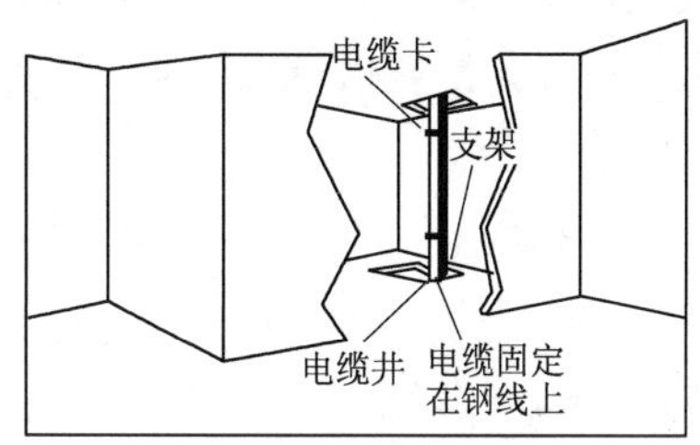

图 2-22　电缆井法

6. 水平的干线电缆穿过建筑物的方法

① 管道法（见图 2-23）。

在管道干线系统中，金属管道被用来安装和保护电缆。由于相邻楼层上的干线配线间存在水平方向上的偏距，因而出现垂直的偏距通路。金属管道允许把电缆拉入这些垂直的偏距通路。在开放式通路和横向干线走线系统中（如穿越地下室），管道对电缆起机械保护作用。管道不仅有防火的优点，而且它提供的密封和坚固的空间使电缆可以安全地延伸到目的地。但是管道很难重新布置，因而不太灵活。

② 电缆桥架法（见图 2-24）。

电缆桥架是铝制或钢制部件，外形很像梯子。若搭在建筑物墙上，可供垂直电缆走线；若搭在顶棚下，可供水平电缆走线。电缆固定在桥架上，由固定卡子固定，必要时还要在桥架下方安装电缆绞接盒，以保证在桥架下方已装有其他电缆时可以接入电缆。桥架法最适合电缆数目很多的情况，待安装电缆的粗细和数门决定桥架的大小。桥架很便于安装电缆，但是桥架及支撑件价格昂贵。

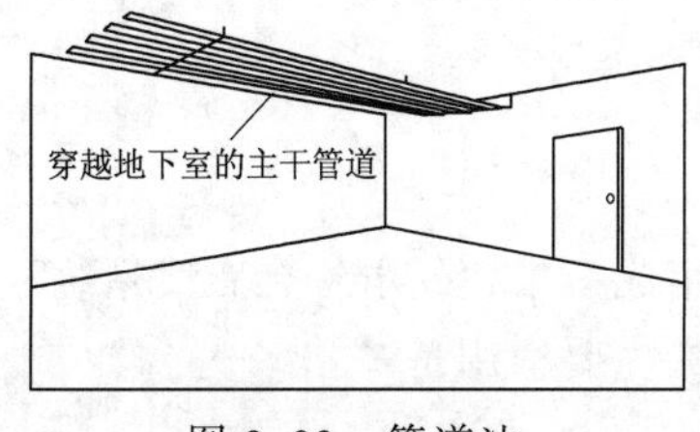

图 2-23　管道法

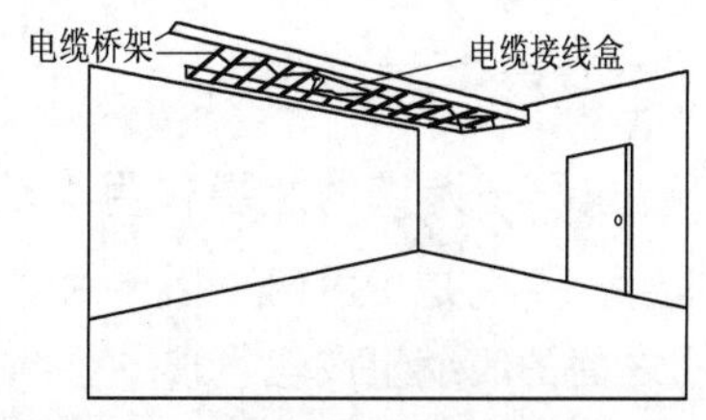

图 2-24　电缆桥架法

2.2.5　设备间设计

设备间是在每一幢建筑物适当的地点设置进线设备，进行网络管理具有管理人员值班的场所，它是由综合布线系统的建筑物进线及设备、电话、数据、计算机等各种主机设备及其保安设备等构成。

1．设备间子系统的主要作用

① 楼宇有源通信设备主要安置场所。

② 用于连接主干子系统。

③ 实现楼层间信息点的互换和灵活移动。

2．设备间的硬件

设备间的硬件大致与管理的硬件相同，基本是由光纤、铜线电缆、配线架、跳线构成，只不过规模比管理大得多。不同的是设备间有时要增加防雷、防过压、防过流的保护设备。通常这些防护设备是同电信局进户线、程控交换机主机、计算机主机机配合设计安装，有时需要综合布线系统配合设计。

3．设备间（见图 2-25）设计应考虑的问题

① 设备间的位置和大小，应根据设备间的数最、规模、最佳网络中心等因素来综合考虑确定。

② 位置应尽量接近弱电竖井的位置。

超大型建筑物，布线系统规模和主设备间无足够大的墙面安装跳线架时，可在设备间适当位置安排单面或双面机柜。

标准机柜分为挂壁式和立式两种（见图 2-26）。

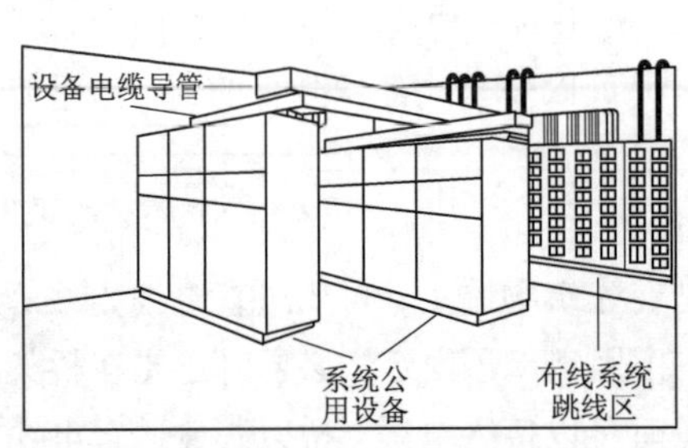

图 2-25　设备间

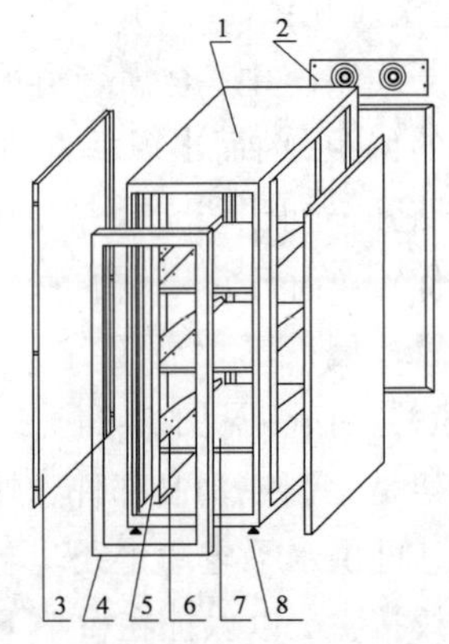

图 2-26　标准机柜

1—顶盖；2—风机板；3—左侧板；4—前门；5—U 孔条；6—托板；7—隔板；8—调节板。

2.2.6　建筑群子系统设计

1．建筑群子系统的主要作用

建筑群子系统是指由两个以上的建筑物的通信系统组成一个建筑群综合布线系统，由连接各建筑物之间的线缆组成建筑群子系统。建筑群子系统的主要作用是：

① 连接不同楼宇之间的设备间子系统；

② 实现大面积地区建筑物之间的通信连接。

这部分布线系统的电缆可以采用架空电缆、直埋电缆、地下管道电缆、巷道铺设，或者这四者敷设方式的任意组合进行敷设。究竟采用何种方式视具体情况而定，建筑群布线方法比较见表 2-2。

表 2-2　建筑群布线方法比较

方　法	优　点	缺　点
管道内布线法	提供最佳的机构保护，任何时候都可敷设；电缆的敷设、扩充和加固都很容易；保持建筑物的外貌	挖沟、开管道和入孔的成本很高
直埋布线法	提供某种程度的机构保护；保持建筑物的外貌	挖沟成本高；难以安排电缆的敷设位置；难以更换和加固
架空布线法	如果本来就有电线杆，则成本最低	没有提供任何机械保护；灵活性差；安全性差；影响建筑物美观
巷道布线法	保持建筑物的外貌，如果本来就有巷道，则成本最低、安全	热量或漏泄的热水可能会损坏电缆；可能被水淹没

2. 建筑群电缆布线方案设计的一般步骤

① 了解敷设现场的特点。

② 确定电缆系统的一般参数。

③ 确定建筑物的电缆入口。

④ 确定明显建筑物的障碍物的位置。

⑤ 确定主电缆路由和另选电缆路由。

⑥ 选择所需的电缆类型和规格。

⑦ 确定每种选择方案所需劳务费用。

⑧ 确定每种方案所需的材料成本。

⑨ 选择最经济、最实用的设计方案。

2.2.7　综合布线系统设计例题

例题一

一栋 6 层楼，每层 100 个信息点，每层长 40 m，宽 30 m，高 4 m，弱电竖井正好在每层的中央，计算机房在三层，程控交换机房在二层，各机房都离竖井比较近。请估算这座大厦所需综合布线的材料清单。

（1）估算水平子系统用线量。水平系统全部采用 5 类无屏蔽双绞线，每层总用线量计算如下：

因为不清楚每一层的信息点分布情况，仅仅知道信息点的数量，我们只有估计信息点到管理子系统（弱电竖井）的平均距离，我们假设最远点为距离竖井 25 m 处，最近点距离竖井 5 m 处，那么信息点的平均距离=(25 + 5)/2 = 15 m。所以每层的用线量估算如下：100 × (15+1.5+6) =2 250 m。又因为每一箱双绞线的标准长度是 1 000 ft（约 305 m），所以用每层用线量除以 305 m，就可以得到每层订购箱数=7.4 箱（仅仅是估算方法）。

那么本楼水平系统的总用线量为：7.4 × 6=44.4 箱，所以订购数量为 45 箱（这是最保守估计，实际应用中用线量可能超过 45 箱）。

（2）计算配线架的用量。因为楼层并不算很高，信息点数量也不多，干线系统均采用多对双绞线。假设语音、数据系统各有 50 个信息点，配线架的最小规格是 100 对。根据管理区子系统的设计方法计算的配线架数量如表 2-3 所示。

表 2-3 配线架数量

	语　音	数　据
进线	100 对	200 对
出线	200 对	200 对

所以每层需要 100 对配线架 7 个，管理子系统配线架总的用量为 6 × 7 = 42 个。

（3）计算垂直系统的用线量。计算垂直系统的用线量主要看配线架进线数量，语音系统采用 3 类 25 对双绞线，数据系统采用 25 对 5 类双绞线。因为每层按照 50 个语音点计算，每个语音点按照一对线考虑，所以语音干线每层需要 3 根 25 对双绞线，楼高 4 m，假设每根大对数双绞线的平均长度=[(4+4+4)+4]/2+1.5+6 =15.5 m。

因为竖井距离机房很近，假设不会超过 6m，每层 3 根一共有 3 × 5=15 根（3 层除外），所以语音系统多对数电缆总的用线量=15 × 15.5=232.5 m，需要订购 1 轴（每轴标准是 1000 ft,约 305 m）。同样可以计算数据系统的用线量，结果是 1.5 轴，向上取整订购 2 轴。

（4）设备间系统配线架的数量。假设语音、数据系统各 300 个信息点，总配线架上有 10% 的余量，则计算结果如表 2–4 所示。

表 2-4 设备间配线架数量

项　目	语　音	数　据
进线		700 对
出线	400 对	700 对

设备间语音系统进线的配线架用量需要根据用户申请的电话数量确定。

订购时可以确定 300 对配线架 5 个，100 对配线架 3 个。

（5）系统总的设备清单（见表 2–5）

表 2-5 总的设备清单

序　号	设备名称	数　量	序　号	设备名称	数　量
1	8 芯双绞线	45 箱	6	25 对多对数双绞线 5 类	2 轴
2	300 对配线架	5 个	7	设备间 1.8 m 机柜	1 个
3	100 对配线架	45 个（42+3）	8	工具	1 套
4	模块及插座	600 套	9	消耗材料	1 批
5	25 对多对数双绞线 3 类	1 轴			

采用不同厂家的设备，总的造价会有所不同。系统总造价（包括设备费用、施工费用等一切杂费）在 25 万元左右。

本例题仅作为估计系统造价时的简单计算之用，不能作为实际应用中的工程设计。

例题二

一栋大楼地上部分总建筑面积 20 000 m²，地上共有 10 层，地下 3 层。地上部分面积平均分配，楼高 4 m，每层的信息点数量不详，一层、二层用做商场，三层、四层作为办公区，四层以上作为写字楼出租，弱电竖井的位置在大楼的正中央，楼长 50 m，宽 40 m，计算机房设在三层，程控交换机房设在二层，各机房距离竖井均约为 10 m。请估列这座大厦的综合布线材料清单。

（1）假设 1~2 层：2 个信息点/40 m^2 （根据实际情况估算），共 200 个信息点。

（2）假设 3~4 层；2 个信息点/10 m^2（根据实际情况估算），共 800 个信息点。

（3）假设 5~10 层；2 个信息点/15 m^2（根据实际情况估算），共 1 620 个信息点（每层 270 个）。

（4）假设信息点最远距离（max）=64 m，假设信息点最近距离（min）=5 m。水平系统总用线量 = 2620 × {（64+5）/2+[（64+5）/2] × 0.1+6}/305 = 378 箱。

（5）假设语音、数据系统各有 1 300 个信息点，每层分配线架数量计算信息点，如表 2-6 所示。

表 2-6　每层分配信息点

层　　数		语　　音	数　　据
首层	进线 出线	1 个 100 对 1 个 100 对	1 个 19 in 光纤配线架 1 个 100 对
二层	进线 出线	1 个 100 对 1 个 100 对	1 个 19 in 光纤配线架 1 个 100 对
三层	进线 出线	1 个 300 对 2 个 300 对，2 个 100 对	1 个 19 in 光纤配线架 2 个 300 对，2 个 100 对
四层	进线 出线	1 个 300 对 2 个 300 对，2 个 100 对	1 个 19 in 光纤配线架 2 个 300 对，2 个 100 对
五层	进线 出线	2 个 100 对 2 个 300 对	1 个 19 in 光纤配线架 2 个 300 对
六层	进线 出线	2 个 100 对 2 个 300 对	1 个 19 in 光纤配线架 2 个 300 对
七层	进线 出线	2 个 100 对 2 个 300 对	1 个 19 in 光纤配线架 2 个 300 对
八层	进线 出线	2 个 100 对 2 个 300 对	1 个 19 in 光纤配线架 2 个 300 对
九层	进线 出线	2 个 100 对 2 个 300 对	1 个 19 in 光纤配线架 2 个 300 对
十层	进线 出线	2 个 100 对 2 个 300 对	1 个 19 in 光纤配线架 2 个 300 对

（6）假设语音、数据系统各 1 300 个信息点，总配线架数量计算（10%的余量）如表 2-7 所示。

表 2-7　总配线架数量

	语　　音	数　　据
进线 出线	1 个 900 对，1 个 300 对 2 个 100 对（1500 对）	2 个 19 in 光纤

（7）总设备清单（见表 2-8）

表 2-8 总设备清单

序 号	设备名称	数 量	序 号	设备名称	数 量
1	8 芯双绞线	375~400 箱	8	19 in 光纤配线架	1 个
2	900 对配线架	1	9	光纤耦合器及 ST 接头	108
3	300 对配线架	34	10	光纤消耗材料	1 套
4	100 对配线架	26	11	机柜	11 个（除 3 层外，每层 1 个+总机房 2 个）
5	模块及插座	2600 套	12	测试设备	1 套
6	25 对多对数双绞线 3 类	7~10 轴	13	工具	1 套
7	6 芯多摸室内光纤	260~300 m	14	消耗材料	1 批

采用不同厂家的设备总的造价会有所不同。系统总造价（包括设备费用、施工费用等一切杂费）在 110 万左右。

本例题仅作为系统造价的估算使用，不能成为最终的系统造价。这个估算中不含预埋管线、底盒和金属桥架的等设备的材料和安装费用。

例题三

校园网改造，已有细缆网的一边使用台 LANart 的三口中继器（双绞线-光纤-细缆），另一边使用一台 LANart 的带光纤主干的双绞线 HUB。中间用架空或地里均可的束管式 4 芯室外多摸光缆再经过熔接为带 ST 头的室内跳线（因设备的光纤接口为 ST 型）。

衰减核算：（一般多模设备在 2 km 范围内不用核算，这里只做个例子）

发射功率：–16 dBm

接收灵敏度：–29.5 dB/km =5.25 dB

接收衰减：接头 2 个衰减为 2 点 × 1 dB/点= 2 dB

熔接两个点为：2 点 × 0.07 dB/点 = 0.14 dB

衰减余量 = –16 dBm –（–29.5 dBm）–0.14 dB–2 dB = 6.11 dB

经过上面的计算，可以看出系统容量大于 4 dB，以上选择可以满足要求。

例题四

校园网是 14 幢楼要用光纤连接起来，每座楼内均要有各自的子网（10 Mbit/s 以太网），相邻每座楼之间的间距都小于 2 km。考虑用 FDDI 双环做主干，在每座楼中放一台 FR2100 FDDI/以太网双环网桥，再用 6 芯室外管道光缆将它们连起来。

每座楼内均采用熔接的方法，将 6 芯室外光缆转成带三条 FDDI 标准的 MIC 头跳线，以便连接 FDDI 网桥。这样每座楼内要熔接 6 个点，同时需要一个一进八出的光纤终端盒，14 座楼总共需要 21 条 MIC 跳线，14 个终端盒，84 个熔接点，14 段 6 芯室外光缆和 14 台 FDDI/以太网双环网桥。由于楼间距都较小（小于 2 km），所以一般不用核算衰减余量。

2.3　综合布线系统工程图纸设计与绘制

综合布线系统设计中图纸是非常重要的一项资源，系统设计人员要根据建筑物结构图设计综合布线工程图，用户要根据工程图对工程进行可行性分析和判断，施工人员要根据图纸进行具体的施工和操作，最终项目竣工验收也需要根据图纸来进行验收判断，所有工程的技术图纸也将成为重要的资料移交给用户。

2.3.1　综合布线系统工程设计参考图集

这里简单介绍综合布线系统图纸设计中所采用的主要参考图集。

1.《智能建筑弱电工程设计施工图集(97X700)》

此书由中国建筑标准设计研究所与工程建设标准设计分会弱电专业委员会联合主编，由中华人民共和国建设部 1998 年 4 月 16 日批准。

该图集包括智能建筑弱电系统共 11 个系统的设计：

- 通信系统。
- 综合布线系统。
- 火灾报警与消防控制系统。
- 安全防范系统。
- 楼宇设备自控系统。
- 公用建筑计算机经营管理系统。
- 有线电视系统。
- 服务性广播系统。
- 厅堂扩声系统。
- 声像节目制作与电化教学系统。
- 呼应信号及公共显示系统。

该图集在一定程度上保持各自的独立性和完整性，对某些系统，除规定特定的图形符号外，还比较详细地介绍系统构成、原理和实施方法。该图集适用于新建或改（扩）建的智能建筑各弱电系统的设计和设备安装，除民用建筑外，也考虑了部分工业建筑所列内容。除遵循现有的规程、规范外，对目前尚未明确规定的部分，也研究确定丁详细的设计及施工方法，以供选用，并希望通过工程实践，促进编制新的规程、规范。该图集对智能住宅的设计和施工未涉及，该图集可以作为施工图纸设计的主要参考书目。

2.《建筑电气通用图集(92DQ)》

该图集是华北地区建筑设计标准化办公室主持编制的通用图集。该图集共 13 册，可以选购如下分册：

- 《内线工程 92DQ5》。
- 《通用电器件设备 92DQ8》。
- 《火灾报警与控制 92 DQ 9》。
- 《空调自控 92DQl0》。

- 《有线电视工程 92 DQ 11》。
- 《广播与通讯工程 92DQl2》。
- 《防雷与接地装置 92DQl3》。

3.《建筑电气安装工程图集》

该图集主要内容有：

- 弱电(通信)工程设计图形标准。
- 建筑与建筑群的综合布线。
- 智能建筑的设计要求及智能大厦中的开关、插座、多功能配件的安装。
- DLP 布线槽系统。
- 民用建筑中的声像、呼叫对讲、扩声、仪表自控、计算机管理、监视等系统的安装与布线。
- 土建工程中建筑内墙与布线的构造做法。
- 自备电源、蓄电池室等的安装做法。
- 标准电能计量柜的选型。
- 常用国家标准图形标志的使用与制作。
- 新型抹灰接线盒的安装与金属管的接地做法等。

2.3.2 工程图纸设计与绘制

网络综合布线工程图纸设计一般包括以下内容：

① 信息点统计表设计。

② 综合布线系统图设计。

③ 端口编号表设计。

④ 施工图设计。

⑤ 材料统计表设计。

⑥ 预算表设计。

⑦ 施工进度表设计。

上述图纸的设计与绘制贯穿了整个综合布线工程的始末，在整个工程施工过程中起到至关重要的作用，以下就逐一对这些工程图纸的设计与绘制进行介绍。

1. 布线系统图的设计（见图 2-27）

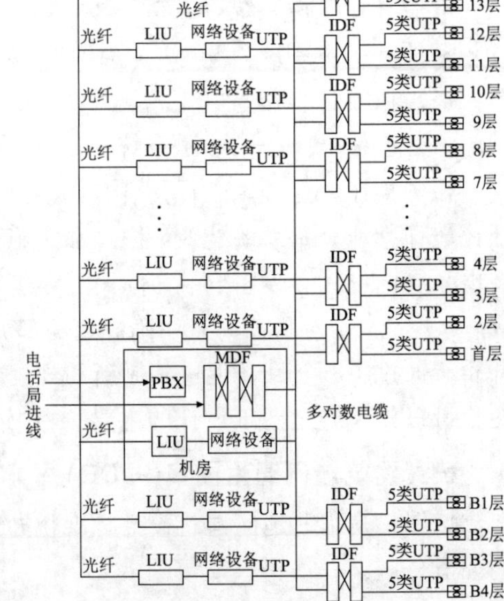

图 2-27 综合布线系统图

① 布线系统图是所有配线架和电缆线路的全部通信空间的立面详图。其主要内容有：

- 工作区：各层的插座型号和数量。
- 水平子系统：各层水平电缆型号和根数。
- 干线子系统：从主跳线连接配线架到各水平跳线连接配线架的干线电缆（铜缆或光缆）的型号和根数。
- 管理：主跳线连接配线架和水平跳线连接配线架所在楼层、型号和数量。

② 系统图作为全面概括布线系统全貌的示意图，在系统图中应当反映如下几点：

- 总配线架、楼层配线架以及其他种类配线架、光纤互联单元的数分布位置。
- 水平线缆的类型（屏蔽或非屏蔽）和垂直线缆的类型（光纤还是多对数双绞线）。
- 主要设备的位置，包括电话交换机（PBX）和网络设备（Hub 或网络交换机等）。
- 垂直干线的露由。
- 电话局电话进线位置。
- 图例说明。

具体操作步骤：

（1）与用户进行沟通，了解用户需求及大厦工作区数量及用途。在进行用户需求分析时，必须在满足当前需求的情况下，留有一定的发展空间，并且需要在整体设计的前提下，充分发挥综合布线系统的兼容性，将语音、数据、监控、消防等设备的集中在一起进行考虑。

所谓用户需求分析是指首先从建筑物的用途开始进行分析，然后按照楼层进行分析，最后再到楼层的各个工作区，逐步明确和确认每层和每个工作区的用途和功能，分析每个工作区的需求，规划工作区的信息点数量和位置。

（2）了解建筑物类型及工作区面积划分情况，工作区的面积根据实际需求会有不同的划分方式，例如，可划分如图 2-28 所示。

建筑物类型及功能	工作区面积（m²）
网管中心、呼叫中心、信息中心等终端设备较为密集的场地	3～5
办公区	5～10
会议、会展	10～60
商场、生产机房、娱乐场所	20～60
体育场馆、候机室、公共设施区	20～100
工业生产区	60～200

图 2-28　建筑物类型及工作区面积

（3）确定了工作区面积后，可根据实际的工作区面积来确定每个工作区所需要的信息点的个数，如图 2-29 所示。

工业区类型及功能	安装数量	
	数据	语音
终端设备密集场地	1～2个/工作台	2个/工作台
人员密集场所	1～2个/工作台	2个/工作台
独立办公室	2个/间	2个/间
小型会议室、商务洽谈室	2～4个/间	2个/间
大型会议室、多功能厅	5～10个/间	2个/间
>5000 m²的大型超市或者卖场	1个/100 m²	1个/100 m²
2000-3000 m²中小型卖场	1个/30～500 m²	1个/30～50 m²
餐厅、商场等服务业场所	1个/50 m²	1个/50 m²
宾馆标准间	1个/间	1～3个/间
学生公寓（4人间）	4个/间	4个/间
公寓管理室、门卫室	1个/间	1个/间
教学楼教室	1～2个/间	
住宅楼	1个/套	2～3个/套

图 2-29　工作区信息点分配规则

（4）确定了工作区信息点布放规则后，可根据实际情况进行分配，并制订信息点数据统计表，如图 2-30 所示。

某公司办公大楼网络综合布线信息点数量统计表																					
楼层编号	房间编号																		数据点数合计	语音点数合计	数据点数总计
	01		02		03		04		05		06		07		08		09				
	数据	语音	数据	语音	数据	语音	数据	语音	数据	语音	数据	语音	数据	语音	数据	语音	数据	语音			
一层	3	3	5	5	24	1	1	1	1	1	1	1							35	12	47
二层	3	3	5	5	5	5	5	5	5	2	5	5			2	2			30	27	57
三层	3	3	5	5	5	5	5	5	2	2	2	2	2	2	2	2	2	2	28	28	56
																		总计:	93	67	160

图 2-30　信息点数据统计表

（5）根据信息点数据统计表，可采用绘图软件来进行综合布线系统图的绘制，在系统图的绘制中需要在图中进行各种图例的说明，如图 2-31 所示。

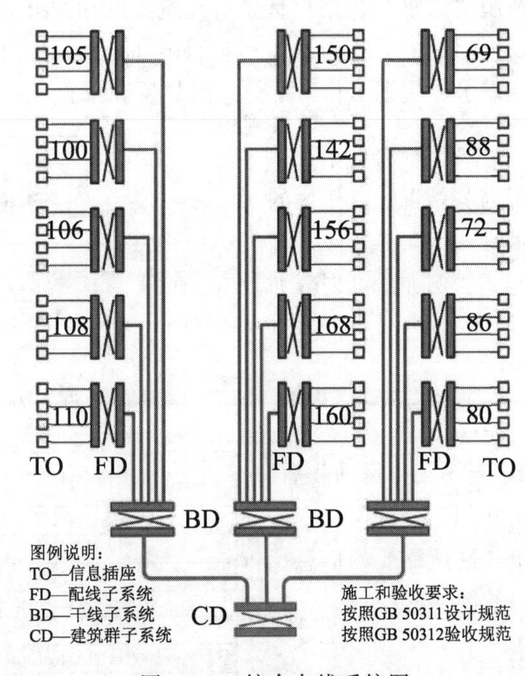

图 2-31　综合布线系统图

2．施工图设计与绘制

综合布线系统工程中确认了信息点数据统计表和综合布线系统图后，就应该进行端口编码表和工程施工图的设计和制定，其中端口编码表是综合布线系统工程施工过程必不可少的重要技术文件，该表中将规定房间编号、每个信息点的编号、配线架编号、机柜编号等，主要用于系统管理，施工管理以及日后的日常维护。

具体操作步骤：

（1）根据信息点数据统计表和综合布线系统图设计和绘制端口编码表，该表格中需要注释相关的房间名称、房间编号、信息点所属机柜编号、所属配线架编号，以及具体信息点的编号，编码表如图 2-32 所示。

序号	房间名称	房间编号	机柜编号	FD配线架编号	信息点编号	测试记录
1	会议室	101	1	1	1-1-101-1	
			1	1	1-1-101-2	
2	市场部	102	1	1	1-1-102-1	
			1	1	1-1-102-2	
3	销售部	103	1	2	1-2-103-1	
			1	2	1-2-103-2	
4	财务部	104	1	2	1-2-104-1	
5	采购部	105	1	2	1-2-105-1	
			1	2	1-2-105-2	
6	工程部	106	2	1	2-1-106-1	
			2	1	2-1-106-2	
7	生产部	107	2	1	2-1-107-1	
			2	1	2-1-107-2	
8	维修部	108	2	1	2-1-108-1	
9	员工办公室	109	2	2	2-2-109-1	
			2	2	2-2-109-2	
			2	2	2-2-109-3	
			2	2	2-2-109-4	
10	市场部办公区	110	2	2	2-2-110-1	
			2	2	2-2-110-2	

图 2-32　端口编码表

（2）根据综合布线系统图和端口编码表，采用 AUTOCAD 或者 VISIO 工具进行综合布线施工图的绘制，进行路由走线和具体安装位置的确定。

设计并绘制综合布线施工图，进行读图，确定每个信息点的位置和连接走线路由，并对照相关记录进行端口位置核对，施工图如图 2-33 所示。

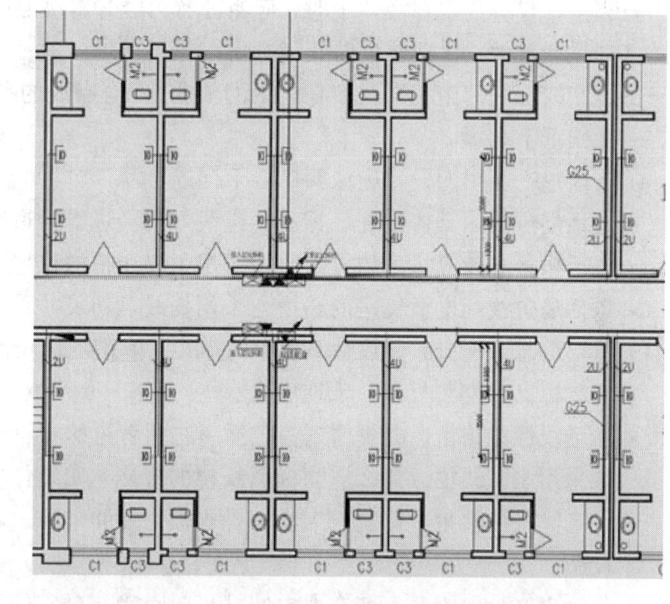

图 2-33　工程施工图

此外在进行综合布线系统施工图设计与绘制时还需要注意以下几点：

（1）在做设计以前首先应该清楚系统采用的是什么厂家的设备，以确定所需线槽的大小尺寸。结合所使用的产品，可以确定新建楼宇施工图纸设计中应当注意的问题：

- 确定预埋管线的管径，具体可以参考这样的标准：1~2 根双绞线穿管 15~20 mm 钢管；3~4 根双绞线穿管 20~25 mm 钢管；5~8 根双绞线穿管 25~32 mm 钢管（32 mm 钢管建议不要穿 10 根以上双绞线）；8 根以上双绞线最好走线槽；单根 32 mm 钢管可以由 2 根 20 mm 钢管代替。

- 水平系统和垂直系统采用金属线槽或金属梯架。线槽和容纳双绞线参考表如表 2-9 所示（弱电竖井中敷设金属梯架式线槽也参考此表）。

表 2-9　线槽和容纳 UTP 双绞线参考表

线槽规格	3 类芯	5 类 8 芯	3 类 25 对	3 类 50 对	3 类 100 对	5 类 25 对
25 × 25	< 10	< 8	< 2	0	0	< 2
50 × 25	< 20	< 15	< 4	< 2	0	< 3
75 × 25	< 30	< 25	< 5	< 3	< 2	< 4
50 × 50	< 35	< 30	< 7	< 4	< 3	< 5
100 × 50	< 75	< 65	< 15	< 10	< 5	< 15
100 × 100	< 150	< 130	< 35	< 22	< 12	< 26
150 × 75	< 170	< 150	< 40	< 25	< 14	< 30
100 × 200	< 300	< 270	< 70	< 45	< 24	< 50
150 × 150	< 350	< 300	< 80	< 50	< 28	< 60

- 由电话局到电话交换机机房要设计走线线槽，线槽可敷设在弱电竖井中。
- 当有源设备放置在竖井中时，应当注意为竖井解决照明、设备用电（UPS 不间断电源）、通风、接地、设备防盗防止破坏等一系列问题。

综合布线系统的施工平面图是施工的依据，综合布线的平面图可以和其他弱电系统的平面图在一张图纸上表示。

（2）通过平面图的设计应该明确以下问题：

- 电话局进线的具体位置、标高、进线方向、进线管道数目、管径。
- 电话机房和计算机房的位置，由机房引出线槽的位置。
- 电话局进线到电话机房的路由，采用托线盘的尺寸、规格、数量。
- 每层信息点的分布、数量，插座的样式（单孔还是双孔或是多孔，墙上型还是地面型）、安装标高、安装位置、预埋底盒。
- 水平线缆的路由。由线槽到信息插座之间管道的材料、管径、安装方式、安装位置。如果采用水平线槽，那么应当标明线槽的规格、安装位置、安装形式。
- 弱电竖井的数量、位置、大小，是否提供照明电源、220V 设备电源、地线、有无通风设施。
- 当管理区设备需要安装在弱电竖井里时，需要确定的设备分布图。
- 弱电竖井中的金属梯架的规格、尺寸、安装位置。

设计平面图需要考虑两方面的因素：弱电避让强电线路、暖通设备、给排水设备；线槽的路由和安装位置应便于设备提供厂商的安装调试。

3. 材料统计表、预算表、进度表设计与绘制

材料统计表主要用于工程项目材料采购和现场施工管理，必须详细清楚地标明工程使用的各种材料，包括主要材料、辅助材料和消耗材料等。材料统计表确认后可进行市场调查，询价，选购最适合工程的材料，并制定材料预算表，确定工程总价。

具体操作步骤：

（1）首先根据用户需求分析确定所需材料的种类，并进行市场调查，对各种材料的真伪辨别方法、基本价格有一个全面的了解，方便进行材料选择。

（2）根据市场调查和用户需求分析的结果，进行材料统计表的制订，如图 2-34 所示。

序号	材料名称	材料规格	数量	说明
1	标准机柜	2m 机柜	5 台	管理间使用
2	底盒	明盒，86 系列底盒	20 个	
3	信息面板	双口，86 系列	15 个	
4	信息面板	单口，86 系列	5 个	
5	信息模块	RJ45	20 个	
6	语音模块	RJ11	15 个	
7	PVC 线槽	60×40，白色	20 m	
8	阴角	60×40，白色	1 个	
9	PVC 管	Φ20，白色	30 m	
10	直通	Φ20，白色	3 个	
11	弯头	Φ20，白色	2 个	
12	双绞线	CAT5E	5 箱	

图 2-34　材料统计表

（3）确定了材料统计表后，可进行市场寻价，根据实际价格确定材料预算统计表，如图 2-35 所示。

序号	材料名称	材料规格	数量	单价/元	合计/元
1	标准机柜	2m 机柜	5 台	1 200	6 000
2	底盒	明盒，86 系列底盒	20 个	3	60
3	信息面板	双口，86 系列	15 个	7	105
4	信息面板	单口，86 系列	5 个	5	25
5	信息模块	RJ45	20 个	10	200
6	语音模块	RJ11	15 个	8	120
7	PVC 线槽	60×40，白色	20 米	5	100
8	阴角	60×40，白色	1 个	3	3
9	PVC 管	Φ20，白色	30 米	5	150
10	直通	Φ20，白色	3 个	3	9
11	弯头	Φ20，白色	2 个	2	4
12	双绞线	CAT5E	5 箱	600	3 000

图 2-35　材料预算统计表

（4）根据材料预算统计表和相关资料确定布线工程材料需求报告，并进行工程材料预算制订。

（5）根据实际工程安排制定工程进度表，并加以实施。

2.3.3　设计与绘图软件介绍

综合布线系统设计中存在着复杂的设备连接关系，各个信息点信息又很分散，如果仍然采用手工绘图和管理的方式，将会使管理方式和信息查询工作变的很烦琐，很难快速准确地了解每条链路的具体连接关系、连接位置及连接的设备。因此目前普遍采用综合布线系统设计辅助软件和专用绘图软件来帮助设计人员完成相关工作。其中综合布线系统设计辅助软件有图形化设计与资源管理平台 VisualNet 和综合布线图形化管理软件 CVMS2008 等，图纸绘制软件有 AutoCAD 和 Visio 等。

VisualNet 和 CVMS2008 是 2 款设计人员经常会用到的综合布线系统设计辅助软件，界面如图 2-36 所示，它们的优点都是能简单、方便、灵活地为管理员提供一个直观、易用的图形化管理平台，帮助管理人员很好的管理综合布线系统。

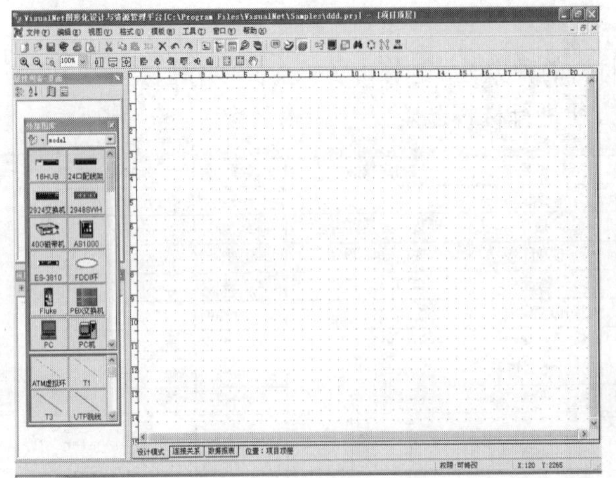

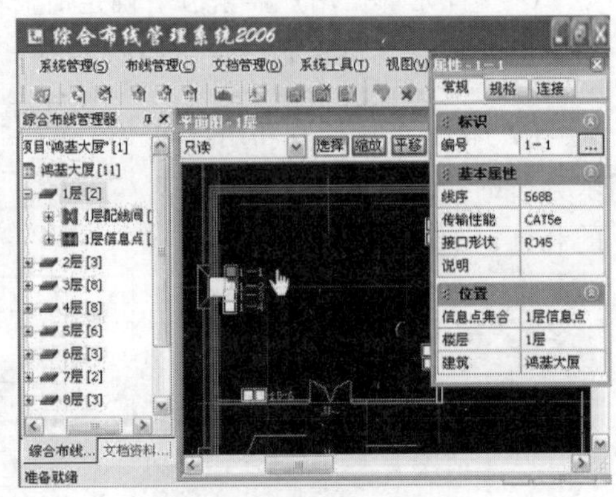

图 2-36 软件界面

AutoCAD 和 Visio 是 2 款专门用于图纸绘制的软件，在综合布线系统设计中也经常会用到，使用这 2 款软件可进行网络拓扑图、信息点分布图、布线施工图等内容的绘制，软件界面如图 2-37 所示。

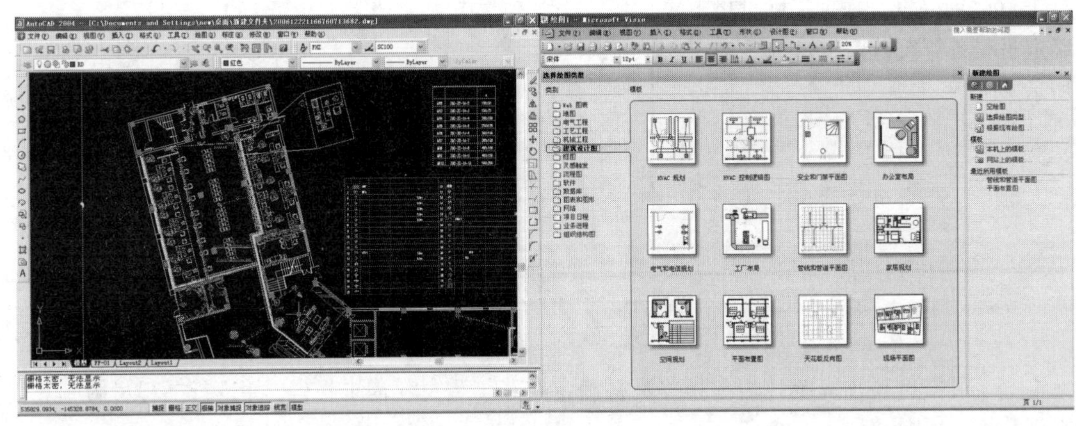

图 2-37 软件操作界面

具体操作步骤：

（1）Microsoft Visio 软件可以根据工程项目需要，灵活地创建简单或复杂的布线系统图和施工图，如图 2-38 所示为 Visio 2003 的启动界面。

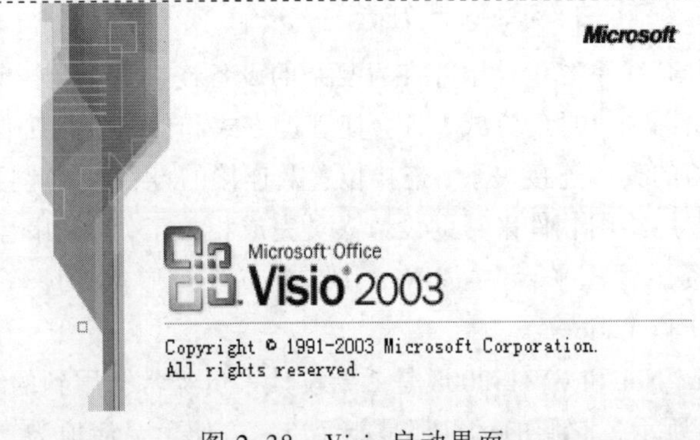

图 2-38 Visio 启动界面

（2）运行 Microsoft Visio 2003 后，在主界面左侧有各种各样的模板类型，如 Web 图表、地图、电气工程、工艺工程等，如图 2-39 所示。

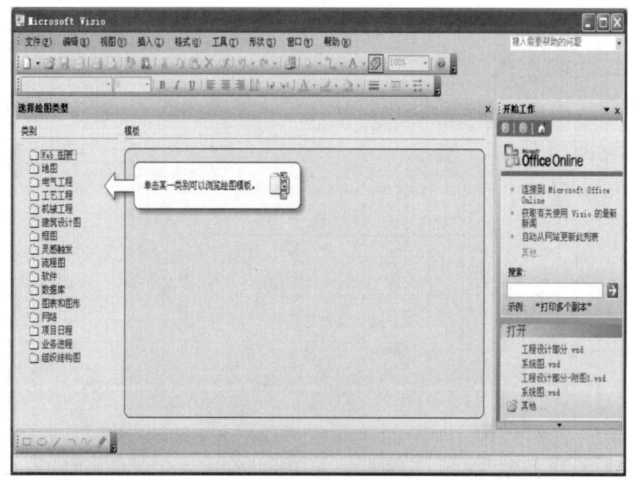

图 2-39　主界面

（3）选择文件菜单下新建网络模板类型，选择其中的基本网络图，如图 2-40 所示。

图 2-40　网络模板类型

（4）利用界面左侧形状窗口中的“计算机和显示器”和“网络和外设”，将相关的网络设备拖动到绘图页上，形成相关图表，如图 2-41 所示。

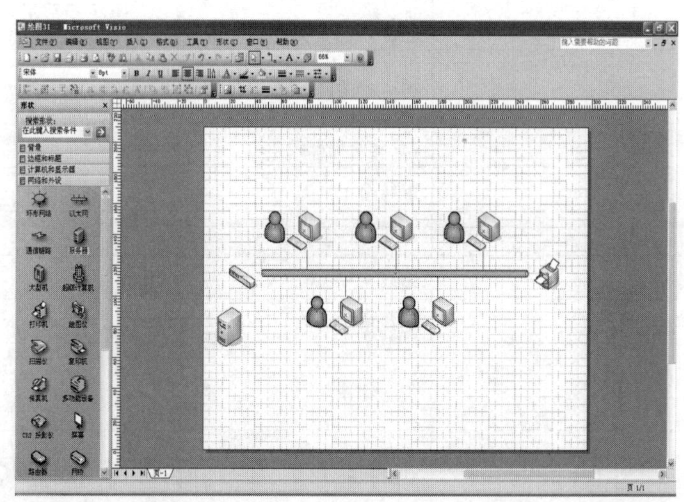

图 2-41　绘制结构图

（5）使用绘图工具栏中的矩形工具、线条工具等可以绘制配线架、信息端口等，在绘图时可以右击任意网络形状，修改其中的相关属性，如图 2–42 所示。

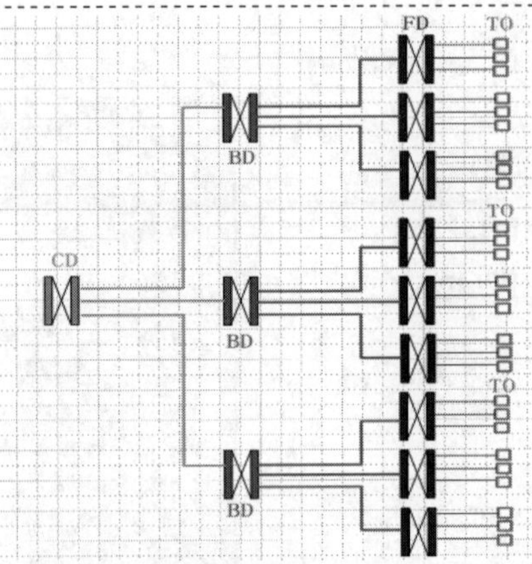

图 2–42　绘制系统图

（6）在进行系统图绘制后需要对图例进行说明，如图 2–43 所示。

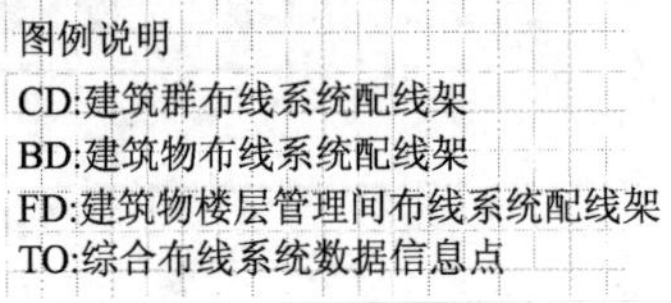

图例说明
CD:建筑群布线系统配线架
BD:建筑物布线系统配线架
FD:建筑物楼层管理间布线系统配线架
TO:综合布线系统数据信息点

图 2–43　图例说明

在进行图纸绘制前还需要首先确定图例的内容，需要在工程中采用统一的图例，方便使用，表 2–10 列举了部分图例可供参考。

表 2–10　部分图例

图　标	说　明	图　标	说　明
	FD 楼层配线架		沿建筑物明铺设的通信线路
	BD 建筑物配线架		沿建筑物暗铺设的通信线路
	CD 建筑群配线架		接地
	配线箱（柜）	HUB	集线器
	桥架		直角弯头
	走线槽（明槽）		T 形弯头
	走线槽（暗槽）		单孔信息插座
	个人计算机		双孔信息插座
	计算机终端		三孔信息插座
(A)	适配器		综合布线系统的互连
MD	调制解调器		交接间

续表

图　标	说　明	图　标	说　明
	光纤或光缆		墙挂式交接箱
	永久接头		架空交接箱
	可拆卸接头		电缆穿管保护
	架空线路		墙壁预留孔

2.4　标识管理设计

综合布线系统工程中的标识管理是工程设计中的一个非常重要的组成部分，由于应用系统变化导致连接点经常会移动或者增减，正确的标识将帮助用户管理工程的相关软硬件，综合布线管理一般包括两类，即逻辑管理和物理管理。逻辑管理是通过布线管理软件和电子配线架来实现的，通过以数据库和 CAD 图形软件为基础制成的一套文档记录和管理软件，实现数据录入、网络更改、系统查询等功能，使用户随时拥有更新的电子数据文档，这需要网管人员时时根据网络的变更及时将信息录入到数据库，物理管理就是现在普遍使用的标识管理系统。

综合布线管理需要遵循的标准主要包括有EIA/TIA-606标准和UL969,其中的EIA/TIA-606标准，即《商业及建筑物电信基础结构的管理标准》，其目的是提供与应用无关的统一管理方案，为使用者，最终用户、生产厂家、咨询者、承包人、设计者、安装人和参与电信基础结构或有关管理系统设施的人员建立了准则。其用途是对电信设备、布线系统、终端产品和通路/空间部件等电信基础结构进行管理，其中完整有效的标识系统是上述管理的重要手段之一。

需要进行标识的位置包括有：

（1）线缆标识，即水平和主干子系统电缆在每一端都要标识。

（2）跳接面板/110 块标识，即每一个端接硬件都应该标记一个标识符。

（3）插座/面板标识，即每一个端接位置都要被标记一个标识符。

（4）路径标识，即路径要在所有位于通信柜、设备间或设备入口的末端进行标识。

（5）空间标识，即所有的空间都要求被标识。

（6）结合标识，即每一个结合终止出要进行标识。

上述六种标识方法相互联系互为补充，每种标识的方法及使用的材料又各有各的特点。像线缆的标识，要求在线缆的两端都进行标识，严格的话，每隔一段距离都要进行标识以及要在维修口、接合处、牵引盒处的电缆位置进行标识。空间的标识和结合的标识要求清晰、醒目，让人一眼就能注意到。插座/面板标识除了清晰、简洁易懂外，还要美观。

另一个标准，即 UL969，其中的 UL 是指美国保险商实验室，它是一个独立的非营利性质的产品安全试验和认证的组织。该组织成立于 1894 年，自成立之日起，就成为为美国产品安全和认证的领导者，并持续至今，UL969 定义了布线标签的材料的要求。

综合布线系统通常使用标签来进行标识管理，标签的类型分为以下 3 种：

（1）粘贴型，粘贴标签应满足 UL969 中规定的清晰、磨损和附着力的要求。还应满足 UL969 中规定的室内一般外露使用的要求。厂房外使用的标签应满足 UL969 中规定的室内室外外露要求，如图 2-44 所示。

（2）插入型，插入标签应满足 UL969 中规定的清晰、磨损性和一般外露要求。设备外的标签应满足 UL969 中列出的室内和室外的要求。插入标签根据标记单元，在正常操作和使用情况下应牢固地放置到位。

（3）其他，其他标签包括不同方法粘贴的特殊用途的标签。

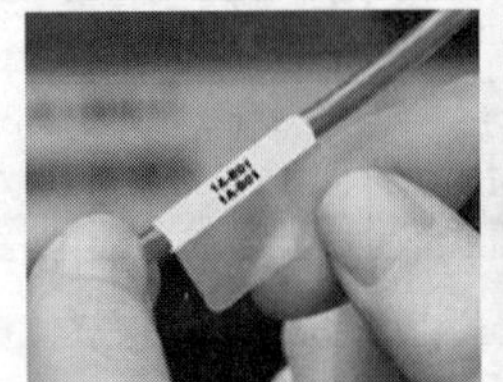
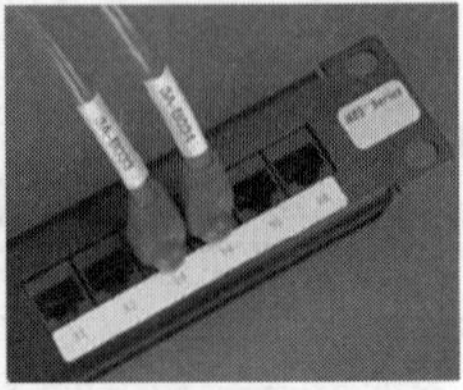

图 2-44 粘贴型标签

2.5 系统保护设计

系统保护设计主要是指综合布线系统的电气防护、接地及防火等方面的设计。

2.5.1 电源设计

设备间安放计算机主机时，应按照计算机主机电源要求进行工程设计。

设备间内安放程控用户交换机时应按照《工业企业程控用户交换机工程设计规范》CECS06：89 进行工程设计。

设备间、交接间应采用可靠的交流 220 V、50 Hz 电源。

2.5.2 电气防护及接地

1. 电气防护

① 综合布线区域内存在的电磁干扰场强大于 3 V/m 时，应采取防护措施。

② 关于综合布线区域允许存在的电磁干扰场强的规定，考虑了下述的因素：

在 EN50082-X 通用干扰标准中，规定居民区/商业区的干扰辐射场强为 3V/m，按 IEC 801-3 抗辐射干扰标准的等级划分，属于中等 EM 环境。

在邮电部电信总局编制的《通信机房环境安全管理通则》中，规定通信机房的电磁场强度的频率范围为 0.15 ~ 500 MHz 时，不应大于 130 dBμv/m，相当于 3.16V/m。

③ 综合布线电缆与附近可能产生高电平电磁干扰的电动机、电力变压器等电气设备之间应保持必要的间距。

综合布线系统与干扰源的间距应符合表 2-11 的规定。

表 2-11 综合布线系统与干扰源的间距表

其他干扰源	与综合布线接近状况	最小间距（mm）
380 V 以下电力电缆 <2 kVA	与缆线平行敷设	130
	有一方在接地的线槽中	70
	双方都在接地的线槽中	10 注①
380 V 以下电力电缆 <2~5 kVA	与缆线平行敷设	300
	有一方在接地的线槽中	150
	双方都在接地的线槽中	80
380 V 以下电力电缆 >5 kVA	与缆线平行敷设	600
	有一方在接地的线槽中	300
	双方都在接地的线槽中	150

注：① 双方都在接地的线槽中，且平行长度≤10 m 时，最小间距可以是 10 mm。

双方都在接地的线槽中，系指两个不同的线槽，也可在同一线槽中用金属板隔开。

② 电话用户存在振铃电流时，不能与计算机网络在同一根对绞电缆中一起运用。

③ 综合布线系统应根据环境条件选用相应的缆线和配线设备，应符合要求。

综合布线电缆、光缆及管线与其他管线的间距应符合表 2-12 的规定。

表 2-12　墙上敷设的综合布线电缆、光缆及管线与其他管线的间距

其他管线	最小平行净距（mm）	最小交叉净距（mm）
	电缆、光缆或管线	电缆、光缆或管线
避雷引下线	1 000	300
保护地线	50	20
给水管	150	20
压缩空气管	150	20
热力管（不包封）	500	500
热力管（包封）	300	300
煤气管	300	20

④ 综合布线网络在遇到下列情况时，应采取防护措施。

在大楼内存在下列的干扰源，且不能保持安全空间时：

- 配电箱和配电网产生的高频干扰。
- 大功率电机点火花产生的谐波干扰。
- 荧光灯管，电子启动器。
- 电源开关。
- 电话网的振铃电流。
- 信息处理设备产生的周期性脉冲。

在大楼外部存在下列的干扰源，且处于较高电磁场强度的环境：

- 雷达。
- 无线电发射设备。
- 移动电话基站。
- 高压电线。
- 电气化铁路。
- 雷达区。

2. 防护与接地

综合布线系统应根据环境条件选用相应的缆线和配线设备，或采取防护措施，应符合下列规定：

① 当综合布线区域内存在的干扰低于上述规定时，宜采用非屏蔽配线设备进行布线。

② 当综合布线区域内存在的干扰高于上述规定时，或用户对于电磁兼容性有较高要求时，宜采用屏蔽缆线和屏蔽配线设备进行布线，也可采用光缆系统。

③ 当综合布线路由上存在干扰源，且不能满足最小净距要求时，宜采用金属管线进行屏蔽。

④ 综合布线系统采用屏蔽措施时，必须有良好的接地系统，并应符合下列规定：

保护地线的接地电阻值，单独设置接地体时，不应大于4Ω；采用联合接地体时，不应大于1Ω。采用屏蔽布线系统时，所有屏蔽层应保持导角及连续性。采用屏蔽布线系统时，屏蔽层配线（FD或BD）端必须良好接地，用户（终端设备）端视具体情况直接地，两端的接地应连接至同一接地体。采用屏蔽布线系统时，每一楼层的配线柜都应采用适当截面的铜导线单独布线至接地体，也可采用竖井内集中用铜排或粗铜线引到接地体，导线或铜导线的截面应符合标准。接地导线应接成树状结构的接地网，避免构成直流环路。综合布线的电缆采用金属槽道或钢管敷设时，槽道或钢管应保持连续的连接，并在两端应有良好的接地。

这是屏蔽系统的综合性要求，每一个环节都有其特定的作用，不可忽视，否则将降低屏蔽效果。屏蔽系统接地导线截面可按表2-13选择。

表2-13 接地导线选择表

名　　称	楼层配线设备至大楼总接地体的距离	
	≤30 m	≤100 m
信息点的数量（个）	≤75	大于75 m且小于450 m
工作区的面积（m^2）	≤750	大于750 m且小于4500 m
选用绝缘铜导线的截面（mm^2）	6~16	16~50

注：按工作区10 m^2配置1个信息插座计算，如配置2个则面积应为375 m^2。依此类推，可核算出相应的面积。实际上，计算导线截面的主要依据是信息点的数量（一个插座为2个信息点）。

综合布线的接地系统采用竖井内集中用铜排或粗铜线引至接地体时，集中铜排或粗铜线应视作接地体的组成部分，计算其截面要求。

⑤ 干线电缆的位置应尽可能位于建筑物的中心位置。

⑥ 当电缆从建筑物外面进入建筑物时，电缆的金属护套或光缆的金属均有良好的接地。

⑦ 当电缆从建筑物外面进入建筑物时，应采用过压、过流保护措施，并符合相关规定。

⑧ 综合布线系统有源设备的正极或外壳，与配线设备的机架应绝缘，并用单独导线引至接地汇流，与配线设备、电缆屏蔽层等接地，宜采用联合接地方式。

⑨ 根据建筑物的防火等级和对材料的耐火要求，综合布线应采去相应的措施或产品。首先强调应按照建筑物的防火等级和对材料的耐火要求进行考虑。同时建议在隐蔽空间，易燃的区域，以及人群密集的区域布放CMP高阻燃等级通信电缆或光缆或难燃FHC25/50电缆，并可以不敷设金属线管；在大楼竖井内布放主干电缆或光缆，应至少采用CMR竖井级阻燃电缆，相邻的设备间应采用普通阻燃CM等级的电缆或采用低烟无卤电缆。

3. 安全及环境保护

随着人们对网络的需求越来越大，大楼中局域网（LAN）也在迅速扩展，同时在全世界，办公大楼中的吊顶和地板夹层用作公用设施和通风正在不断地增加，这种设计方法有助于最大的灵活性以符合承租人的需要。通信电缆的大量增加导致了在隐蔽空间中敷设的电缆大量增加。

许多新的和重新装修的大楼都使用隐蔽空间以安装通信电缆和电力电缆、管道、火灾套、探测和灭火系统以及类似的机械和电气设施，有时该相同的空间也被用作环境空气的处理。隐蔽空间为取暖、通风和空调系统提供了方便的通道，易于维护，同时降低了安装费用。

假如这些隐蔽空间中具有可燃物，那么它们就是潜在的不能检测的着火和烟雾发生和扩展的场所。

一直以来，安装于隐蔽间隔中的结构产品必需要求是能与火分隔的，或者是具有很低的燃料含量和可燃性，或者用阻燃覆盖层或灭火系统来防止着火。在过去，这些选择被发现是可以接受的。

然而，随着电缆在隐蔽间隔的使用不断增加，就出现了新的着火通道和火焰蔓延媒介的问题。在许多地区，局域网（LAN）每年以 25%的速度增长，而且由于个人计算机变得更快和具有更大的功率，局域网电缆系统每 3~5 年就要更换新的，结果，许多隐蔽间隔就成为装填了多种年代的阻燃性能较差的数据通信电缆的地方。

① 阻燃电缆使用选择。根据目前国外对高阻燃等级电缆多年的使用经验（在北美，高阻燃等级的通信电缆已经有将近 20 年的使用历史，同时被广泛推荐使用），以及国际标准与北美标准在电缆火灾实验中的进一步结合，同时考察近几年国内外多起火灾案例，低阻燃等级的通信电缆在火灾中经常成为火焰传输媒介的事实，我们对阻燃电缆的使用提出了以下建议：

出于对生命安全的考虑及对环境的保护，建议在建筑物内隐蔽空间（吊顶，高架地板下），及人群密集的区域布放 CMP 高阻燃等级电缆或光缆或难燃电缆，如机场、高档酒店、公寓、办公楼、医院、商场等，并可以不敷设金属线管保护。这种电缆采用了氟塑料树脂 FER 作为绝缘及护套材料，称为难燃材料，因此具有很宽的温度范围（-70℃~+200℃）。在遇到火灾时，具有非常出色的耐火特性，对生命安全及环境提供了较高级别的保护。

在大楼竖井内布放主干电缆或光缆，应至少采用 CMR 竖井级阻燃电缆；相邻的设备间应采用阻燃型配线设备。

对于非易燃区域或人群稀疏的区域，穿金属线槽的电缆或光缆可采用普通阻燃 CM 等级的电缆或采用低烟无卤电缆。

一般说来，低烟无卤的基材是聚烯烃，它具有较高的燃料含量，是高度可燃的，因此它们要与金属水合物填料混合以抑制其可燃性，但水合作用的水耗尽后，会引起猛烈的燃烧。相反地，在隐蔽空间中使用的安装材料通常是要求为不燃的，或是限制燃烧的。

② 阻燃等级与标准。美国国家电气规程（NEC）是国际上最为广泛采用的电气安全要求。在规定中对铜缆和光缆都有防火要求。规程中最严重的两项灾害是电回路的起火和电缆上火焰的蔓延。

NEC 对楼内通信电缆的阻燃等级：

- CMP—用于建筑物内隐蔽空间（如吊顶，地板夹层）的阻燃电缆，可以不加金属线管保护
- CMR—用语竖井内垂直竹竿阻燃电缆。
- CM—普通使用通信电缆，除阻燃和垂直主干外。
- CMX—民用住宅。

③ 参照的标准及应用对照。通信电缆必须经测试满足防火机械和电子标准，并通过 UL 实验室、美国保险商实验所认证。NEC 美国国家电气规程电缆阻燃等级及应用对照；欧洲对楼内通信电缆或光缆的火焰测试标准对照及阻燃等级参见表 2-14 和表 2-15 的内容。

表 2-14 阻燃电缆分级对照表

NEC Type	Detiniton
MPP/MPR.MPG/MP	Multi Purpose Cables 多用途电缆
CMP.CMR.CM.CMX	Communications Cables 通信电缆
GL3P.CL3R.CL3.CL3X CL2P.CL2R.CL2.CL2X	Class 2 and Class 3 Remote-Control Signaling and Power Limited Cables 2 级及 3 级远端控制，信号及限定电压电缆
FPLP.FPLR.FPL	Power Limitied Alarm Cables 限定电压火灾报警电缆
CATVP.CATVR.CATV.CATVX	Community Antenna Television and Radio Distribution Cables 有线电视及无线电分布电缆
OFNP.OFNR.OFNG.OFN	Conductive Optical Fiber Cables 无导电性电缆
OFCP.OFCR.OFCG.OFG	Conductive Optical Fiber Cables 导电性电缆
PLTC	Power Limited Tray Cables 限定电压槽式电缆
BMR.BM.BLP.BLX	Network-powered Broadband Communication Cables 动力网带电缆

表 2-15 火焰测试标准及阻燃等级对照表

IEC (国际电工 委员会)	UL （美国保险 商实验室）	CENELEC（等效） （欧洲电工技术 标准化委员会）	USA NEC （美国国家电气规程） Use（应用）	
60332-1	VW-1	HD 405.1	CMX	Residential （民用住宅）
60332-2	VW-1	HD 405.2	CMX	Residential （民用住宅）
60332-3C	UL 1581	HD 405.3C	CM/OFEG	Industrial（GP） （普通用途）
无	UL 1666	无	CMR/OFNR	Riser （竖井／主干）
62012-1	NFPA 262	EN 50289-4-11	CMP/OFNP	Plenum（阻燃型，用于隐蔽空间）

2.6 综合布线工程验收

综合布线工程验收是工程建设的最后一个环节，它将决定布线工程的完成质量，一般认为验收就是指竣工验收，其实综合布线工程验收包括初步验收和竣工验收 2 个阶段，此外在工程施工过程还需要进行随工验收，随时发现工程存在的质量问题，避免造成人员和材料的浪费，以下从验收内容要求、验收组织、验收判定和验收实施等几方面，对综合布线工程验收进行一个简单的介绍。

2.6.1 验收项目

综合布线工程验收的项目包括系统管理验收、文档验收、器材检验、设备安装检验、缆线敷设和保护、系统的接地验收等。

（1）综合布线系统管理验收。

具体要求有综合布线系统信息端口、各配线架双绞电缆与配线连接硬件交接处应有清晰、永久的编号、标识。不同区域的双绞电缆配线架应根据其用途标注不同的色标。各配线区光缆布线各端口也应进行编号、标识。配线区位于楼层管理间时应对配线架和其他配线连接硬件采取防尘措施。

（2）综合布线系统文档验收。

工程竣工时所需移交的文档有：

- 综合布线系统验收时，应提供该项目的设计方案和施工方案。
- 综合布线系统图，即所有配线架和电缆线路的全部通信空间的立面详图。应包括工作区子系统图、水平子系统图、垂直子系统图、设备间子系统图、管理子系统图和建筑群子系统图。
- 综合布线系统拓扑结构图，应包括建筑物的分布情况、设备间的位置、管理间的位置、各布线子系统传输介质和布线系统的路由等信息。
- 综合布线系统自测报告，自测报告应反映每个信息端口是否通过测试的情况，未通过测试的，应在自测报告中注明。
- 操作及维护手册，应包括配线架与房间内信息插座对应关系表、总体布线情况说明、操作及维护工作的实施及要求、操作及维护注意事项等。
- 布线材料清单，应详细列出所使用的布线材料的种类、数量、使用位置等。
- 厂商资料，应具备布线材料生产商和供应商的全称、法人、联系方法以及其生产或供应情况等。

（3）综合布线系统的器材检验，应符合相关标准要求。

（4）综合布线系统的设备安装检验，应符合相关标准要求。

（5）综合布线系统的缆线敷设和保护，应符合相关标准要求。

（6）综合布线系统的接地验收

楼层配线间和建筑物配线间采用屏蔽接地措施时，应具有良好的接地系统，每个配线区的接地都应通过接地干线与接地体连接。单独设置接地体时，接地电阻值不应大于 4Ω。采用联合接地体时，接地电阻不应大于 1Ω。

（7）综合布线系统与公共通信网的接口位置、必要的设备和所接的通信终端设备均应符合国家或地方通信主管部门的有关规定。

2.6.2　验收组织与验收判定

综合布线系统的验收工作是政府行政主管部门的一项管理职能。因此验收单位必须是国家依法成立的、具有第三方法律地位且通过国家有关部门授权的专业机构，以保证验收工作的公正性、科学性、准确性、权威性。目前国内对综合布线工程的验收有以下几种方式：

（1）施工单位自行组织验收。

（2）由第三方验收机构进行验收。

（3）由施工监理机构组织验收。

对验收的判定有以下几点可供遵循：

① 综合布线系统测试结论为不合格，则综合布线系统验收判定为不合格。

② 对单项作出符合、基本符合或不符合的结论。当某项相对于标准的要求有微小的不满足，并且对实际使用和管理不产生实质性的影响的，判定为基本符合。

③ 如有一项的验收结论为不合格，则综合布线系统验收综合判定为不合格，否则综合布线系统验收综合判定为合格。

2.6.3 验收实施步骤

验收实施步骤一般可分为以下6个步骤：

（1）完成布线测试后开始验收。

（2）资料审查，竣工文档应内容齐全、数据准确、外观整洁。

（3）单项结论，根据验收情况作出单项验收结论。

（4）不合格项处理，验收中发现不合格的项目，应查明原因、分清责任、提出解决办法，并进行整改。

（5）整改重验，对经整改的不合格项重新验收。

（6）验收结论，由验收单位根据验收情况作出验收结论。

综合布线工程验收流程图如图2-45所示，可供参考。

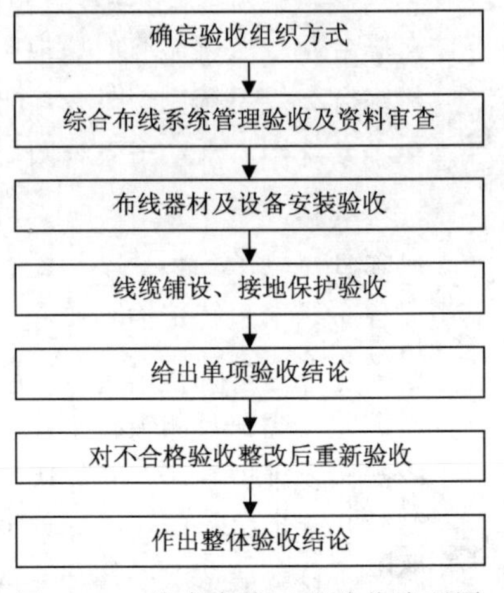

图2-45 综合布线工程验收流程图

实训2 综合布线设计方案制订及图纸绘制

背景描述：

你是某综合布线系统设计人员，现要求你通过实地勘察，用户需求分析，设计制定一份综合布线系统设计方案。

实训要求：

熟悉综合布线系统设计主要内容，掌握系统设计技巧和材料预算制定等内容。

实训内容：

1. 收集综合布线系统设计所需要的标准。
2. 收集综合布线系统的设计方案。
3. 参考相关标准和方案，制定一份综合布线系统设计方案，并要求使用AutoCAD或Visio绘制相关的拓扑图、信息点分布图、管线路由图等，并要求对该方案中涉及的材料进行预算制定。

实训报告：

1. 简述在综合布线系统设计中所使用的布线标准？
2. 简述综合布线设计过程中所需要绘制的图纸包括哪些？
3. 简述在综合布线图纸绘制中所使用到的软件有哪些及其各自特点？

习　　题

1. 简述用户需求分析时需要遵循的要求。
2. 综合布线系统设计的基本步骤？
3. 简述水平布线主要有哪几类布线方式。
4. 简述管理间子系统的基本作用和功能。
5. 简述垂直干线子系统的设计步骤。
6. 简述设备间子系统的主要作用。

第 3 章　管线系统设计与安装

本章主要介绍了各类桥架、线槽、管线系统的设计和安装操作，包括前期准备工作，实际操作步骤，相关注意事项，线槽内布线方式等内容。

3.1　准 备 工 作

综合布线系统工程中，桥架、线槽、管道系统因其具有结构简单、造价低、施工方便、配线灵活、安全可靠、整齐美观、使用寿命长等特点，被广泛应用在建筑群和建筑物主干布线系统中。此外，由于桥架、线槽和管线系统又被称为是综合布线系统工程中的“面子工程”，对各类线缆起到了保护作用，该系统直接影响了整个布线工程的质量，因此无论是工程的项目经理、现场工程师还是施工人员都非常重视该系统的设计和施工操作。一般在设计和施工前都需要完成相应的准备工作，具体包括技术准备、材料准备、工具准备和施工条件准备，以下就具体来介绍相关的要求。

（1）技术准备。

技术准备是指在施工前要求拥有施工图纸、产品技术资料、相应规范和规程等；系统设计和施工人员要求熟悉图纸资料，弄清设计图的设计内容，注意图纸提出的具体施工要求；确定施工方法，施工方案编制完毕经审批并进行了安全、技术可行性研究；工程施工过程中不会破坏建筑物的强度和损害建筑物的美观；积极准备施工机具、材料；施工前要认真听取工程技术人员的技术说明，弄清技术要求、技术标准和施工方法。

（2）材料准备。

材料准备是指根据设计要求准备足够的材料以便施工需要，具体包括金属桥架、线槽及其附件（如图 3-1 所示）、绝缘导线、电缆、安全型压线帽、套管、金属膨胀螺栓、接线端子、镀锌材料和辅助材料等。

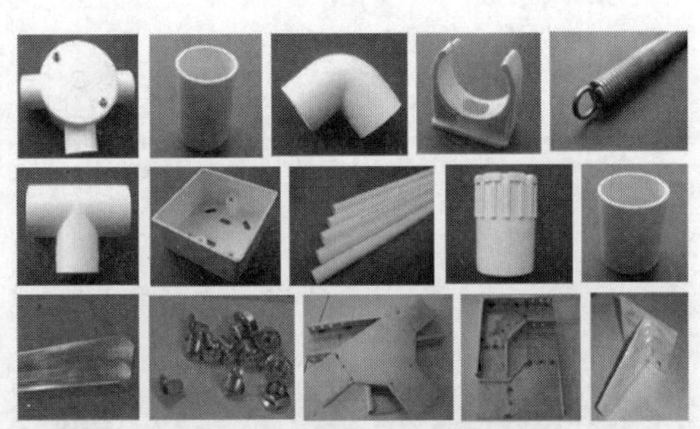

图 3-1　金属桥架和 PVC 管

① 桥架（见图 3-2）。

电缆桥架分为槽式、托盘式和梯架式等结构，由支架、托臂和安装附件等组成。选型时应注意桥架的所有零部件是否符合系列化、通用化、标准化的成套要求。建筑物内桥架可以独立架设，也可以附设在各种建筑物和管廊支架上，应体现结构简单、造型美观、配置灵活和维修方便等特点，全部零件均需进行镀锌处理，安装在建筑物外露天的桥架，如果是在邻近海边或者属于腐蚀区，则材质必须具有防腐、耐潮气、附着力好，耐冲击强度高等特点。

图 3-2　梯架式桥架

② 线槽。

线槽有金属线槽和 PVC 线槽两种，其中 PVC 线槽是综合布线工程中广泛使用的一种材料，它是一种带盖板封闭式的管槽材料，盖板和槽体通过卡槽紧密相扣，其型号包括有 PVC-20 系列、PVC-25 系列、PVC-30 系列、PVC-40 系列、PVC-60 系列等，大小规格有 20 mm、25 mm、30 mm、40 mm 等，与线槽配套的连接件有：阳转角、阴转角、弯曲角、单通接线盒、二通接线盒、三通接线盒子、四通接线盒、内连接头、外连接头和封堵等，如图 3-3 所示。

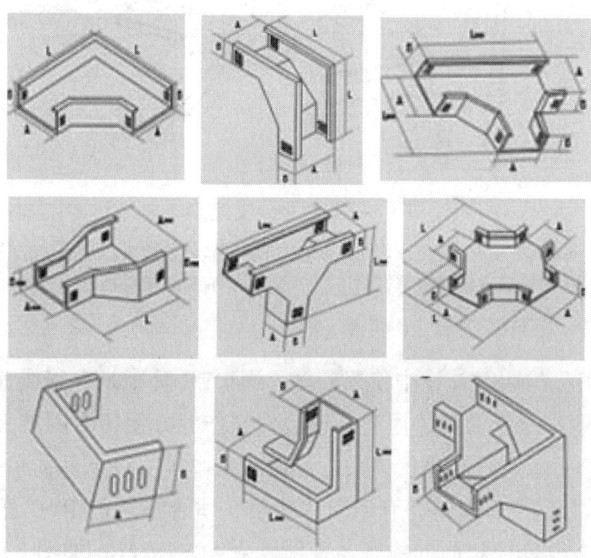

图 3-3　线槽配套连接件

但在实际的施工过程中一般可通过线槽剪制作简易的连接件，以下就简单介绍几种连接件的制作方法。

- 弯曲角：在工程中简易弯曲角的做法是在线槽底部需要转弯的地方用角尺画出 45 角线，然后用线槽剪沿着所画线条位置剪开，再将线槽弯曲搭接并用铆钉固定，如图 3-4 所示。

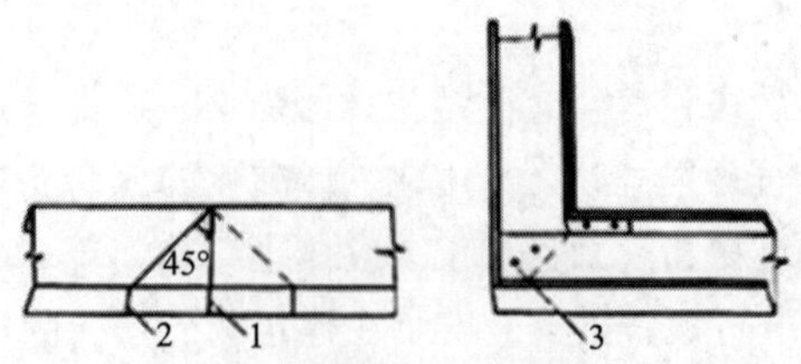

图 3-4　弯曲角制作

1—沿粗实线剪开；2—沿线向外弯 90 度；3—铆钉固定。

- T 形分支或十字分支：首先在被分支的线槽上，按分支线槽宽度画线，再沿着线剪开，将被剪开的那两块铁皮沿着根部弯曲成直角，作为线槽分支连接好待用。其次，按照被分支线槽宽度的 1/2～2/3，在分支线槽端部画线，沿着线将其剪成凸形端头。最后，将分支线槽凸形端头插入被分支线槽的剪开口中，使其相互搭接，用铆钉固定。此外，分支线槽盖制作方法是在被分支线槽盖侧边的一面，按分支槽盖的宽度尺寸剪一口子，而分支槽盖的端头则剪去稍短的盖侧边，制成凸形端头，使其凸头能插入被分支线槽盖的口子中。具体如图 3-5 所示。

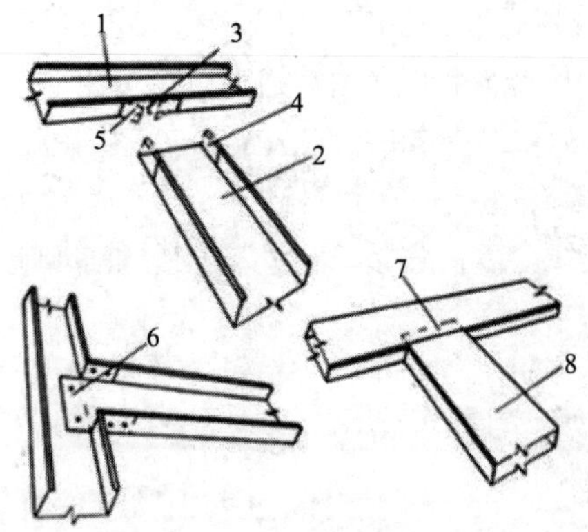

图 3-5　T 形分支制作

1—被分支线槽；2—分支线槽；3—沿虚线剪开；4—剪掉虚线部分，形成凸形端头；5—剪后弯曲成直角；6—分支线槽和被分支线槽用铆钉固定；7—将凸形端头线槽盖插进去；8—线槽盖。

③ PVC 管

线槽在综合布线工程的明线铺设中使用较多，而 PVC 管则是在暗线铺设中比较常见，由于 PVC 管相对于线槽在弯头制作、整体固定、连接件制作等方便相对困难，因此其相关的配件比较多，具体包括有管卡、弯通、直通、锁头、三通、胶水等，以下就简单介绍几种配件。

- 管卡主要用于固定 PVC 管，拥有不同的规格，适合不同的 PVC 管，如图 3-6 所示。
- 弯通用于连接 2 根口径相同的线管，使线管做 90° 转弯，如图 3-7 所示。
- 直通连接 2 根口径相同的线管，以便延续 PVC 管的长度，如图 3-8 所示。

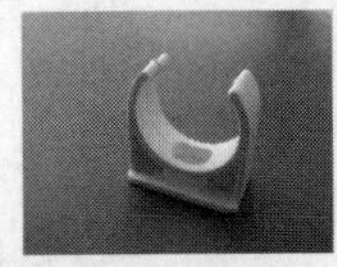

图 3-6　管卡

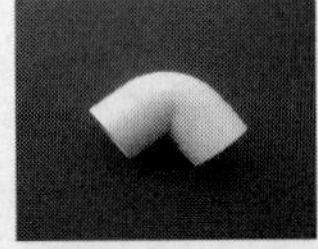

图 3-7　弯通

图 3-8　直通

- 锁头用于将 PVC 管与桥架、底盒等进行连接，如图 3–9 所示。
- 三通主要用于形成 3 方面的线缆连通，如图 3–10 所示。
- 胶水是 PVC 专用胶水，可进行 PVC 管的粘接，如图 3–11 所示。

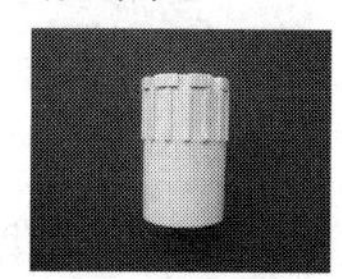
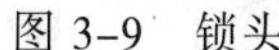
图 3–9　锁头

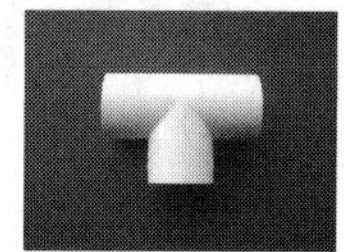
图 3–10　三通

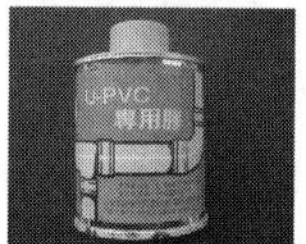

图 3–11　胶水

（3）工具准备。

桥架、线槽和管道系统中需要使用的工具包括有梯子、钢锯、卷尺、铅笔、线槽剪、弯管器、切割机、冲击钻、角磨机、手枪钻、充电起子、电工工具等，以下就来详细介绍几种工具的作用和特点。

① 梯子（见图 3–12）。

安装桥架、线槽和管道系统过程中，经常会有登高作业，这时就需要使用到梯子，梯子包括直梯和人字梯，直梯多用于户外登高作业，如搭在电杆上或墙上安装室外光缆；人字梯通常用于室内登高作业，如安装桥架、线槽等，在使用梯子前需要将梯脚进行防滑处理，保证施工的安全性。

图 3–12　梯子

② 钢锯（见图 3–13）。

钢锯是电工工具的一种，此外还包括铁锤、凿子、斜口凿、钢锉、电工皮带、工具手套等，其中钢锯可用于 PVC 管线的切割裁切等。

③ 卷尺与铅笔（见图 3–14）。

在施工过程经常需要根据实际需要测量桥架或线槽的长度，并用铅笔标注，以便进一步处理。

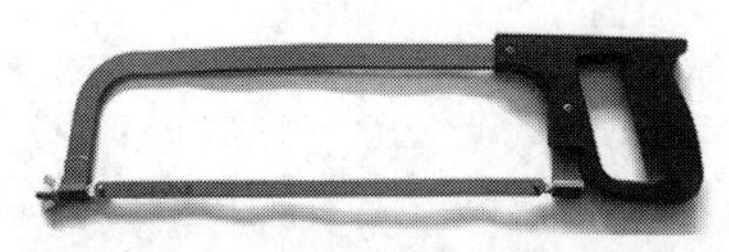
图 3–13　钢锯

图 3–14　卷尺和铅笔

④ 线槽剪（见图 3–15）。

主要用于对线槽进行裁剪，可根据需要对线槽或 PVC 管进行裁剪。

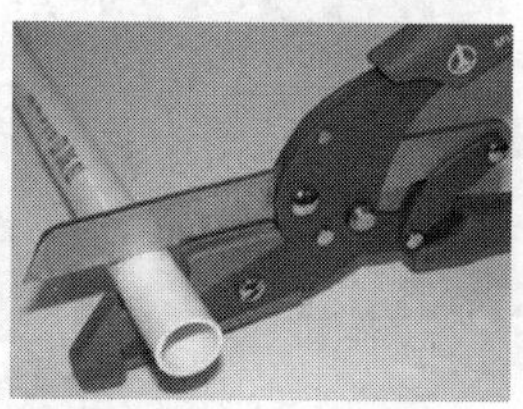
图 3–15　线槽剪

⑤ 弯管器（见图 3–16）。

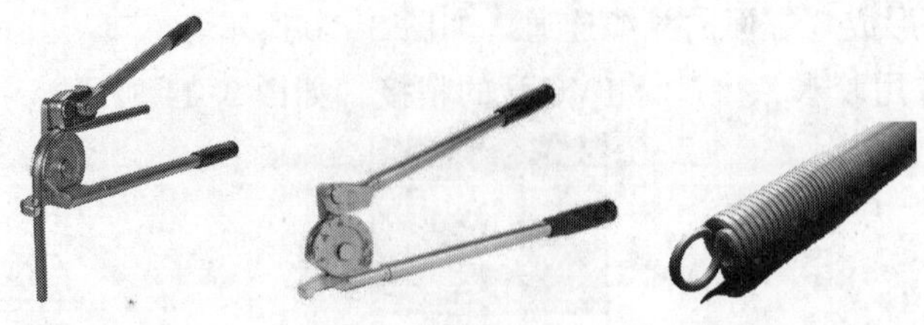

图 3–16　弯管器

⑥ 切割机（见图 3–17）。

在桥架、线槽施工过程中经常会需要进行切割操作，这时就需要采用切割机，它由砂轮锯片、护罩、手把等组成。

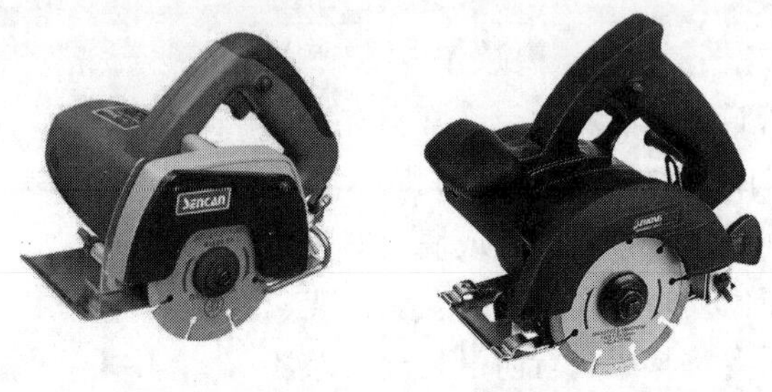

图 3–17　切割机

⑦ 冲击钻（见图 3–18）。

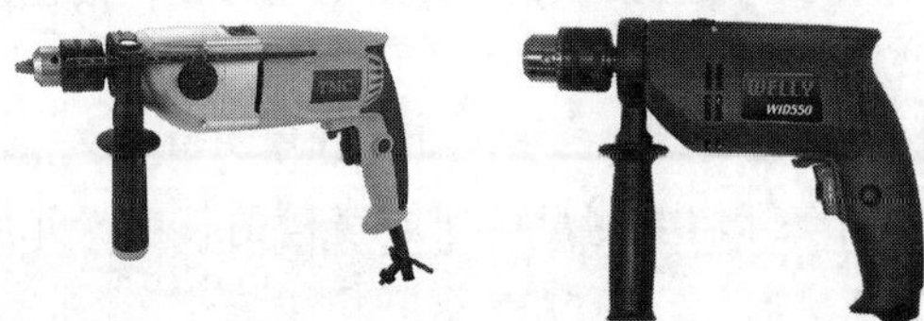

图 3–18　冲击钻

⑧ 角磨机（见图 3–19）。

桥架和金属槽进行管切割后会留下锯齿形的毛边，会刺穿线缆的外套，用角磨机可将这些毛边进行磨平，从而保护线缆。

图 3–19　角磨机

⑨ 手枪钻（见图 3–20）。

手枪钻是工程中最常见的工具，既可以在桥架或线槽上钻孔，也可以在木材和塑料上钻孔，此外通过更换钻头还可以进行打孔，钻洞等操作。

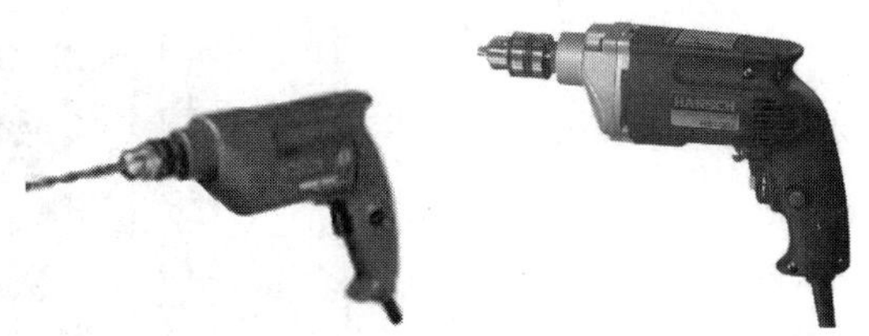

图 3-20　手枪钻

⑩ 充电起子（见图 3-21）。

充电起子也是工程中最常用的一类工具，可当螺丝刀使用，在配合各种钻头后可完成拆卸安装螺丝的操作。

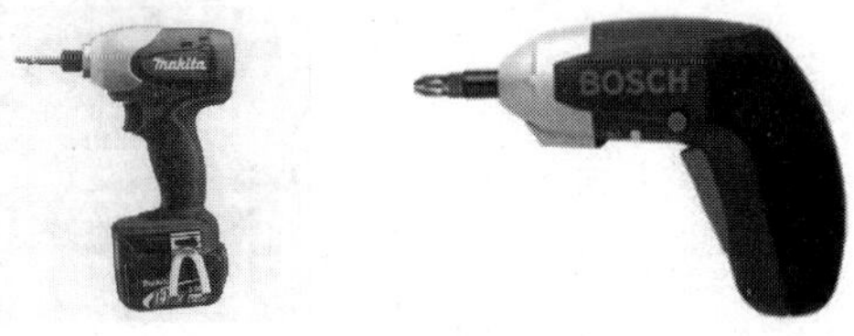

图 3-21　充电起子

（4）施工条件准备。

在进行桥架、管线系统安装前有几项施工条件是必须满足的，具体包括有：首先在建筑物土建施工过程，配合土建的结构施工，预留孔洞、预埋铁和预埋吊杆、吊架等必须全部完成。其次竖井内顶棚和墙面的喷浆、油漆等完成后，才能进行桥架、线槽敷设及配线。

3.2　桥架、管线系统设计与安装

桥架、管线系统的设计作为综合布线工程的一项配套项目，目前尚无专门的规范指导，因此，设计选型过程应根据综合布线系统所需缆线的类型、数量等实际情况，合理选定适用的桥架和相关的配件并进行施工，具体流程图如表 3-22 所示。

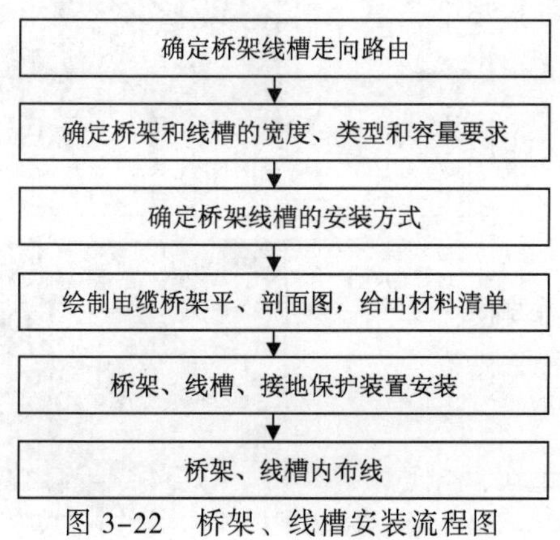

图 3-22　桥架、线槽安装流程图

PVC 线槽安装

具体操作步骤：

（1）测量

使用卷尺和铅笔测量所需要的桥架的长度，并在桥架上做好标记，如图 3-23 所示。

图 3-23 测量长度

（2）切割桥架

确定所需桥架尺寸后，可使用切割机进行切割操作，如图 3-24 所示。

注意：在使用切割机进行切割时，必须有相应的保护装置，如眼罩、手套、专用工作服等，由于切割时会有金属碎屑飞溅出来，因此存在一定的危险性。此外切割机还能完成磨光桥架毛边的操作。

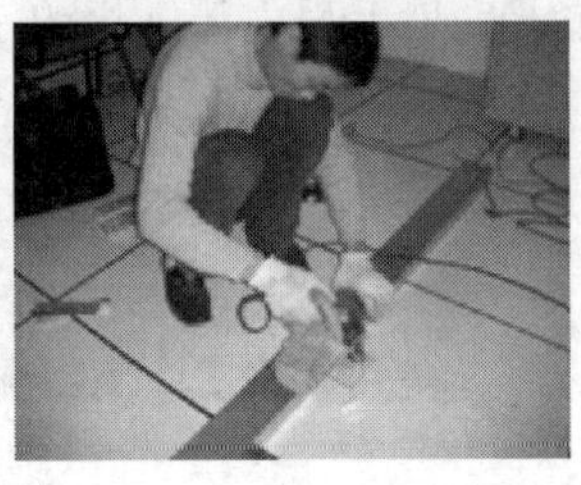

图 3-24 切割桥架

（3）连接片

在桥架的配件中有一种重要的配件就是桥架的连接片，如图 3-25 所示，它可实现相同规格的桥架之间的连接，从而使桥架的铺设距离得以延伸。

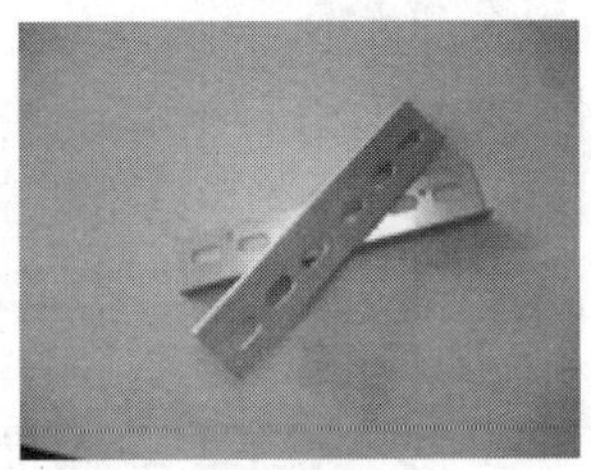

图 3-25 连接片

（4）连接桥架

使用螺钉和螺帽通过连接片将两个桥架进行连接，并使用扳手来固定螺帽，如图 3-26 所示。

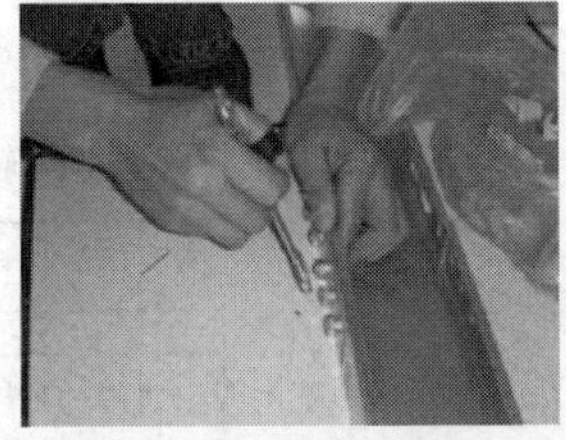

图 3-26 连接桥架

（5）铆钉

在桥架的连接过程中，有时候也会需要使用铆钉来进行连接固定，这时可用铆钉枪来进行操作，如图 3-27 所示。

图 3-27 铆钉枪的使用

（6）弯头和三通的使用

在桥架系统中经常会用到弯头和三通，此类配件一般是通过焊接的方式以桥架和铁片组合而成，如图 3-28 所示。

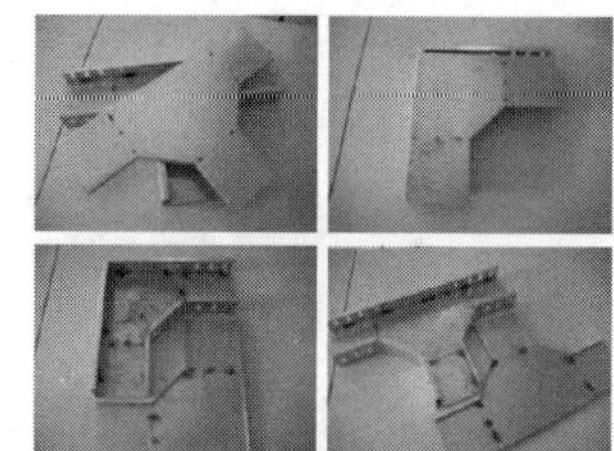

图 3-28　弯头和三通

（7）手枪钻的使用

在施工过程中经常会遇到线槽和桥架的连通，PVC 管线与桥架的连通，这时就需要在桥架上开孔，一般通过手枪钻来完成此类任务，可通过更换钻头在桥架上开启大小不一的连接孔，如图 3-29 所示。

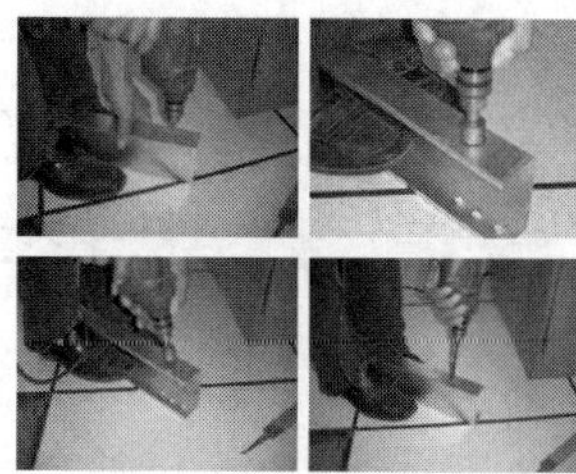

图 3-29　开孔

（8）支架安装

由于桥架中需要安放大量的电缆，因此必须为桥架配置支架，如图 3-30 所示。

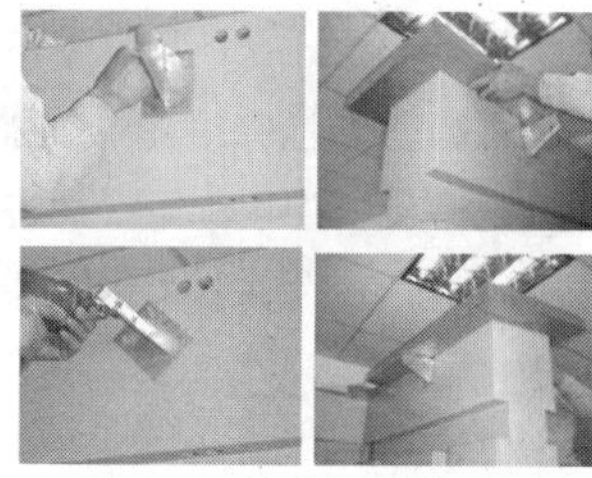

图 3-30　安装支架

（9）PVC 材料制备

PVC 管材制备包括管线的切割，弯通、锁头、直通等相关配件的安装，在制备过程中一般需要使用专用胶水进行固定和粘接，如图 3-31 所示。

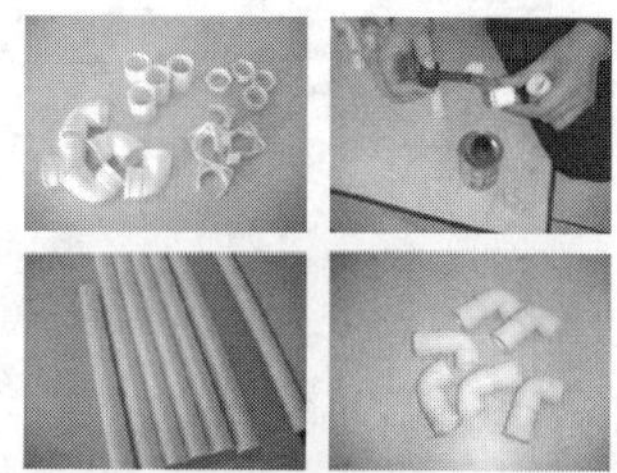

图 3-31　PVC 材料制备

（10）弯通的安装

弯通主要用于连接 2 根口径相同的线管，使线管做 90° 转弯，如图 3-32 所示。

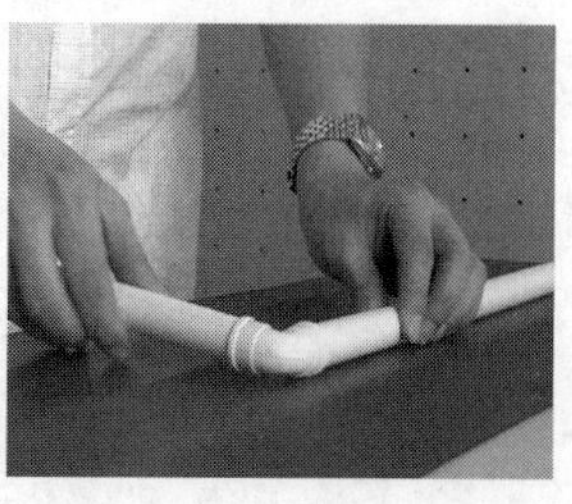

图 3-32　弯通安装

（11）三通安装

当线缆需要进行分路时需要使用三通，具体操作是将 PVC 管分别套入到三通的三个方向，如图 3-33 所示。

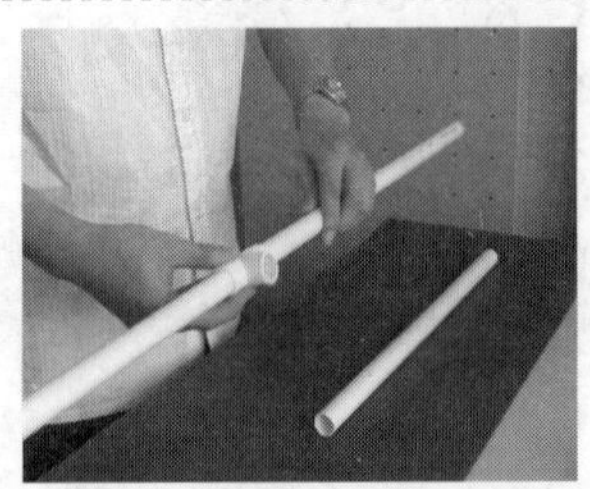

图 3-33　三通安装

（12）自制弯通

在实际的工程中可使用简易弯管器进行自制弯通，将弯管器送入需要进行转弯的 PVC 区域，如图 3-34 所示。

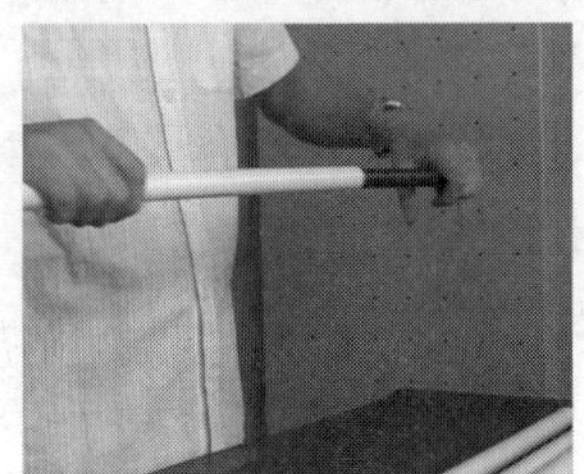

图 3-34　自制弯通

（13）弯曲 PVC 管

将 PVC 管进行弯曲，注意弯曲时用力不能过猛，速度不宜过快，如图 3-35 所示。

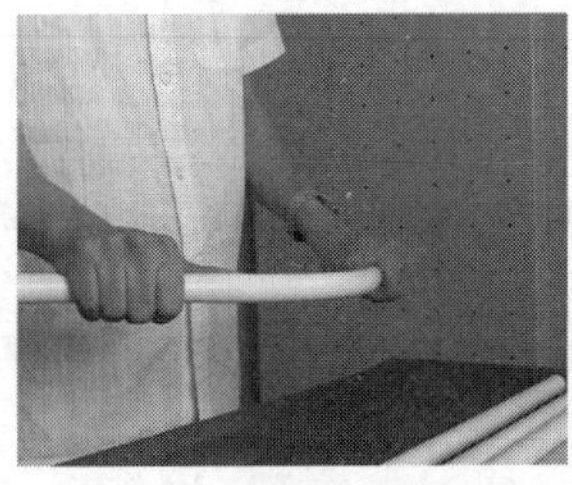

图 3-35　弯曲 PVC 管

（14）成品

制作完成后即可用于 PVC 管的弯曲排线，如图 3-36 所示。

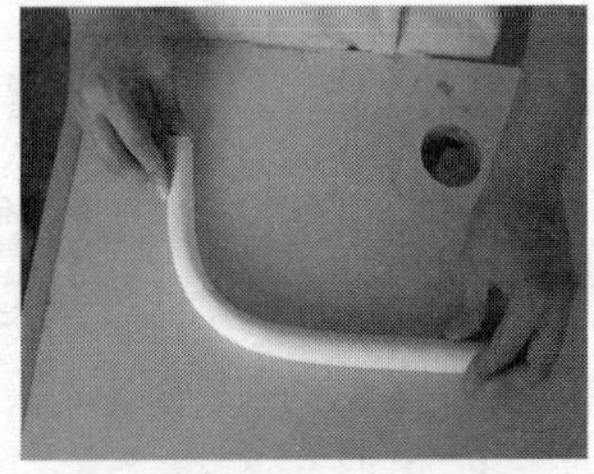

图 3-36　成品

（15）管卡安装

管卡作用是对 PVC 管起到固定的作用，因此在选购时需要配合管线的规格进行购买，即不同规格的管线采用不同规格的管卡，使得 PVC 管能紧密地卡在管卡上，安装方式如图 3-37 所示。

图 3-37　管卡安装

（16）底盒安装

在线槽系统的模端必定会连接一个底盒，目前一般采用较多的是 86 盒，底盒一般分为明装盒和暗装盒，PVC 管连接底盒时需要添加一个锁头进行连接，在安装时可根据实际情况在底盒上使用手枪钻开孔来确认安装位置，如图 3-38 所示。

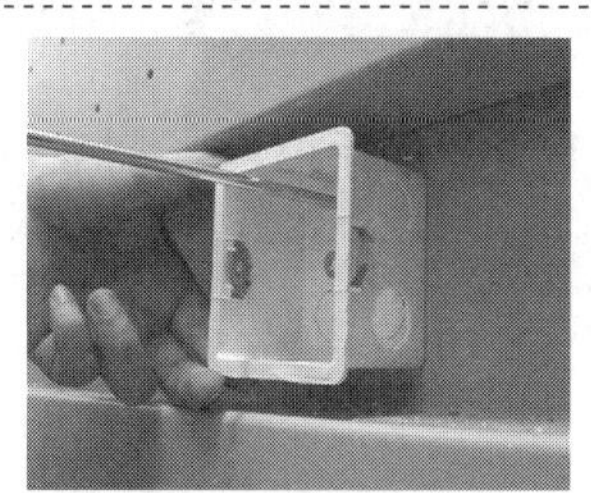

图 3-38　底盒安装

（17）整体连接

管卡、底盒、弯头安装完成后，即可进行整体的连接操作，如图 3-39 所示。

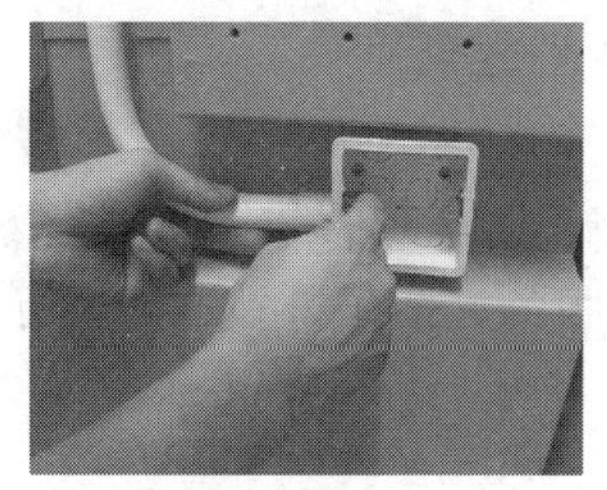

图 3-39　整体连接

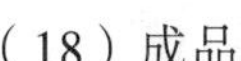

（18）成品

整体连接完成后，即可实现整个线槽系统的布放操作，如图 3-40 所示。

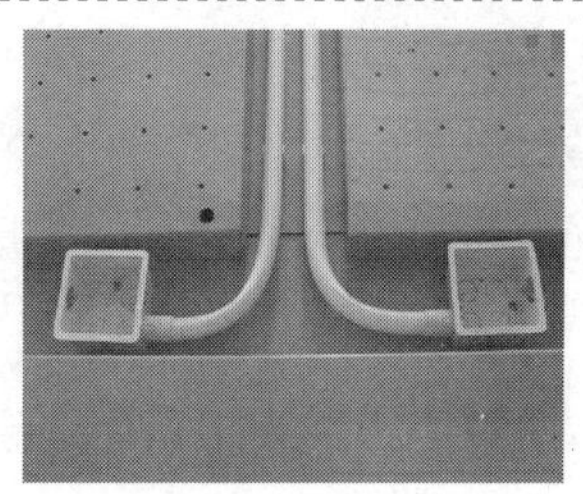

图 3-40　成品

（19）测量长度

PVC 管主要用于墙内或地板下的暗装布放，而 PVC 线槽主要用于明装的布放，在进行 PVC 线槽布线前首先需要使用卷尺测量所需线槽的长度，如图 3-41 所示。

图 3-41　测量

（20）标记

使用卷尺和铅笔在线槽上测量所需长度，并做好记号，如图 3-42 所示。

图 3-42　确定所需长度

（21）裁剪线槽

使用剪刀根据标记裁剪线槽，如图 3-43 所示。

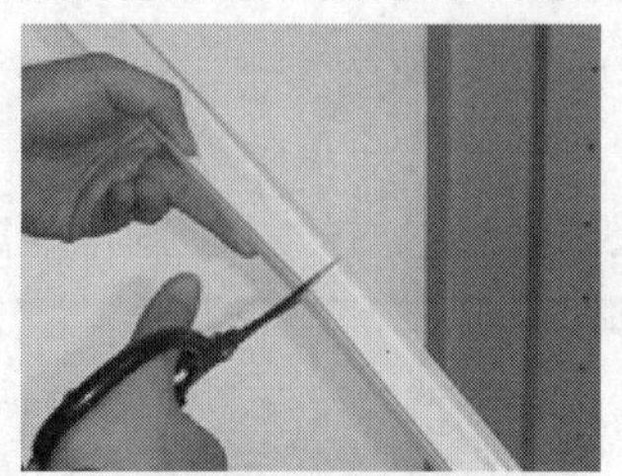

图 3-43　裁剪线槽

（22）明盒安装

明装布放一般是在暗装布放无法实现的情况下进行操作，明装布放时需要安装明盒作为信息面板的连接，如图 3-44 所示。

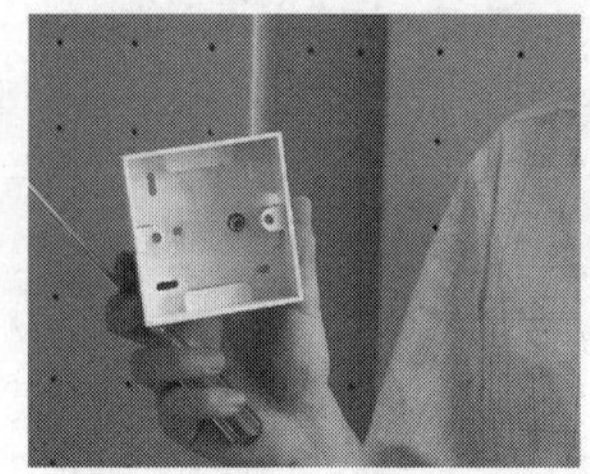

图 3-44　明盒安装

（23）线槽铺设

明盒安装完成后可根据实际情况进行线槽的整体铺设，线槽无须类似管卡的装置进行固定，只需要直接使用螺钉进行固定就可以了，如图 3-45 所示。

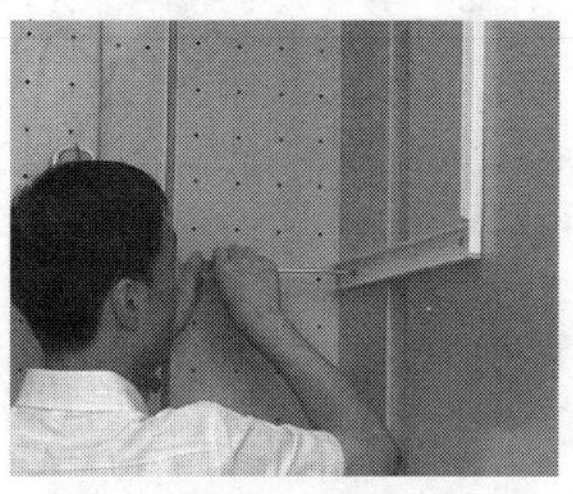

图 3-45　线槽铺设

（24）安装盖板

将线槽根据设计的要求进行铺设、固定，连接桥架、底盒等其他系统，并为线槽添加盖板，这样一个简单的线槽系统就基本完成了，如图 3-46 所示。

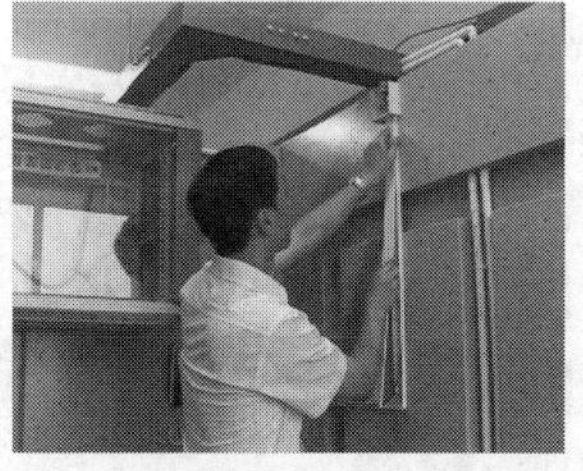

图 3-46　安装盖板

（25）手工制作弯头

线槽的弯头一般可以手工制作，即在线槽底部需要转弯的地方用角尺画出 45° 角线，然后用线槽剪沿着所划线条位置剪开，再将线槽弯曲搭接并用铆钉固定，首先需要进行标记，即使用记号笔和卷尺在线槽上做好标记，如图 3-47 所示。

图 3-47　手工制作弯头

（26）弯曲角制作

然后使用直角尺和记号笔在线槽上需要转弯的地方画出 45° 角线，绘制一个直角等腰三角形，如图 3-48 所示。

图 3-48　绘制等腰三角形

（27）裁剪线槽

使用剪刀沿着等腰三角形裁剪线槽，如图 3-49 所示。

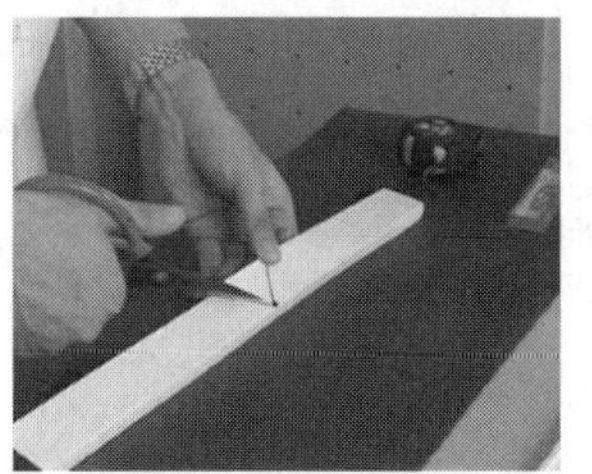

图 3-49　裁剪线槽

（28）弯折线槽

剪裁线槽完成后，弯折线槽，即形成了线槽弯角，如图 3-50 所示。

图 3-50　弯折线槽

（29）标记

十字分支制作前首先使用记号笔在线槽开口位置进行标记，如图 3-51 所示。

图 3-51　标记

（30）裁剪

标记完成后，使用剪刀剪开开口位置，如图 3-52 所示。

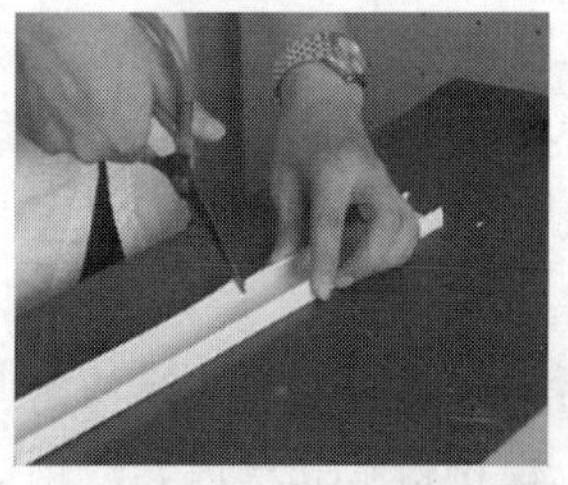

图 3-52　裁剪

（31）安装线槽

线槽裁剪完成后，将分路线槽插入开口位置，如图 3-53 所示。

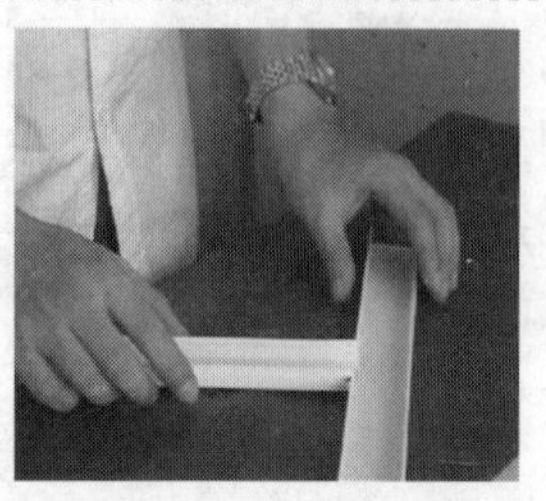

图 3-53　安装线槽

（32）安装三通盖板

连接完成后使用三通盖板进行覆盖，如图 3-54 所示。

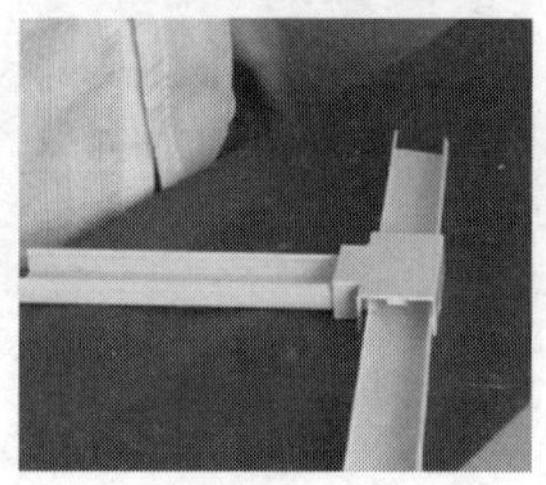

图 3-54　安装三通盖板

3.3　安装注意事项

在进行桥架、管线系统的安装过程中需要注意以下几点：

（1）桥架、线槽应平整，无扭曲变形，内壁无毛刺，各种附件齐全。

（2）桥架、线槽的接口应平整，连接可采用内连接或外连接，接缝处应紧密平直，连接扳两端不少于 2 个有放松螺帽或放松垫圈的连接固定螺栓，螺母置于线槽外侧。非镀锌金属桥架、线槽连接板的两端应有跨接线，跨接线为截面积不小于 4 mm^2 的铜芯软导线（桥架可用硬导线）。线槽盖装上后应平直，无翘曲，出线口的位置准确。

（3）桥架、线槽交叉、转弯、丁字连接时，应采用单通、二通、三通、四通或平面二通、平面三通等进行变通连接，导线连接处应设置接线盒或将导线接头放在电气器具内。

（4）线槽与盒、箱、柜连接时，进线和出线口等处应采用抱脚或翻边连接，并用螺丝紧固，末端应加装封堵。

（5）桥架、线槽的所有非带电部分的铁件均应相互连接和跨接，使之成为一个连续导体，并做好整体接地，金属桥架、线槽不做设备的接地导体，当设计无要求时，金属桥架、线槽整体不少于 2 处与接地（接零）干线连接。

（6）桥架、线槽过墙或楼板孔洞时，四周应留 50~100 mm 缝隙，接防火分区时用防火材料封堵。

（7）在吊顶内敷设时，如果吊顶无法上人时，应留有检修孔。

（8）桥架、线槽经过建筑物的变形缝（伸缩缝、沉降缝）时，应断开，用内连接板搭接，不需固定。保护地线和槽内导线均应有补偿余量。

（9）敷设在竖井、吊顶、通道、夹层及设备层等处的桥架、线槽，应符合《高层民用建筑设计防火规范》（GB50045）的有关防火要求。

（10）建筑物的表面如有坡度时，桥架、线槽应随其变化坡度。桥架、线槽全部敷设完毕，应调整检查，确认合格后，再进行配线。

3.4　线槽内配线要求和操作步骤

桥架、管线系统设计施工完成后，就可以开始进行桥架、管线内的配线操作，在进行配线前首先需要提出几点对线槽内配线的要求，具体包括有：

穿管引线

（1）线槽内配线前应清除线槽内的积水和污物。

（2）在同一线槽内（包括绝缘层在内）的导线截面积总和应该不超过内部截面积的 40%。

（3）线槽口向下配线时，应将分支导线分别用尼龙绑扎带绑扎成束，并固定在线槽地板上，以防导线下坠。

（4）不同电压、不同回路、不同频率的导线应加隔板放在同一线槽内。

（5）导线较多时，除采用导线外皮颜色区分顺序外，也可利用在导线端头和转弯处做标记的方法来区分。

（6）在穿越建筑物的变形缝时，导线应留有补偿余量。

（7）接线盒内的导线预留长度不应超过 150 mm，盘、箱内的导线预留长度应为其周长的 1/2。

（8）从室外引入室内的导线，穿过墙外的一段应采用橡胶绝缘导线，不允许采用塑料绝缘导线。并应具有防水措施。

线槽内配线的步骤一般可分为 2 步，即清扫线槽和放线。具体的配线步骤如下：

（1）清扫线槽

清扫明敷线槽时，可用抹布擦净线槽内残存的杂物和积水，使线槽内外保持清洁；清扫暗敷于地面内的线槽时，可先将带线穿通至出线口，然后将布条绑在带线一端，从另一端将布条拉出，反复多次就可将线槽内的杂物和积水清理干净。也可用空气压缩机将线槽内的杂物和积水吹出。

（2）放线

放线前应先检查线管与线槽连接处的护口是否齐全，导线、电缆、保护地线的选择是否符合设计图的要求；线管进入盒、箱时内外螺母是否锁紧，确认无误后再进行放线。

放线方法是先将导线抻直、捋顺，盘成大圈或放在放线架（车）上，从始端到终端（先干线后支线）边放边整理，不应出现挤压背扣、扭结、损伤导线等现象。按分支回路排列绑扎成束，绑扎时应采用尼龙绑扎带，不允许使用金属导线进行绑扎。

地面线槽放线：利用带线从出线一端至另一端，将导线放开、抻直、捋顺，削去端部绝缘层并做好标记，再把芯线绑扎在带线上，然后从另一端抽出即可，放线时应逐段进行。

图 3-55　牵引线圈

在工程中进行放线操作时，为了提高放线的速度，必然会用到牵引线圈或牵引机，它有电动牵引和手摇式牵引，它将大大提高放线的效率，如图 3-55 就是 IDEAL 公司出品的牵引线圈。

具体操作步骤：

（1）放入牵引线

使用牵引线圈进行放线操作时，首先将牵引头穿入 PVC 管，如图 3-56 所示。

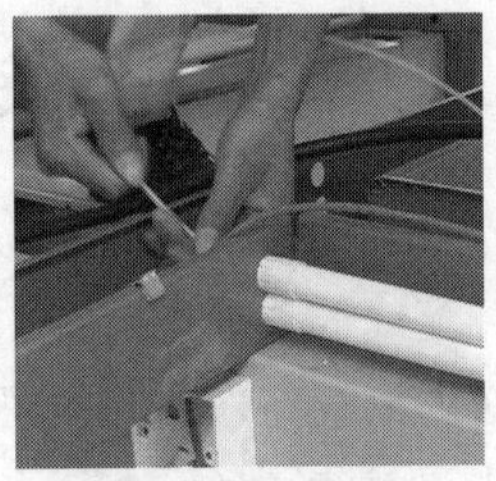

图 3-56 放入牵引线

（2）引出牵引线

当牵引线由布线链路的另一端穿出后，可看到牵引线金属前端，如图 3-57 所示。

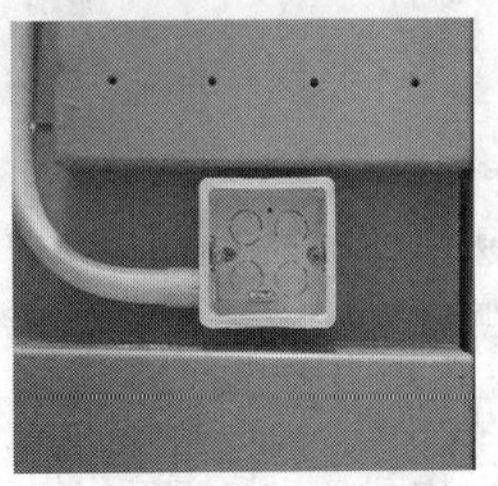

图 3-57 引出牵引线

（3）固定电缆

将线缆固定在牵引线前端的金属接头，如图 3-58 所示。

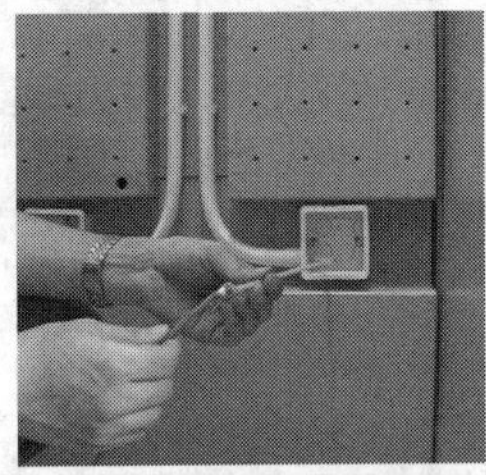

图 3-58 固定电缆

（4）牵引线回拉准备

将线缆与牵引线圈前端金属头固定完成后，准备将牵引线进行回拉，如图 3-59 所示。

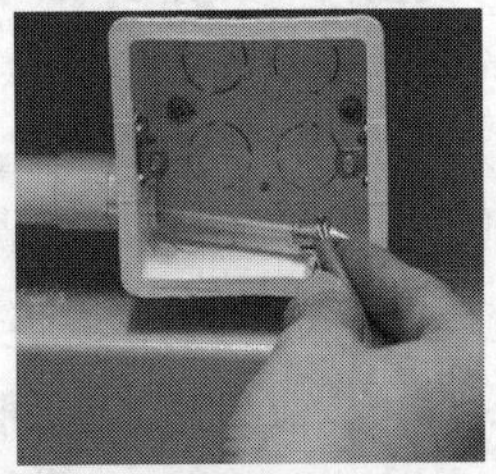

图 3-59 开始回拉牵引线

（5）回拉牵引线

在布线链路的另一端开始回拉牵引线，直到电缆随着牵引线一并拉出为止，如图 3-60 所示。

图 3-60 回拉牵引线

(6) 剪线

使用剪线钳对电缆进行剪线操作，保持一定的电缆余量用于电缆的端接，如图 3-61 所示。

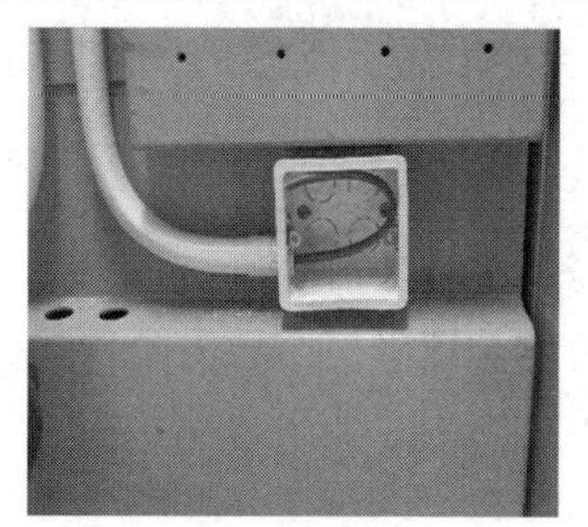

图 3-61　剪线

实训 3　管槽系统设计与安装

背景描述：

你是某综合布线施工单位的现场工程师，根据工程需要，现需要你完成 PVC 管、线槽与桥架的连通操作。

实训要求：

要求熟练使用各类施工工具、完成桥架、PVC 管、线槽之间的连通，并能手工制作线槽弯头等。

实训内容：

1. 根据示意图完成 PVC 管的连接，实现 PVC 管与桥架的连通，使用管卡固定 PVC 管，要求 PVC 管最终连接嵌入式暗装底盒（86 盒），并使用牵引线圈完成管内布线。

2. 根据示意图完成线槽的连接，实现线槽与桥架的连通，要求手动制作线槽弯头，线槽最终连接明装底盒（86 盒），安装线槽盖板，并使用牵引线圈完成管内布线。

实训示意图如下图所示：

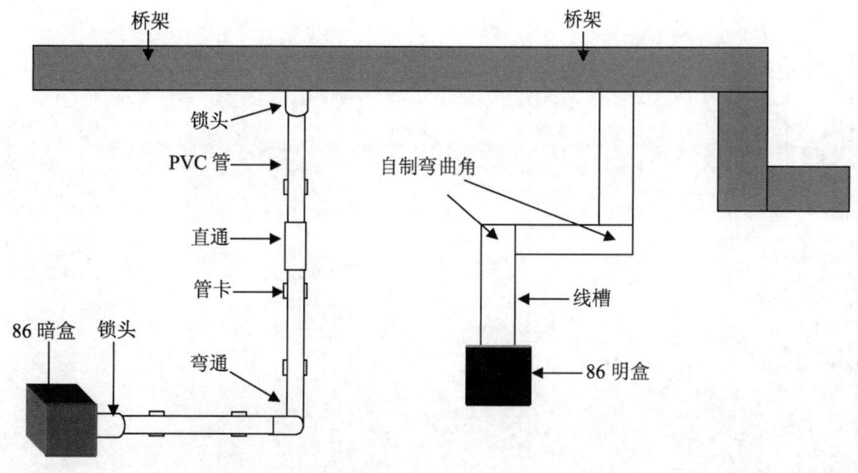

实训报告：

1. 本次实训中所使用到的工具有：________、________、________、________、________。

2. 本次实训中所使用到的耗材有：________、________、________、________、________、________、________、________。

3. 简述实训中使用管卡和锁头的作用。

4. 简述线槽弯曲角的制作过程。

5. 简述实训中使用的明盒和暗盒的区别。

习　　题

1. 简述设计施工前的准备工作包括哪些。

2. 简述弯通的主要作用。

3. 使用切割机进行切割操作时应注意哪些问题？

4. 线槽内配线的步骤一般分为几步？

第 4 章 网络传输介质与水晶头连接技术

本章主要介绍网络传输介质，包括有线传输介质和无线传输介质，其中有线传输介质包括双绞线、同轴电缆和光缆，无线传输介质包括无线电波和红外线等，本章还介绍了 RJ-45 水晶头和双绞线的连接技术。

4.1 网络传输介质

目前，普遍使用的网络传输介质有无线和有线两大类，其中有线传输介质可分为双绞线、同轴电缆和光缆，无线传输介质可分为红外线和无线电波等。

网络传输介质的选择必须考虑传输介质的性能、价格、使用规则、安装难易度、可扩展性等一系列的因素，目前在综合布线系统中使用最多的有线传输介质包括双绞线、同轴电缆、光导纤维和大对数电缆等，以下就来分别介绍一下这几种传输介质。

4.1.1 双绞线

双绞线（Twisted Pair，TP）是一种综合布线工程中最常见的传输介质，也是局域网中使用最普遍的一种传输介质。双绞线是由两根具有绝缘保护层的铜导线组成。把两根绝缘的铜导线按一定密度互相绞在一起，可降低信号干扰的程度，每一根导线在传输中辐射出来的电波会被另一根线上发出的电波抵消；如果把一对或多对双绞线放在一个绝缘套管中便成了双绞线电缆，在长距离传输中，一条电缆可包含几百对双绞线。

双绞线最适合于点到点的设备连接。使用双绞线进行传输时，其电磁波的辐射比较严重，容易被窃听。为减少辐射，应采取屏蔽措施，既我们所说的屏蔽双绞线。双绞线较适合于距离（一栋建筑物内或几栋建筑物之间，若超过几公里，就要加入中继器）较短、环境单纯（无离潮湿、电源磁场等）的局域网络系统。

为了便于管理和安装，每对双绞线都有颜色标识，4 对双绞线的颜色分别是：蓝色、橙色、绿色和棕色，在每对线中，其中一根的颜色为线对的颜色（纯色），另一根的颜色为白底色加线对颜色的条纹（杂色），具体颜色编码如表 4-1 所示。

表 4-1　4 对 UTP 电缆的颜色编码

线　　对	颜 色 标 识	缩　　写
线对 1	白-蓝 蓝	W—BL BL
线对 2	白-橙 橙	W—O O

续表

线　对	颜色标识	缩　写
线对 3	白-绿 绿	W—G G
线对 4	白-棕 棕	W—BR BR

双绞线可根据不同的原则进行分类，大体有以下几种分类方式：

（1）按照结构分类，可将双绞线电缆划分为非屏蔽双绞线和屏蔽双绞线。

（2）按照性能指标进行分类，可将双绞线电缆分为 3 类、4 类、5 类、5e 类、6 类和 7 类。

（3）按照特性阻抗进行分类，可将双绞线电缆分为 100Ω、120Ω 和 150Ω 电缆。

（4）按照双绞线线对数进行分类，可分为 1 对、2 对、4 对双绞线，以及 25 对、50 对、100 对的大对数电缆。

1. 按结构进行分类：非屏蔽双绞线和屏蔽双绞线

目前，最常见的分类方式就是将双绞线分为非屏蔽双绞线（UTP）和屏蔽双绞线（STP），屏蔽双绞线电缆的外层由铝箔包裹着，它的价格相对要高一些，安装时要比非屏蔽双绞线困难，必须使用特殊的连接器，技术要求也比非屏蔽双绞线电缆高。与屏蔽双绞线相比，非屏蔽双绞线电缆外面只需一层绝缘胶皮，因而重量轻、易弯曲、易安装，组网灵活，非常适用于结构化布线，所以在无特殊要求的计算机网络布线中，常使用非屏蔽双绞线电缆，如图 4-1 所示。

图 4-1　屏蔽双绞线和非屏蔽双绞线

双绞线主要用来传输模拟信号，但也可用于传输数字信号，特别适合在短距离的信号传输，比如说在局域网中使用，采用双绞线的局域网络，其带宽取决于导线的质量，长度，制作工艺等，只要精心选择和认真安装，就可以在有限距离内达到几 Mbit/s 的可靠传输率，当距离很短，传输率甚至可达到 100 Mbit/s。

2. 按性能指标进行分类：CAT3、CAT4、CAT5、CAT5e、CAT6、CAT7

按照性能指标进行分类，可将双绞线分为 3 类、4 类、5 类、5e 类、6 类和 7 类，以下就来具体介绍相关的电缆类型情况。

（1）3 类双绞线。

主要是指目前在 EIA/TIA568 标准中指定的双绞线电缆。该双绞线的传输频率为 16 MHz，用于语音传输及最高传输速率为 10 Mbit/s 的数据传输，主要用于 10BASE-T。目前 3 类双绞线正逐渐从市场上消失，取而代之的是 5 类和超 5 类双绞线。

（2）4 类双绞线。

该类双绞线电缆的传输频率为 20 MHz，用于语音传输和最高传输速率为 16 Mbit/s 的数据传输，主要用于基于令牌的局域网和 10BASE-T / 100BASE-T。4 类双绞线在以太网布线中应用很少，以往多用于令牌网的布线，目前市场上也基本上看不到了。

（3）5 类双绞线。

该类双绞线电缆增加了绕线密度，外套一种高质量的绝缘材料，传输频率为 100 MHz，用于语音传输和最高传输速率为 100 Mbit/s 的数据传输，主要用于 100BASE-T 和 10BASE-T 网络。5 类双绞线是目前网络布线的主流。

（4）超 5 类双绞线。

与 5 类双绞线相比，超 5 类双绞线的衰减和串扰更小，可提供更坚实的网络基础，满足大多数应用的需求（尤其支持千兆位以太网 1000Base-T 的布线），给网络的安装和测试带来了便利，成为目前网络应用中较好的解决方案。超 5 类双绞线的主要用武之地是千兆位以太网环境。

（5）6 类双绞线。

电信工业协会（TIA）和国际标准化组织（1SO）已经着手制定 6 类布线标准。该标准将规定未来布线应达到 200MHz 的带宽，可以传输语音、数据和视频，足以应付未来高速和多媒体网络的需要。6 类布线标准已发布，但市面上的相关产品却较少。所以，6 类布线在今天和未来的 3～5 年中，还不能成为局域网布线的主流选择。

（6）7 类双绞线。

国际标准化组织（ISO）已宣布要制定 7 类双绞线标准，建议带宽为 600 MHz。但到目前为止，有关 7 类双绞线的标准还没有正式提出来。

3．按线对数进行分类：2 对、4 对、25 对、50 对、100 对

在局域网中使用较多的双绞线是 2 对、4 对的双绞线电缆，但在垂直干线子系统中也会用到 25 对、50 对甚至 100 对的大对数电缆，大对数电缆也称为大对数干线电缆，如图 4-2 所示，大对数电缆为 25 线对（或者更多）成束的电缆结构，在外观上看，为直径更大的单根电缆，它也同样采用颜色编码进行管理，每个线对束都有不同的颜色编码，同一束内的每个线对又有不同的颜色编码。以 25 对大对数电缆为例颜色编码分为主色（白-红-黑-黄-紫）和副色（蓝-橙-绿-棕-灰），将主副色按照顺序两两搭配，就能形成了 25 种颜色，即白蓝、白橙、白绿、白棕、白灰、红蓝、红橙、红绿、红棕、红灰、黑蓝、黑橙、黑绿、黑棕、黑灰、黄蓝、黄橙、黄绿、黄棕、黄灰、紫蓝、紫橙、紫绿、紫棕、紫灰。

图 4-2　大对数电缆

在明确了上述双绞线分类标准之后，对于双绞线作为用户所需要关心的内容，还有双绞线的一些基本技术参数，主要有双绞线的接线图，连线长度，衰减，近端串扰，特性阻抗等。

（1）接线图。该步骤主要检查线缆的接线方式是否符合规范。常见的错误接线方式有开路，短路，反向，交错等。

（2）连接长度。局域网拓扑对连线的长度有一定的规定，如果长度超过了规定的标准，信号的衰减就会很大。

（3）衰减。信号在电缆上传输时，其强度会随着传播距离的增加而逐渐变小，衰减量与长度及频率有着直接关系。传输频率越高，电缆造成的衰减越大；长度越长，衰减越大。

（4）近端串扰。当信号在一个线对上传输时，会同时将一小部分信号感应到其他线对上，这种信号感应就是串扰。串扰分为 NEXT（近端串扰）和 FEXT（远端串扰）。

（5）特性阻抗。特性阻抗是指线缆对通过的信号的阻碍能力。它受直流电阻，电容和电感的影响，要求在整条电缆中必须保持一个常数。平衡电缆中特性阻抗为：UTP 电缆的特性阻抗为 100Ω ± 15%。

4.1.2 同轴电缆

同轴电缆在 20 世纪 80 年代初的局域网中使用最为广泛，因为那时集线器的价格很高，在一般中小型网络中几乎看不到。所以，同轴电缆作为一种廉价的解决方案，得到广泛应用。然而，在进入 21 世纪的今天，随着以双绞线和光纤为基础的标准化布线的推广，同轴电缆已逐渐退出布线市场。

同轴电缆是由一根空心的外圆柱导体及其所包围的单根内导线所组成。柱体同导线用绝缘材料隔开，其频率特性比双绞线好，能进行较高速率的传输。由于它的屏蔽性能好，抗干扰能力强，通常多用于基带传输，如图 4-3 所示。

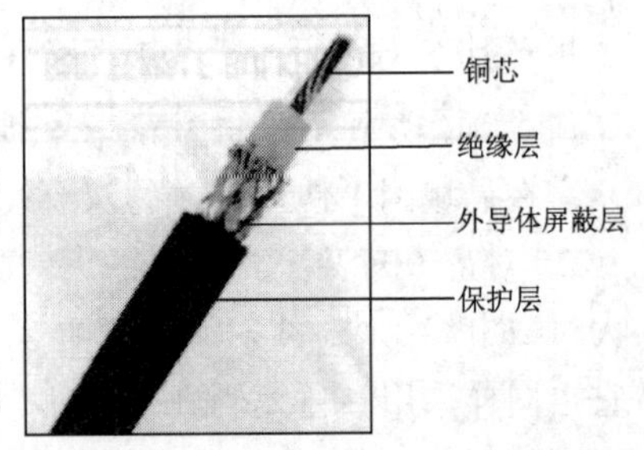

图 4-3 同轴电缆的内部结构

局域网中常用到的同轴电缆有两种，基带同轴电缆和宽带同轴电缆。基带同轴电缆是特性阻抗为 50Ω 的同轴电缆（如 RG-8、RG-58），用于传送数字信号。50Ω 电缆分为粗缆和细缆两种，粗缆传输性能优于细缆。在传输速率为 10 Mbit/s 时，粗缆网段传输距离可达 500～1000 m，细缆传输距离为 200～300 m。

基带同轴电缆多适用于直接传输数字信号（即基带信号），不需加调制解调器，信号可在电缆上双向传输，数据传输速率一般为 10Mbit/s，最大数据传输速率可达 50 Mbit/s，其抗干扰能力较好。但仍不能完全避开电磁干扰。每段电缆可支持近百台设备正常工作，加中继器后可接上千台设备。

宽带同轴电缆的特性阻抗为 75Ω 的 CATV（公用天线电视）电缆（如 RG-59），用于传送模拟信号。宽带同轴电缆由于其通信频带宽，故能将语音、图像、图形、数据同时在一条电缆上传送。宽带同轴电缆的传输距离最长可达 10 km（不加中继器），一般为 20 km（加中继器）。其抗干扰能力强，可完全避开电磁干扰。可连接上千台设备。要把计算机产生的数字信号变成模拟信号在 CATV 电缆传输，就要求在发送端和接收端加入调制解调器 Modem。对于带宽为

400 MHz的 CATV 电缆，其传送速率为 100～150 Mbit/s。

目前，同轴电缆大量被非屏蔽双绞线或光缆所取代，但仍广泛应用于有线电视和某些局域网中。当前同轴电缆的型号大体有以下几种：

- RG-8 或 RG-11，50Ω。
- RG-58，50Ω。
- RG-59，75Ω。
- RG-62，93Ω。

计算机网络一般选用 RG-8 以太网粗缆和 RG-58 以太网细缆；RG-59 用于电视系统；RG-62 用于 ARCnet 网络和 IBM3270 网络。

同轴电缆的连接安装包括粗缆的连接方法和细缆的连接方法，具体如下：

（1）粗缆的连接安装方法。

粗缆一般采用一种类似夹板的 Tap 装置进行安装，它利用 Tap 上的引导针穿透电缆的绝缘层，直接与导体相连接。电缆两端头设有终端器，以削弱信号的反射作用。因粗缆的安装和接头的制作较为复杂，现在中小型局域网很少使用它。

普通用户会经常使用细缆组建小型局域网，这主要是从节约设备开支的角度出发，或者由于所使用的某些早期的集线器之间无法用双绞线连接。下面介绍细缆的制作方法和过程。

（2）细缆的连接安装方法。

进行细缆连接时所需要的工具要比进行 RJ-45 水晶头连接时多。一般情况下除压线钳、斜口钳外，还需要尖嘴钳、万用表，必要时还需使用电烙铁。（部分材料和工具如图 4-4 所示）具体的安装过程如下：

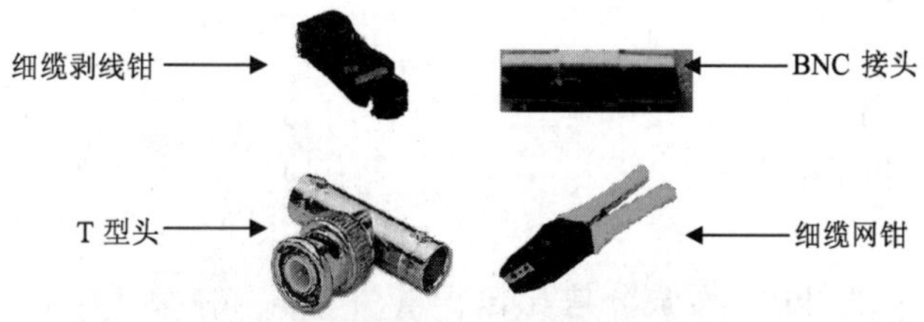

图 4-4　细缆连接工具和基本耗材

第 1 步，根据连接距离的要求，用斜口钳剪取一定长度的细缆（不少于 0.5m），然后将 BNC 专用接头的金属套筒套到电缆上。

第 2 步，用压线钳的剥线端剥去电缆外面的一层胶体保护层，长度与 BNC 接头的长度相当，约 2 cm。注意在剥去保护层时不要使用其他的工具，否则会切断与保护层相隔的金属网。

第 3 步，拨开金属网层，并利用压线钳的剥线端将金属网层与中心铜导线之间的半透明绝缘体剥去一段，长度大约为 0.4～0.5cm。

第 4 步，将中心铜导线用手集中扭绕，以免散开。然后插入 BNC 头中铜质针头的小孔内，直到半透明绝缘层紧靠铜质针头时为止。此时旋入铜质针头上的小螺钉，将中心铜导体固定在铜质针头内。有的 BNC 接头不用螺钉固定，而必须使用电烙铁将其焊接。

第 5 步，用尖嘴钳把 BNC 接头的两个金属片进行固定。金属片正好将金属网反向压紧在最外面的胶体保护层上。

第 6 步，将金属套筒向上旋入 BNC 接头，制作结束。

现在大多数通信系统都不采用同轴电缆，主要有两个原因：第一，现在同轴电缆的类型繁多，一旦选择错误，将会导致信号的不兼容和通信系统的问题。第二，同轴电缆阻抗级别不同，只能支持单一系统；

此外，同轴电缆一直以来都是一种不可靠的通信电缆，同轴电缆安装不当可能会导致电缆短路及其他的信号发射问题。因此同轴电缆已经逐渐被非屏蔽双绞线和光缆所取代。

4.1.3 光纤

光纤是光导纤维的简称，如图 4-5 所示。光纤是细如头发般的透明玻璃丝，其主要成分为石英；光纤主要用来传导光信号。光纤由纤芯、包层、涂覆层组成。由于纤芯的折射率（n1）大于包层的折射率（n2），故光在纤芯和包层这两种界面上形成全反射，使光被锁定在纤芯中进行传输，实现数据通信。

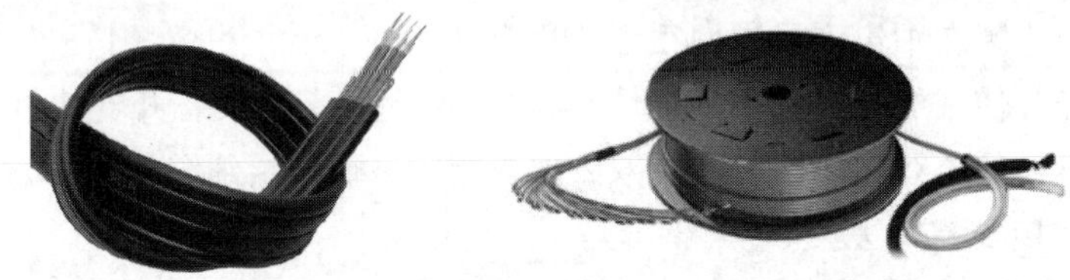

图 4-5　多模光纤

所谓光导纤维光缆是由一捆光导纤维组成的，简称光缆。光缆是数据传输中最有效的一种传输介质，它的优点是：

- 传输频带宽，通信容量大；
- 光缆的电磁绝缘性能好，不受电磁干扰影响；
- 信号衰变小，传输距离较大；
- 保密性高；
- 制造原料丰富；光纤的主要成分是石英。

光纤的类型最常见的划分方式是将光纤分为单模光纤和多模光纤，两者的区别是单模光纤只能传输一种模态（主模态），其传输距离较长，成本较高，纤芯小，需要激光来做光源，其工作波长为 1 310 nm 或 1 550 nm；多模光纤可同时传输多种模态，能承载成百上千的模式，但其传输距离较短，纤芯较粗，其工作波长为 850～1 300 nm；两种光纤的结构如图 4-6 和 4-7 所示。

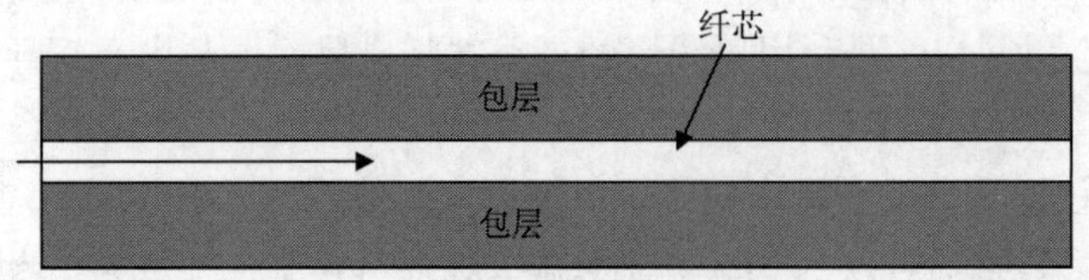

图 4-6　单模光纤的结构示意图

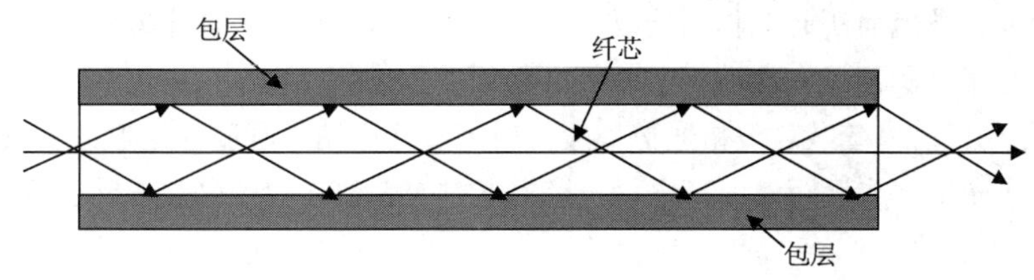

图 4-7　多模光纤的结构示意图

目前用户常用的光纤类型有：

- 8.3/125 μm，单模。
- 62.5/125 μm，多模。
- 50/125 μm，多模。
- 100/140 μm，多模。

4.1.4　无线传输介质

上述的双绞线、同轴电缆、光纤等都属于有线介质，其应用范围仅限于有限的区域内。随着传输距离的增大，传输介质在整个工程中所占成本的比例也就越大，因而使系统性能价格比下降。而且线路越长，出现故障的概率也会越高，使系统可靠性降低。此外，线路的铺设安装还会受到地形条件的限制。为了克服有线传输介质的缺陷，有必要在计算机网络中利用空间传输无线信号，如卫星、红外线、微波等。它们的特点是利用在空间传播的电磁波来传送信息。信号完全通过空间从发射器发射到接收器。

1. 无线电波

采用无线电波作为无线网络的传输介质是目前应用最多的，这主要是因为无线电波的覆盖范围较广，应用较广泛，具有很强的抗干扰抗噪声的能力，使得通信安全，基本避免了通信信号的窃听，具有很高的可用性，另一方面，无线网络使用的电波频段主要是 S 频段（2.4 GHz～2.4835 GHz 频率范围），这个频段也叫 ISM 频段（即工业科学医疗频段），该频段在美国不受美国通信委员会的限制，属于工业自由辐射频段，不会对人体健康造成伤害，所以无线电波成为无线网络的最常用的传输介质。

2. 红外线

红外线采用 1 μm 波长的红外线作为传输媒体，有较强的方向性，由于采用低于可见光的部分频谱作为传输介质，使用不受无线电管理部门的限制，红外信号要求视距（直观可见距离）传输，并且窃听困难，对邻近区域的类似系统也不会产生干扰，在实际应用中，由于红外线受背景噪声，日光环境等影响较大，一般要求发射功率较高。

红外线链路由一对发射器/接收器组成，这对发射器/接收器调制不相干的红外光，只要收发机都处在视线内，不受其他建筑物的遮挡，就可准确地进行通信。通信系统具有很强的方向性，几乎不受干扰信号串扰和阻塞的影响，而且容易安装，在数千米范围内可达到 Mbit/s 级别的数据传输速率。

3. 卫星

卫星通信是以人造卫星为中继站，卫星接收到来自地面发送站发送来的电磁波后，再以广播方式发向地面，被地面所有工作站接收。其特点是通讯距离远，通讯容量大，可靠性高。但保密性差，适用于远程网及洲际联网。

在 20 世纪 70 和 80 年代，卫星通信一般使用大型地面站，通过直径 10～30 m 的天线进行通信，那时用户在全球或远距离上打电话、接收电视或其他任何信号，需要这样的大地球站和大天线。在 80 年代末、90 年代初，当卫星技术进一步发展时，情况发生了相当大的变化，用户可以从很多地方接收卫星信号。如航行在大海中的舰船上，处于困境中的飞机或舰船上等。

卫星通信业务也在日渐增加，到目前为止主要包括有电话、电视广播、数据接收与分发、直播电视、灾害预警、气象监测、航空器跟踪、星际链路、邮件传递、互联网接入、数据采集、GPS 定位、移动车辆跟踪等。这种传输介质的出现有助于将通信网络迅速延伸到人迹罕见或偏远的地方，它将为通信网络的发展起着举足轻重的作用。

4.2 RJ-45 水晶头与双绞线的连接技术

通过上述的介绍，我们对综合布线中所遇到的各种传输介质有了一个整体的了解，以下就开始具体介绍 RJ-45 水晶头和非屏蔽双绞线（UTP）的连接技术。

RJ45 水晶头和双绞线连接技术

4.2.1 基本工具和耗材

① 非屏蔽双绞线（UTP）。

② RJ-45 水晶头，属于耗材，不可回收。

③ 制线钳，主要由剪线口，剥线口，压线口组成，如图 4-8 所示。

④ 剥线器，专用剥线工具，如图 4-9 所示。

⑤ 测通仪，一般有两部分组成，一部分是信号发射器，另一部分是信号接收器，双方各有四个信号灯以及至少一个 RJ-45 插槽（有些同时具有 BNC，RJ11 等测试功能），如图 4-10 所示。

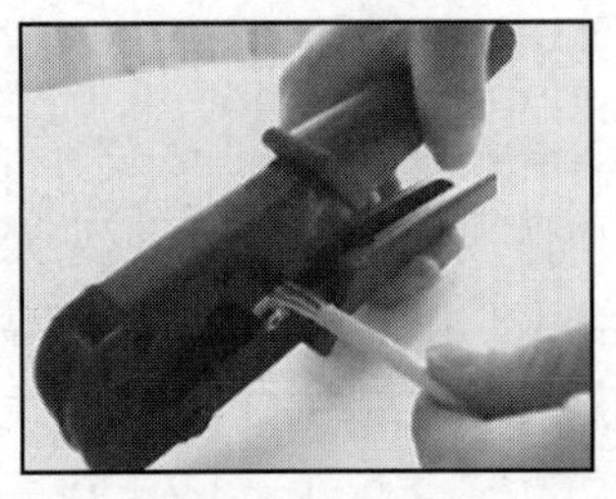

图 4-8 线缆制线钳

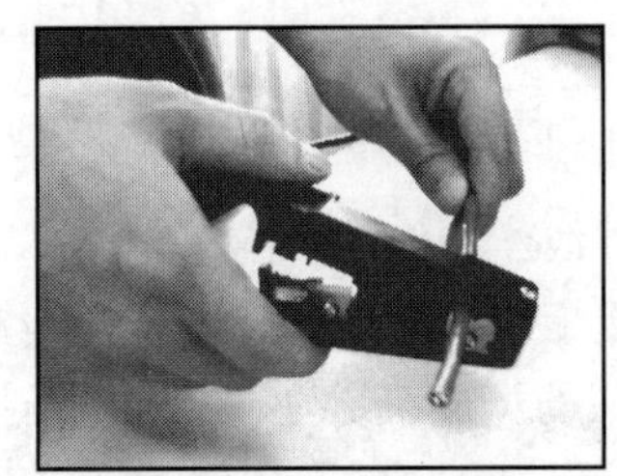

图 4-9 剥线器

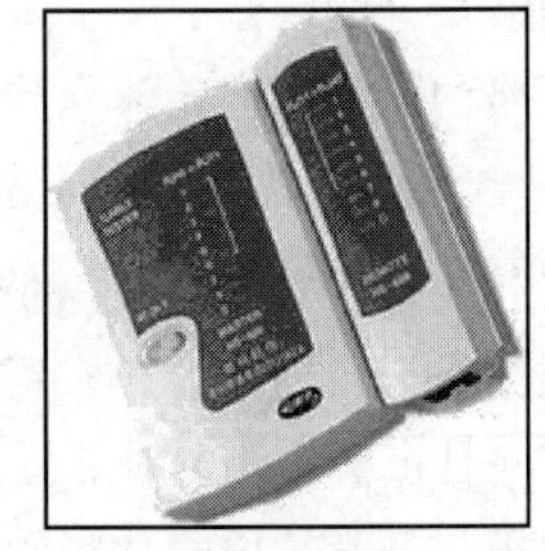

图 4-10 数据跳线测通仪

4.2.2 接线标准

RJ-45 水晶头和双绞线的连接技术一般有两种接线标准，分别是 EIA/TIA 568A 标准和 EIA/TIA 568B 标准，其基本线序如图 4-11、4-12 所示。

EIA/TIA 568A 的基本线序是绿白，绿，橙白，蓝，蓝白，橙，棕白，棕。

EIA/TIA 568B 的基本线序是橙白，橙，绿白，蓝，蓝白，绿，棕白，棕。

4.2.3　数据跳线的分类

数据跳线根据连接设备的不同，一般可分为平行双绞线和交叉双绞线：

① 平行双绞线：既两端进行制线时均采用统一接线标准，如都采用 EIA/TIA568A 标准或者都采用 EIA/TIA568B 标准，此类数据跳线主要用于不同设备之间的级联，如网卡与集线器之间。

② 交叉双绞线：即两端进行制线时采用了不同接线标准，此类跳线主要用于同级设备之间的直接连接，如网卡与网卡直接连接，集线器与集线器之间。

说明：（EIA/TIA568A 标准）（见图 4-11）

1. 绿白
2. 绿
3. 橙白
4. 蓝
5. 蓝白
6. 橙
7. 棕白
8. 棕

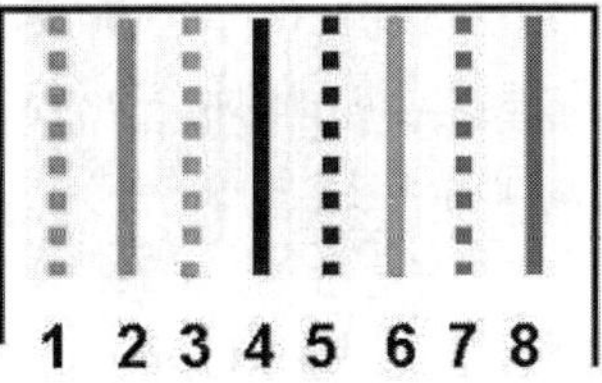

图 4-11　IA/TIA 568A 标准线序

说明：（EIA/TIA568B 标准）（见图 4-12）

1. 橙白
2. 橙
3. 绿白
4. 蓝
5. 蓝白
6. 绿
7. 棕白
8. 棕

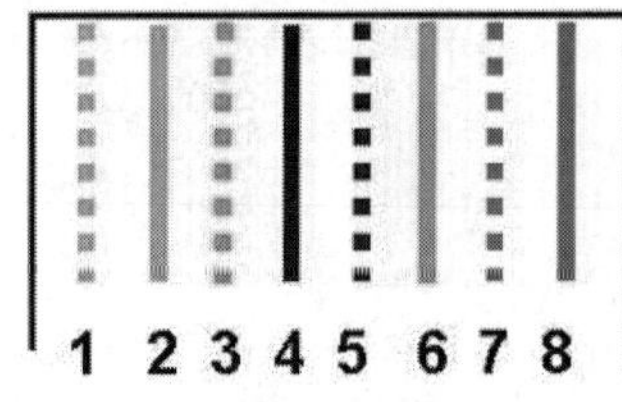

图 4-12　IA/TIA 568B 标准线序

4.2.4　RJ-45 水晶头连接技术

具体操作步骤：

（1）剥线

使用剥线器，夹住双绞线旋转一圈，剥去 20 mm 左右的外表皮，如图 4-13 所示。

注意：旋转时请不要太用力，防止损坏内部的 4 对双绞线。

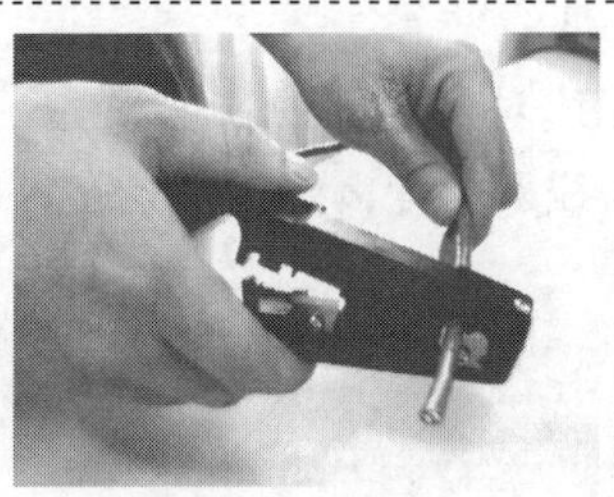

图 4-13 剥线

（2）去除外表皮

采用旋转的方式将双绞线外套慢慢抽出，如图 4-14 所示。

注意：除去外套层时，请使用中等力度，防止将双绞线拉断。

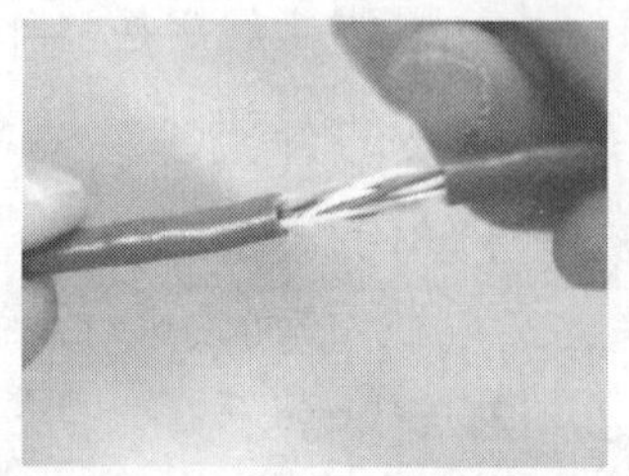

图 4-14 去除外表皮

（3）分开双绞线

将 4 对双绞线分开，并查看双绞线是否有损坏，如有破损或断裂的情况出现，则要重复上述步骤，如图 4-15 所示。

图 4-15 分开双绞线

（4）拆分线对

拆开成对的双绞线，使它们不再扭曲在一起，以便能看到每一根线，如图 4-16 所示。

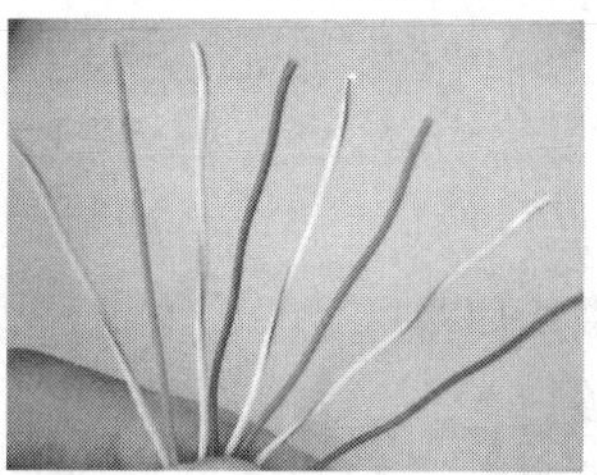

图 4-16 拆分线对

（5）排列线序

将每根线进行排序，使线的颜色与选择的线序标准的颜色相匹配。在这里我们选择的是 EIA/TIA568B 标准，所以线序为 1 橙白、2 橙、3 绿白、4 蓝、5 蓝白、6 绿、7 棕白、8 棕，如图 4-17 所示。

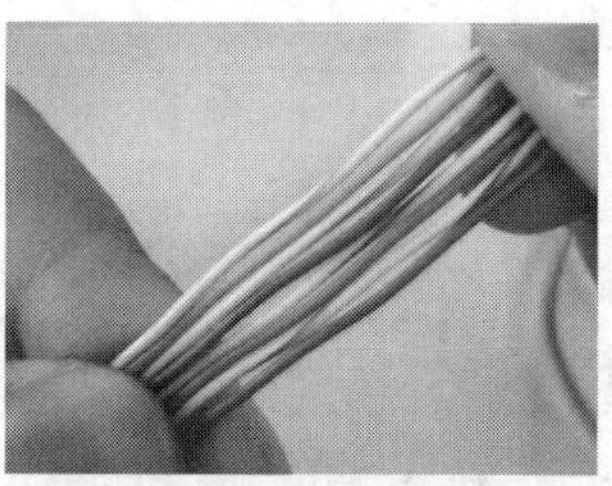

图 4-17 排列线序

（6）剪线

剪切线对使它们的顶端平齐，剪切之后露出来的线对长度大约为 14 mm，如图 4-18 所示。

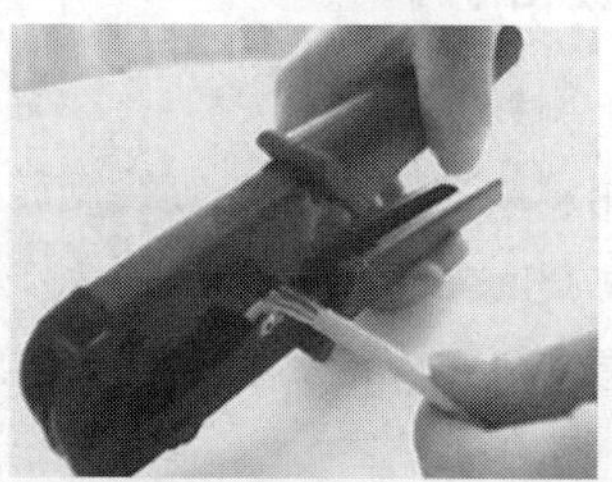

图 4-18 剪线

（7）效果图

使用制线钳剪线后，效果如图所示，如图 4–19 所示。

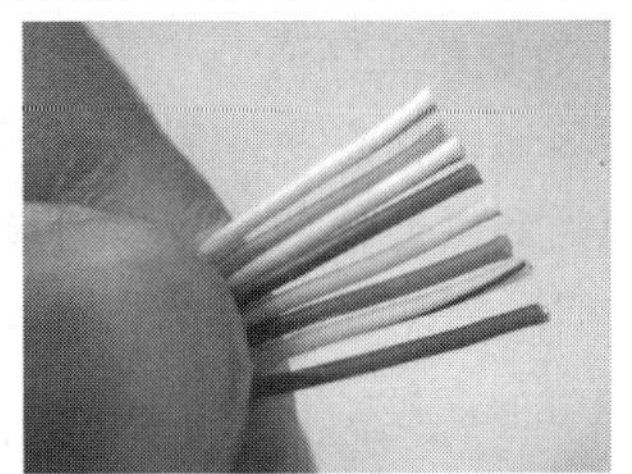

图 4–19　效果图

（8）安装 RJ–45 水晶头

将线对插入 RJ–45 水晶头，确认所有的线对好了针脚。线对在 RJ–45 水晶头部能够见到铜芯，外护套应进入水晶头内。如果线对没有排列好，则进行重新排列。要求认真仔细地完成这一步工作，如图 4–20 所示。

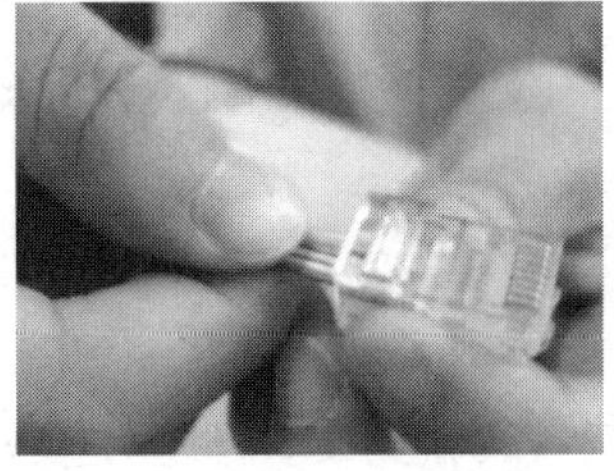

图 4–20　安装水晶头

（9）准备工作

使用制线钳的压线口，将 RJ–45 水晶头固定在压线口，准备压制，如图 4–21 所示。

注意：不同的制线工具在使用时会有不同的压制口供选择，请在使用前注意工具使用说明。

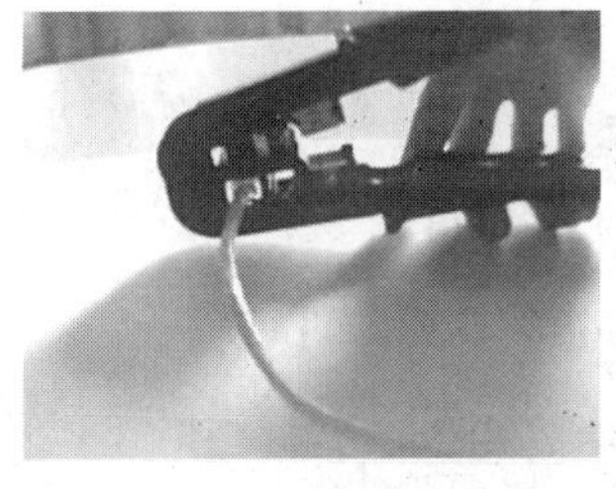

图 4–21　准备工作

（10）压制

将 RJ–45 水晶头和电缆插入压接工具中。紧紧握住把柄并将这个压力保持 3 秒。压接工具可以把线对压入 RJ–45 水晶头并将 RJ–45 水晶头内的针脚压入 RJ–45 水晶头内的线对上。同时，压接工具把塑料罩压入电缆外皮，保护 RJ–45 水晶头内电缆的安全，如图 4–22 所示。

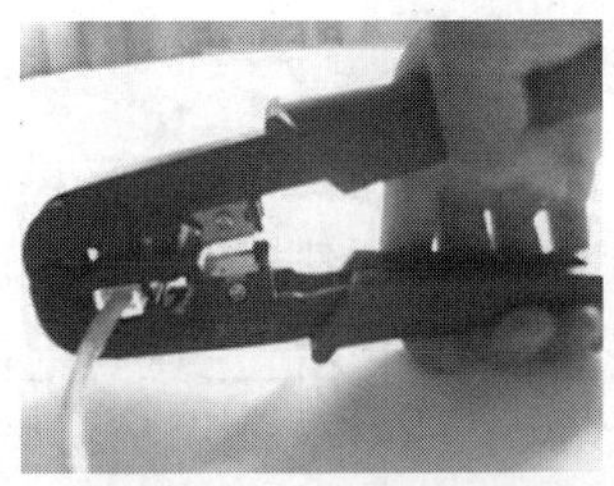

图 4–22　压制

（11）完成

压接完后，把 RJ–45 水晶头从压接工具上取下来，并检查它。确认所有的导线都连接起来了，并且所有的针脚都被压接到各自所对应的导线里。如果有一些没有完全压入导线内，再将 RJ–45 水晶头插入压接工具并重新进行压接，如图 4–23 所示。

图 4–23　制作完成

（12）数据跳线测通

使用测通仪检查跳线制作是否正确，将跳线分别插到测通仪的信号发射端和信号接收端，按启动测试按钮开始测通，如图 4-24 所示。

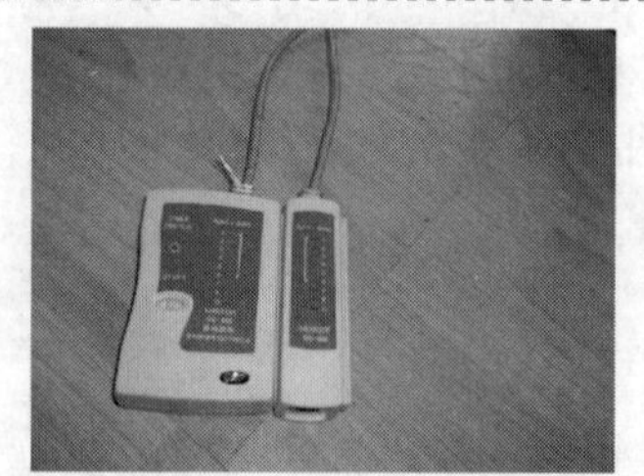

图 4-24　开始测通

实训 4　RJ-45 水晶头与双绞线连接技术

背景描述：

你是某综合布线施工单位的现场工程师，由于工程需要，现急需你完成两根数据跳线的制作（平行双绞线和交叉双绞线），要求按照 EIA/TIA568 标准。

实训要求：

熟练掌握数据跳线的基本线序标准，独立完成数据跳线的制作。

实训内容：

1. 制作两根数据跳线，分别是平行双绞线和交叉双绞线，并要求写出基本线序。（EIA/TIA568A 和 EIA/TIA568B）
2. 简述 RJ-45 水晶头与双绞线连接的基本步骤？（4 大步骤）
3. 简述数据跳线测试的基本方法？
4. 简述平行双绞线和交叉双绞线的区别和适用场合？

实训报告：

1. 本次实训中所使用到的工具有：________、________、________、________。
2. 本次实训中所使用到的耗材有：________、________。
3. 制线钳主要由________、________、________组成。
4. 使用制线钳对双绞线进行剪线的目的是什么？
5. 当双绞线插入 RJ-45 水晶头时应注意什么？

习　题

1. 目前，使用最多的有线传输介质可分为________、________、________和________。
2. 双绞线（Twisted Pair）是最常见的传输介质，为了便于管理和安装，每对双绞线都有颜色标识，4 对双绞线的颜色分别是：________。
3. 按照结构分类，可将双绞线电缆划分为________和________。
4. 按照特性阻抗进行分类，可将双绞线电缆分为________欧姆、________欧姆和________欧姆电缆。

5. 25 对大对数电缆的颜色编码可分为主色和副色，主色是指________，副色是指________。

6. 基带同轴电缆是特性阻抗为________欧姆的同轴电缆（如 RG-8、RG-58），用于传送________。50 欧姆电缆分为________和________两种。

7. 宽带同轴电缆的特性阻抗为________欧姆的 CATV（公用天线电视）电缆（如 RG-59），用于传送________。

8. 光纤是________的简称,光纤是细如头发般的透明玻璃丝，其主要成分为________。

9. 无线网络使用的电波频段主要是________（2.4 GHz～2.4835 GHz 频率范围），这个频段也叫 ISM 频段。

10. 红外线采用________波长的红外线作为传输媒体,有较强的________,受________影响较大。

11. 简述 5 类、超 5 类、6 类、7 类双绞线的电缆特性。

12. 简述双绞线的几种基本特性。

第 5 章　连接器与连接硬件

本章主要介绍综合布线系统中的各种连接器，以及相关的连接硬件，在综合布线系统中连接器和连接硬件占有非常重要的地位，因为只有选择了正确的连接器和连接硬件，并进行了正确的安装，才能确保综合布线系统的传输效率，此外本章中还对 5 类、6 类模块压制工艺和打线上架操作进行了介绍。

5.1　连接器的基本概念

连接器是用于端接通信电缆，把电缆与通信设备进行连接的机械设备，如图 5-1 所示。

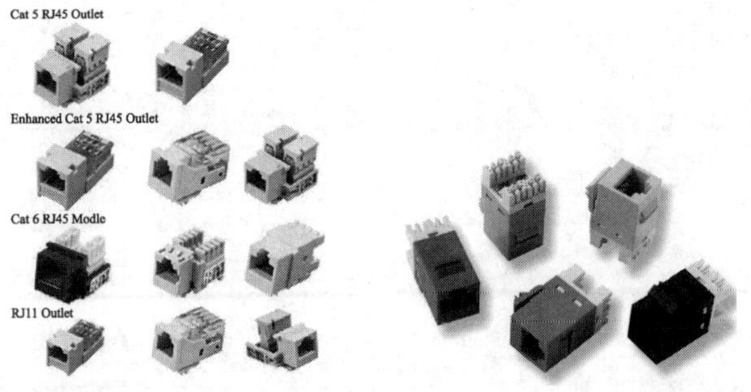

图 5-1　各种连接器

在综合布线系统中连接器多种多样，但所有连接器的基本用途是相同的，其基本用途是：

（1）提供电缆连接或者光纤连接。

（2）提供连接的高度稳定性，防止电缆（光纤）的滑落或断开。

（3）建立一个低消耗的电缆通道或光通道。

连接器的首要任务是为通信提供一个稳定可靠的连接通道。所有连接器都设计成可以与其他连接器兼容，并且可对电路通信或光路通信进行矫正。现在大多数连接器都设计有快速断开装置，这为连接器连接的建立与断开提供了一个方便的途径。此外，在连接器设计时还应该注意其损耗必须符合标准。

通信链路中的连接器还必须有一定的耐磨损性。耐磨损性是指连接器对基本操作和基本插拔操作要有一定的承受能力。

目前在综合布线中会使用不同类型的连接器来端接各种通信电缆和光缆，最常见的连接器类型如表 5-1 所示：

表 5-1　不同类型的连接器

线　　缆	连 接 器
非屏蔽双绞线（UTP）电缆	八位组合式连接器
屏蔽双绞线（STP）电缆	数据连接器
金属屏蔽双绞线（SCTP）电缆	八位屏蔽组合式连接器
同轴电缆	N 型连接器 BNC 连接器 F 型连接器
光缆	ST 型连接器 SC 连接器

5.2　双绞线连接器

双绞线作为综合布线系统中使用最多的一种传输介质，其连接器有 RJ 系列连接器，包括 RJ11 和 RJ45，工作区面板采用的信息模块等，以下详细来介绍相关的连接器。

（1）RJ 系列连接器

RJ 系列连接器一直用于 UTP 电缆的端接，在语音和数据通信中有 3 种不同的类型模块，分别是四线位结构，六线位结构和八线位结构，通信行业中将模块结构指定为专用模块型号，这些模块上通常都有 RJ 字样，RJ 表示已注册模块，RJ-11 代表四线位或六线位结构模块，RJ-45 代表八线位模块结构。四线位结构连接器用“4P4C”表示，这种类型的连接器通常用在大多数电话中，六线位结构连接器用“6P6C”表示，这种类型的连接器主要用于老式的数据通信，与小型机和大型主机相连的数据终端会用到这种连接器。八线位结构连接器用“8P8C”表示，这种结构是目前综合布线端接标准，用于 4 对 8 芯水电缆的端接（语音与数据）。根据端接的双绞线的类型，有不同类型的 RJ-45 连接器，如图 5-2 所示。

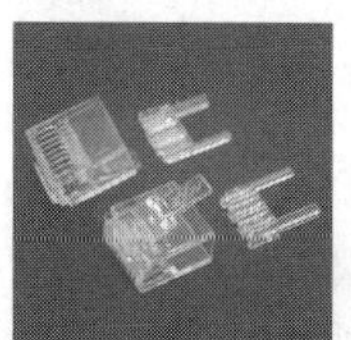

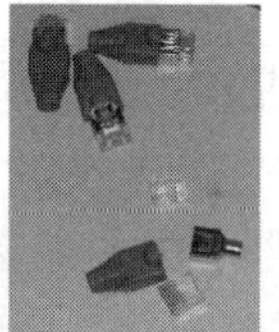

图 5-2　各种 RJ-45 连接器

（2）信息模块

信息模块主要作用是连接工作区和水平电缆，主要安装在工作区面板中，模块中一般有八个与导线相连的触点，数据跳线的 RJ-45 水晶头插入模块后，与这些触点紧密的连接接触，这些触点具有锁定装置，一旦插入连接就很难直接拔出，必须解开锁定后才能顺利拔出，如图 5-3 所示。

综合布线系统中所使用的模块由于厂商不同，所以模块的外观各不相同，但主要有两种形式，即端接位置的不同，一种是在信息模块的上方，另一种是在信息模块的后部。此外由于各个厂商对信息模块都有其各自的专利，所以其模块

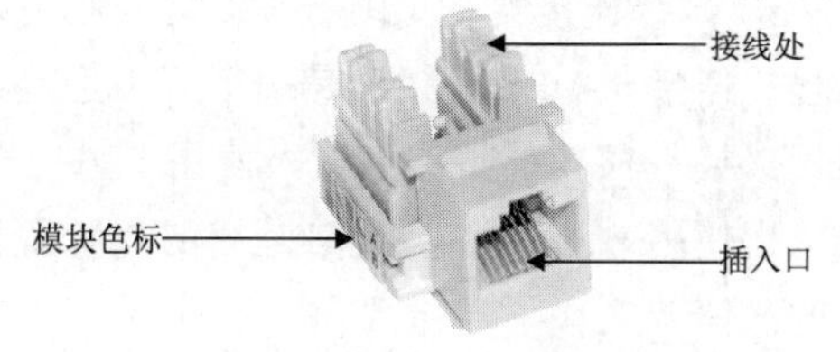

图 5-3　信息模块

的色标也有所不同，具体安装时需要根据模块上显示的色标来进行安装。

5.3 光纤连接器

光纤连接器是用来对光缆进行端接的，但光纤连接器与铜缆连接不同，它的首要功能是把两条光缆的纤芯对齐，提供低损耗的连接。如纤芯未能对齐，则会出现如图 5-4 所示的光纤连接损耗。

光缆不能提供两条光缆之间的直接电气连接，连接器的对准功能使得光线可以从一条光缆进入另一条光缆，或者是进入具体的通信设备。在实际操作中，光纤连接器的对准功能是要求非常精确的。

光纤连接器（如图 5-5 所示）可根据不同的标准进行分类，具体包括按照连接器结构进行分类：ST、SC、FC、LC、DIN、MU、MT 等；按照光纤芯数可分为单芯、多芯等。传统的主流连接器包括有 FC、SC 和 ST，以下就来详细介绍一下各种光纤连接器。

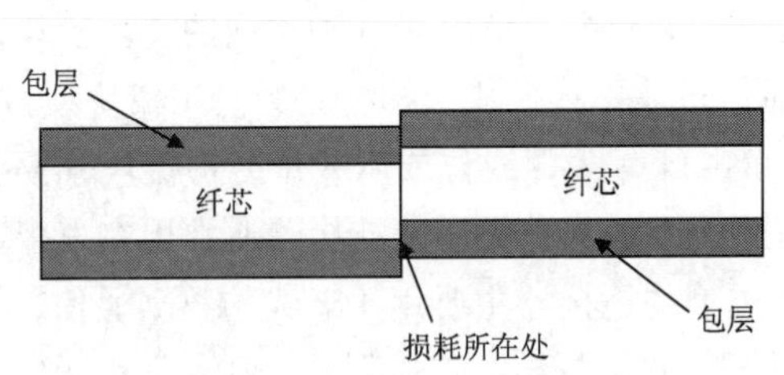

图 5-4 光纤连接损耗

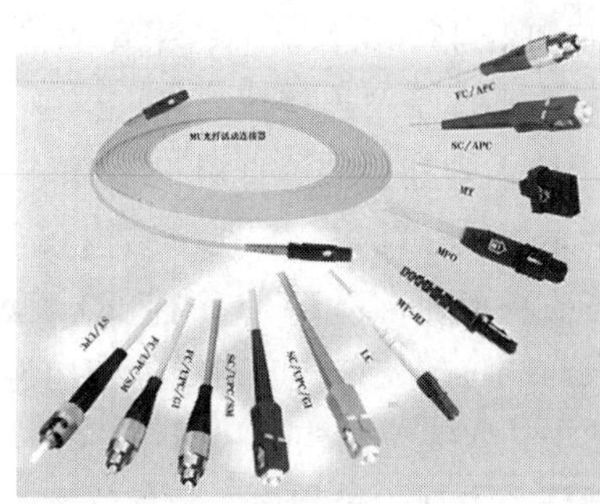

图 5-5 光纤连接器

5.3.1 ST 连接器

ST 是英文缩写形式，解释为直通式。这些连接器有一个直通和卡口式锁定结构。如图 5-6 所示。

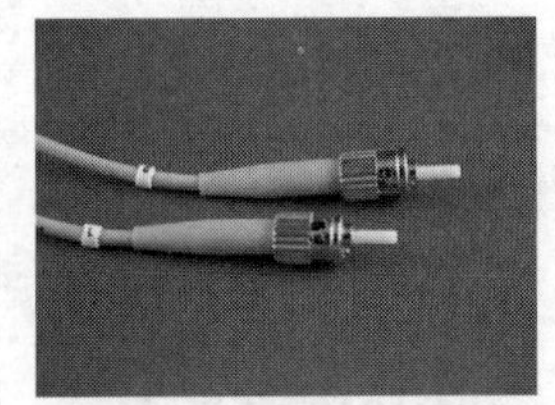

图 5-6 ST 光纤连接器

设计 ST 光纤连接器是为了端接单根光纤，光纤可以固定在连接器上并且控制在适当的位置。一般情况下可使用环氧树脂胶水把光纤固定在金属护套内。

ST 连接器在水平光缆和主干线光缆的端接应用上得到了工业布线标准的认可。在实际中，大多数高速网络设备上，ST 端口还是经常能看到的。

5.3.2 SC 连接器

SC 光纤连接器（见图 5-7）是工业布线标准推荐用于新的布线工程的连接器。SC 连接器是一个双工连接器，有两个连接口，一个连接口接一根光纤，作为输入使用，另一个连接口接另一根光纤，做输出使用。SC 的主要优势是它的配置有相应的对译，可以防止光纤的次序调换。

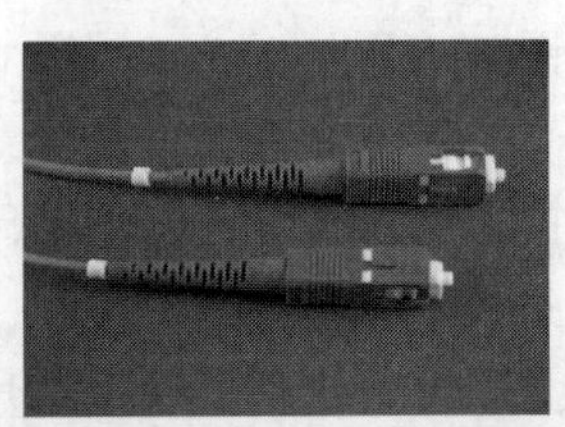

图 5-7 SC 光纤连接器

SC 光纤连接器和 ST 连接器比较类似。就像 ST 连接器一样，SC

连接器也有一个直通金属箍，在设计上支持单根光纤。但是 SC 连接器在连接结构上却不同于 ST 连接器。它被归类为张力型连接器，SC 连接器与耦合器相接时，通过压力固定。这样只需轻微的压力就可以插入或者拔出 SC 连接器，不像 ST 连接器那样插入之后还要转动一下才可以卡住。事实证明，经常插拔的 ST 连接器比起那些插拔次数较少的连接器表现出更大的损耗，这是因为在连接器插拔转动过程中有一定程度的损伤，SC 连接器恰恰可以避免这一插拔损耗。

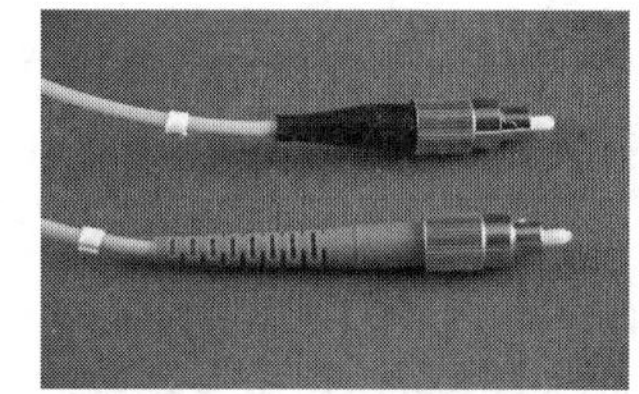

图 5-8　FC 光纤连接器

5.3.3　FC 连接器

FC 连接器的外部采用加强型金属套，紧固方式为螺丝扣型，使用对接端面呈球面的插针，使得相关连通性能大幅度提高，如图 5-8 所示。

5.3.4　LC 连接器和 MU 连接器

LC 连接器是为了满足客户对连接器小型化、高密度连接的使用要求而开发的一种新型连接器，它压缩了整个网络中面板、墙板及配线箱所需要的空间，使其占有的空间只有传统 ST 和 SC 连接器的一半。

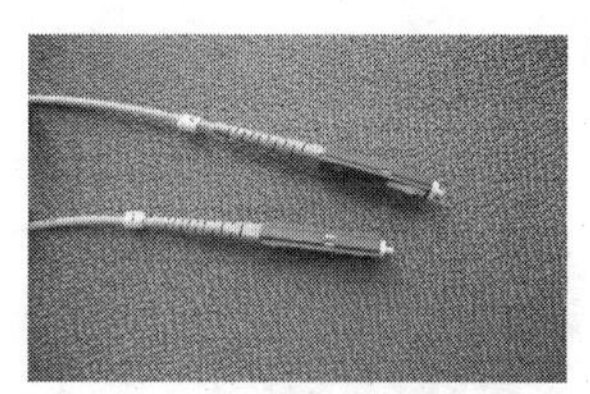

图 5-9　MU 光纤连接器

MU 型连接器的陶瓷芯仅有 1.25 mm，它和 LC 连接器类似，压缩了实际需要的空间，使其占有的空间是传统连接器的一半，体积小巧，插入损耗低，如图 5-9 所示。

5.3.5　光纤面板、适配器及尾纤

光纤面板就是指带有光纤适配器的接线面板，在连接时光纤铺设到面板的底盒，光纤和一根尾纤通过熔接方式进行连接，尾纤的连接器插入光纤适配器的一端，另一端则用光纤跳线连接到计算机的网卡上，实现光纤到桌面的布线方式，光纤面板如图 5-10 所示。

图 5-10　光纤面板

光纤适配器又被称为是光纤耦合器，是实现光纤连接的重要部件，通过尺寸精密的开口套管在适配器内部实现了光纤连接器的精密对准连接。在上述介绍的光纤面板中就存在一个光纤耦合器，它保证了外来光纤和内部的光纤跳线能紧密地连接在一起，如图 5-11 所示。

光纤尾纤是指一端是光纤，另一端是光纤连接器，用于综合布线的主干电缆和水平电缆相连接，有单芯和双芯两种，如图 5-12 所示。

图 5-11　光纤适配器

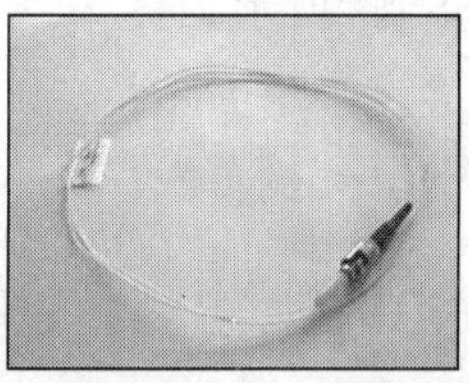

图 5-12　尾纤

5.4 非屏蔽 5 类模块压制技术

5 类模块的压制技术包括工具和耗材介绍及相关操作步骤介绍。

5.4.1 基本工具与耗材介绍

基本耗材和工具如图 5-13 所示，主要包括：

① 打线刀。

② 剥线器。

③ 5 类双绞线。

④ 非屏蔽 5 类模块。

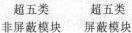

超五类
非屏蔽模块

超五类
屏蔽模块

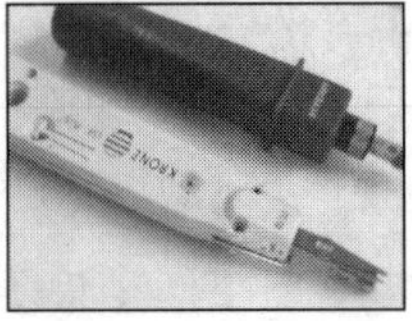

图 5-13 基本工具和耗材

5.4.2 五类模块压制技术的具体操作步骤

（1）将双绞线的外表皮剥除

使用剥线器，夹住双绞线旋转一圈，剥去 20 mm 左右的外表皮，如图 5-14 所示。

注意：旋转时请不要太用力，防止损坏内部的 4 对双绞线。

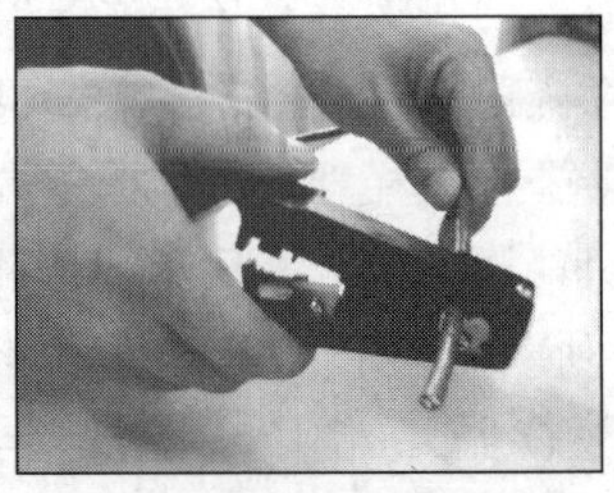

图 5-14 剥线

（2）除去外套层

采用旋转的方式将双绞线外套慢慢抽出，如图 5-15 所示。

注意：除去外套层时，请使用中等力度，防止将双绞线拉断。

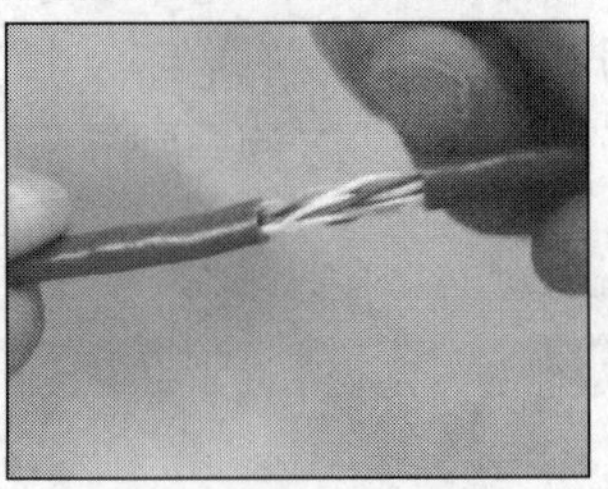

图 5-15 除去外表皮

（3）准备工作

将 4 对双绞线分开，并查看双绞线是否有损坏，如有破损或断裂的情况出现，则要重复上述 2 个步骤，如图 5–16 所示。

图 5–16　准备工作

（4）将双绞线拆开

拆开成对的双绞线，使它们不再扭曲在一起，以便能看到每一根线，如图 5–17 所示。

图 5–17　拆分线对

（5）查看线序

KRONE 的五类非屏蔽模块，如图 5–18 所示，具体特有的线序，其基本线序是：

绿，绿白，橙白，蓝白，蓝，橙，棕，棕白。

橙，橙白，绿白，蓝白，蓝，绿，棕，棕白。

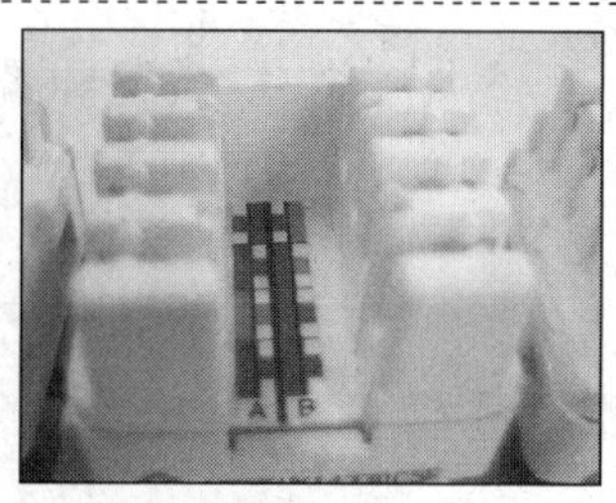

图 5–18　查看线序

（6）理线和卡线

根据模块的基本线序，将五类双绞线的八根线分别卡入模块的八个金属卡口中，如图 5–19 所示。

注意：卡线的时候请使用中等力度，防止双绞线被扯断。

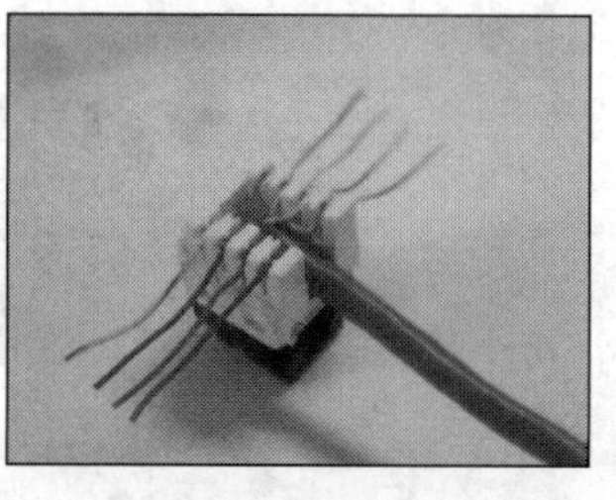

图 5–19　理线和卡线

（7）切线

排好线序以后，使用 KRONE 打线刀将多余的双绞线进行切除，如图 5–20 所示。

注意：使用打线刀时要求剪刀口朝外，一手按住模块，另一手进行切线。

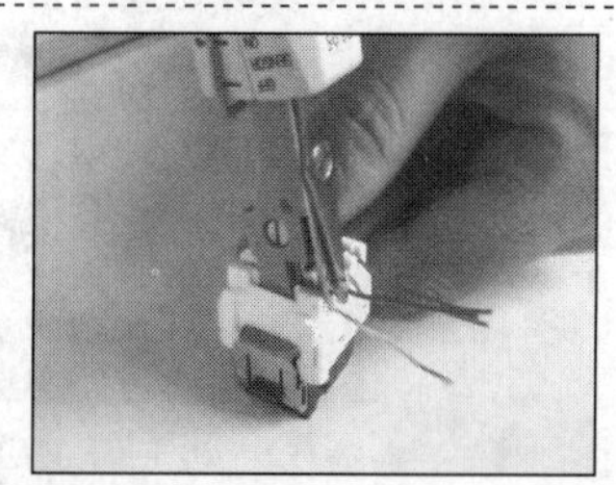

图 5–20　切线

（8）成品

将完成压制的模块安装在 KRONE 的专用工作区面板上，就可以在工作区内使用该模块了，如图 5-21 所示。

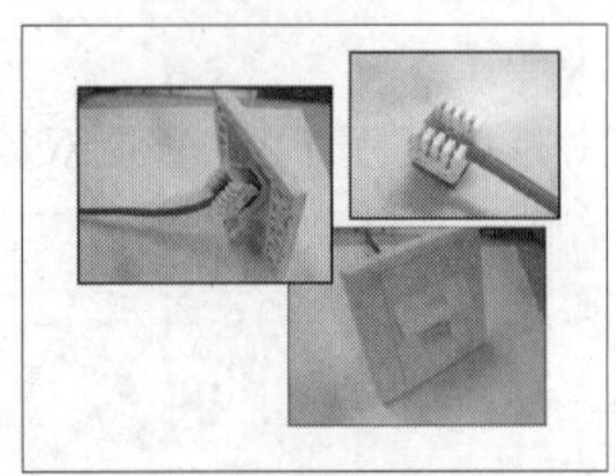

图 5-21 成品

5.5 非屏蔽 6 类模块安装技术

6 类模块的压制技术包括工具和耗材介绍及相关操作步骤介绍。

六类非屏蔽模块

六类屏蔽模块

5.5.1 基本工具与耗材介绍

基本工具和耗材如图 5-22 所示，主要包括 6 类模块压制工具、剥线器、6 类双绞线、非屏蔽 6 类模块和工具剪钳等。

（a） KRONE 非屏蔽六类模块

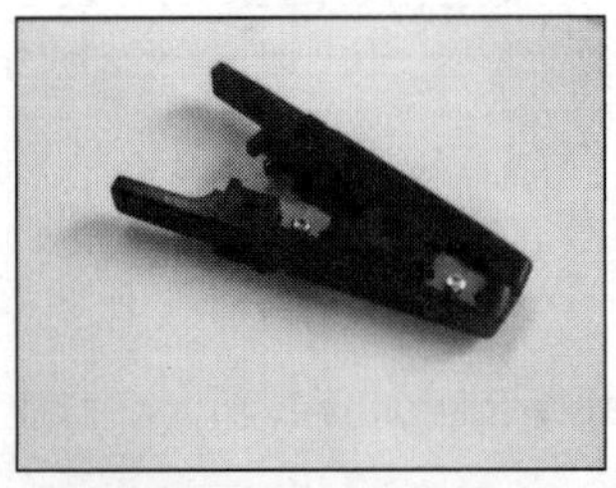

（b） 压制工具和剥线钳

（c） 剪线钳和非屏蔽六类双绞线

图 5-22 基本工具和耗材

5.5.2　非屏蔽 6 类模块安装技术具体操作步骤

（1）将双绞线的外表皮剥除

使用剥线器，夹住双绞线旋转一圈，剥去六类双绞线的外表皮，如图 5-23 所示。

注意：旋转时请不要太用力，防止损坏内部的 4 对双绞线。

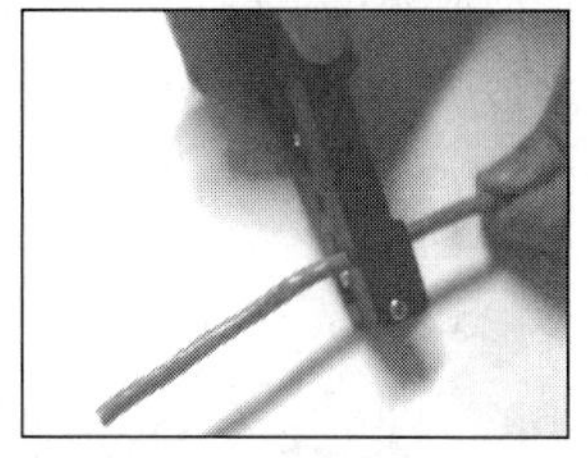

图 5-23　剥线

（2）使用剪钳去除六类线填充物

使用剪钳将六类线内部的填充物去除，如图 5-24 所示。

注意：尽可能地贴近填充物，防止伤到线对。

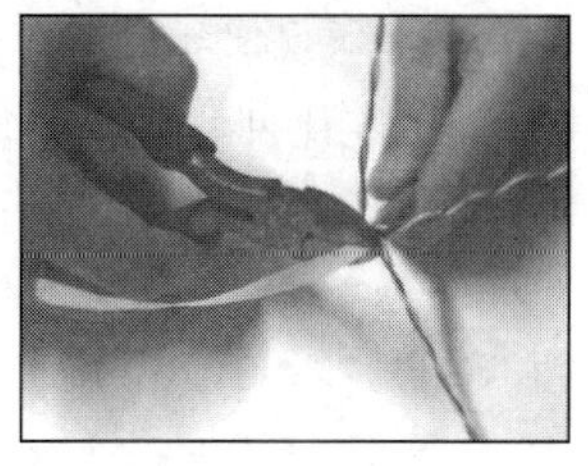

图 5-24　剪去填充物

（3）六类模块的基本组件

KRONE 的非屏蔽六类模块组件包括有带线缆管理器的模块，以及蓝色端接帽，如图 5-25 所示。

图 5-25　模块组件

（4）分离组件

将线缆管理器从模块中分离，如图 5-26 所示。

注意：分离时使用中等力度，不要强硬进行分离，防止损坏模块。

图 5-26　分离组件

（5）线缆管理器

看上去就像是人的一张脸，眼睛，嘴巴，鼻子，如图 5-27 所示。

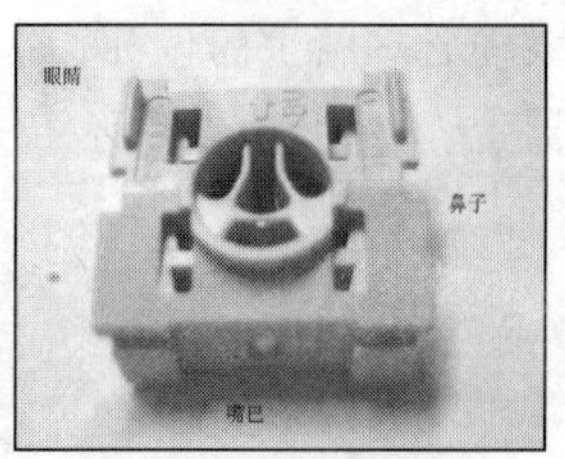

图 5-27　线缆管理器

（6）色标

线缆管理器的末端标有色标，在打线时请注意查看该色标，如图 5-28 所示。

图 5-28 色标

（7）确定线缆的方向性

转动六类双绞线，使绿色线对在最左侧，蓝色线对在最右侧，中间分别是棕色线对和橙色线对，如图 5-29 所示。

图 5-29 确定线缆方向

（8）将线缆穿入线缆管理器

绿色线对进入左边的“眼睛”，蓝色线对进入右边的“眼睛”。

棕色线对进入“鼻子”的位置，橙色线对进入“嘴巴”的位置，如图 5-30 所示。

注意：线对之间不要交叉。

图 5-30 穿入线缆

（9）完全接触

滑动线缆管理器，将线缆管理器紧贴护套，如图 5-31 所示。

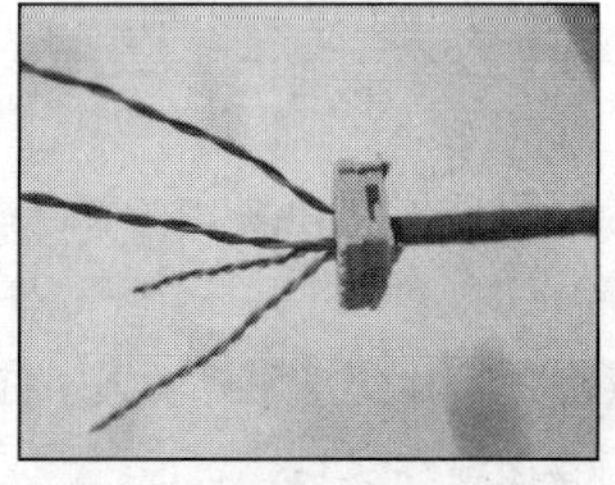

图 5-31 插入到线缆管理器

（10）安装线对

根据线缆管理器上的色标，将四对线卡在线缆管理器上，如图 5-32 所示。

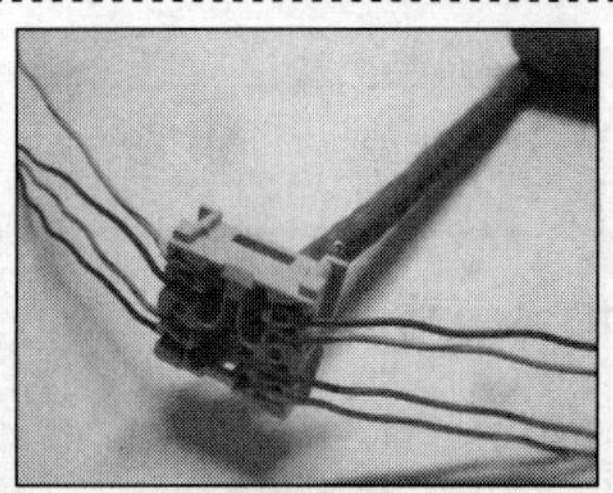

图 5-32 安装线对

（11）将线对剪平

使用剪钳将多余的六类双绞线剪平，如图 5-33 所示。

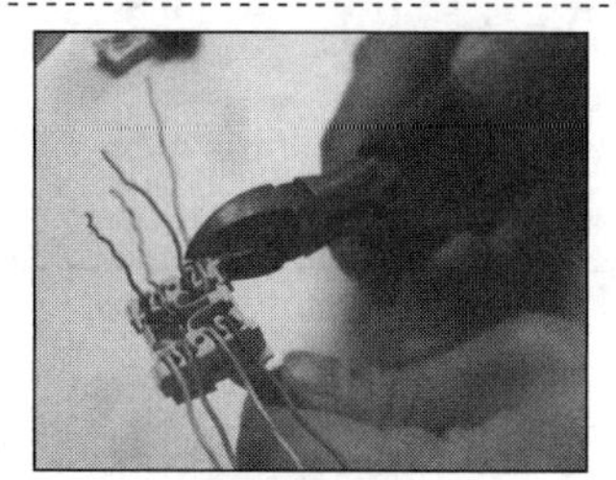

图 5-33　剪线

（12）组合模块

将线缆管理器与模块进行组合，并进行初步的压制，如图 5-34 所示。

注意：不要试图强行将模块压紧。

图 5-34　组合模块

（13）采用压制工具进行压制

使用压制工具对六类模块进行压制，请选择正确的压制口，压制时间维持大约 3 s，如图 5-35 所示。

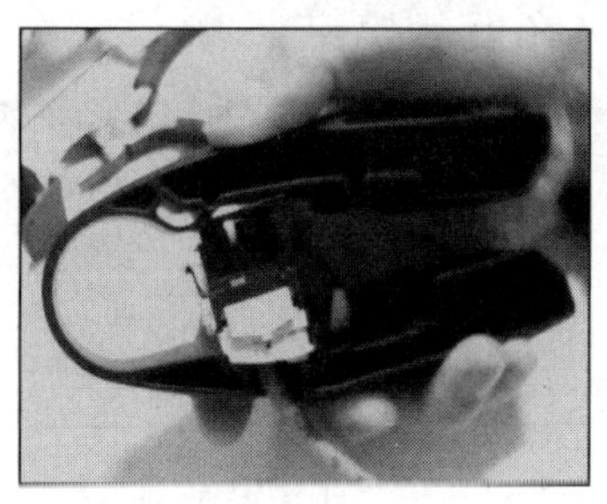

图 5-35　压制

（14）端接帽的连接

采用正确的方向，将蓝色端接帽安装到六类模块上。这样就完成了六类模块的压制，如图 5-36 所示。

图 5-36　成品

5.6 连接硬件

连接硬件在综合布线中应用非常广泛，它是指用于端接和支持通信电缆的所有布线部件。连接硬件对于通信电缆的端接是非常必要的，这些硬件可以为电缆线对提供永久性的端接，并且提供了一定的灵活性。连接硬件可使得端接后的电缆能适应不同的用户使用和不同的通信系统。

目前最常见的连接硬件如表 5-2 所示。

表 5-2 不同连接硬件

模 块	配 线 盘
110 连接模块 BIX 连接模块 KRONE 连接模块	铜缆配线盘 光缆配线盘

5.6.1 连接模块

大对数电缆安装

连接模块，又称冲压模块，是一种常见的连接硬件设备，它们主要用于端接大型多线对干线电缆的导线和一般的四线对水平电缆的导线。

连接模块上有许多狭槽，电缆导线就端接在这些狭槽上，一个狭槽一根导线。冲压模块通常设计成可以端接 25 线对结构电缆导线，因此大多数连接模块可以支持 50、100、250 或 300 电缆线对，不同大小的连接模块可支持不同的线对数。

1. 110 配线架

110 配线架是一种可支持语音和数据应用的连接模块。它可以安装在机架上也可以安装在墙壁上，110 连接模块的支架可用螺丝固定在背架上，如图 5-37 所示。

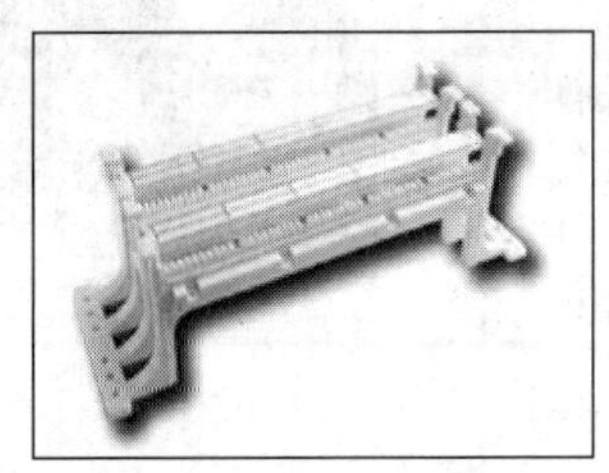

图 5-37 110 连接模块

110 配线架是水平模块，它由水平排列的 25 线对行组成。电缆导线从左上行依次向右端接，另一个 25 线对组从第二个水平行从左向右依次端接。

110 配线架是对电缆线对进行物理连接，电缆导线被插入模块上的狭槽内，然后用一个 110 齿的冲压工具进行固定。冲压工具将电缆导线压入导线槽内，狭槽的金属刀口可以切断导线的绝缘层，与电线相连。这种冲压工具可以把导线固定在狭槽内防止它移动。

2. BIX 连接模块

BIX 连接模块是由 Nortel（北方电信）开发出来的支持语音和数据应用的连接模块。BIX 连接模块同样可以安装在墙壁上，也可以安装在支架上，如果安装在墙壁上，BIX 连接模块的支架要用螺丝钉固定在背板上。

BIX 连接模块和 110 连接模块一样，也是水平模块，它由水平排列的 25 线对行组成。电缆导线从左上行依次向右端接，另一个 25 线对从第二个水平行从左向右依次端接。

BIX 连接模块采用的端接技术是对电缆线对进行物理连接，电缆导线被插入模块上的狭槽内，然后用一个 BIX 冲压工具进行固定。冲压工具把电缆导线压入导线槽内，狭槽的金属刀口可以切断导线的绝缘层，使金属刀片与电线直接连接。冲压工具的作用就是把电线固定在线槽内防止它的移动。

3. 数据配线架

数据配线架是用来端接四线对水平电缆的连接硬件设备。目前，一般可分为铜缆配线盘和光缆配线盘，如图 5-38 所示。配线盘一般安装在标准的通信支架上，也可以安装在标准机柜内。配线盘一般安装在支架的上部，并且一般和理线器配合使用。

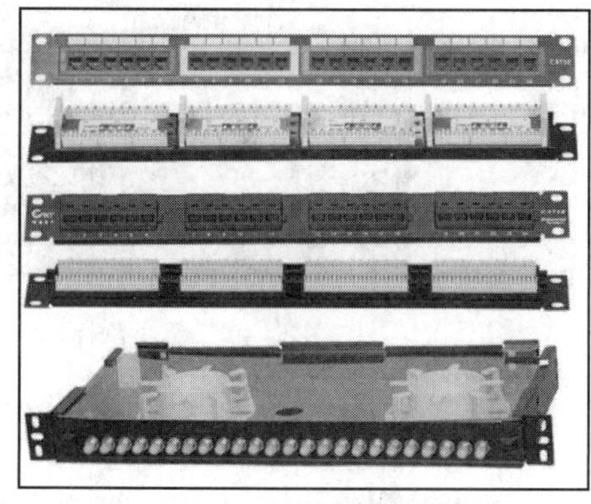

图 5-38　铜缆配线架和光缆配线架

随着综合布线技术的发展，配线架自身也在沿着高密度、易管理和易安装的方向不断发展，下面就针对这几个发展趋势简单介绍一下。

1. 密度越来越高

随着网络应用的普及和深入，高端口密度成为很多网络设备发展的一个方向（如 24 端口甚至 48 端口的交换机已经非常普及），这就需要在机架中支持尽可能多的端口。为了满足这一需要，高端口密度的配线盘也诞生了。24 端口、48 端口甚至 96 端口的配线盘已经并不稀罕，并且配线盘也越来越薄，1U、2U 的高度就可以达到上述这些端口。

为了提高端口密度，将配线盘设计成具有一定角度（即斜角）也是一种有效方法。这样可以充分利用机柜的深度，因为在长度固定的情况下，直线型的配线盘（平角）显然没有“拐个弯”的配线盘能够提供的端口多。并且，斜角设计可以在机架中实现正确的跳线弯曲半径，最大限度地降低水平管理需求，为高密度应用提供了更好空间。现在，很多厂商都推出了这类产品。

2. 管理越来越强

网络系统的管理和安全越来越得到重视，在网络规模逐渐变大的今天，对网络的可管理提出了更高的要求，综合布线系统的智能管理也日益提到日程上来。为了更好地实现综合布线系统的智能管理，除了相应的软件外，配线盘自身的可管理也是非常重要的一环。管理能力好的配线盘能够让网线布置得更系统化、规范化和合理化，从而避免“炒面式”线缆的发生，这在配线盘的端口密度越来越高的今天就越发显得重要。

具体来讲，配线盘的管理能力除了具有专有的管理系统外，在设计上的一些细节方面也有所体现，如线序方面，配线盘具有双色码来支持 568A/B 线序，并且，每个配线盘端口表面带有数字或模拟类别标识，用户也可以选择端口标识图标以及配线盘标识标签。

3. 安装越来越容易

安装水平高低对综合布线系统的性能影响很大，而配线盘自身的安装以及各种线缆、光纤在配线盘中的跳接又是所有安装中重要的一块，因此，把配线盘设计成更加方便安装也就成为发展趋势。

5.6.2 打线上架操作的具体步骤

（1）识别配线架色标

将线打到装在配线架（Patch Panel）的模块上，要注意配线架上的模块颜色指示，注意每种品牌的色标可能略有不同，如图 5-39 所示。

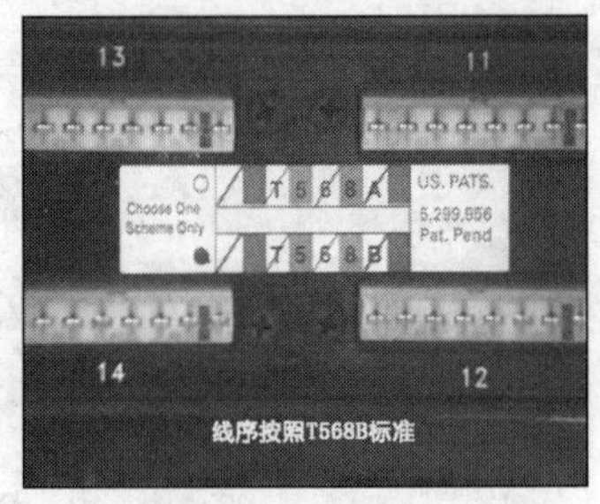

图 5-39 配线色标

（2）卡线

根据配线架上的色标将电缆一一对应的排入，将每根线按照色标上所示，压入相应的槽中，如图 5-40 所示。

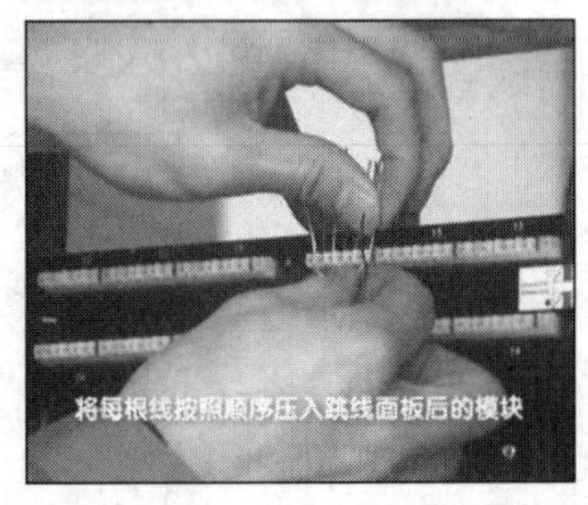

图 5-40 卡线

（3）使用打线刀打线

使用打线工具进行操作，打线时用左手扶住配线架，右手手臂与打线刀成水平，打线刀后座抵在手心内，打线时，声音应该清脆响亮，线头应该飞出线架，如图 5-41 所示。

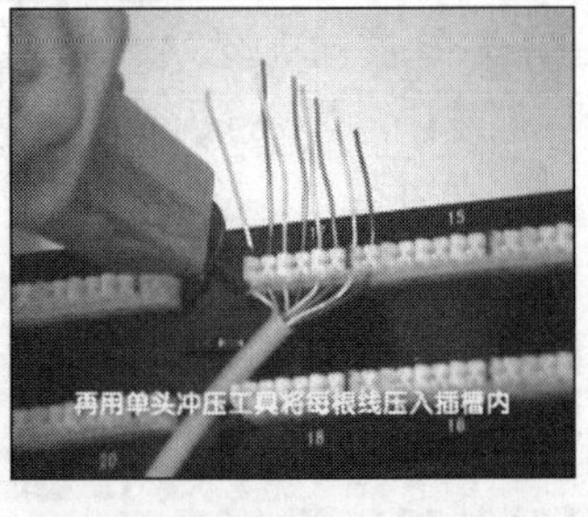

图 5-41 打线

（4）使用绑扎带进行固定

打线操作完成后，使用绑扎带将电缆固定好，并且按照要求做好标签，如图 5-42 所示。

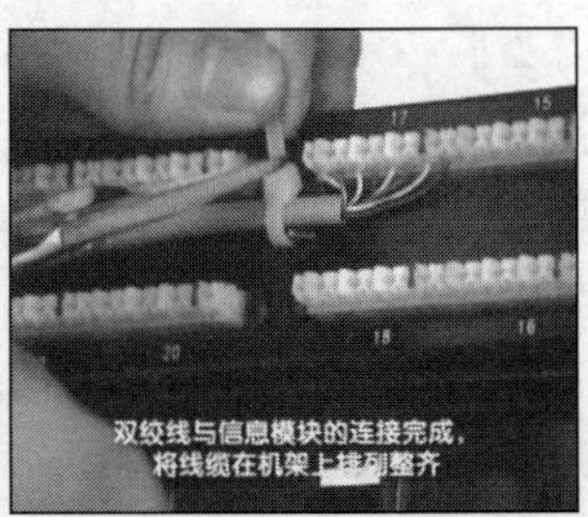

图 5-42 绑扎固定

5.6.3　大对数电缆安装

（1）安装 110 配线架

作为管理间、设备间的重要设备，机柜中必定会连接大对数电缆，这时就需要首先安装 110 配线架，如图 5-43 所示。

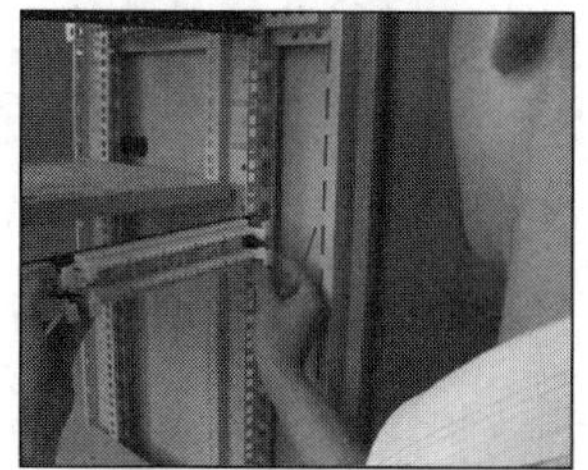

图 5-43　110 配线架安装

（2）大对数电缆引入

将大对数电缆由 110 配线架后方引入机柜，并根据实际需要预留一定长度，如图 5-44 所示。

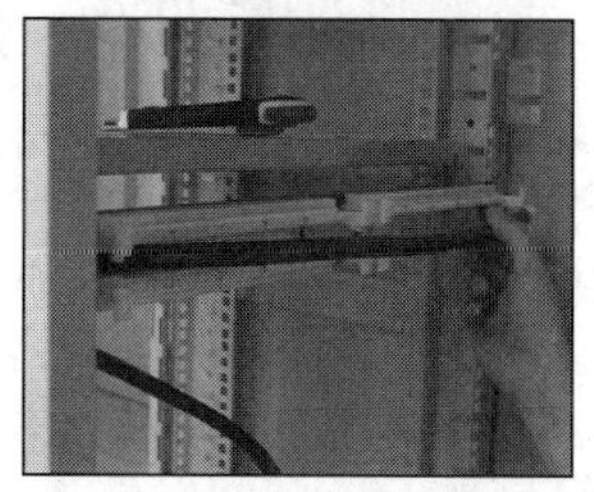

图 5-44　引入大对数电缆

（3）剥除外表皮

使用美工刀剥去大对数电缆的外表皮，如图 5-45 所示。

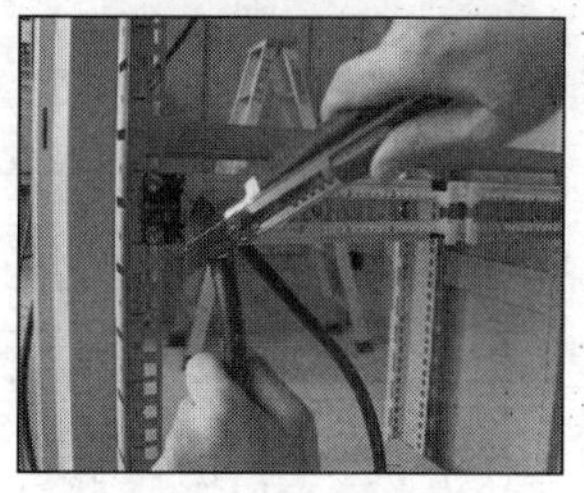

图 5-45 剥去外表皮

（4）配色排序

以 25 对大对数电缆为例颜色编码分为主色（白-红-黑-黄-紫）和副色（蓝-橙-绿-棕-灰），将主副色按照顺序两两搭配，就能形成了 25 种颜色，如白蓝、白橙、白绿、白棕、白灰等，并将线缆逐一卡入到 110 配线架的 V 字槽内，如图 5-46 所示。

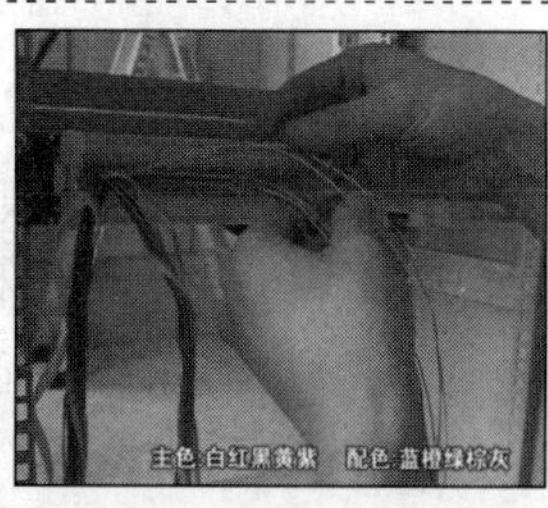

图 5-46　排线

（5）配套模块安装

使用 5 对打线刀将 110 配线架配套排插卡入到 110 配线架中，如图 5-47 所示。

图 5-47　配套模块安装

（6）多余线缆处理

使用配套排插固定了大对数电缆后，使用剪刀剪去多余的线缆，如图 5-48 所示。

图 5-48　多余线缆处理

实训 5　模块压制及打线上架操作

背景描述：

你是某综合布线施工单位的现场工程师，现要求你使用打线刀完成 5 类模块的压制操作及打线上架操作。

实训要求：

熟练掌握 5 类模块的压制技术，并能正确使用打线刀完成打线上架操作。

实训内容：

1. 进行两个 5 类模块的压制操作，要求分别采用两种模块线序。
2. 使用打线刀将模块安装到配线架上。

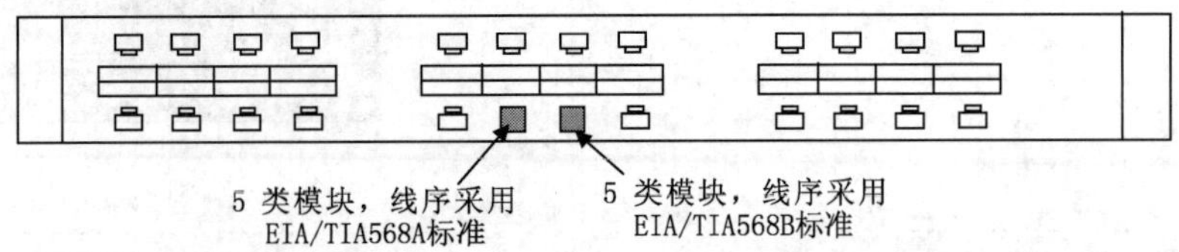

实训报告：

1. 本次实训中所使用到的工具有：________和________。
2. 本次实训中所使用到的耗材有：________和________。
3. KRONE 非屏蔽 5 类模块的两种基本线序是：________________________
4. 简述 5 类模块的压制技术。
5. 简述 6 类模块的压制技术。

习　题

1. 连接器是用于端接________，把电缆与________进行连接的机械设备。
2. 通信链路中的连接器还必须有一定的________，指连接器对基本操作和基本插拔操作要有一定的承受能力。
3. RJ 系列连接器一直用于 UTP 电缆的端接，最常见的模块为 RJ11 和________。
4. 光纤连接器按照连接器结构进行分类：________、________、________、LC、DIN、

MU、MT 等。

5. ST 是英文缩写形式，解释为________。这些连接器有一个直通和________锁定结构。

6. SC 连接器是一个________，有两个连接口，一个连接口接一根光纤，作为输入使用，另一个连接口接另一根光纤，做输出使用。

7. 光纤适配器又被称为是________，通过尺寸精密的开口套管在适配器内部实现了光纤连接器的精密对准连接。

8. 简述连接器的基本用途。

9. 简述配线盘的未来发展趋势。

第 6 章 语音点与数据点转换

本章内容围绕着语音点和数据点的转换而展开，特别介绍了语音和数据的三种基本布线方式，并对语音转数据，数据转语音技术进行了详细的介绍，还对 110 配线架的打线操作进行了演示。

6.1 语音和数据的布线方式介绍

综合布线系统是一种模块化的、灵活性极高的建筑物内或建筑群之间的信息传输通道。它是一种能够支持任何用户选择的语音，数据，多媒体等应用的建筑物通信布线系统。与传统的布线方式相比其具有鲜明的特点，包括综合性、兼容性、灵活性、适应性强、扩展容易、维护方便、技术先进、经济合理等。

目前在综合布线系统的水平干线子系统中普遍使用的是4对对绞的非屏蔽双绞线或者屏蔽双绞线。这就为语音和数据的同步排线创造了一个非常好的前提条件，因为我们知道语音信号为模拟信号传输，每个语音点只需要 1 对线，而每个数据信号需要 2 对线，1 对发送，1 对接收，而传输电缆一共能提供 4 对对绞电缆。由此在实际工程中，就能将语音和数据的布线分为三种基本方式。

1. 电话及数据分开布线

每个电话及数据点都有 1 根独立的 4 对对绞电缆。该种布线方式语音点出现 3 对闲置，但在建筑功能的变化中，语音数据点位置和数量随时会发生变化，采取该种布线方式具有极大的灵活性和可扩展性。

其灵活性体现在：

① 在布线到位的情况下，语音点要改做数据点使用，除将原用的一对线改接外，只需在配线架上再将其中闲置的 1 对线接上，不必另外布线。

② 数据点要改做语音点使用时，可以在配线架上将原用的 2 对线中的 1 对改接用上外，也不必另外布线。

可扩展性体现在：

在语音和数据点已经到位的情况下，今后要增加语音点和数据点的数量，具体做法可以利用原有的闲置线，原有的 1 个语音点可以变为 4 个语音点，1 个数据点可以变为 2 个数据点，不必另外布线。

2. 数据采取综合布线方式，电话则采用专线

数据布线采取综合布线，电话系统则另外采用 1 对专门电话线。当建筑功能明确，语音与

数据两种终端的分界很明显，语音和数据点不会互换，语音点今后也无须扩容。采取这种布线方式，避免了每个语音点有 3 对闲置浪费，所用电话线的成本要比专门的 4 对对绞电缆成本低，但语音点与数据点不能互换，语音点也不能扩容，灵活性不如第一种方式。但数据点可以扩容，1 个数据点可以变成 2 个数据点。

3．电话与数据合并布线

同样采取综合布线的方式，将电话利用 4 对对绞电缆中的 1 对线，数据点利用其中的 2 对线，这种布线方法尚有 1 对对绞线闲置。该种布线方式与第一、二种布线方式相比，可以省略电话部分的布线、穿管及预埋工作，有 1 对备用线，语音点和数据点可以互换，且语音点可以扩容。但这种布线方式由于语音信号与数据信号同时在 1 根 4 对对绞电缆中传输，电话振铃时的语音信号会对数据信号产生影响。

6.2　语音连接模块介绍

在上一章介绍了多种连接模块，其中有一种连接模块为 110 连接模块，它是一种即可支持语音，又能支持数据应用的连接模块，如图 6-1 所示。下面就来了解如何使用该连接模块，包括如何在 110 配线架上打线，如何理线和排线等。

110 配线架的打线上架操作基本工具和耗材如图 6-2 所示，主要包括：剥线钳、非屏蔽 5 类双绞线、制线钳、KRONE 打线刀。

图 6-1　110 配线架

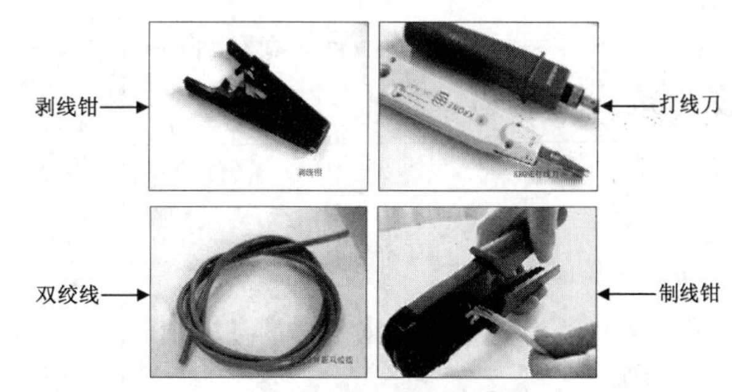

图 6-2　基本工具和耗材

参考步骤：

（1）排线

将由室外引入的双绞线进行穿线，并按照色序进行排线，如图 6-3 所示。

注意：色序选用 110 配线架上的模块色标。

图 6-3　排线

（2）打线

使用科龙工具刀进行打线操作，正确打线时，声音应该清脆响亮，线头应该飞出线架，如图 6-4 所示。

图 6-4　打线

（3）理线

正确完成打线工作后，进行初步理线工作，如图 6-5 所示。

图 6-5　理线

（4）调整模块位置

将模块平行拔起，并向上翻转，如图 6-6 所示。

注意：进行此项操作时，应注意使用的力度，防止双绞线脱离模块。

图 6-6　调整模块位置

（5）安装模块

将模块向上翻转后，插入上排的基座中，如图 6-7 所示。

图 6-7　安装模块

（6）固定模块

将模块固定，要求模块和配线架能紧密结合，如图 6-8 所示。

图 6-8　固定模块

（7）安装标签

为语音模块安装标签，用于标识具体语音点的使用情况，如图 6-9 所示。

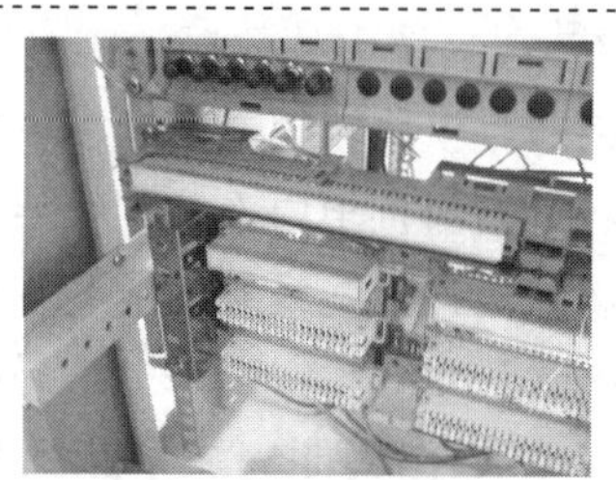

图 6-9　安装标签

6.3　数据点和语音点的转换技术

通过上述的介绍，可以了解到语音和数据的布线方式一般可分为 3 种，而其中使用较多的是第一种方法，因为这类方法具有很好的可扩展性和灵活性，因此被广泛使用。以下就来介绍一下如何在此类布线模式下进行语音和数据的转换。

先来认识一下正常的语音和数据布线结构图，如图 6-10 所示，在这个结构图中有数据和语音线路各一条。

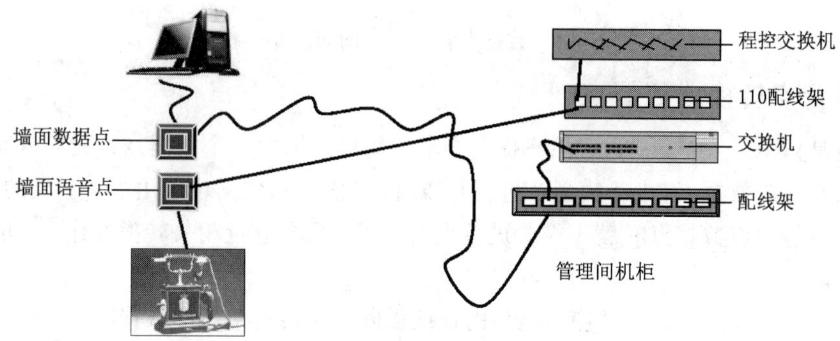

图 6-10　语音数据的标准结构布局

首先识别数据线路的路径，由工作区内的电脑开始，通过数据跳线和墙面的数据插座进行连接，再进行墙内布线，连接到管理间机柜中的数据配线架（例如 KRONE 公司的 HK24 口跳线盘），使用标准数据跳线将配线架和交换设备进行连接，从而实现数据信号的传输；注意使用的线缆是 4 对线的双绞电缆。

其次我们来识别一下语音线路的走线方式，电话通过标准电话连接线和墙面的 RJ-11 语音模块进行连接，再经墙内布线，连接到管理间内的 110 配线架上，通过打线和理线操作后，使其和电信局的程控交换机进行连接，实现语音信号传输的功能。注意在此使用的也是拥有 4 对线的双绞电缆。

在实际使用的过程中，由于种种原因用户对语音点和数据点的需求量会有改变，这就要求综合布线系统能随时进行语音点和数据点的转换，使之能满足不同用户的需求。

6.3.1　数据点转换成语音点

以图 6-10 模型为前提，若用户提出要求，需要多增加一个语音信号点，我们就需要将模型中的数据点转换成语音点，一般的操作步骤为：

（1）将工作区墙面的数据插座与计算机的连线拆除，安装一条新的电话跳线，连接电话机，并将墙面的数据模块转换成语音模块插座。

（2）将管理间机柜内连接配线架和交换机的数据跳线拆除。

（3）将原先连接配线架的线缆重新进行连接，使其和110配线架进行连接。

（4）再通过110配线架和电信局的程控交换机进行连接，实现语音功能。

通过上述操作就能完成多余数据点转语音信号点的操作，其最终结构图，如图6-11所示。

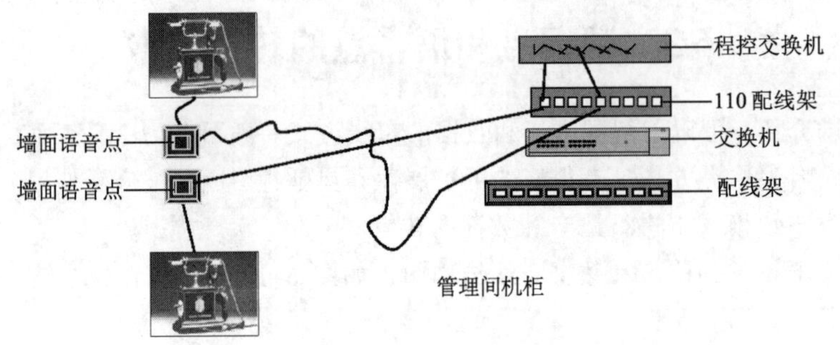

图6-11　数据点转语音点的布线结构图

6.3.2　语音点转换成数据点

同样也是以图6-10模型，若用户提出要求，需要多增加一个数据点，我们就需要将模型中的语音点转换成数据点，由于模型在进行布线时，对语音和数据均采用了4对线的双绞电缆，因此在语音点转换成数据点时就不需要进行重新布线，只需进行相关转换操作，一般的操作步骤为：

（1）将工作区墙面的语音插座与电话的连线拆除，安装一条新的数据跳线，连接用户终端设备，并将墙面的语音模块转换成数据模块插座。

（2）将原先连接110配线架的线缆重新进行连接，使其和数据配线架进行连接。

（3）最后使用数据跳线将数据配线架和交换机进行连接，实现数据信号传输。

通过上述操作就能完成多余语音点转数据信号点的操作，其最终结构图，如图6-12所示。

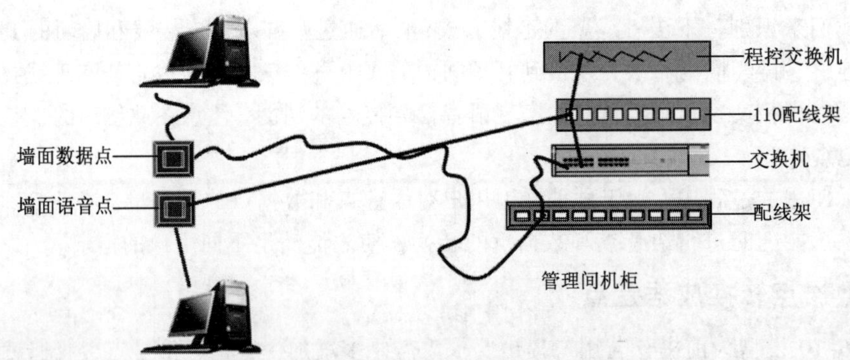

图6-12　语音点转数据点的布线结构图

实训 6　语音点与数据点转换

背景描述：

由于实际办公需要，现需要将办公室内某处语音点转换成数据点，要求你完成此项任务。

实训要求：

熟练掌握语音点与数据点的转换技术。

实训内容：

1. 要求学生能熟练掌握 110 配线架的打线上架操作。
2. 要求学生熟练掌握语音点转换成数据点的操作。

实训报告：

1. 本次实训中所使用到的工具有：____。
2. 本次实训中所使用到的耗材有：____。
3. 简述语音点转换成数据点的基本操作步骤。
4. 简述数据点转换成语音点的基本操作步骤。

习　题

1. 综合布线系统是一种模块化的、灵活性极高的建筑物内或建筑群之间的________。
2. 目前在综合布线系统的________子系统中普遍使用的是 4 对对绞的________或者是________。
3. 语音信号为________传输，每个语音点只需要________对线，而每个数据信号需要________对线。
4. 综合布线工程中，将语音和数据的布线分为三种基本方式，分别是________、________、________。
5. 电话和数据分开布线，其灵活性和扩展性分别表现在哪几个方面？
6. 简述数据语音三种基本布线方式的各自特点。

第 7 章　光纤研磨工艺

本章主要对光纤、光缆、光纤通信系统、光纤研磨工艺等内容进行了介绍，其中对光纤的定义、分类、内部结构、连接技术等内容进行了深入的讲解，并对光纤研磨工艺、光纤快速端接技术进行了详细的说明。

7.1　光纤的结构与基本分类

7.1.1　光纤结构

由于光纤通信具有一系列优异的特性，光纤通信技术近年来发展速度无比迅速。可以说这种新兴的技术是世界新技术革命的重要标志，又是未来信息社会中各种信息网的主要传输工具。

光纤是光导纤维的简称，是由一组光导纤维组成的用于传播光束的，细小而柔韧的传输介质。它是用石英玻璃或者特制塑料拉成的柔软细丝，直径在几个微米（光波波长的几倍）到 120μm。就像水流过管子一样，光能沿着这种细丝在内部传输。光纤的构造一般由 3 个部分组成：涂覆层，包层，纤芯，如图 7-1 所示。

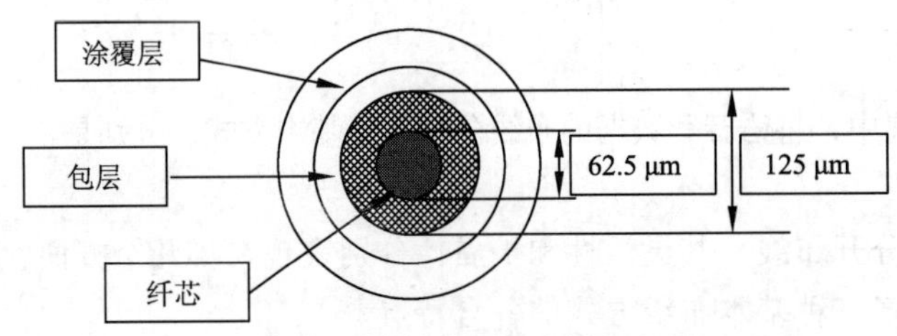

图 7-1　光纤内部结构图

光纤内部一共有两种光折射率，纤芯的折射率为 n1，包层的折射率为 n2，由于所掺的杂质不同，使得包层的折射率略低于纤芯的折射率，即 n2<n1，在石英玻璃光纤中，包层的折射率仅比纤芯层的折射率略低一点，按几何光学的全反射原理,光线就被束缚在纤芯中进行传输。

7.1.2　光纤类型

光纤的类型最常见的划分方式是将光纤分为单模光纤和多模光纤，光纤中光线通过的部分被称为光纤纤芯，并不是任何角度的光都能进入纤芯的，要进入纤芯，光线的入射角必须在光纤的数值孔径范围内。一旦光纤进入了纤芯，其在纤芯中可以使用的光路数也是有限的，这些光路被称为模式，如果光纤的纤芯很大，光线穿越光纤时可以使用的路径很多，光纤就称为多模光纤。如果光纤的纤芯很小，光线穿越光纤时只允许光线沿一条路径通过，这类光纤就被称为单模光纤，单模光纤和多模光纤的特性比较如表 7-1 所示。

表 7-1　单模光纤和多模光纤的特性比较

特　　性	单模光纤	多模光纤
纤芯大小	8～10 μm	50 μm、62.5 μm 或更大
模间色散	可避免模间色散	存在模间色散
距离特性	适合长距离传输	适合短距离传输
光源	激光	发光二极管

1. 单模光纤

所谓单模光纤（Single Mode Fiber），就是指在给定的工作波长上只能传输一种模态，即只能传输主模态，其内芯很小，约 8~~10 μm。由于只能传输一种模态，就可以完全避免模态色散，使得传输频带很宽，传输容量很大。这种光纤适用于大容量，长距离的光纤通信。它是未来光纤通信和光波技术发展的必然趋势，其结构如图 7-2 所示。

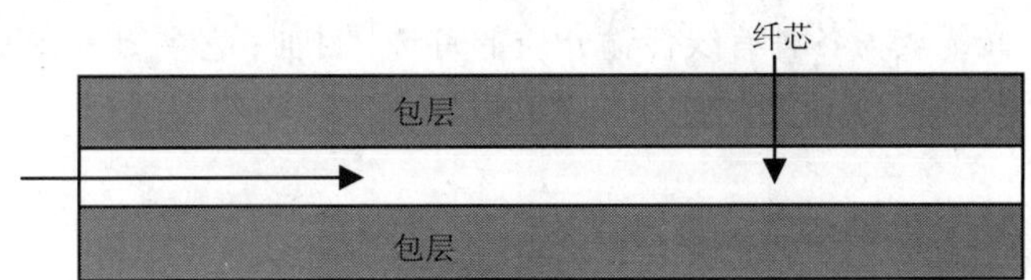

图 7-2　单模光纤结构示意图

2. 多模光纤

所谓多模光纤（Multi Mode Fiber）就是指在给定的工作波长上，能以多个模态同时传输的光纤，多模光纤能承载成百上千的模式。由于不同的传输模式具有不同传输速度和相位，因此在长距离的传输之后会产生延时，导致光脉冲变宽，这种现象就是光纤的模式色散（或模间色散）。由于多模光纤具有模式色散的特性，使得多模光纤的带宽变窄,降低其传输的容量，因此仅适用于较小容量的光纤通信，其结构如图 7-3 所示。

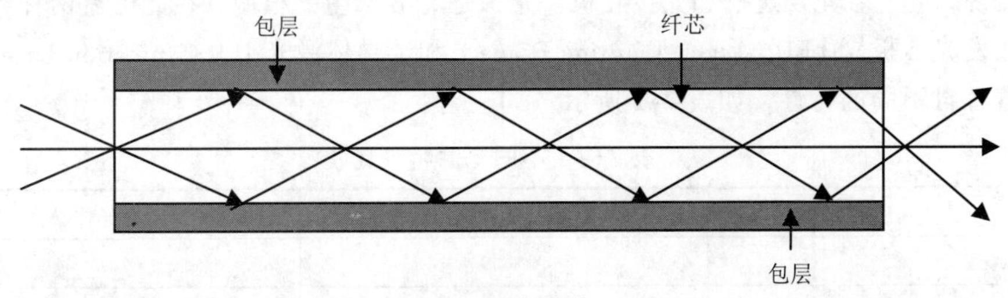

图 7-3　多模光纤结构示意图

国际上流行的布线标准 EIA/TIA-568A 和 ISO 11801 推荐使用 3 种光纤：62.5/125 μm 多模光纤、50/125 μm 多模光纤和 8.3/125 μm 单模光纤。

7.2 光缆的优缺点

所谓光导纤维光缆是由一捆光导纤维组成的，简称光缆。一般情况下每一根光缆可以包含 2、4、8、12、24、48 或更多的独立的光纤。与其他传输介质相比较，光纤通信有以下优点：

（1）传输频带宽，通信容量大。

（2）光缆的电磁绝缘性能好，不受电磁干扰影响。光纤电缆中传输的光束，由于光束不受外界电磁干扰与影响，而且本身也不向外界辐射信号，因此它适合长距离的信息传输以及要求高度安全的场合。

（3）信号衰变小，传输距离较大。可以说在较长距离和范围内信号是一个常数。

（4）保密性高。

（5）中继器的间隔较大,因此可以减少整个通道中继器的数量，可降低成本。

（6）线径细，重量轻。由于光纤的线径很小，光缆成品要比金属电缆细，重量也要轻。

（7）抗腐蚀。

（8）制造原料丰富。光纤的主要成分是石英，因此制造光纤的材料资源丰富，制造成本也很低。

由于以上优点，光缆成为各种有线传输介质的首选，目前，它主要是在要求传输距离较长，布线条件特殊的情况下用于主干网的连接。将来可用于水平布线以达到“千兆交换到桌面”的应用。

与其他传输介质相比较，它也有以下缺点：

（1）光纤纤芯质地较脆、机械强度低，易折断。

（2）光缆的安装和连接相对困难，需由专业技术人员完成。

（3）与铜线连接，需要专用的信号转换设备。

（4）光缆的价格还是比较昂贵。

7.3 光纤通信系统

所谓光纤通信系统是指以光波作为通信载体,光导纤维作为传输媒体通信方式，起主导作用的是光源，光纤，光发送机和光接收机。光源是光波产生的根源，在此可有两种光源可作为信号源，发光二极管 LED（Light-Emitting Diode）和半导体激光 ILD（Injection Laser Diode），它们有着各自不同的特性，如表 7-2 所示。

表 7-2 不同光源特性比较

项　目	LED	半导体激光
数据速率	低	高
模式	多模	多模或单模
距离	短	长

续表

项　目	LED	半导体激光
生命期	长	短
温度敏感性	较小	较敏感
造价	造价低	昂贵

光纤通信系统的组成如图 7–4 所示。光纤就是传输光波的导体。光发送机的功能就是产生光束，将电信号转换为光信号，并将光信号导入光纤。光接收机功能是负责接受从光纤上传来的光信号，并将其转换为电信号，经解码后再进行处理

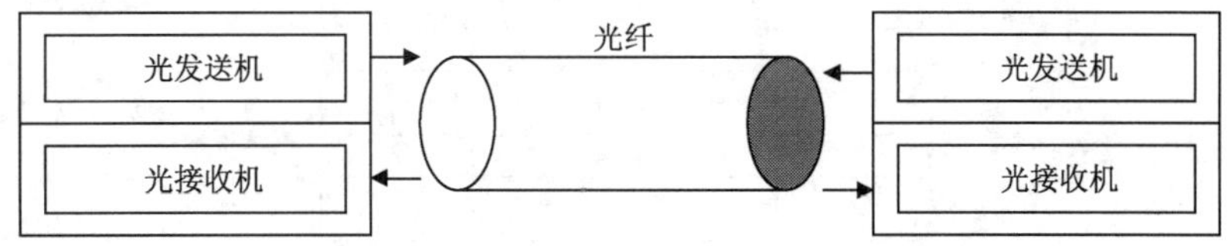

图 7–4　光纤通信系统的组成图

光纤通信系统的主要优点有：

（1）传输频带宽，通信容量大。

（2）线路损耗低，传输距离远。

（3）抗干扰能力强，应用范围广。

（4）线径细，重量轻。

（5）抗化学腐蚀能力强。

（6）光纤制造资源丰富。

7.4　光纤研磨工艺

光纤研磨工艺是指光纤连接器和光纤进行接续，然后进行磨光的过程，这是一项技术含量很高的复杂工艺，所使用的工具和耗材如表 7–3 所示，操作流程如图 7–5 所示。

表 7–3　光纤研磨工具和耗材

工具名称	备注	耗材名称	备注
光纤剥线钳	剥离光纤护套、涂覆层	ST 头和护套	光纤连接器和保护装置
专用针管	注射混合胶水	多模光纤	光纤的一种类型
冷压钳	进行 ST 头固定操作	光纤研磨砂纸	对 ST 头进行研磨操作
热固化炉	进行胶水快速固化	清洁布	用于端面的清洁
切割刀	处理多余光纤	混合胶水	使 ST 头和光纤连接在一起
光纤研磨盘	进行光纤研磨	双面胶	处理多余光纤
专用显微镜	观察 ST 头端面		
专用剪刀	对光纤进行剪切		

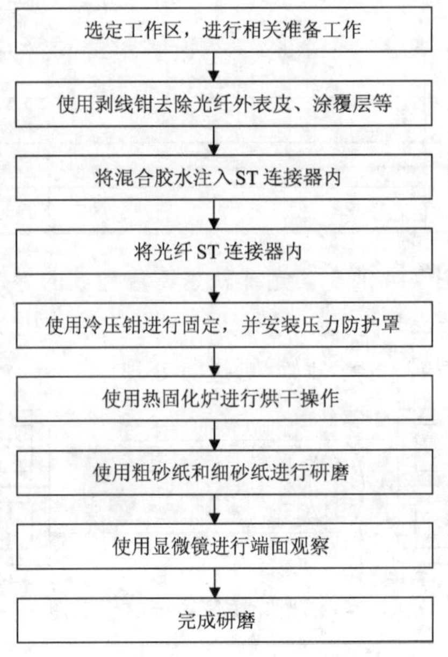

图 7-5 光纤研磨工艺流程图

7.4.1 基本工具和耗材

光纤研磨工艺工具介绍

1. 剥线钳（见图 7-6）

说明：主要用于将光纤的涂覆层和缓冲层进行剥除，请注意剥线钳有两个锯齿，前一个较大的是用于剥离缓冲层，而后一个较小的则是用于剥离涂覆层。

2. ST 头和护套（见图 7-7）

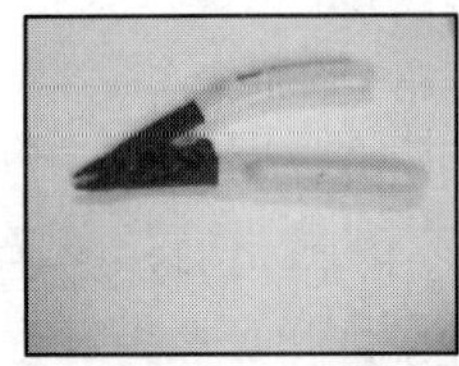

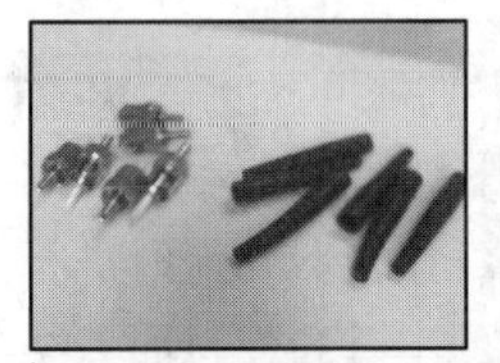

图 7-6 剥线钳

图 7-7 ST 头和护套

3. 专用针管（见图 7-8）

说明：专用注射器的用途主要是将混合胶水注入 ST 头内，保证光纤和 ST 头能够紧密连接；

4. 冷压钳（见图 7-9）

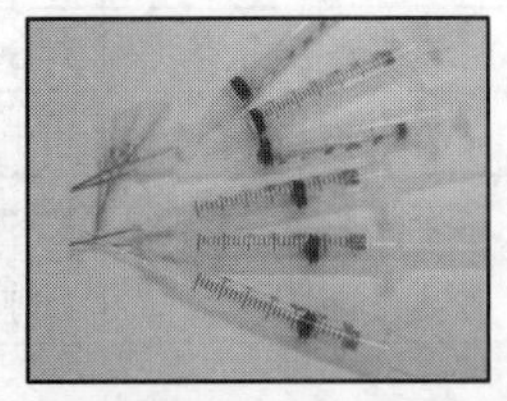

图 7-8 专用针管

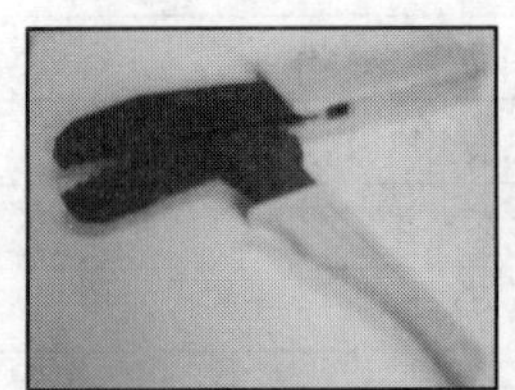

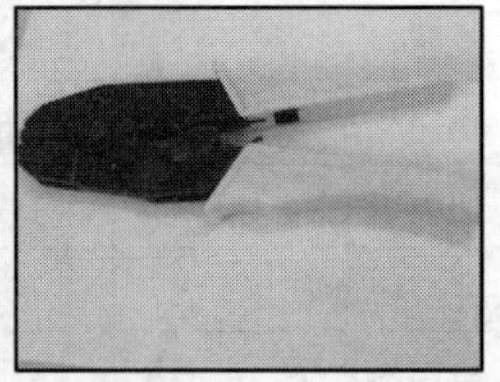

图 7-9 冷压钳

说明：冷压钳的作用主要是通过对金属护套的压制，使光纤和 ST 头能够紧密连接，在进行固定时请注意使用十字固定法。

5．多模光纤（见图 7-10）

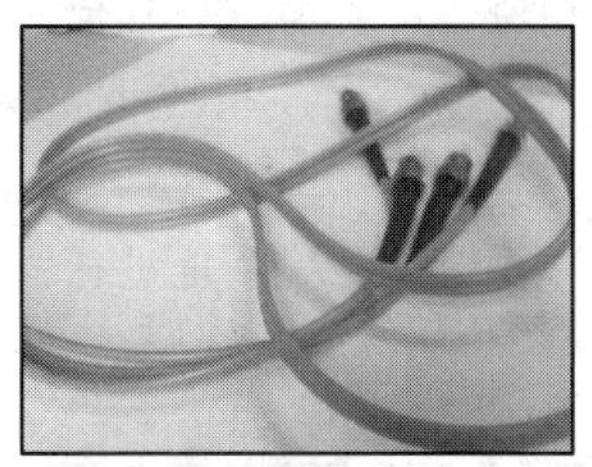

图 7-10　多模光纤

6．16 头热固化炉（见图 7-11）

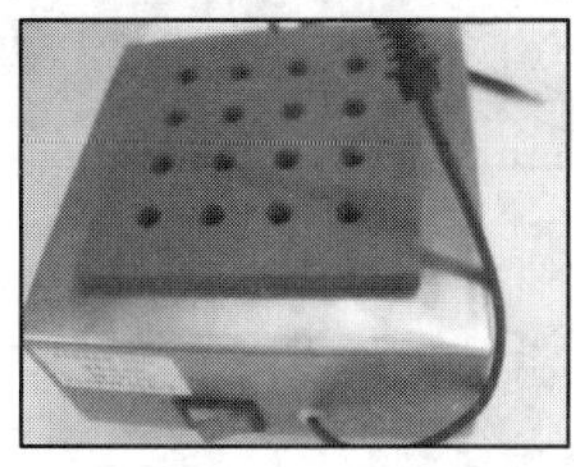
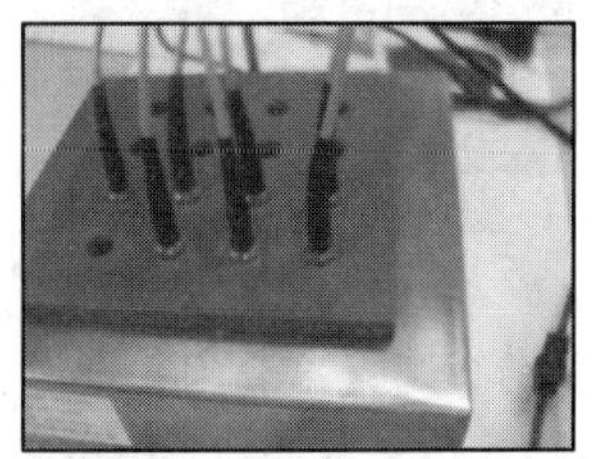

图 7-11　热固化炉

说明：由于使用的混合胶水未带有速干功能，因此需要借助热固化炉（烘干机）来进行快速固化，保证 ST 头和光纤能尽可能快的黏合在一起，一般固化时间为 10～15 min。

7．切割刀（见图 7-12）

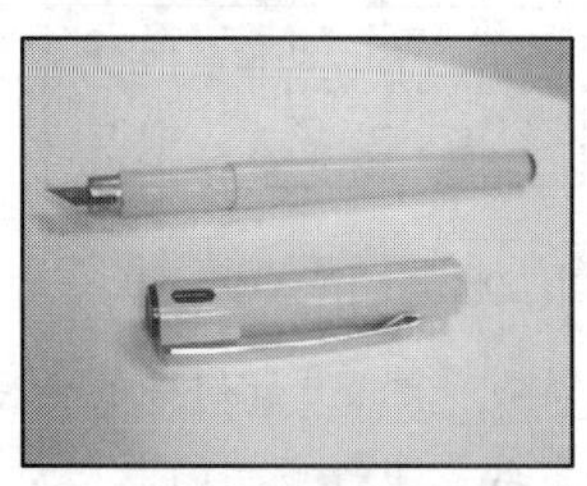
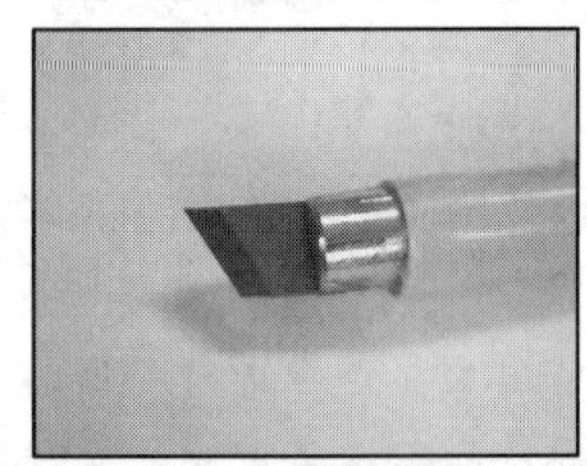

图 7-12　热固化炉

说明：切割刀的作用主要是当烘干工作完成后，将多余的光纤进行切除，从而保证下一个工序的正常进行，其外形就像一支钢笔一样。

8．光纤研磨专用砂纸（见图 7-13）

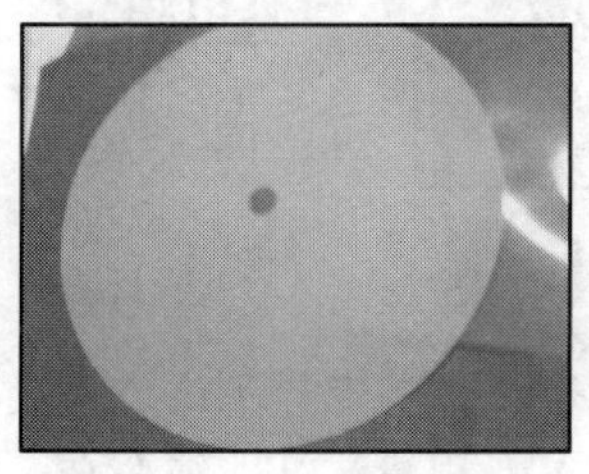
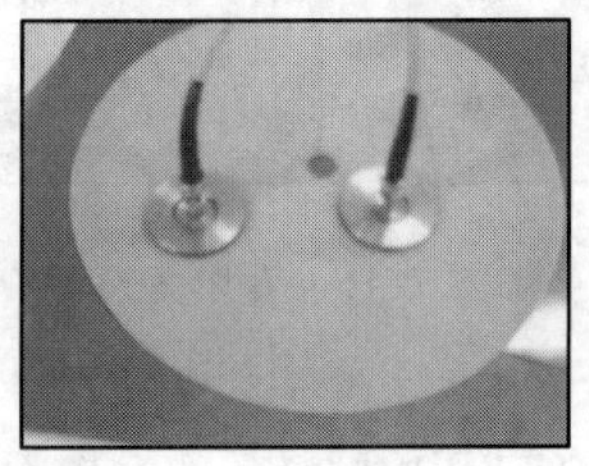

图 7-13　研磨砂纸

说明：在进行光纤研磨时，需要使用到两种粗糙程度不同的砂纸，砂纸的作用是将 ST 头的表面进行研磨，使之达到预期的目标，符合光纤通信的要求。砂纸使用的顺序是由粗到细，先在粗砂纸上进行研磨，当研磨到一定程度后，再使用细砂纸。研磨时请注意使用 8 字研磨法，使 ST 头的每一个角度都能得到充分的研磨。进行研磨时，可在砂纸上倒上少许清水，有润滑作用；研磨是光纤跳线制作过程中的关键步骤，需要耐心，仔细地进行。

9．光纤研磨盘（见图 7-14）

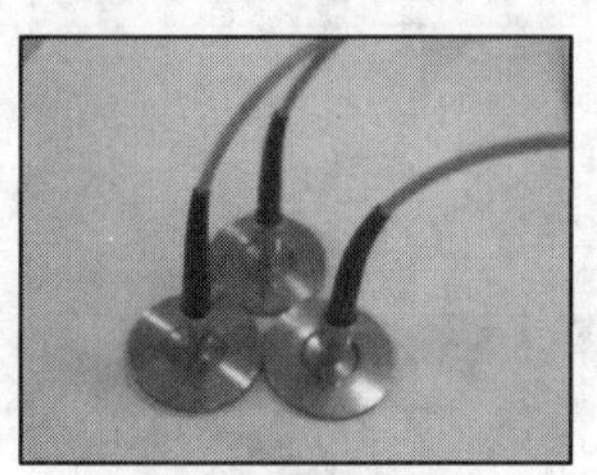

图 7-14　研磨盘

说明：光纤研磨盘的作用是起到固定的作用，通过研磨盘的固定使得光纤跳线和研磨砂纸一直保持 90° 的状态（垂直状态），从而保证研磨能正确进行。

10．200 倍专用显微镜（见图 7-15）

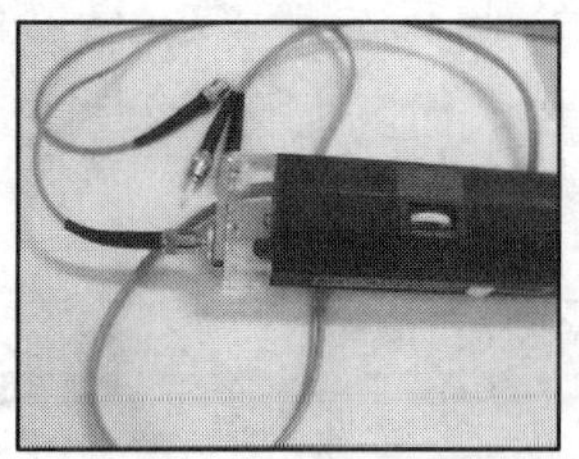

图 7-15　专用显微镜

说明：显微镜的作用主要是在进行研磨时，随时观测 ST 头研磨的平整度，观察是否还需进一步研磨，显微镜内有两节 5 号电池，主要用于给显微镜前端的照明灯提供能源。

11．专用剪刀（见图 7-16）

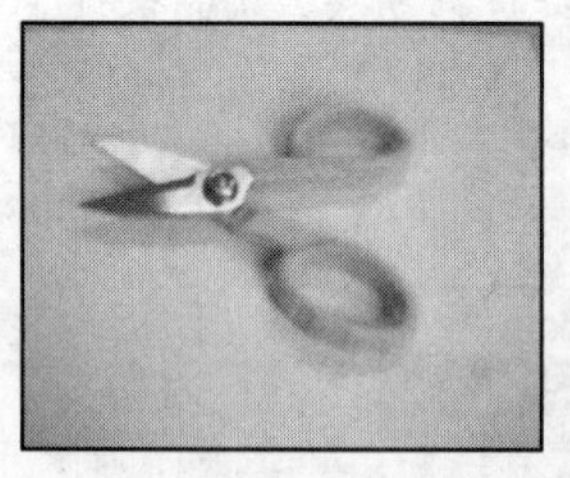

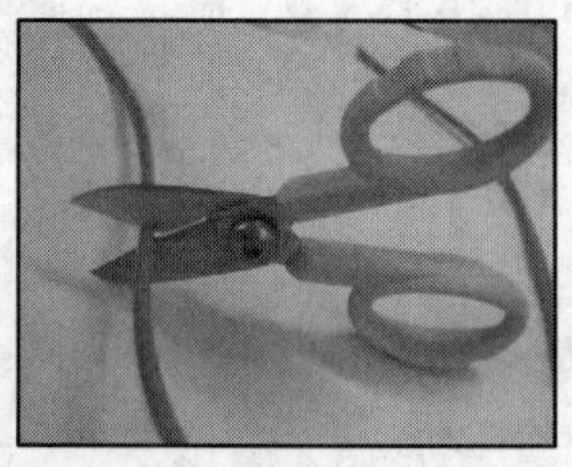

图 7-16　专用剪刀

剥光纤操作

研磨操作

说明：专用剪刀的作用主要是对光纤进行裁剪，控制光纤跳线的长度。

此外还有一些基本的实验耗材，如专用胶水、专用清洁纸、纯净水、双面胶布等。

7.4.2 具体操作步骤

（1）专用注射器的准备工作

从注射器上取下注射器帽，将附带金属注射器针头插入到针管上，旋转直至锁定，如图 7-17 所示。

注意：要保留注射器帽，以便盖住部分使用的注射器并放入盒中供以后使用。

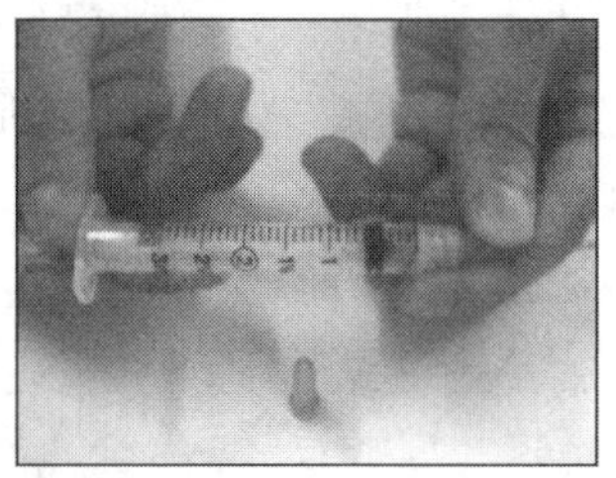

图 7-17　注射器准备

（2）混合胶水（环氧树脂）的配制

将白胶和黄胶以 3：1 的比例进行调配。并将调配均匀的混合胶水灌入专用针管内，完成后放在一边待用，如图 7-18 所示。

注意：此种混合胶水有一定的使用时限，大约在 2 到 3 个小时后会自动干硬，因此需及时使用。

图 7-18　混合胶水配置

（3）光纤护套的安装

按正确的方向将压力防护罩（以及护套光纤的压接套）推过光纤，如图 7-19 所示。

注意：在安装光纤护套时，请注意安装的先后顺序。

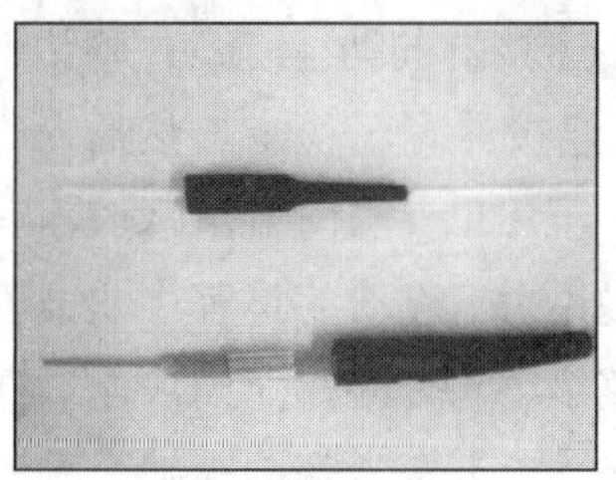

图 7-19　安装压力护套

（4）护套剥除

使用剥线钳，将光纤的最外层进行剥离，注意在剥离时将剥线钳和光纤成 45°，并且在剥线时请注意光纤剥线长度，如图 7-20 所示。

注意：使用剥线钳时不宜用力过猛，以免导致光纤折断。

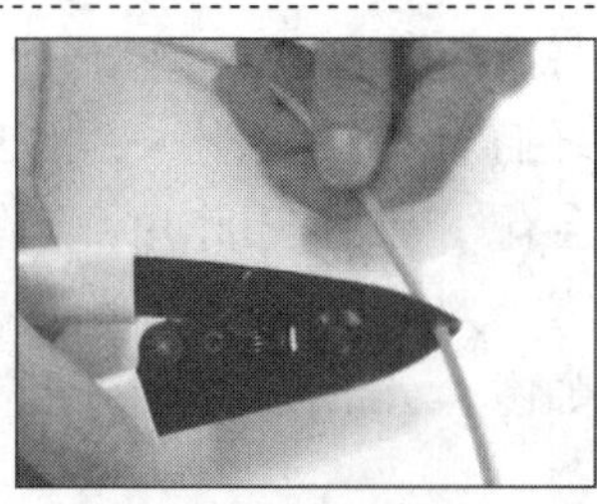

图 7-20　护套剥除

（5）测量长度

按模板所示，用提供的模板卡量出并用记号笔和标记缓冲层长度，如图 7-21 所示。

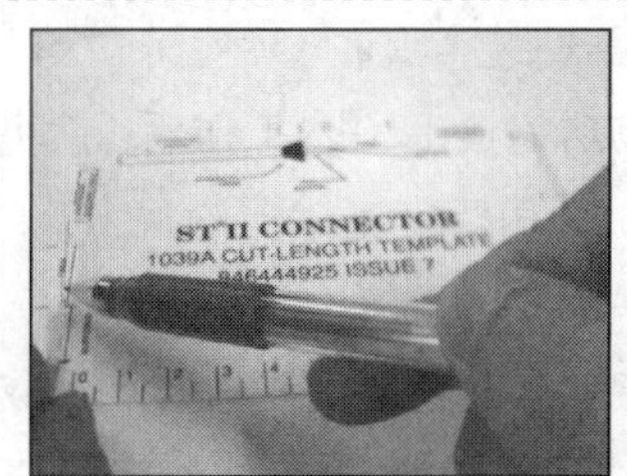

图 7-21　测量长度

（6）光纤缓冲层剥离

再次使用剥线钳，使用较小的锯齿口，分至少两次剥去缓冲层，如图 7-22 所示。

注意：请先确保工具刀口没有缓冲层屑，如有请事先清理。

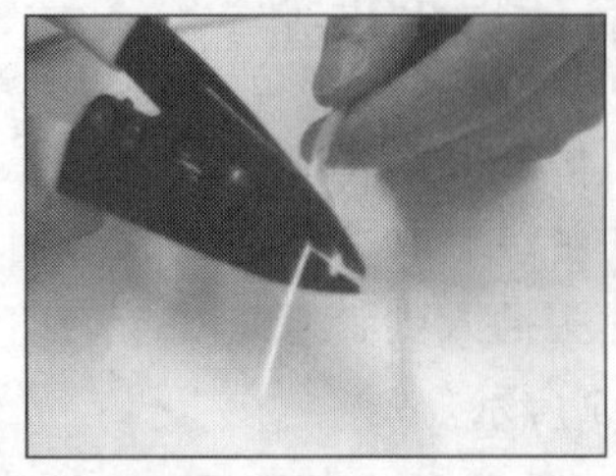

图 7-22 剥离光纤外表皮

（7）清洁光纤表面的残余物

剥去缓冲层后，使用专用的干燥无毛屑的清洁纸，将光纤上的任何残余物都擦净，如图 7-23 所示。

注意：必须擦去所有护套残余，否则光纤会无法装入连接器。擦净光纤后切勿再触摸光纤。

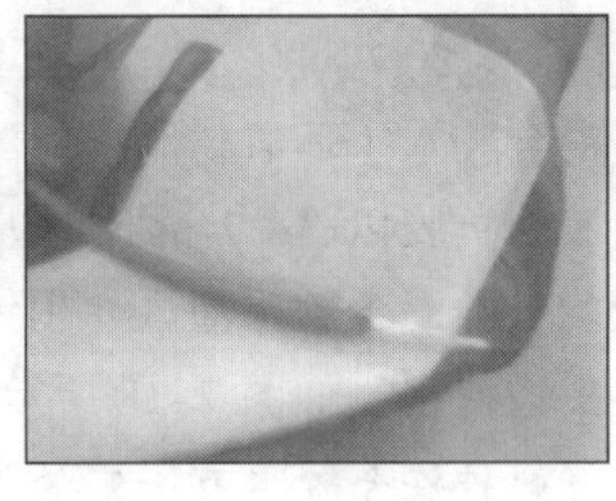

图 7-23 清洁光纤残余物

（8）将混合胶水注入 ST 头内

抽出连接器的防尘盖，并将注射器的尖端插入 ST 连接器直至稳定。然后向内注射混合胶水，直至 ST 头的前端出现胶水，就可将注射器慢慢后移，移动的过程中也要注入混合胶水。使整个 ST 头内都充满胶水，这样就能确保光纤和 ST 头能紧密的连接。注意不要注射太多，以防胶水倒流，如图 7-24 所示。

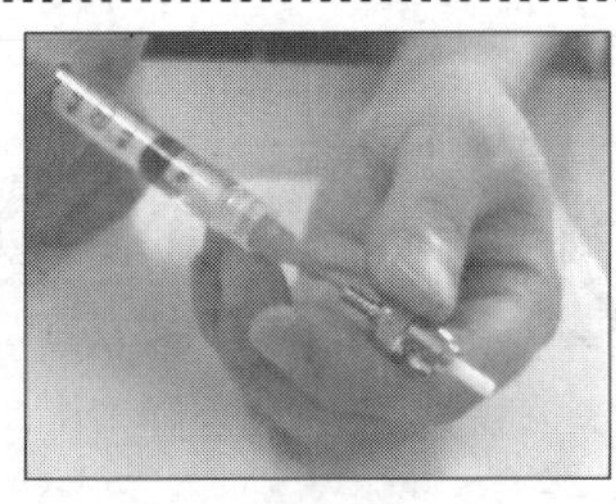

图 7-24 注入胶水

（9）将光纤插入 ST 头内

将光纤插入 ST 连接器内，由于已经注入了胶水，会有一定的润滑作用，但在具体操作时还是要靠个人的手感，直到光纤露出连接器外为止，如图 7-25 所示。

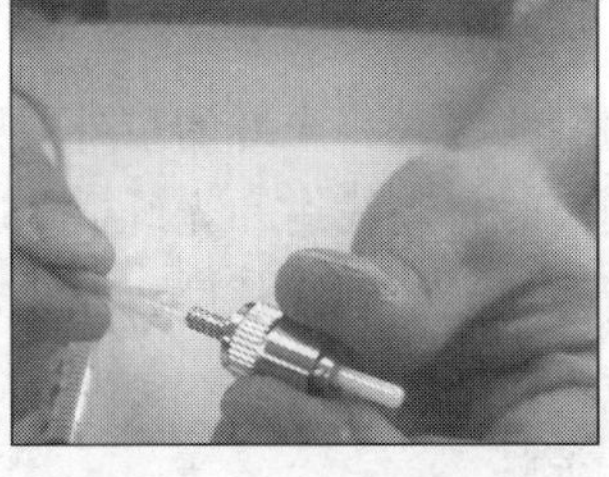

图 7-25 插入光纤

（10）安装金属护套

当成功完成上一步工作后，就可将金属护套上移，使其抵住连接器的肩部，如图 7-26 所示。

注意：金属护套主要是起到固定作用，通过压制，它能将 ST 头和多模光纤紧密连接在一起。

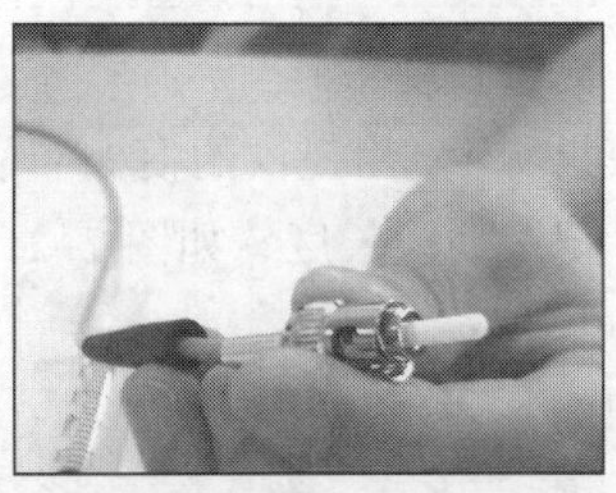

图 7-26 安装金属护套

（11）使用冷压钳进行固定

使用冷压钳进行压制，使 ST 头和多模光纤紧密连接在一起，使用冷压钳时应充分合拢，然后松开，如图 7-27 所示。

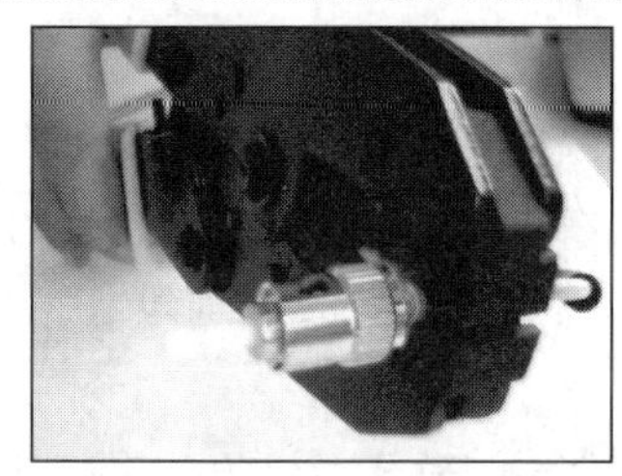

图 7-27　压制

（12）再一次使用冷压钳进行固定

完成第一次压制后，将 ST 头转一个方向，再进行一次固定，从而确保多模光纤和 ST 头之间连接的紧密性，如图 7-28 所示。

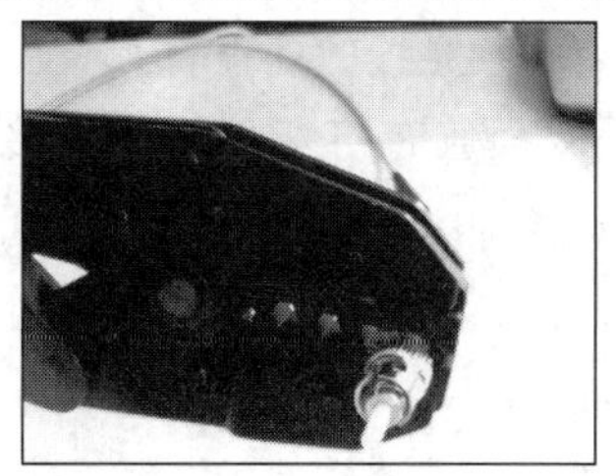

图 7-28　十字固定

（13）安装压力防护罩

将压力防护罩上移，直至 ST 头连接器的肩部，使得整个连接部分都能得到保护，如图 7-29 所示。

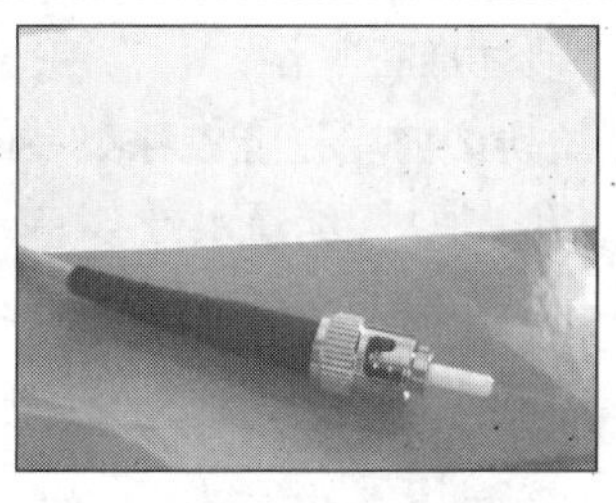

图 7-29　安装压力护套

（14）准备热固化

由于采用的是混合胶水，这种胶水并不带有速干功能，因此需要进行固化烘干。这里使用的 16 头热固化炉，在使用前需要进行预热，预热时间大概是 5 min，如图 7-30 所示。

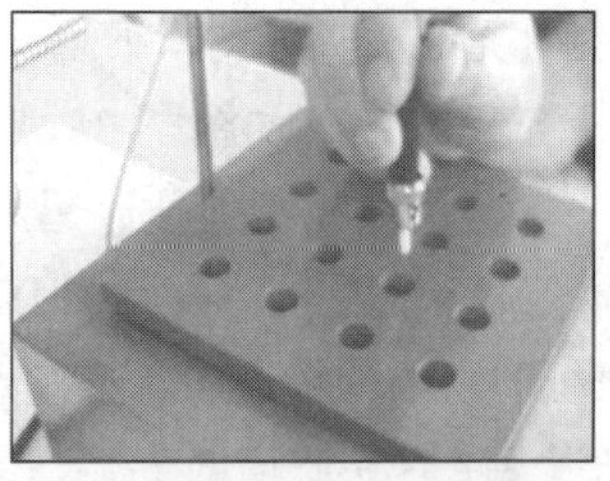

图 7-30　固化准备

（15）开始热固化

当预热完成后，将 ST 头插入热固化炉内，开始进行烘干，所需要的固化时间一般是 10～15 min，如图 7-31 所示。

注意：在将 ST 头插入热固化炉时，请格外小心，防止光纤折断在固化炉内。

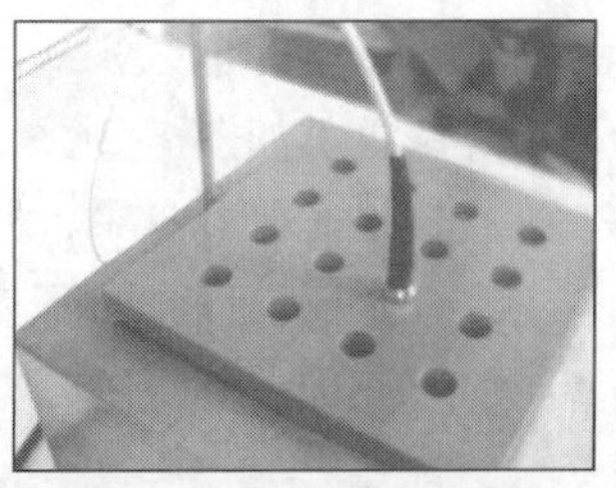

图 7-31　开始热固化

（16）对多余光纤进行切割

用光纤切割刀的平整面抵住 ST 头前端，要小心地在靠近 ST 头前端和光纤的横断面刻划光纤。请仅在光纤的一面刻划，如图 7-32 所示。

注意：刻划时请勿用力过大，以免光纤断路或产生不均匀的裂痕。

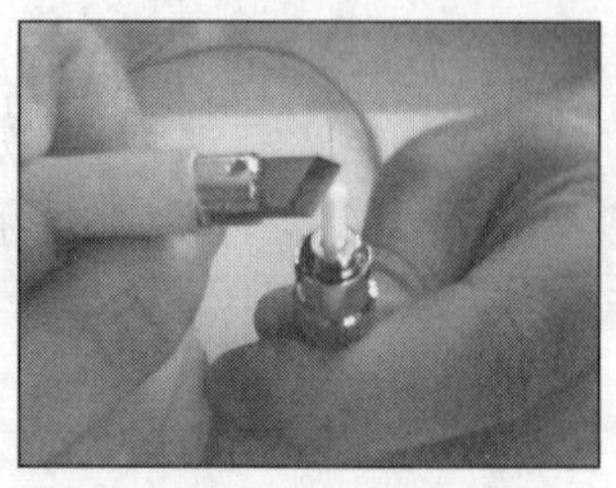

图 7-32 切除多余光纤

（17）多余光纤的处理

使用双面胶布将切割下来的多余光纤进行收集，使多余的光纤粘在双面胶布上，并保存在安全的位置，如图 7-33 所示。

注意：①光纤碎屑是不容易看到的。如果没有正确的处理，玻璃纤维可能会造成严重伤害。

②注意在研磨前请勿碰撞或刷光纤的端面。

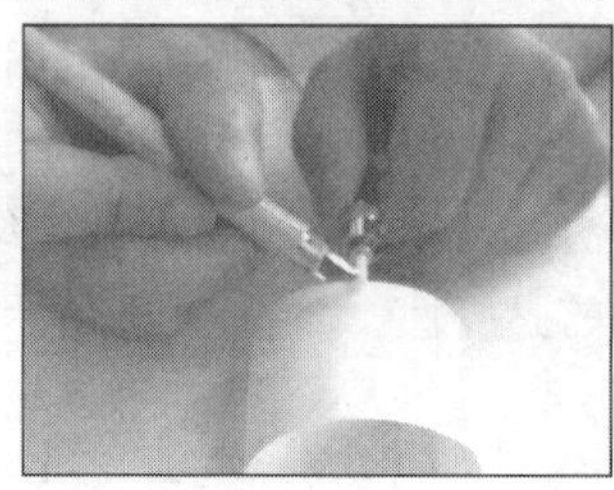

图 7-33　多余光纤处理

（18）研磨准备工作

在开始研磨前应先将各种类型的砂纸，研磨盘，清洁纸，护垫，纯净水准备好，如图 7-34 所示。

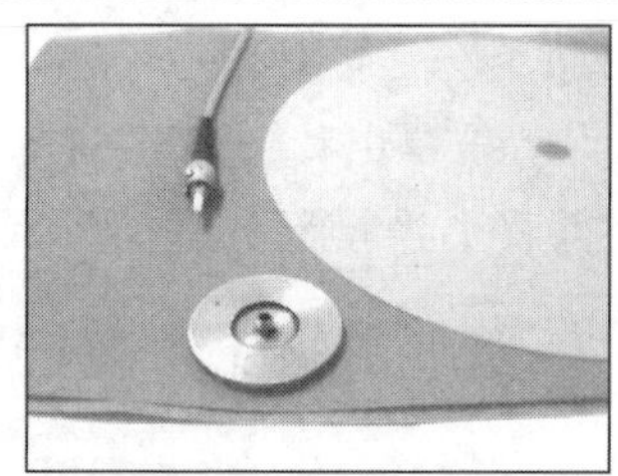

图 7-34　研磨准备工作

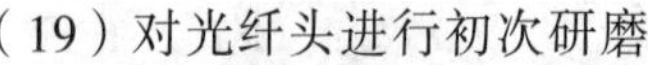

（19）对光纤头进行初次研磨

1 号砂纸（绿色）如图 7-35 所示。

ST 连接器用一只手握住，另一只手握住砂纸，进行研磨。用 ST 头前端，以“8 字”方式轻刷研磨砂纸的糙面，以便将光纤小突起磨成更光滑，更容易研磨的尖端。保持此动作直至尖端几乎与光纤端面齐平。

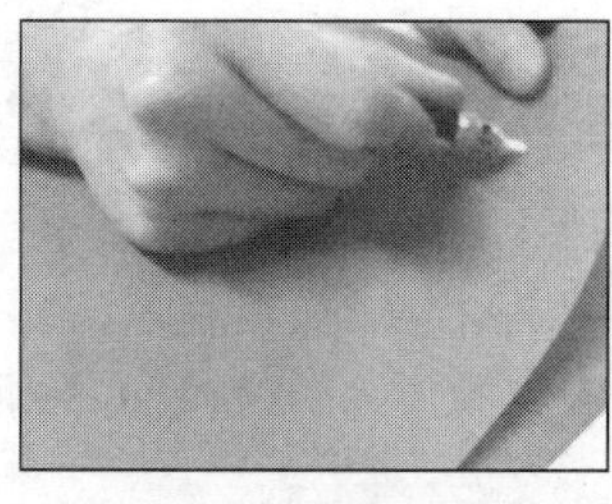

图 7-35　初次研磨

（20）正式研磨的准备工作

1 号砂纸（绿色）如图 7-36 所示。

将 ST 连接器插入研磨盘中，并在砂纸上倒上少许清水，加水的原因是为了使研磨更加顺畅，然后就可以开始研磨了。

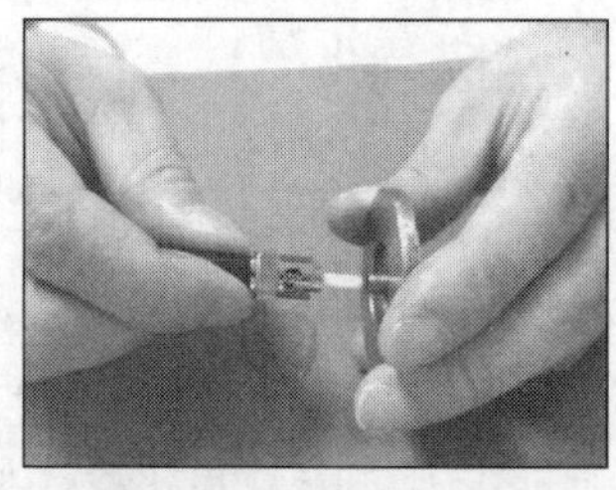

图 7-36　粗磨

（21）开始研磨

1 号砂纸（绿色）如图 7-37 所示。

轻轻握住 ST 连接器，使用“8”字研磨方式，开始进行研磨，应掌握研磨的力度，防止光纤产生碎裂。研磨一段时间后，就应使用显微镜进行观察，查看端面是否平整，是否可进行细磨。

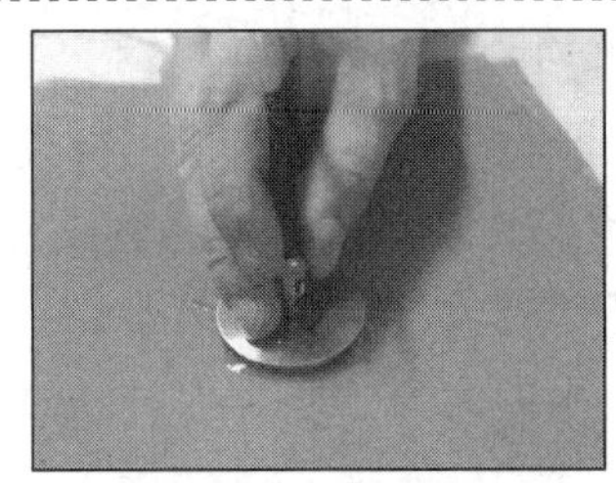

图 7-37　加水粗磨

（22）开始细磨

2 号砂纸（黄色）如图 7-38 所示。

轻轻握住连接器，施以中等压力并以 50～75mm（2～3in）的“8 字”方式研磨 25～30 转。

注意：勿过度研磨，切勿用力过大。研磨一段时间后，也应使用显微镜进行观察，查看端面是否平整，是否已经符合要求。

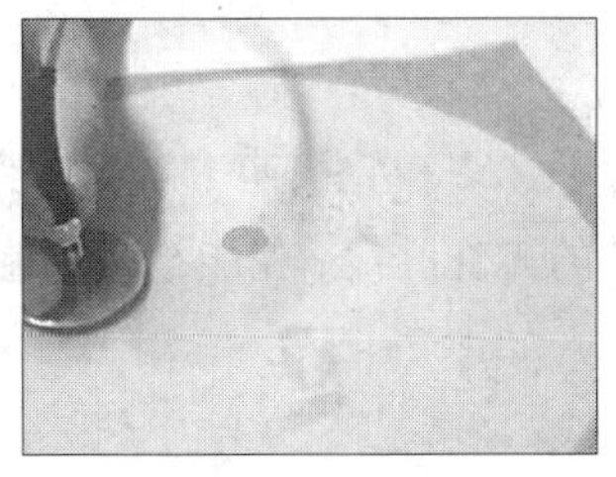

图 7-38　细磨

（23）研磨

要优化连接器光学性能同时尽量延长研磨砂纸的使用寿命，每研磨 14 个连接器就使用砂纸的不同部位。使用砂纸的 5 个部位可以保证每张砂纸都可以研磨 70 个连接器。另外尖端上粘合剂的量，“8 字”的大小以及研磨压力大小都会影响砂纸寿命，如图 7-39 所示。

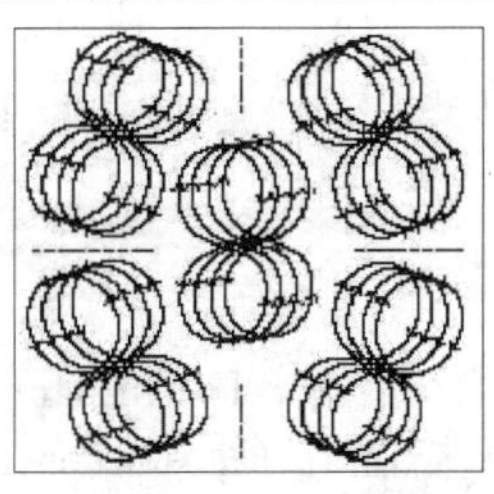

图 7-39　研磨纸的使用

（24）研磨后清洗连接器端面

研磨结束后，需要使用清洁布将连接器的端面进行擦拭，将研磨时所遗留下来的纯净水，灰尘等一并除去，如图 7-40 所示。

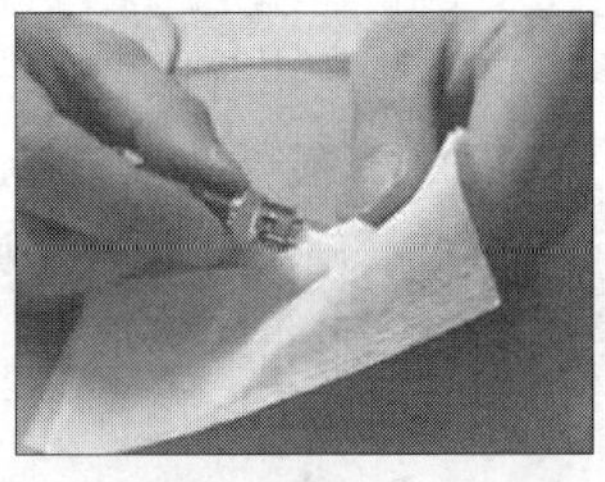

图 7-40　清洁端面

（25）使用显微镜进行观察

用显微镜观察研磨后的连接器端面，以确保在光纤上没有刮伤、空隙或碎屑。如果研磨质量可以接受，须将防尘帽盖到连接器上，以防止光纤损坏，如图 7-41 所示。

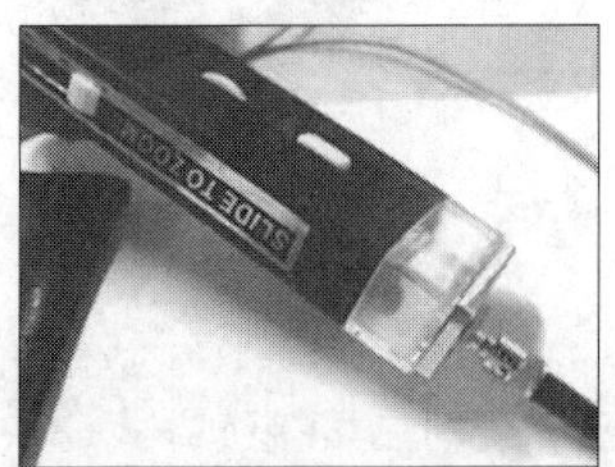

图 7-41　显微镜观察

（26）研磨设备的清洗保存

从研磨盘上取下连接器，并使用浸润了 99% 试剂级无水酒精的无毛屑抹布或浸透酒精的垫子清洁连接器和研磨盘。在储存前务必用蒸馏水或无离子水彻底冲洗砂纸的表面以保证砂纸的下次使用时处于最佳状态，如图 7-42 所示。

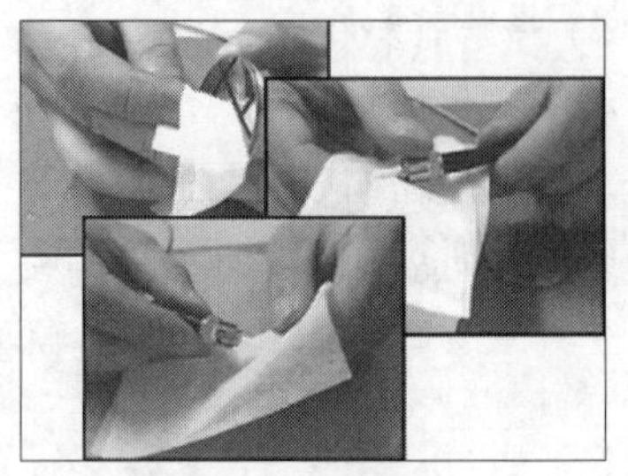

图 7-42 清洁设备

（27）成品

通过上述步骤完成两个 ST 头的研磨后，通过测试的光纤跳线，就能被使用在各种网络通信中了，如图 7-43 所示。

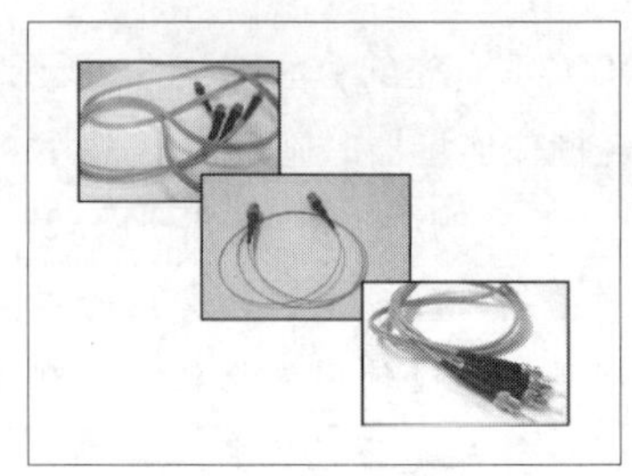

图 7-43 成品

7.5 光纤快速端接技术

随着 FTTH（Fiber To The Home）光纤到户技术的快速发展应用，光纤快速端接技术已经成为其中重要的一个环节，越来越多的研究人员正在对其进行研究，一些快速端接产品也陆续上市应用，如图 7-44 所示。所谓光纤快速端接技术主要指的就是在光纤末端进行光纤活动连接的过程。

SC 型快速光纤连接

在光纤到户的施工过程中，传统的热熔接续方式存在多种局限性，具体包括（1）熔接机施工需要操作平台，空间受限；（2）熔接机价格贵，施工成本高；（3）需要有源施工，电池续航能力有限；（4）热熔设备体积大、携带不便；（5）针对 FTTH 终端多点零散接续耗时长。

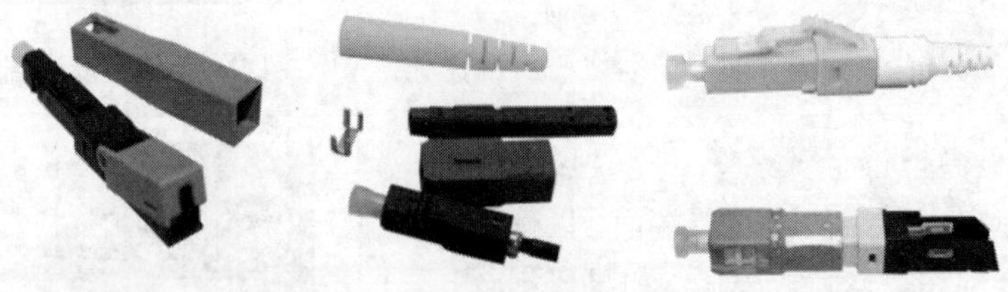

图 7-44 光纤快速连接器

相对于传统的热熔接续方式，快速光纤端接技术却具有非常明显的优点，具体如下：

（1）操作简单，光缆开剥只需一次，施工速度快；

（2）对操作环境无特殊要求；

（3）无源施工；

（4）工具简单，易携带。

光纤快速端接技术主要应用环境包括两大类：其一配线光缆与入户皮线光缆进行快速接续，一般发生在光纤配线架中。其二就是用户家中接入点，主要是光纤信息面板内将皮线光缆端接形成端口。

目前国内外研发快速连接器的生产厂家很多，其结构和材质上也形成了各自的特点。结构上分类：机械接续型和热熔型两大类。机械接续型又分：直通型和预埋型。

直通型：光缆开剥、切割后直接从尾端穿到连接器顶端，连接器内部无连接点；

预埋型：接头插芯内预埋一段光纤，光缆开剥、切割后与预埋光纤在连接器内部 V 槽内对接，V 槽内填充有匹配液

7.5.1　基本工具和耗材

1．光纤切割刀（见图 7-45）

图 7-45　光纤切割刀

说明：切割刀的作用是将光纤的端面进行切割，使其保持平整。

2．光纤剥线钳和酒精泵（见图 7-46）

图 7-46　光纤剥线钳和酒精泵

3．皮线开剥器（见图 7-47）

图 7-47　皮线开剥器

7.5.2 SC 型快速光纤连接头具体操作步骤

（1）工具准备

在进行操作前需要准备相关工具，具体如图 7-48 所示。

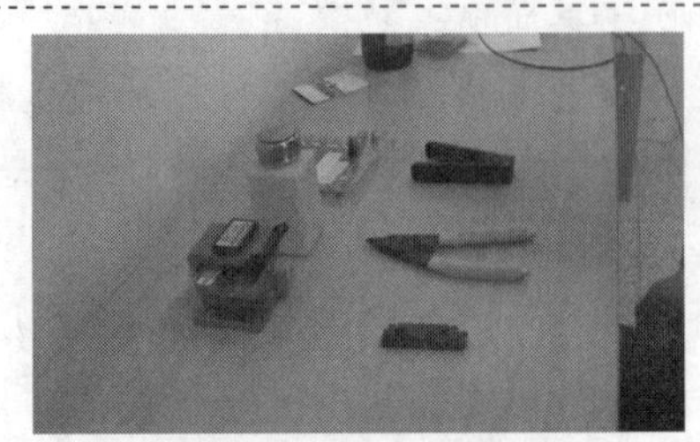

图 7-48 工具准备

（2）剥除光纤外表皮

将皮线光缆插入皮线开剥器中，插入至皮线开剥器标杆端，握压钳柄拔出皮线，如图 7-49 所示。

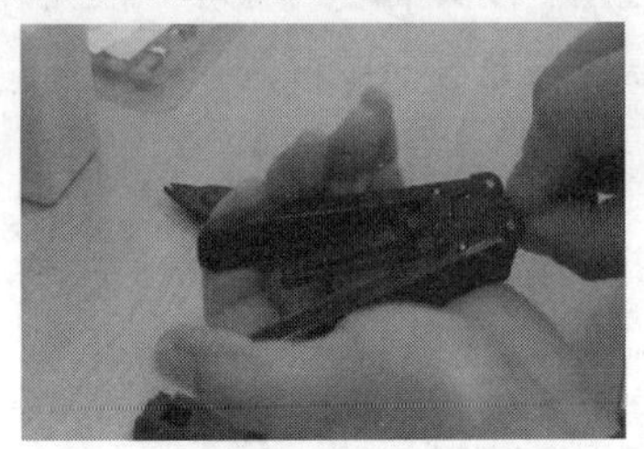

图 7-49 剥除光纤外表皮

（3）安装光纤夹

将剥除外表皮的光纤安装到光纤夹上，并卡紧固定，如图 7-50 所示。

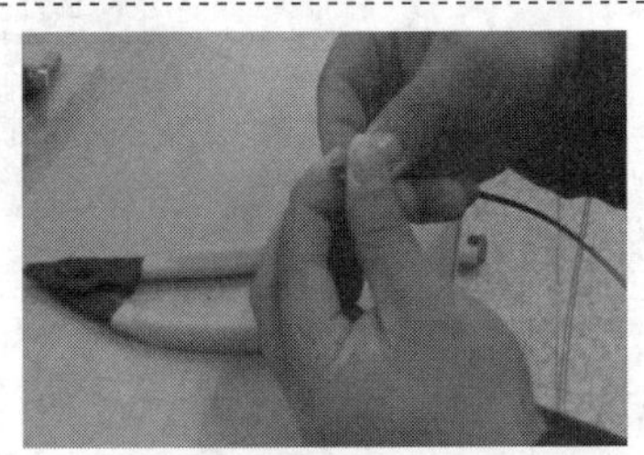

图 7-50 安装光纤夹

（4）穿入光纤尺

将光纤夹固定到光纤尺上，并扣紧光纤尺搭扣，如图 7-51 所示。

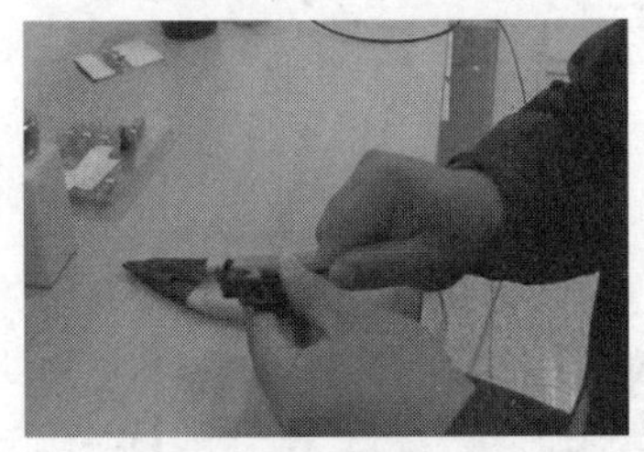

图 7-51 穿入光纤尺

（5）剥除涂覆层

使用光纤剥线钳剥除光纤涂覆层，将剥线钳和光纤成 45°，并可分 2 次来将光纤的涂覆层剥除，如图 7-52 所示。

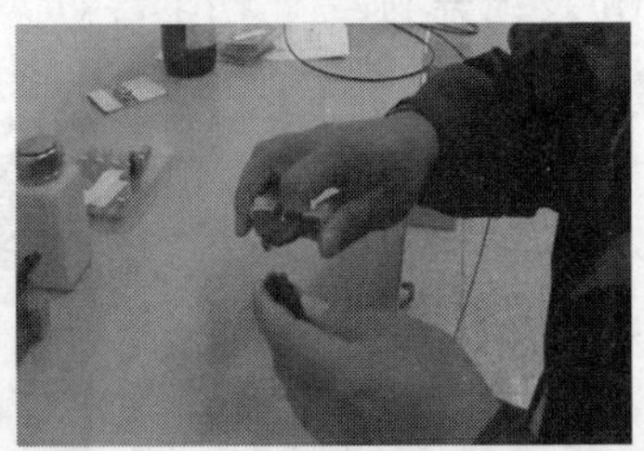

图 7-52 剥除涂覆层

（6）清洁光纤

使用清洁布蘸取少量酒精，擦去光纤表面的残留物，如图 7-53 所示。

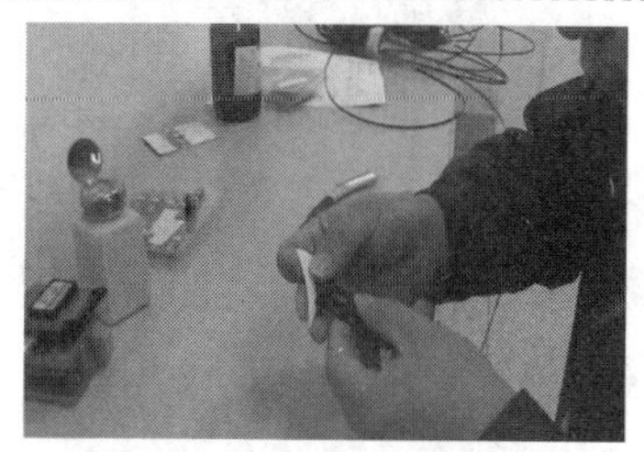

图 7-53　清洁光纤

（7）切割光纤

将光纤尺安放到光纤切割刀中，按下切割模块切割光纤，如图 7-54 所示。

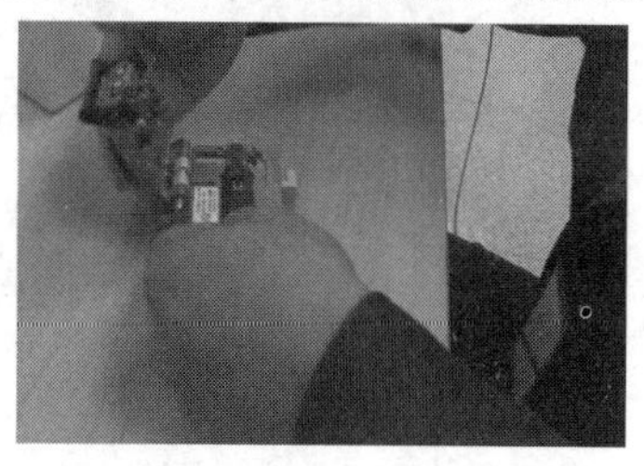

图 7-54　切割光纤

（8）取出光纤

使用切割刀将光纤端面切割完成后，从光纤尺中取出光纤，如图 7-55 所示。

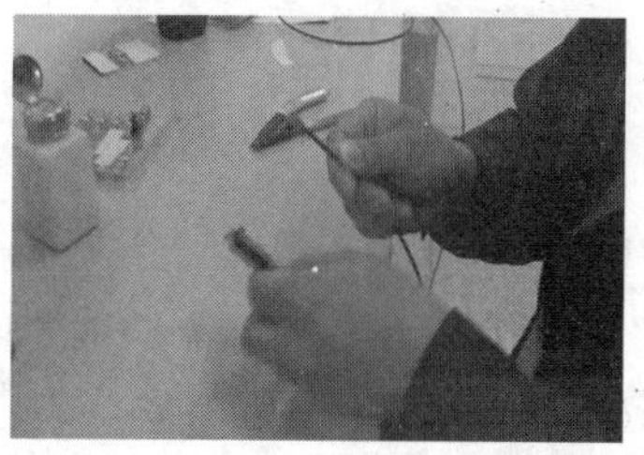

图 7-55　取出光纤

（9）插入光纤

将切割完成后的光纤，光纤夹箭头朝上插入快速光纤连接头中，如图 7-56 所示。

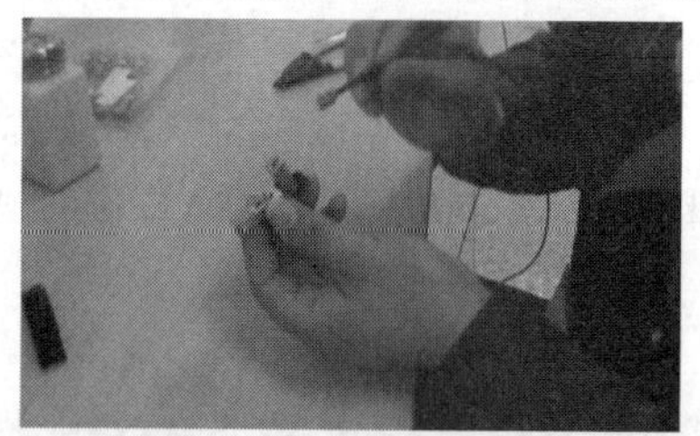

图 7-56　插入光纤

（10）固定光纤

将光纤插入光纤快速连接头后，轻推光纤，确定光纤已到位，向下按压光纤连接头卡扣，固定光纤，如图 7-57 所示。

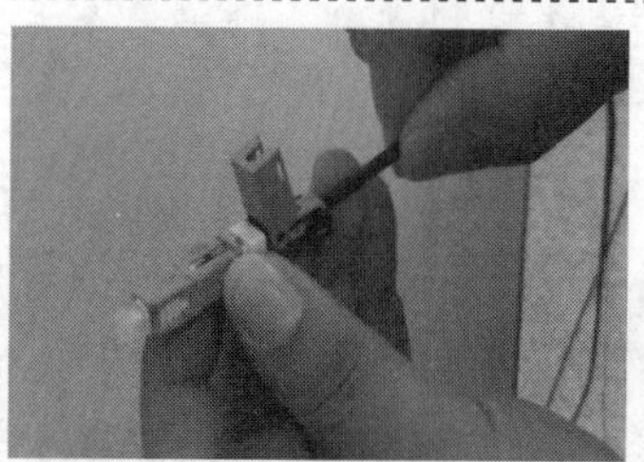

图 7-57　固定光纤

（11）卡紧光纤

光纤连接器后端卡扣固定完成后，将连接器中段的锁定滑块用力往前推，即完成快速连接头的安装操作，如图 7-58 所示。

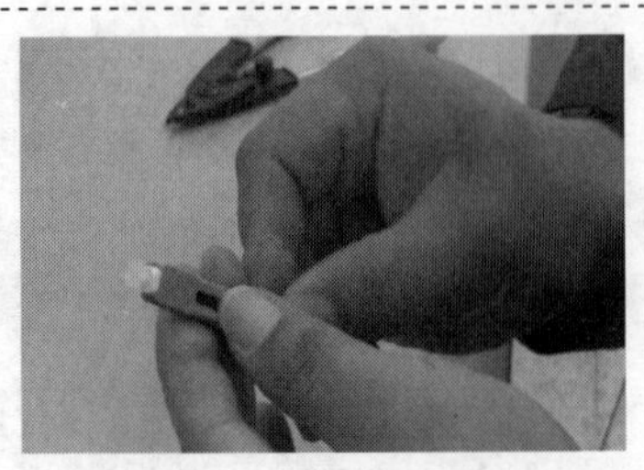

图 7-58 卡紧光纤

（12）成品

卡紧光纤后即完成所有操作，成品如图 7-59 所示。

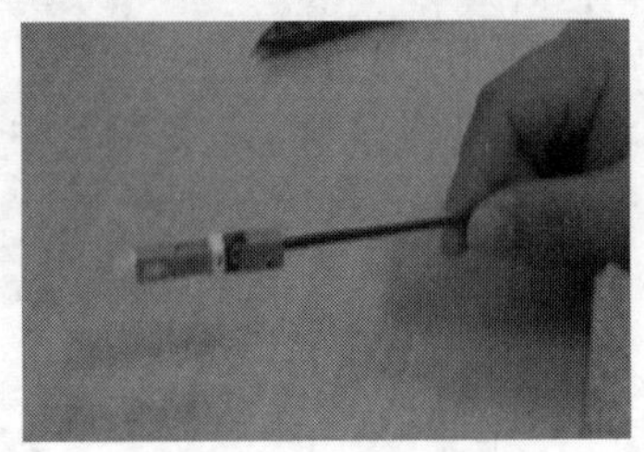

图 7-59 成品

7.6 光纤研磨工艺的安全问题

在光纤研磨过程中，光纤的安全性操作是最受关注的问题之一。

光纤犹如人类的头发一样细小。由于光纤是由玻璃和锋利的边缘组成，在操作时要小心，避免皮肤受到伤害。曾经有人因为光纤刺入血管而死亡，因为光纤不容易被 X 光检测到，当光纤进入人体后将随血液流动，一旦进入心脏地带就会引发生命危险。因此，在进行光纤研磨和熔接操作时，应采取必要的保护措施，以下简单介绍几种保护装置。

（1）安全的工作服。

穿上合适的工作服，会增强你的安全感，放心地和其他人一起高效率地工作。一般情况下，在研磨实验中要求穿着长袖的，面料厚实的外衣。

（2）安全眼镜。

在一些环境中，带上安全眼镜不仅能保护你的眼睛，而且能减少意外事故的发生。能防止光纤进入眼睛，在选购安全眼镜时应选择受外力而不易破碎或损坏的高质量眼镜。

（3）手套。

在进行光纤研磨、熔接等操作时，手套是很有用处的，手套能防止细小的光纤刺入人体，保护操作者的安全。

（4）安全工作区。

安全工作区是指进行光纤研磨操作的地点，在选择时应避免选择那些污染严重，有灰尘和污染物的地点，因为在这种地方进行光纤的端接，可能会影响端接的效果，此外也不能选择那些有风的区作为工作区，因为在这些地方进行光纤的端接存在一定的安全隐患，空气流动会导致光纤碎屑在空气中扩散或被吹离工作区，容易落在工作人员的皮肤上，引起危险。

7.7　光纤跳线的测试方法和相关工具

首先可使用研磨工具中的专用显微镜工具，如图 7-60 所示，对光纤 ST 头的端面进行观察，看其是否平整，若出现下列情况，如图 7-61 所示，则应使用专用清洁纸进行擦拭，或使用细砂纸进行二次研磨。

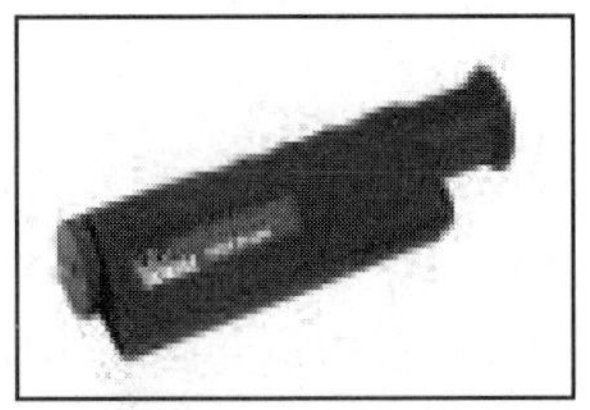

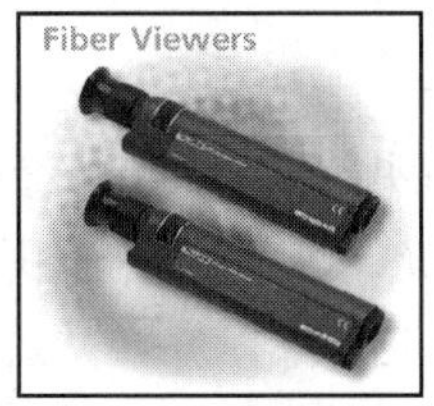

图 7-60　两种不同品牌的专用显微镜

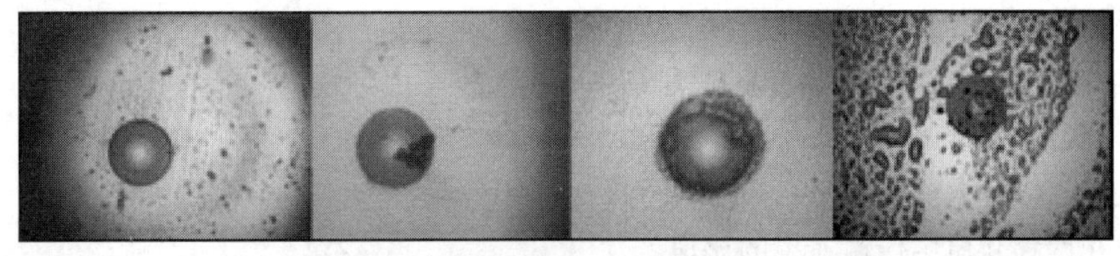

图 7-61　几种 ST 端面不整齐的效果图

第 2 种方法是使用另一种更高档的视频显微镜，如福禄克公司生产的光缆视频显微镜，如图 7-62 所示，这种显微镜能在液晶屏上清楚地看到光纤跳线端面的效果图。

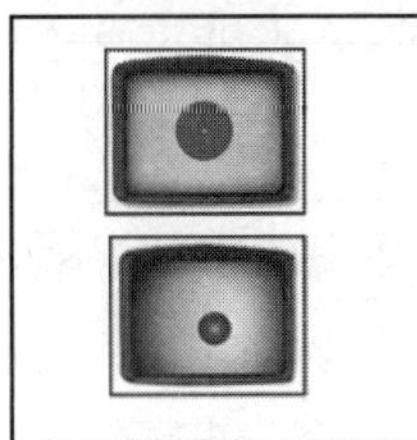

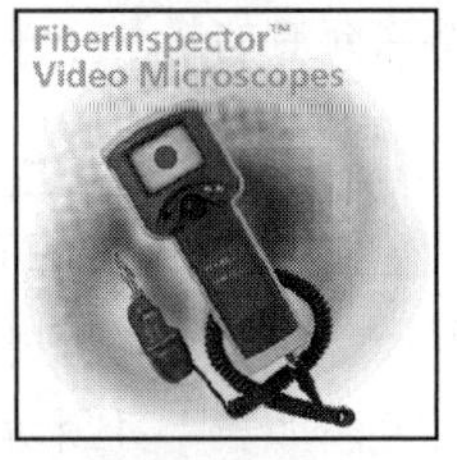

图 7-62　光缆视频显微镜

第 3 种方法是采用专用的电缆认证测试仪，如福禄克公司出品的 DTX 系列电缆认证测试仪，如图 7-63 所示，在添加了光缆测试模块以后，就能对各种光纤跳线进行测试，当然这种测试将会非常专业，因为测试内容会涉及许多复杂的专业参数，但其测试的准确性和精确性是勿庸质疑的。

图 7-63　福禄克电缆认证测试仪和光纤测试模块

第 4 种方法是将光纤跳线应用于实际的环境中，如应用于垂直干线子系统中，或应用于交换机与交换机之间的级联等，在实际环境中测试能最直接和最明确的测试出光纤跳线的好坏，因此被普遍采用。

7.8 光纤相关知识扩展

7.8.1 光的传播方式

光是一种电磁波，可见光部分的波长范围是 390～760 nm。大于 760 nm 的部分是红外光，小于 390 nm 部分是紫外光，光纤则是应用了 850 nm、1300 nm 和 1 550 nm 三种。

当电磁波离开发射源时，都以直线方式传播，这些由源点向外的直线称为射线，在真空中，光以每秒 300 000 km 的速度传播，然而，光穿过其他介质，如空气、水、玻璃时的速度会变慢，且各不相同。当光线（入射光）跨越一种介质（如空气）的边界进入另一种介质（如玻璃）时，光线的部分能量将被反射回来。被反射回来的光叫反射光，入射光中未被反射的光进入玻璃，但其路径与原来的路径有一定的弯曲角度。该射线叫折射光。入射光线的弯曲角度取决于如下两个因素：

① 入射光线进入玻璃界面的角度。

② 光在两种介质中传输速率的比值。

由于光线在不同介质边界可以发生弯曲，所以即使光纤弯成曲线时光线也仍然可以传播。射线的弯曲度是由介质的光密度决定。光密度是指光线进入一种介质后速度的减慢程度。介质的光密度越大，光在该介质中的速度相比在真空中的速度就越慢，光在一种介质中传播速度与光在真空中速度的比率就是该介质的折射率（IR），公式如下：

$$IR=\frac{\text{光在真空中的速度}}{\text{炮在介质中的速度}}$$

因此，介质光密度的衡量就是介质的折射率，折射率越大，光密度越大，光的传播速度也就越小。不同介质中光的折射率如表 7-4 所示。

表 7-4 同介质中光的折射率

介　质	折 射 率
空气	1.000
玻璃	1.523
水	1.333

7.8.2 光的反射和折射定律

当光穿过一种介质到达另一种介质时（如从空气到玻璃），光线被分为两部分，一部分光反射回原介质（空气）中，另一部分光线中的能量穿过界面进入第 2 种介质（玻璃）。反射回原介质的光线被称为反射光线，如图 7-64 所示，穿过界面进入第 2 种介质的光线被称为折射光线，如图 7-65 所示。

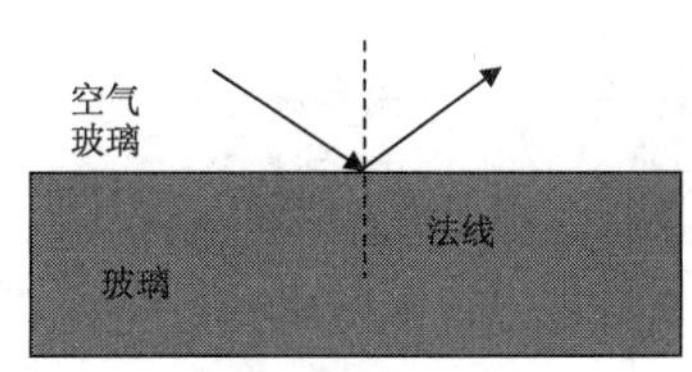

图 7-64　光的反射

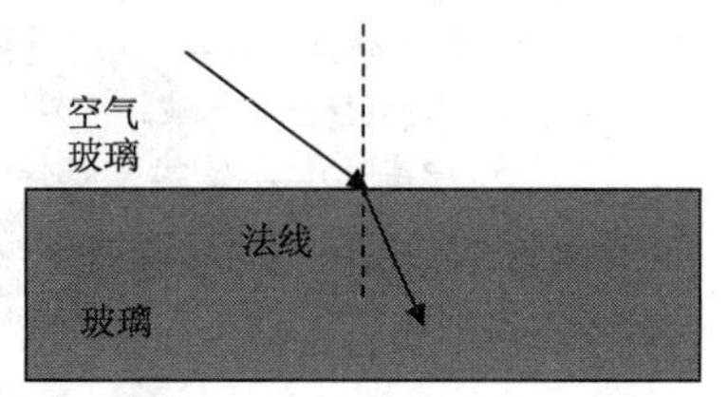

图 7-65　光的折射

根据反射定律表明，在光线的反射现象中，反射角等于入射角。根据光的折射定律，光线的折射角取决于两种介质的折射率，如果光从折射率小的介质进入折射率大的介质，折射线会向法线弯曲，反之如果光从折射率大的介质进入折射率小的介质，折射线会偏离法线。

7.8.3　光在光纤中的传输

根据光的反射原理（见图 7-66），反射角等于入射角。

根据光的折射原理：$n_1\sin\theta_1 = n_2\sin\theta_2$

其中 n_1 为纤芯的折射率，n_2 为包层的折射率。

显然，如果 $n_1>n_2$，则会有 $\theta_2>\theta_1$。如果 n_1 与 n_2 的比值增大到一定的程度，则会使折射角 $\theta_2\geq 90^\circ$,此时的折射光线不会再进入包层，而会在纤芯与包层的分界面上掠过（$\theta_2=90^\circ$）,或者重返回纤芯中进行传播（$\theta_2>90^\circ$）。这种现象称为光的全反射现象，如图 7-67 所示。

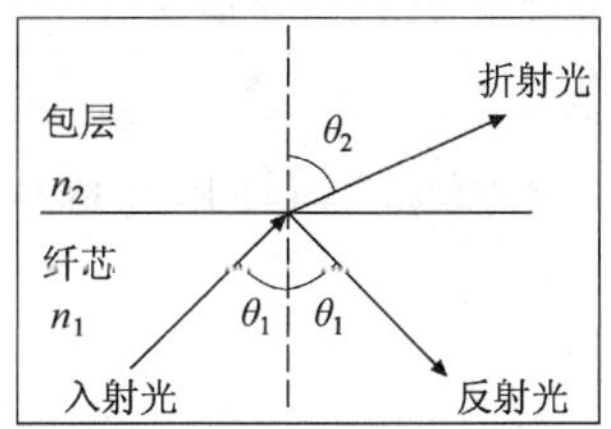

图 7-66　光在光纤中的反射与折射现象

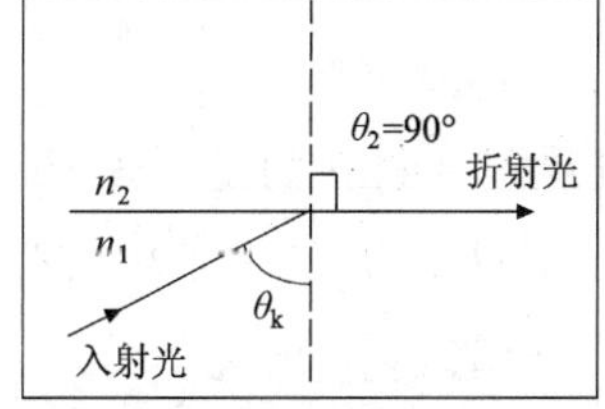

图 7-67　光的全反射现象

通过上述对全反射定律的讲解，应该对光为什么能在光纤中传输这一问题有了明确的解释。由于光纤的纤芯和包层折射率不同，而且是纤芯的折射率大于包层的折射率，因此会在纤芯和包层之间产生全反射，入射光进入纤芯后，产生的折射光线不再进入包层，而是在纤芯和包层的分界面上掠过或者返回纤芯中继续传输。这样就将光源完全锁定在光纤中，达到了传输光信号的目的。

7.8.4　光缆内部结构详解

光纤传输系统中直接使用的是光缆而不是光纤，光纤最外面常有缓冲层或外套，外套的材料大都采用尼龙、聚乙烯等。一根光缆由一根至多根光纤组成，外面再加上保护层，光缆中的光纤数有 1 根、2 根、4 根、6 根、24 根、48 根，或者更多，一般单芯光缆和双芯光缆用于光纤跳线，光缆的结构如图 7-68 所示。

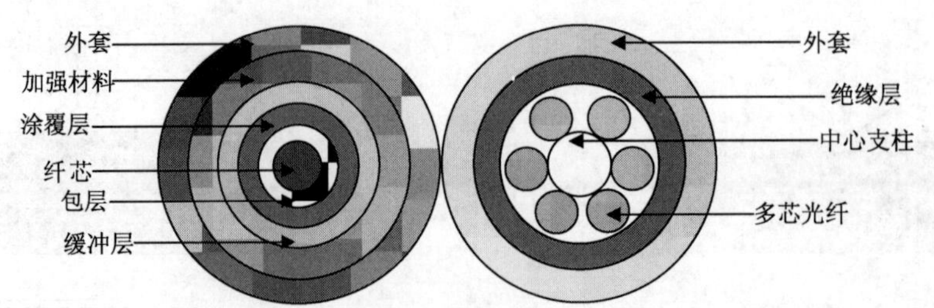

图 7-68 单芯光缆和多芯光缆内部结构

1. 纤芯

纤芯位于光纤的中心部位，其成分是高纯度的二氧化硅，此外还掺有极少量的掺杂剂，如五氧化二磷等，掺有少量掺杂剂的目的是适当提高纤芯的光折射率（n_1）。

2. 包层

包层位于纤芯的周围，其成分也是含有极少量掺杂剂的高纯度二氧化硅，而掺杂剂（如三氧化二硼）的作用则是适当降低包层的光折射率（n_2），使之略低于纤芯的折射率。

3. 涂覆层

涂覆层是由丙烯酸酯、硅橡胶和尼龙组成，其作用是增加光纤的机械强度和可弯曲性。

4. 缓冲层

围绕涂覆层的是缓冲层，其成分通常是塑料，用来保护纤芯、包层和涂覆层。

5. 加强材料

围绕缓冲材料的是加强材料，用于保护光缆在安装时不被拉坏，所使用的材料通常是 Kevlar（凯夫拉尔），与防弹背心的材料相同。

6. 外套

最外的一层是光缆的外套，用来保护光纤不被磨损、溶解或者受其他损害。

7.8.5 光纤的其他分类

目前光纤的种类繁多，除了上述的按照传输模式进行分类外，还可按光纤剖面折射率分类、按工作波长分类和按套塑类型分类，具体可分为以下几种。

1. 按光纤横截面的折射率分类

按照横截面的折射率进行划分，光纤可分为两大类，即突变（SI）型（或阶跃型）和渐变（GI）型（梯度型）。

所谓阶跃型光纤是指在纤芯和包层区域内，其折射率分布是均匀的，其折射率分别是 n_1 和 n_2，但在纤芯和包层的分界处，其折射率变化是阶跃的。

所谓梯度型光纤是指光纤轴心处的折射率最大，即 n_1，而沿横截面径向的增加，其折射率将逐渐减小，变化规律一般是符合抛物线的规律，到了纤芯和包层的分界处，正好降到了与包层区域折射率 n_2 相等，在包层区域中的折射率是均匀的，即为 n_2。

两种光纤折射率变化示意图如图 7-69 和 7-70 所示。

阶跃型光纤是早期光纤的结构方式，后来在多模光纤中逐渐被梯度型光纤所取代（因梯度型光纤能大大降低阶跃型光纤所特有的模态色散），而在现在单模光纤逐渐取代多模光纤成为当前光纤的主流产品时，阶跃型光纤结构又作为单模光纤的结构形式之一。

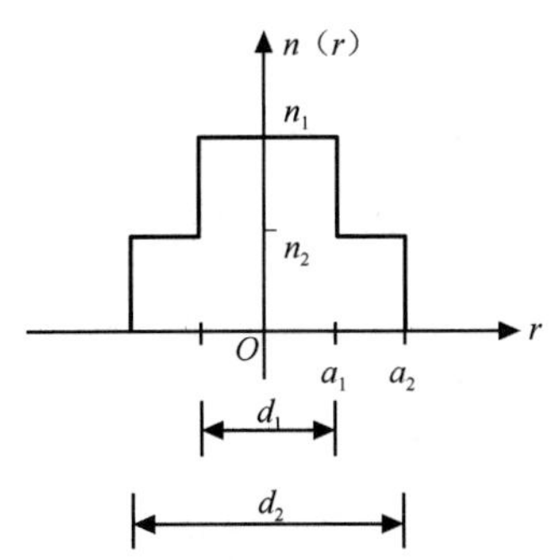

图 7-69　阶跃型光纤折射率分布

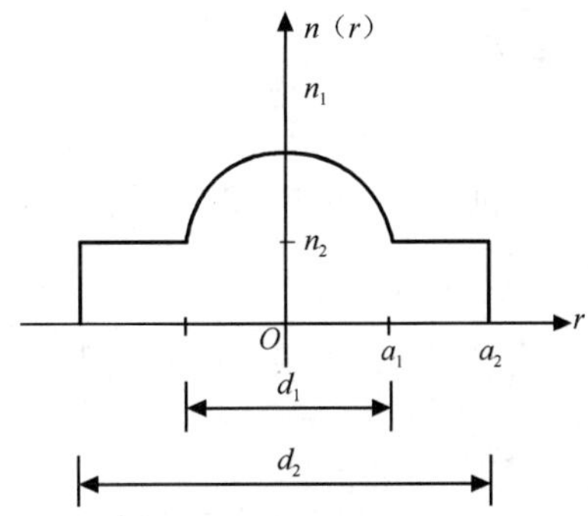

图 7-70　梯度型光纤折射率分布

2. 按工作波长分类

按照光纤的工作波长进行分类有短波长光纤和长波长光纤两种。

短波长光纤是指在光纤通信发展的初期，人们使用的光波波长在 0.6～0.9 μm 范围内（典型值为 0.85 μm），习惯上把在此波长范围内呈现低衰耗的光纤称为短波长光纤。短波长光纤属于早期产品，目前已经很少使用。

长波长光纤是指随着与光纤相关的研究工作的不断深入，人们发现当光波波长为 1.31 μm 和 1.55 μm 附近时，石英光纤的衰耗急剧下降,不仅如此，在此光波波长范围内，石英光纤的材料色散也大大减小。因此人们的研究工作又迅速转移，并研制出在此波长范围内衰耗更低，带宽更宽的光纤，习惯上把工作在此波长范围内的光纤称之为长波长光纤。

长波长光纤由于具有衰耗低，带宽宽等特点，特别适用于长距离，大容量的光纤通信。

3. 按套塑类型分类

按照套塑类型分类，有紧套光纤和松套光纤两种。

所谓紧套光纤是指二次、三次涂敷使光纤的纤芯，包层等紧密地结合在一起的光纤。目前此类光纤居多。所谓松套光纤是指，经过涂敷后的光纤松散地放置在一塑料管之内，不再进行二次、三次涂敷。松套光纤的制造工艺简单。

7.8.6　光纤的衰减

造成光纤衰减的主要因素有：本征、弯曲、挤压、杂质、不均匀和对接等。

（1）本征：光纤的固有损耗，包括瑞利散射、固有吸收等。

（2）弯曲：光纤弯曲时部分光纤内的光会因散射而损失掉，造成信号的损耗。

（3）挤压：光纤受到挤压时产生微小的弯曲而造成信号的损耗。

（4）杂质：光纤内杂质吸收和散射在光纤中传播的光，造成信号的损失。

（5）不均匀：光纤材料的折射率不均匀造成信号的损耗。

（6）对接：光纤对接时产生的损耗，如不同轴（单模光纤同轴度要求小于 0.8 μm）、端面与轴心不垂直、端面不平、对接心径不匹配和熔接质量差等。

实训 7　光纤研磨技术

背景描述：

你是某光纤跳线制作厂商的工作人员，现工厂接到订单，要求为用户提供一批多模光纤跳线，型号包括 FC 跳线、SC 跳线和 SC 跳线。

实训要求：

熟练掌握光纤跳线的制作过程，独立完成 2 个光纤 ST 头的研磨工作。

实训内容：

使用光纤研磨工具独立完成 2 个光纤 ST 头的研磨操作。

实训报告：

1. 本次光纤研磨实训，所使用到的工具有哪些：________、________、________、________、________、________、________、________、________。

2. 本次实训，所使用的基本耗材有哪些：________、________、________。

3. 光纤剥线钳在本次实训中起到什么作用？（注意说明剥线钳两个锯齿口的不同用法）

（a）____

（b）____

4. 冷压钳在进行光纤固定时一般采用________方法，冷压钳主要是通过压制金属护套将________和________进行固定。

5. 单模光纤一般都是用________表示，多模光纤一般都是用________表示，单模光纤一般都用于传输距离________的场合，多模光纤一般都用于传输距离________的场合，本次实训主要用的是________光纤。

6. 本次实训中使用的混合胶水其基本配比比例为________________________。

7. 为什么要使用 16 口热固化炉？为什么有些光纤研磨时不需要使用这种设备，请说明它们之间的区别？

8. 在使用砂纸进行光纤研磨时应采用什么研磨方式？采用这种研磨方式的原因？以及研磨所使用的砂纸的分类，使用顺序？

9. 请写出光纤研磨工艺的操作顺序？（提示：要求自我总结，一般可综合为十个基本步骤）

10. 说明光纤研磨实训存在危险性的原因，并说明应采取哪些安全保护措施？

习　题

1. 光纤是________的简称，是由一组光导纤维组成的用于传播光束的，细小而柔韧的传输介质。

2. 光纤的构造一般由 3 个部分组成，分别是________________________。

3. 光纤内部一共有两种光折射率，纤芯的折射率为 n_1，包层的折射率为 n_2，两者之间折射率有什么区别，________________________。

4. 光纤种类有几种：

（a）____

（b）____

（c）____

（d）____

5. 所谓单模光纤，是指在给定的工作波长上只能传输________，即只能传输________，其内芯很小，约 8～10 μm。

6. 请区分下列光纤是多模光纤还是单模光纤：

（a）8.3 μm 芯、125 μm 外层________________________

（b）62.5 μm 芯、125 μm 外层________________________

（c）50 μm 芯、125 μm 外层________________________

（d）100 μm 芯、140 μm 外层________________________

7. 光导纤维光缆有以下优点（请列举其中的 3 点）

（a）____

（b）____

（c）____

8. 光纤通信系统是指以光波作为通信载体,光导纤维作为传输媒体通信方式，起主导作用的是____________________________。

9. 在进行光纤研磨时应采用什么研磨方法：________________________

10. 请说明如何判断光纤是多模还是单模的基本方法。

11. 光源是光波产生的根源。在此可有两种光源可作为信号源，分别是发光二极管 LED 和半导体激光 ILD，请说明两者的不同特性。

12. 简单说明光纤跳线的基本测试方法。

13. 简述光在光纤中传输的基本原因。

第 8 章 光纤熔接技术

本章主要介绍了光纤的两种连接方式，拼接技术和端接技术，并对拼接技术中的熔接工艺进行了详细的介绍，包括具体的操作步骤，工具的使用，相关的注意事项等内容。

8.1 光纤熔接技术

光纤之间的相互连接，称为光纤的接续，其常用的连接技术有两类：其一为光纤的拼接技术，其二为光纤的端接技术。光纤的拼接技术是将两段断开的光纤永久性的连接在一起，这类拼接技术又有两种，一种为熔接技术，另一种为机械拼接技术。光纤的端接技术和拼接不同，它使用光纤连接器对需要进行多次插拔的光纤连接部位的接续，属于活动性的光纤连接，其要求插入损耗小，体积小，拆装重复性好，可靠性强，并且相对价格便宜。

光纤熔接技术

光纤熔接技术是在高压电弧的作用下将两根需要熔接的光纤重新融合在一起，熔接是把两根光纤的端头熔化后才能连接到一起。光纤熔接后，光线能在两根光纤之间以极低的损耗传输，一般小于 0.1dB。

8.1.1 熔接技术

光纤熔接技术是一项技术含量很高、操作要求很严格的工作。操作流程图如图 8-1 所示，所使用的工具和耗材如表 8-1 所示。

图 8-1 光纤熔接流程图

表 8-1　光纤熔接相关工具和耗材

工具名称	备　注	耗材名称	备　注
开缆工具刀	剥开光缆外表皮	尾纤	光纤熔接
熔接机	熔接光纤	清洁布	清洁光纤屑
光纤切割刀	光纤端面切割	热缩套管	保护熔接光纤
光纤剥线钳	剥除光纤外表层	酒精棉	清洁光纤

8.1.2　基本工具和耗材

1. 熔接机（见图 8-2）

图 8-2　光纤熔接机

说明：熔接机是专门用于光纤熔接的工具，这种设备可以进行高压放电，在两根光纤的连接处形成高压电弧，把光纤熔接在一起。

2. 光纤切割刀（见图 8-3）

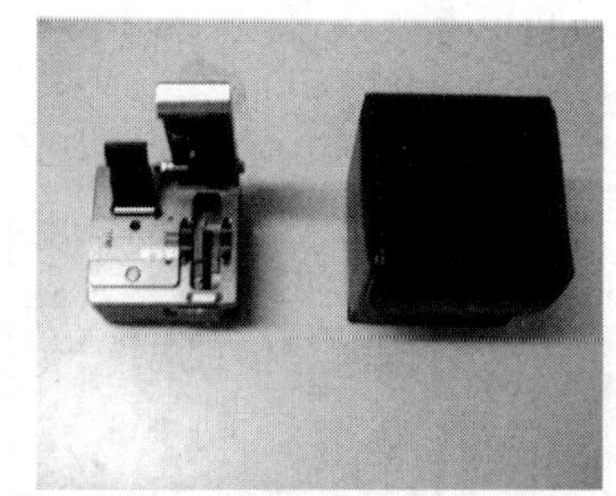

图 8-3　光纤切割刀

说明：切割刀的作用是将光纤的端面进行切割，使其保持平整。

3. 光纤剥线钳（见图 8-4）

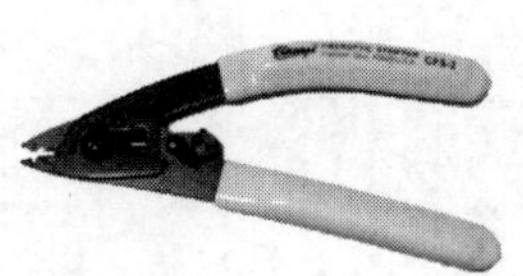

图 8-4　光纤剥线钳

说明：在进行光纤熔接前，同样需要将光纤的外表皮和涂覆层剥离，这就需要使用光纤剥线钳进行剥离处理。

4．热缩套管和尾纤（见图 8-5）

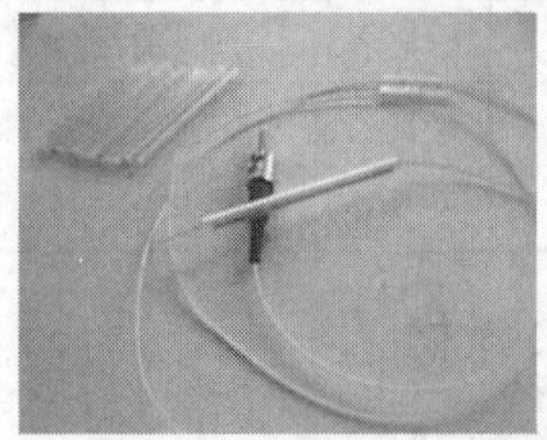

图 8-5　热缩套管和尾纤

说明：热缩套管主要作用是对熔接连接处起到保护作用。

5．开缆工具刀和光纤工具箱（见图 8-6）

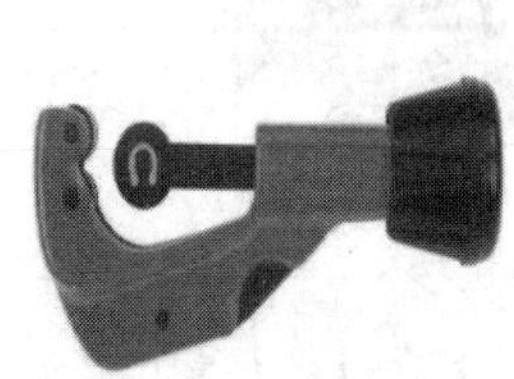
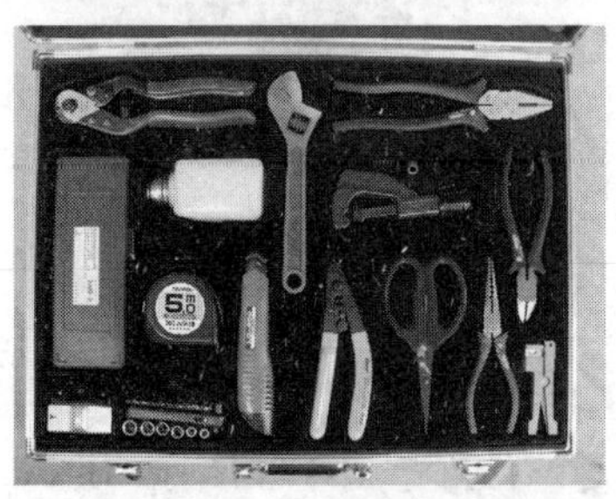

图 8-6　开缆刀和工具箱

说明：光纤工具箱是指在进行光纤接续操作时所需要的所有工具，其中就包括开缆工具刀、斜口钳、扳手、剥线钳、工具尺等。

具体操作步骤：

（1）专用工具准备

光纤熔接工作不仅需要专业的熔接设备，同样也需要很多普通的工具来辅助完成这项任务，如开缆刀、剥线钳、扳手、钳子等。在此一般只需要准备一个光纤接续箱就可以了，如图 8-7 所示。

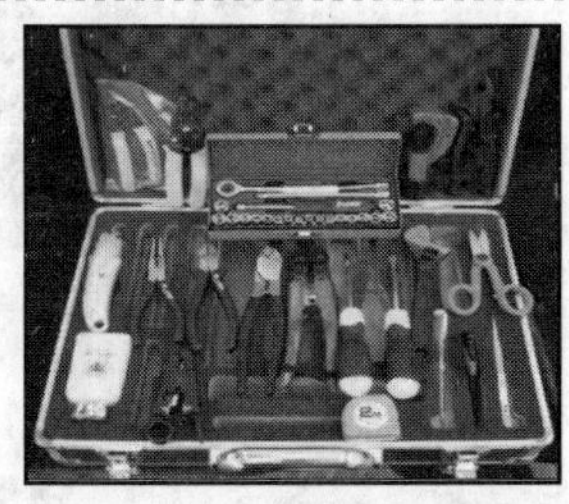

图 8-7　工具准备

（2）剥除光缆外表皮

使用开缆工具刀和斜口钳将室外接入光缆外表皮剥除，剥除约 1 m 左右，如图 8-8 所示。

图 8-8　剥除光缆外表皮

（3）剥除光缆的保护层

使用光纤工具箱中的美工刀，将光纤的保护层剥除，如图 8-9 所示。

注意：使用美工刀进行剥离保护层操作时，可采用旋转方式剥离，不应用力过猛而伤到内部的光纤。

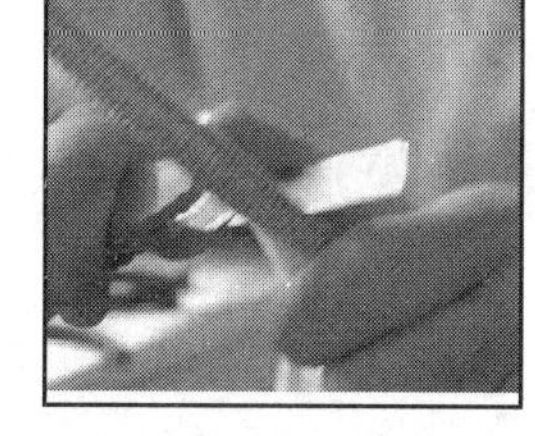

图 8-9　剥除光缆保护层

（4）剥除塑料保护管

使用美工刀进行第 2 层塑料保护管的剥离，效果就如图 8-10 所示。

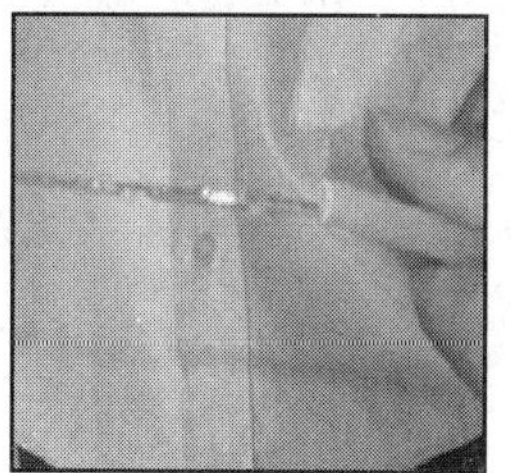

图 8-10　剥塑料套管

（5）清洁光纤

使用酒精棉清除光纤的表面和光纤上的油膏。油膏主要起到润滑作用，如图 8-11 所示。

图 8-11　清洁光纤表面

（6）安装热缩套管

在光纤的一端安装热缩套管，将一根热缩套管安装在光纤的一端，它将起到对光纤熔接后熔接点的保护作用，如图 8-12 所示。

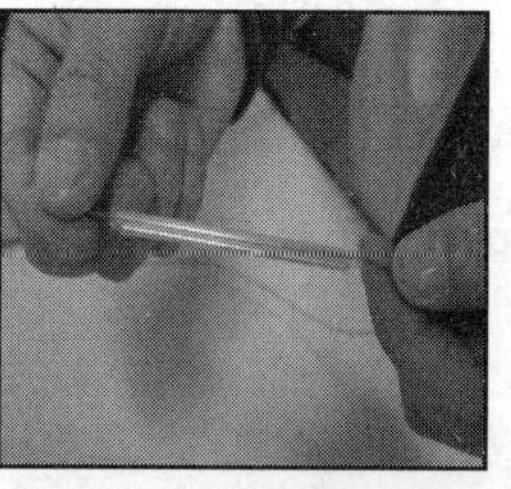

图 8-12 安装热缩套管

（7）剥离光纤外表皮和涂覆层

使用光纤剥线钳将光纤的外表皮和涂覆层剥除，将剥线钳和光纤成 45°，并可分 2 次来将光纤的外表皮和涂覆层剥除，如图 8-13 所示。

注意：不要用力过猛使光纤断裂，并请确认剥线刀口上无光纤碎屑。

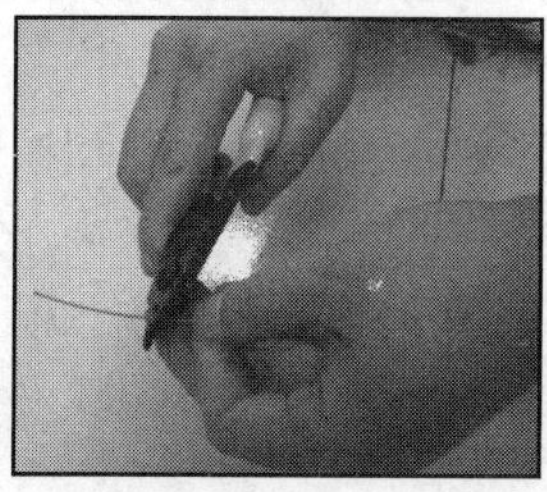

图 8-13　剥离光纤外表皮和涂覆层

（8）清除光纤表面的残余物

剥去缓冲层后，使用专用的干燥无毛屑的清洁纸，将光纤上的任何残余物都擦净，如图 8-14 所示。

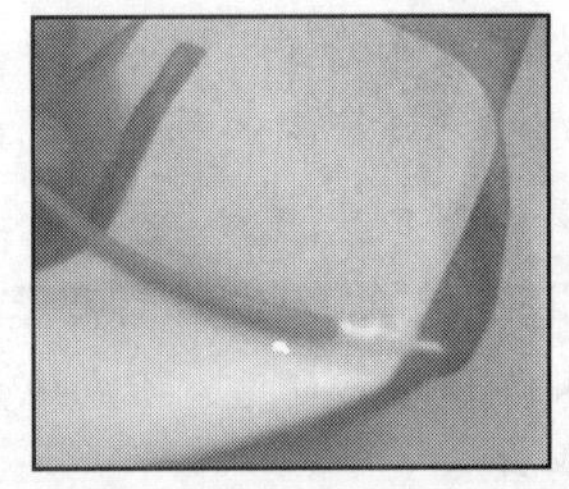

图 8-14 清除光纤表面残余物

（9）准备切割

使用光纤剥线钳剥离了光纤外表皮和涂覆层后，可将光纤安装在光纤切割刀上，可根据实际需要确定需要切割的光纤长度，如图 8-15 所示。

注意：在使用切割刀前应首先将其复位，即将刀口退回原位。

图 8-15 固定光纤准备切割

（10）固定光纤

确定好光纤切割长度后，可将切割刀上的光纤压板放下，固定住光纤，如图 8-16 所示。

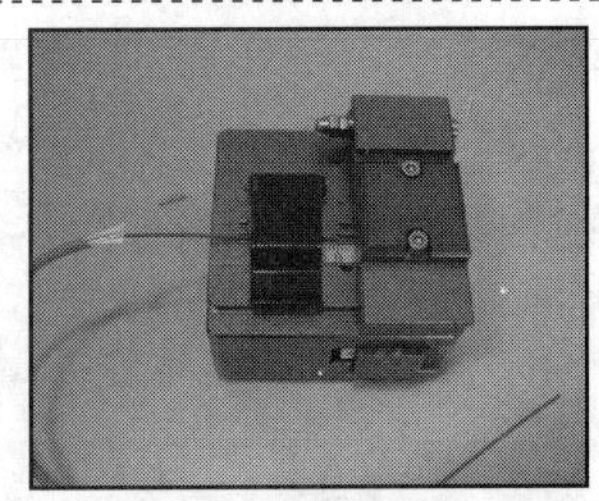

图 8-16 固定光纤

（11）开始端面切割

固定光纤后，可将切割刀底部的切割部件往前推，完成对光纤端面的切割，如图 8-17 所示。

注意：推动模块时要保持切割刀的稳定。

图 8-17 切割光纤

（12）安放光纤

打开熔接机的防护罩，将切割完成的光纤放置在熔接机的 V 型槽内，小心压上光纤压板和光纤夹具，要根据光纤切割长度来设置压板的位置，如图 8-18 所示。

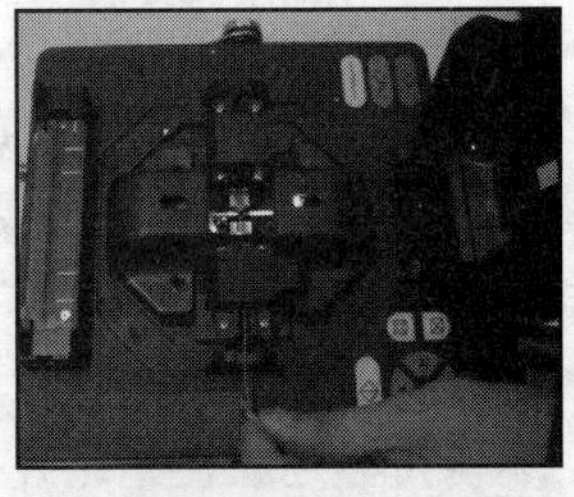

图 8-18 放置光纤

（13）尾纤处理

完成室外光纤的熔接制备后，可对尾纤进行处理，包括剥除外表皮和涂覆层，切割端面等，并将其同样放置在熔接机的 V 型槽内，适当调整位置，压上光纤压板和光纤夹具，如图 8-19 所示。

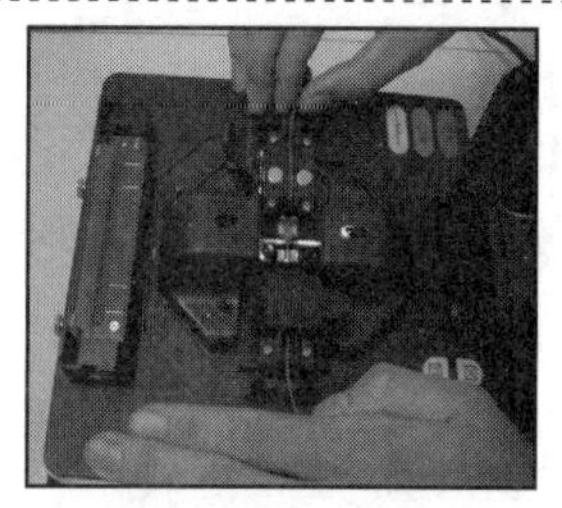

图 8-19 尾纤处理

（14）熔接程序设置

两根光纤都放入 V 型槽后，合上防护罩，并开始设置熔接程序，可使用熔接机上的按钮对熔接程序进行设置，包括单模、多模的选择、熔接时间和熔接强度的选择、自动工作方式和手动工作方式的选择等，如图 8-20 所示。

注意： 工作方式是指采用手动对准光纤方式还是采用自动对准方式。

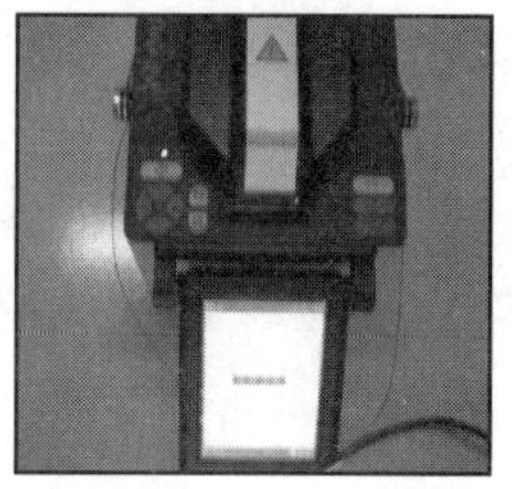

图 8-20 熔接程序设置

（15）开始熔接

选择完熔接程序后，按开始键对光纤进行熔接操作，如选择了自动工作方式，可由熔接机自动对光纤进行精确对芯操作，如图 8-21 所示。

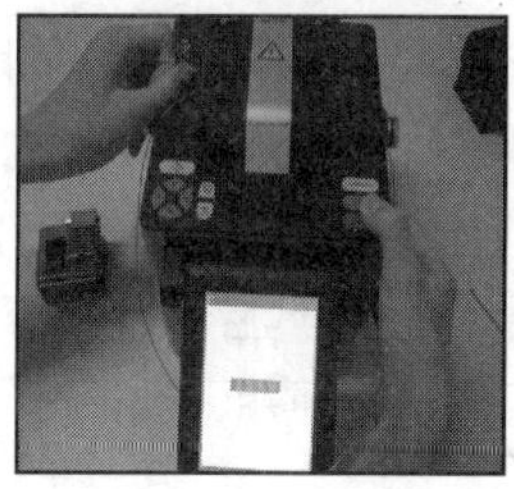

图 8-21 开始熔接操作

（16）精确对芯

在自动工作模式下，熔接机将自动完成对芯操作，如果光纤的端面制备过程中出现较大程度的差错，端面不够平整，将会要求重新进行端面制备。如选择的工作方式为手动，则可通过按钮手动调整光纤的位置，并在屏幕上显示结果，如图 8-22 所示。

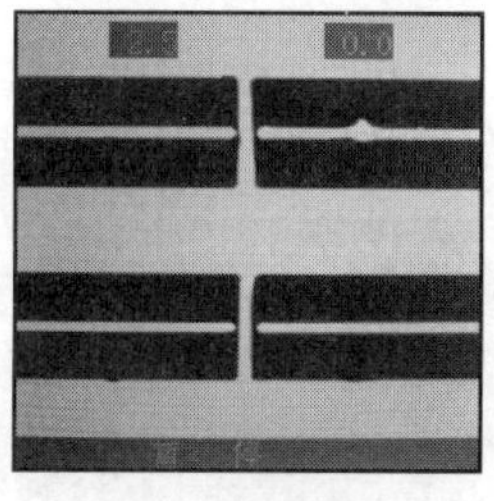

图 8-22 精确对芯操作

（17）开始熔接

精确对芯完成后，就可开始对光纤进行熔接操作，通过熔接机的电极高压放电，将两个光纤的端头连接在一起，完成后将在屏幕上显示熔接的效果和估算的损耗值，如图 8-23 所示。

图 8-23 完成熔接

（18）放置热缩套管

移动热缩套管到两根光纤的连接处，使热缩套管包裹住两根光纤的连接处，如图 8-24 所示。

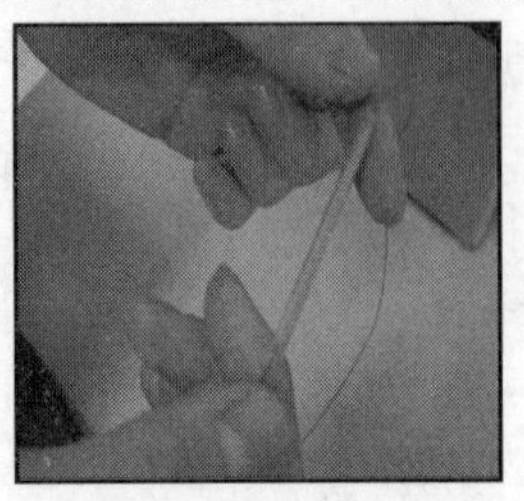

图 8-24　移动热缩套管

（19）准备加热

使热缩套管包裹住两根光纤后，需要对套管进行加热固定处理，将套好光纤的热缩套管放置在加热器中，准备加热，如图 8-25 所示。

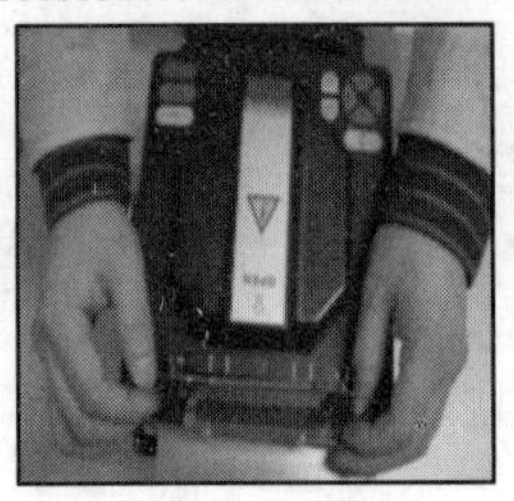

图 8-25　准备加热

（20）开始加热

使用熔接机上的加热按钮对热缩套管进行加热处理，一般只需要 10 s 左右，加热过程中熔接机上会有红灯显示，当红灯熄灭时表明加热完成，完成加热后可将光纤放置在托盘中，使其冷却后在使用，如图 8-26 所示。

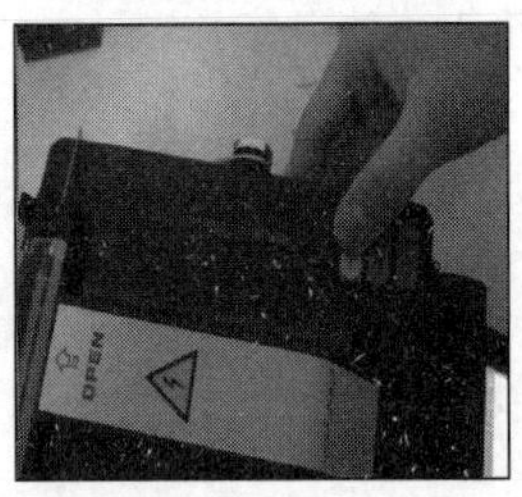

图 8-26　开始加热

（21）光纤收容箱安装

将熔接完成的光纤取出，并安装在光纤收容箱中固定，将尾纤的接头连接到光纤耦合器中，如图 8-27 所示。

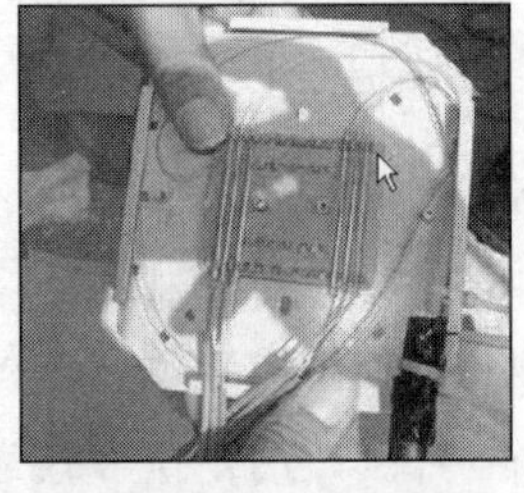

图 8-27　光纤收容箱安装

（22）光纤配线箱

将安装完成的光纤收容箱安装到光纤配线箱中，完成室外光缆的接入，如图 8-28 所示。

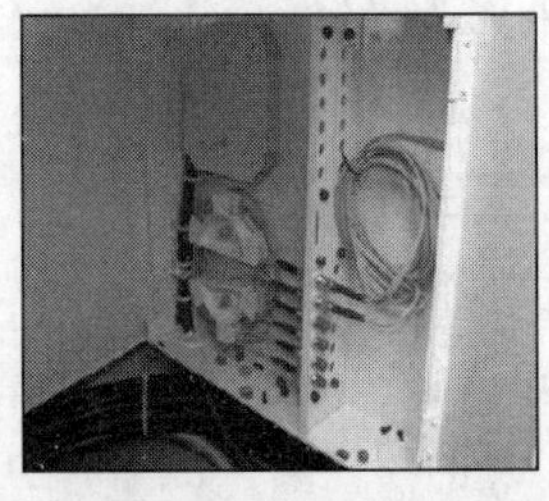

图 8-28　光纤配线箱

光纤熔接过程中由于熔接机的设置不当，熔接机会出现异常情况，对光纤操作时，光纤不洁、切割端面不平整、放置光纤不到位等原因，都会引起熔接的失败。具体情况见表 8-2 所示。

表 8-2　熔接异常信息和不良接续结果

信　　息	原　　因	处理措施
重放光纤	光纤放置位置太前或者光纤放置位置太后，需要重新放置光纤	重新放置光纤到合适的位置，将光纤往前推一些或往后退一些
光纤或镜面不够清洁	光纤表面或者物镜镜头和反光镜上有灰尘，清洁放电时间不够长	清洁物镜镜头和反光镜，并将光纤重新进行剥除、清洁和切割操作
光纤端面不良	光纤端面差、光纤表面有灰尘或脏物、“端面角度”设置过于严格、物镜镜头或反光镜上有灰尘或脏物	检查切割刀状况，如刀片磨损，将其转换角度，将“端面角度”放宽至合适的度数，重新制备光纤，清洁镜头或反光镜
请关好防风罩	当防风罩打开时，不能开始熔接，在熔接过程中，防风罩被打开	关闭防风罩
熔接失败	光纤推进量不足，预放电太强	在参数设置菜单中，加大推进量，减小预放电

8.2　光纤的机械接续步骤

机械接续是光纤拼接技术的另一种方式，所谓机械接续是把两根切割清洗后的光纤通过机械连接部件结合在一起。机械连接部件（如图 8-29 所示）是一个把两根光纤集中在一起并把它们连接在一起的设备，机械接续可以进行调整以便减少连接损耗。

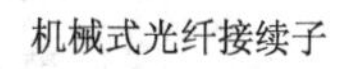

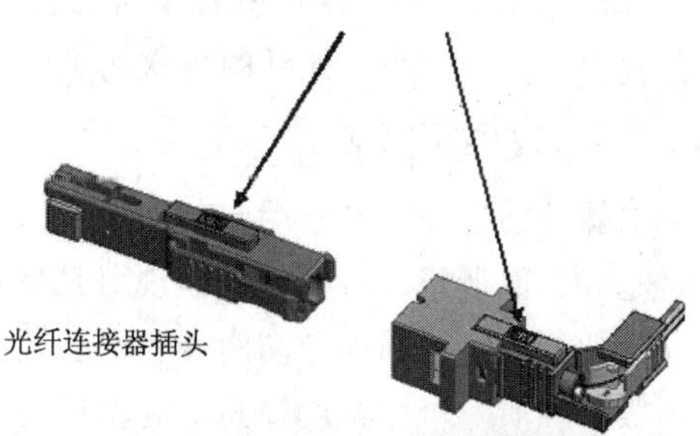

图 8-29　机械接续部件

机械接续的基本操作步骤如下：

（1）在必要的情况下，把机械接续接头插到接续装配工具上。

（2）确认机械接续在一个开放的位置。

（3）将光纤的凝胶清除，并清洗光纤的缓冲层。

（4）使用工具将光纤的缓冲层剥除，其长度由机械接续部件决定，一般为 2～5cm。

（5）使用切割工具对光纤的端面进行切割处理，保证端面平整。

（6）把光纤滑入接续部件内，直到两个光纤在接续部件内相抵为止。

（7）把接续部件进行封装。

（8）从接续工具上拿下接续子。

（9）按照厂商的要求把接续子固定在接续架上。

8.3　光纤熔接过程中应注意的问题

8.3.1　熔接前的准备工作

光纤熔接前，首先要准备好剥线钳、切割刀、熔接机、热缩套管、酒精棉等必要的工具和设备，并查找出需要进行熔接操作的对应光纤；在做好前期准备工作后，按照端面制备，光纤熔接，质量检查 3 个步骤逐一进行。

8.3.2 光纤端面的制备

合格的光纤端面是熔接的必要条件，端面质量好坏将直接影响到熔接质量。光纤端面的制备包括剥除光纤涂覆层、清洁和切割三个环节。

1. 光纤的剥覆

光纤剥覆即剥除光纤涂覆层，操作时要遵循平、稳、快三字原则，掌握其中技巧。

- "平"就是要求手持光纤要保持平整，左手拇指和食指捏紧光纤，使之成水平状，所露长度以 5 cm 为准，余纤在无名指、小拇指之间自然打弯，以增加力度，防止打滑。
- "稳"就是要求剥线钳要握得稳，不允许晃动。
- "快"，要求剥线要快，剥线钳应与光纤垂直，上方向内倾斜一定角度，然后用钳口轻轻卡住光纤，右手随之用力，顺光纤轴向平向外推出去，整个过程要一气呵成，尽量一次剥覆彻底，不能犹豫停滞。

2. 裸纤的清洁

清洁裸纤，首先要观察光纤剥除部分的涂覆层是否全部被剥除，若有残留，应重新剥除。如有极少量不易剥除的涂覆层，可用棉球沾适量酒精，进行擦除。清洁时，将棉花撕成层面平整的扇形小块，沾少许酒精，夹住已剥去涂覆层的光纤，顺光纤轴向擦拭，不能做往复运动。一块棉球使用 2～3 次后就要及时更换，每次要使用棉球的不同部位和层面，这样即可提高棉花利用率，又防止了裸纤的再次污染。

3. 裸纤的切割

裸纤的切割是光纤端面制备中最为关键的环节。在这一环节中，拥有精密、优良的切割刀是基础，而严格、科学的操作规范是保证。

切割刀有手动和电动两种。手动切割刀操作简单，性能可靠，随着操作者水平的提高，切割效率和质量可大幅度提高。电动切割刀切割质量较高，适宜在野外寒冷条件下作业，但操作较复杂，要求裸纤较长。因此，在选择切割刀时，熟练的操作者在常温下进行快速光缆接续或抢险，宜采用手动切割刀；初学者或在野外较寒冷条件下作业时，宜采用电动切割刀。

切割刀选择后，操作人员应按切割操作规范进行操作，掌握动作要领。首先要清洁切割刀和调整切割刀位置，切割刀的摆放要平稳，切割时，动作要自然平稳、不急不缓，避免断纤、斜角、毛刺及裂痕等不良端面的产生，保证切割的质量。同时，要谨防端面污染。热缩套管应在剥除涂覆层前穿入，严禁在端面制备后穿入。在接续中应根据环境，对切割刀 V 形槽、压板、刀刃进行清洁。裸纤的清洁、切割和熔接的时间应紧密衔接，不可间隔过长，特别是已制备好的端面，切勿长时间放在空气中。移动时要轻拿轻放，防止与其他物件擦碰。

8.3.3 熔接机的使用

熔接光纤应根据光缆工程要求，配备蓄电池容量和精密度合适的熔接设备，即熔接机。由于熔接机属高技术、高精密设备，价格高，因此，选购熔接机时要注意选择具有优良的性能、运行稳定、熔接质量高，且配有防尘防风罩、大容量电池等，适宜于各种光缆工程的熔接机。

操作人员应熟悉所使用熔接机的性能特点，熟练掌握操作知识和要领，不能一知半解。熔接前，根据光纤的材料和类型，在熔接机上设置好最佳预熔接电流和时间，以及光纤送入量等关键参数。熔接过程中还应及时清洁熔接机 V 形槽、电极、物镜、熔接室等，随时观察熔接中有无气泡、过细、过粗、虚熔、分离等不良现象，及时采取相应的补救措施。在确保光纤熔接质量无问题后，对热缩套管进行加热，保护熔接点处的光缆。

实训 8　光纤熔接技术

背景描述：

某综合布线工程中室外光缆已引入到室内光纤接线盘处，现要求你使用光纤熔接机将室外光纤和室内光纤接线盘内的尾纤进行熔接连接，实现光纤的接入操作。

实训要求：

熟练掌握光纤熔接机的使用，独立完成光纤熔接操作。

实训内容：

使用光纤熔接机实现室外光缆和尾纤的熔接操作。

实训报告：

1. 本次光纤熔接实训，所使用到的工具有哪些：________、________、________、________。
2. 本次实训，所使用的基本耗材有哪些：________、________、________、________。
3. 简述尾纤的主要作用。
4. 简述热缩套管的作用。
5. 简述光纤熔接操作时存在的安全性问题包括哪些。

习　　题

1. 光纤连接方式，一共有两种，分别是________、________。
2. 光纤的拼接技术又可分为：________、________。
3. 光纤熔接技术是在________的作用下将两根需要熔接的光纤重新融合在一起。
4. 光纤熔接技术的基本操作步骤有哪里？
5. 光纤机械接续连接的基本操作步骤有哪些？
6. 光纤熔接时有哪些基本注意事项？

第9章 综合布线工程测试概述

本章主要介绍了综合布线工程测试的基本分类、各类测试标准和测试标准制定委员会等内容，并对测试仪的生产厂商和各自的验证认证测试仪进行了介绍和说明，此外还介绍了各种测试模型及电气参数。

9.1 综合布线工程测试概述

综合布线工程的竣工验收必须经过严格的测试，是鉴定综合布线工程各建设环节质量的重要手段，其相关的测试结果，测试资料都将被作为验收文档保存。

9.1.1 测试标准的分类

工程检测标准可以分成元件标准、网络标准和测试标准 3 类。元件标准定义电缆/连接器/硬件的性能和级别，例如，ISO/IEC11801 和 ANSI/TIA/EIA 568B-A。网络标准定义了一个网络所需的所有元素的性能，例如，IEEE 802 和 ATM-PHY。测试标准定义了测试的方法，工具以及过程，例如，TSB-67。

电缆系统的标准为电缆和连接硬件提供了最基本的元件标准，使得不同厂家生产的产品具有相同的规格和性能，一方面有利于行业的发展，另一方面使消费者有更多的选择余地并为消费者提供更高的质量保证。而网络标准在电缆系统的基础上提供了最基本的应用标准。测试标准提供了为了确定验收对象是否达到要求所需的测试方法、工具和程序。

9.1.2 测试方法的分类

从工程的角度来说，测试一般可分为两种：验证测试和认证测试。

验证测试是综合布线施工过程中必不可少的环节，验证测试是指施工人员在施工过程中边施工边测试，其目的是解决综合布线过程中电缆的安装问题，杜绝在施工过程随机产生的网络问题。通过此类测试能及时了解施工的工艺水平，及时发现施工过程中出现的各种问题，使其能得到及时的纠正。不至于等到工程完工时才发现问题，导致重新返工，耗费大量的人力和物力。

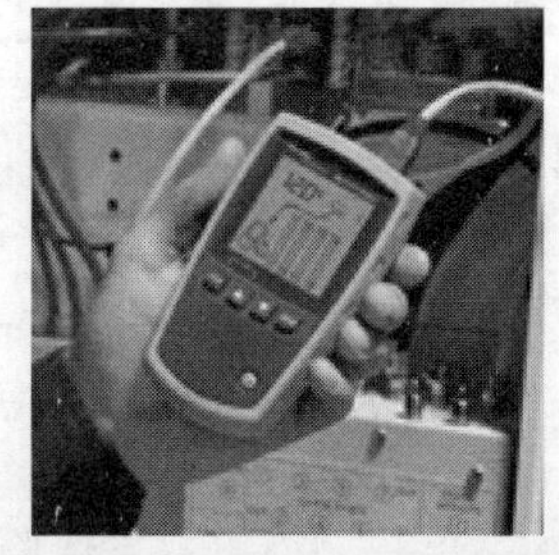

图 9-1　线缆验证测试仪

验证测试一般不需要使用复杂的测试设备，只需要购置能显示正确接线图和电缆长度的测试仪即可，如 Fluke 公司的 MicroScanner^2 高级线缆验证测试仪，如图 9-1 所示。该系列测试仪就是一款非常好的线缆验证测试仪，其功能包括接线图的测试、线缆长度的测量、到故障点的距离、电缆 ID 以及远端设备等多种功能。

认证测试是所有测试环节中最为重要的一项内容，也是最为全面和细致的一项测试，也可称为竣工测试。

所谓认证测试是指电缆除了连接正确外，还需要满足相关的标准，即相应电缆的电气特性（如衰减，近端串扰，回波损耗等）是否达到有关规定所要求的标准。

对于网络用户、布线企业和网络安装公司而言，都应该进行线缆的认证测试，并提供可被认证的测试报告。然而要进行认证测试就必须购置线缆认证测试仪，例如 IDEAL 公司的 LANTEK 系列认证测试仪和 FLUKE 公司的 DTX 系列认证测试仪，如图 9-2 所示。此类测试仪不同于上述的验证测试仪，其功能更加强大，技术更加先进，为用户提供了更多人性化的服务，都会提供全中文的操作界面，采用液晶屏显示，其测试线缆的速度也非常迅速，一般只需要几十秒，就能完成一种线缆的测试工作，并且能为用户提供权威的测试报告。

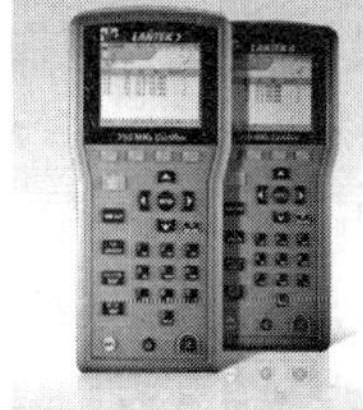
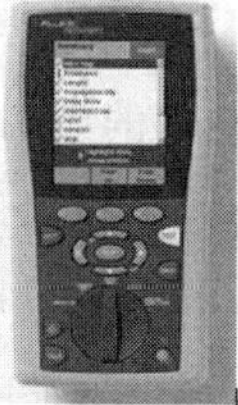

图 9-2　各类认证测试仪

认证测试一般可分为两种类型：自我认证测试和第三方认证测试；自我认证测试是指由施工方自己组织测试，一般都会要求对工程内的每一条链路进行测试，从而保证每一条链路都符合标准的要求。第三方认证测试是指在进行了施工方自我认证测试后，委托第三方对系统进行验证测试，以确保布线施工的质量。

9.1.3　测试标准介绍

1. EIA/TIA-568-C

2008 年 8 月 29 日，在 TIA（电信工业协会）的临时会议上，TR-42.1 商业建筑布线小组委员会同意发布 TIA-568-C.0 以及 TIA-568-C.1 标准文件，在 TR-42 委员会的十月全体会议上，这两个标准最终被批准出版。

该标准共包括五个组成部分，分别是：

（1）TIA-568-C.0-2009 用户建筑物通用布线标准。

（2）TIA-568-C.1-2009 商业楼宇电信布线标准。

（3）TIA-568-C.2-2009 布线标准 第二部分：平衡双绞线电信布线和连接硬件标准。

（4）TIA-568-C.3-2008 光纤布线和连接硬件标准。

（5）TIA-568-C.4-2011 宽带同轴电缆及其组件标准。

目前 TIA-568-D 版标准也在陆续颁布，目前已经颁布的包括 TIA-568.0-D、TIA-568.1-D、TIA-568.3-D，标准对综合布线工程中所能遇到的各种情况都进行了解释和说明，例如，在 TIA-568.3-D 中就对光纤的连接器，连接方式，构建转接线等内容都进行了具体的要求说明和检测说明。

此外 TIA 还更新了 TIA-1152-A 标准，该标准主要关注的是测试仪器的要求，该标准是在 2016 年 10 月公布的，目前一些小的细节还在修订进行中，标准中增加了 Cat 8.1 和 Cat 8.2 布线的测试仪器要求，该标准将作为测试的基本指南，后续还会新增文件来进行扩展测试内容介绍，在进行 Cat 8 类线缆测试中新增加了三个指标，分别是直流电阻不平衡、输入的差分电压与其返回的共模电压之比 TCL、差分信号和同一线对另一端共模电压的比值 ELTCTL。

2. ISO/IEC11801

目前第三版的 ISO/IEC11801 规范（Edition 3）预计将于 2017 年正式发布执行，该版本将对整个标准进行较大的修订，将原有的标准划分成了六个部分，分别规定了不同的内容，具体内容如下：

（1）11801-1 铜缆双绞线和光纤布线的一般布线要求。

（2）11801-2 办公场所。

（3）11801-3 工业场所，代替旧的 ISO/IEC 24702。主要针对工业建筑的布线，用于过程控制、自动化和监测。

（4）11801-4 住宅，代替旧的 ISO/IEC 15018。主要针对住宅建筑的布线，包括用于 CATV/SATV 应用的 1.2GHz。

（5）11801-5 数据中心，代替旧的 ISO/IEC 24764。用于规划数据中心使用的高性能网络布线。

（6）11801-6 分布式构建服务，针对分布式园区网络布线，涵盖楼宇自动化和其他服务。

3. 国家标准

与国际标准的发展相适应，我国的布线标准也在不断地发展和健全。综合布线系统作为一种新的技术和产品在我国得到广泛应用，我国有关行业和部门一直在不断消化和吸收国际标准，制定出符合中国国情的布线标准。这项工作从 1993 年开始着手进行，从未中断。我国的布线标准有两大类：第一类是属于布线产品的标准，主要针对线缆和接插件提出要求，属于行业的推荐性标准；第二类是属于布线系统工程验收的标准，主要体现在工程的设计和验收两个方面。目前最新的标准是 2016 年 8 月 26 日发布了《综合布线系统工程设计规范》，编号 GB50311—2016 和《综合布线系统工程验收规范》，编号 GB50312—2016。

《综合布线系统工程设计规范》GB50311—2016 共分为 9 章和 3 个附录，主要技术内容包括：总则、术语和缩略语、系统设计、光纤到用户单元通信设施、系统配置设计、性能指标、安装工艺要求、电气防护及接地、防火等。

《综合布线系统工程验收规范》GB50312—2016 共分为 10 章，3 个附录，主要技术内容包括总则、缩略语、环境检查、器材及测试仪表工具检查、设备安装检验、缆线的敷设和保护方式检验、缆线终接、工程电气测试、管理系统验收、工程验收等。

9.1.4 测试标准制定委员会简介

对于布线标准，国际上主要有两大标准制定委员会，分别是 TIA（美国通信工业委员会）和 ISO（国际标准化组织）。TIA 制定美洲的标准，使用范围主要是美国和加拿大，并对国际标准起着举足轻重的作用。而我国的线缆来源主要是美国，所以我国也多数使用 TIA 标准。ISO 是全球性的国家标准机构的联盟组织，国际标准的制定工作通常由 ISO 技术委员会（TC）进行。此外还有 ANSI（美国国家标准委员会）、EIA（电子工业联盟）、IEEE（电气和电子工程师协会）等。以下就来简单介绍一下这些标准制定委员会的情况：

（1）ISO（国际标准化组织）。

ISO（国际标准化组织）是由国家规范主体组成的国际化组织，总部位于瑞士的日内瓦。ISO 的规范主体包括了全世界范围内超过 130 个国家。美国在 ISO 的代表组织是美国国家标准化协会（ANSI）。ISO 成立于 1947 年，是一个非政府组织，致力于促进智力、科学、技术和经济活动的标准化。

（2）ANSI（美国国家标准委员会）。

1981 年，5 个工程社团和 3 个美国政府机构共同创建了美国国家标准化协会（ANSI），这是一个由会员维持、私有的、非营利性的会员组织。ANSI 是宗旨是促进自愿遵循标准和方法。ANSI 的会员包括大约 1400 个美国或国际的私人公司和政府组织。ANSI 是 ISO 管理委员会的 5 个常任理事之一，也是 ISO 科技管理部的 4 个常委之一。ANSI 协调电子工业联盟（EIA）和通信工业协会（TIA），开发了 ANSI/EIA/TIA 568，这是美国的布线规范。

（3）TIA（通信工业协会）。

TIA（通信工业协会）是一个由 1 100 多个会员组成的贸易组织，这些会员是在全世界范围提供服务、材料和产品的通信公司和电子公司。事实上，TIA 会员生产并销售了当今世界上所有的通信产品。TIA 的宗旨是在与标准、公共策略和市场发展相关的问题上代表它的会员。TIA 帮助开发了 ANSI/EIA/TIA 568 商业建筑通信布线标准。

（4）EIA（电子工业联盟）。

EIA（电子工业联盟）成立于 1924 年，最初的名称是“无线电厂商协会”。从那时起，EIA 发展成为代表美国及海外广泛电子生产商的组织，这些厂商生产的产品涵盖广大的市场。EIA 根据特定产品线和市场线设置部门，从而让每个 EIA 部门负责特定的方面。这些部门包括器件、消费电子、电子信息、工业电子、政府和通信。EIA 是 ANSI/EIA/TIA 568 商业建筑通信布线标准的幕后推动者。

（5）IEEE（电气和电子工程师协会）。

IEEE（电气和电子工程师协会）是个国际型的非营利性协会，由 150 多个国家的 330000 多个成员组成。IEEE 成立于 1963 年，由美国电子工程师协会（AIEE）与无线电工程师协会（IRE）合并而成。IEEE 发布了当今世界上电子工程、计算机和控制技术文献的 30%，还负责开发了超过 800 种的现行规范，正在开发的规范则更多。

9.2　验证和认证测试仪简介

目前综合布线工程中的竣工验收环节，已经越来越被用户关注和重视，只有通过测试，并符合相应标准的工程才能被认可。而相关测试仪器的使用也被普遍推崇，目前测试仪器的生产厂商主要有两家，分别是福禄克、理想。两家厂商的主页分别如图 9-3，图 9-4 所示。以下我们也主要以这两家厂商的产品作为主流介绍对象。

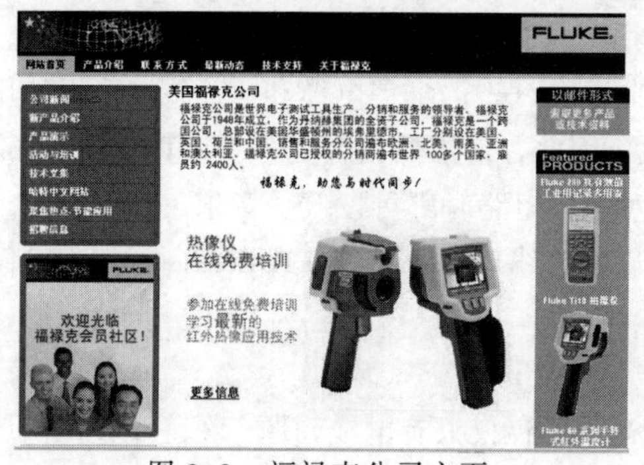

图 9-3　福禄克公司主页

图 9-4　理想公司主页

9.2.1 福禄克（Fluke）公司

美国的福禄克（Fluke）公司 FLUKE 由约翰·福禄克（John Fluke）先生创立于1948年，是制造和销售专业电子测试仪器的跨国公司。福禄克公司以其紧凑精密型专业电子测试仪器而著称于世。福禄克公司总部设置在美国华盛顿州的埃弗里特市，公司在美国和荷兰设有研究开发及生产制造中心，在国内也成立了5个办事处，分别在北京、上海、广州、成都和西安。

多年以来，福禄克公司的产品为全球众多从事于各行各业的工程师、维修和维护的技术人员提供各种类型的测试仪器，其覆盖领域涉及电子、计算机网络、石油化工、航空航天、食品制药、电力以及供电供水等各个行业。福禄克公司的电子测试仪已经成为世界上电子测试仪器的著名品牌。以下主要介绍几款 Fluke 公司的验证、认证和网络分析仪。

（1）MicroScanner II 多功能电缆测试仪

MicroScannerⅡ电缆检测仪（见图9-5）创新地改进了音频、数据和视频电缆测试。它首先从四种测试模式中获取结果，并在一个屏幕上显示具体内容（包括图形化布线图、线对长度、到故障点的距离、电缆ID以及远端设备）。而且，它的集成 RJ11、RJ45 和同轴电缆测试端口几乎支持任何类型的低压电缆测试，而不需要更换笨拙的适配器。最终结果就是减少了测试时间和技术错误，从而可以实现比以前更加有效的高质量安装。其特点如下：

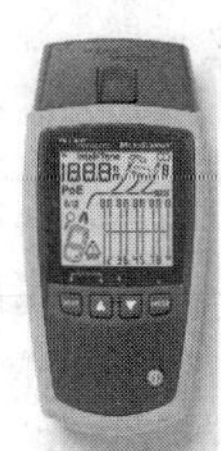
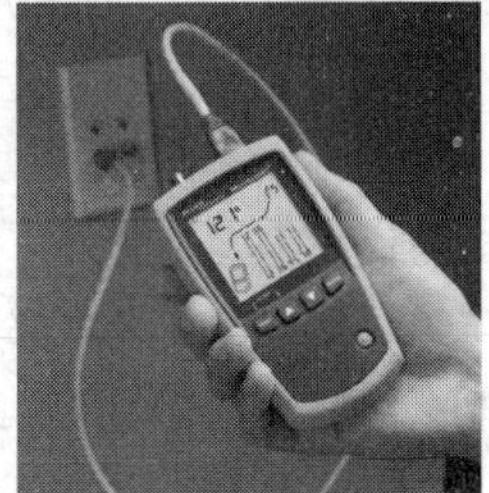

图9-5 电缆检测仪

- 创新的界面

以前的电缆检验测试仪要求用户必须在四种不同操作模式之间切换才能看到所有测试结果。这不仅降低了测试过程的速度，而且还导致了较高的用户错误率。MicroScannerⅡ通过在一个屏幕上显示布线图、线对长度、到故障点的距离、电缆 ID 以及远端设备等主要测试结果，很好地解决了这一问题。而且，它具有一个超大的背光 LCD 屏幕，能够图形化显示布线图结果，从而给用户带来了前所未有的舒适性和清晰度。

- IntelliTone 音频技术

MicroScannerⅡ具有内置的 IntelliTone 数字和模拟音频技术，不管工作环境如何，它都可以精确地定位几乎任何电缆或线对。使用数字模式可以定位线束中、交换机、配线板或墙壁插座中的高级数据电缆（Cat 5e/6/6a）。数据模式非常适合用于高数据、RF 或电磁干扰的环境。与 IntelliTone 200 Pro 探头配合使用时，它还可以用于从测试仪端或探头端检验电缆布线图。

对于音频级电缆（3 类和 3 类以下）以及同轴电缆、安全/报警电缆和业务线，可以使用模拟模式。这些电缆针对较低频率传输进行了优化。因此，使用低频音更容易将其区分开来。MicroScannerⅡ的智能模拟音频技术在每次被测线对一起短路时都可以改变音乐，从而消除了安装期间线对定位的盲目性。这样，技术人员就可以在将线对插入插座前或在诊断音频传输问题时对它们进行准确判别。

- VDV 服务检测

音频、数据和视频技术人员有很多问题需要处理，不仅仅只有电缆问题。在确定连接问题的原因之前，他们必须先排除可能存在电缆和服务问题的主机。MicroScannerⅡ可以确认这些问题，它向技术人员提供了一个强大的可视化屏幕，从而让他们可以检验目前常见的大多数音频、数据和视频服务。检测 POTS 电压是否存在，并检验极性。检验供电的 10/100/1000 以太网交换机是否位于远端。或者，确认 PoE 电压和线对是否正确。

- 多介质支持

MicroScannerⅡ内置对 RJ-11、RJ-45 和同轴电缆支持，从而让那些笨拙的适配器成为过去。主设备和远端识别器都可以立即用于测试电话插座、以太网插座和 CATV 出口。仅仅多一种方法，MicroScannerⅡ即简化了电缆检验。

（2）CableIQ™ 铜缆验证测试仪

CableIQ™该测试仪是第一台为网络激素和人员设计的验证测试工具，可用于排除连通性故障，验证布线带宽。可以检测所连接交换机和PC 的速度和双工设置。智能布线诊断图以图形化的方式显示故障距离。测试仪使用简单，功能却很强大，可以快速解决布线过程中的相关连通性问题，设备如图 9-6 所示。

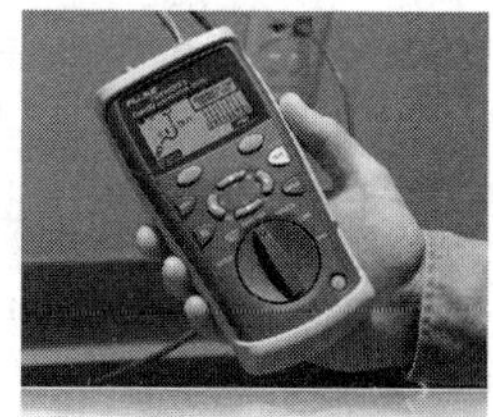

图 9-6　CableIQ™铜缆验证测试仪

其特点如下：

- 可以评估网络容量以确定对 VoIP、数据和视频的支持。
- 可以在实时网络上运行，以便提供以太网交换机检测和设备配置。
- 先进的故障诊断，包括插入损耗、串扰、噪声问题等。
- 核心故障诊断功能，包括长度、到故障点的距离、图形化接线图、开路、短路、以太网供电（POE）检测。
- 可以测试所有的铜缆布线介质，包括双绞线，同轴电缆和音频线缆等。
- 包括数字音频技术可定位和跟踪线缆

（3）DSX CableAnalyzer™ 系列认证测试仪。

DSX CableAnalyzer™系列是 Versiv™ 布线认证产品系列中的铜缆认证解决方案。DSX 系列包括 DSX-8000 和 DSX-5000，其中前者可以认证高达 Cat 8/2GHz 的布线，后者可以认证高达 Cat6A/Class FA/1GHz 的布线。该方案支持对高达 40 千兆以太网部署的双绞线布线进行测试和认证，并且可以应对任何布线系统，无论是 Cat 5e、6、6A、8 还是 FA 和 I/II 级。设备如图 9-7 所示。

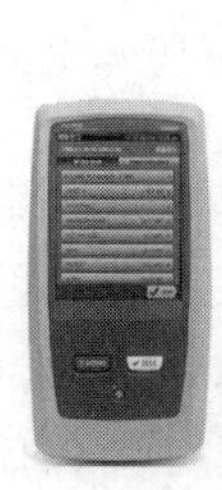

图 9-7　DSX CableAnalyzer™认证测试仪

DSX CableAnalyzer™提议提供准确，完全无误的认证结果。DSX 可对铜缆布线进行认证，符合包括 Level VI/2G 精度要求在内的所有标准，使工作更加容易管理，且能够提高系统验收速度。它并不是仅为专业技师和项目经理而设计的。各种技能水平的人员均可用其来改善设置、操作、测试报告的过程并同时管理多个项目。

其特点如下：

- VersivTM 的模块化设计支持铜缆认证、光纤损耗认证、OTDR 测试以及光纤端面检查。
- 无与伦比的速度，支持 Cat 6A、8、FA I/II 级和所有现行标准。
- 用户界面可简化设定过程并消除其间可能出现的错误。
- 分析测试结果并使用 LinkWare™ 管理软件创建专业的测试报告。
- 以图形方式显示故障源，包括串扰、回波损耗和屏蔽层的故障，以便更快进行故障排除。
- 认证精度高，符合 TIA Level 2G，并获得了世界范围内布线供应商的认可。
- 内置外部串扰 (AxTalk) 测试功能。
- 兼容 Linkware™ Live。Linkware Live 可轻松地跟踪工作进展、实时访问测试结果以在现场快速修复问题，并可方便地将测试结果从测试仪传输和整合到电脑中。

（4）Fiber Inspector Pro 光纤视频显微镜。

Fiber Inspector Pro 是一款便携式、双放大倍数视频显微认镜，可检查各类网络设备和配线架中光纤接口的端面。它能够清晰地显示微小碎片和端面损坏情况，如图 9-8 所示。

（5）Fiber OneShot pro 光纤故障定位仪。

Fiber OneShot pro 光纤故障定位仪能在不到 5 秒内定位长达 15 英里（23 000 米以上）内单模光纤严重的弯曲、高损耗接头、断路及变脏的连接器等问题，非常适合于大型运营商网络、MSO、城市、农村地区、地区运营商及校园环境的应用，如图 9-8 所示。测试仪的产品功能主要有以下几项：

- 可分析长达 15 英里（超过 23 000 米）的光纤链路。
- 可在 5 秒内分析光纤链路，平均工作时间减少多达 30%。
- 定位高损耗事件，取消使用试错法，查找单模光纤上的最常见故障。

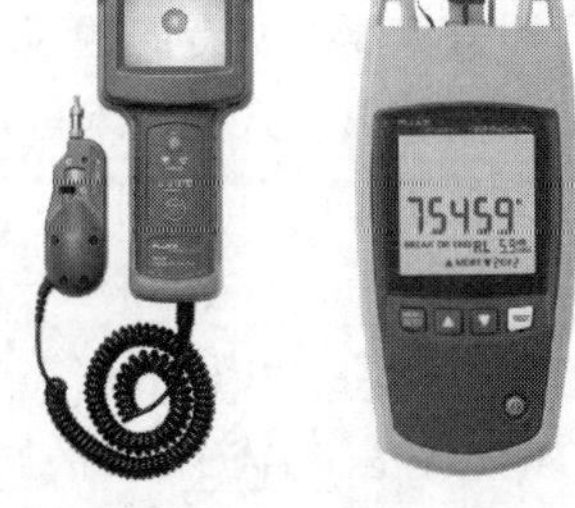

图 9-8 Fiber Inspector Pro 和 Fiber OneShot pro 测试仪

- 定位反射事件，允许用户分析信道。
- 定位光纤断裂情况，允许用户快速隔离断裂和故障，无须解释复杂图形。
- 定位多个事件/故障，允许用户“查看”信道中的所有事件。

（6）FI-7000 FiberInspector™ Pro 光纤显微摄像机。

光纤连接器端面污染是光纤故障的主要原因。灰尘和污染物可以引起插入损耗和反射，抑制光传输并引起收发器损坏。光纤损耗测试和 OTDR 测试能够发现此问题，但是在许多情况下，连接部分的灰尘会导致光纤测试既耗费时间又不准确。在光纤认证测试的前期、中期和后期，灰尘会由一个光纤连接器端面转移至另一个端面，这会造成问题，所以任何连接部分的两个端面都必须保持干净并时刻对其进行检查。此外，由于在实际接触的端接面之间会产生微小碎片，因此连接脏污的光纤连接器可能引起端面永久性损坏。对于出厂时端接的跳线或尾纤，也必须进行检查，因为保护性端盖并不能保证光纤连接器端面清洁。要避免这类常见故障的发生，在插入插座或设备之前应首先检查光纤连接器端面并去除任何污染物。

FI-7000 FiberInspector™ Pro 是一款光纤检查范围工具，通过此工具可在 1 秒内对光纤连接器端面进行检查和确认，使首次即可完成工作，如图 9-9 所示。

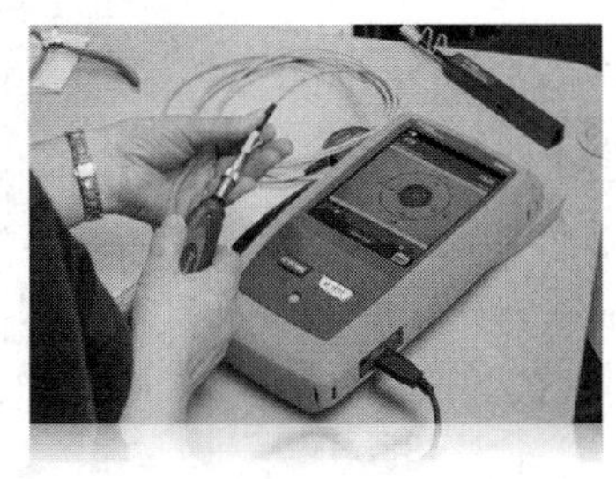

图 9-9　FI-7000 FiberInspector™ Pro 光纤显微摄像机

（7）OptiFiber® Pro OTDR 光纤认证分析仪（T2、二级认证）。

OptiFiber® Pro OTDR 是业内第一款数据中心光纤分析仪，这款光纤排障和认证工具不仅操作简单而且可以提高测试效率和改进网络可靠性。设备具有业内唯一的智能电话接口，设备进行自动化测试并对一次测试中的两条光纤进行同时分析，可自动对两条光纤进行通过/失败分析、显示和报告。不仅可以将测试时间减半，还能够在无须将 OTDT 设备移至远端的情况下进行双向测试，设备如图 9-10 所示。

图 9-10　OptiFiber® Pro OTDR 光纤认证分析仪

其特点如下：

- 首创智能手机界面的 OTDR。
- 以最快速的设定和追踪时间加速光纤验证。
- 可在单次测试中对两条光纤进行测试，从而无须到连接的远端执行测试。
- 提供即时双向平均结果，并使用视图化简化使用方式。
- 可通过项目方式和用户的自定义配置方式提高资源利用率。

（8）LinkRunner 链路通。

专门为一线技术人员设计的链路通（Link Runner）可以快速识别问题是出在网络上还是网卡上，从而提高了故障诊断的准确度。链路通运行必要的网络测试，对物理层和链路层进行故障诊断，而 80%以上的站点连通问题都出现在这两层。具体功能包括确定网络接口是否开通，电缆是否存在故障，电缆走向以及能否 PING 通其他的网络资源，设备如图 9-11 所示。

（9）AirCheck 无线一点通测试仪。

AirCheck 无线一点通测试仪综合了所有 Wi-Fi 技术，能够执行干扰检测、通道扫描和连接测试。它可以快速解决大多数 Wi-Fi 难题，可以让网络专业人士快速地验证和诊断 802.11 a/b/g/n 网络，设备如图 9-11 所示。

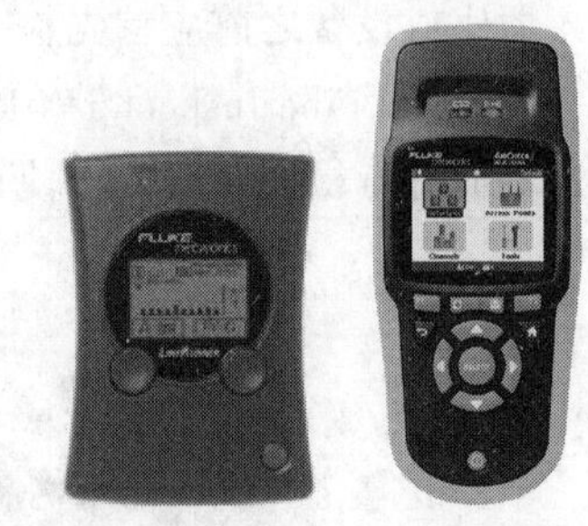

图 9-11 LinkRunner 链路通和 AirCheck 无线一点通测试仪

AirCheck 无线一点通测试仪采用直观的设计，任何人都可轻松快速地掌握它的用法。即时开机和简化的测试让用户在数秒内即可获得答案，因此可以更快地解决故障，让技术人员和用户的工作效率更高。使用 AirCheck Manager 软件可轻松管理测试结果，并生成即时报告文件。该测试仪的产品功能主要有以下几项：

- 按信道查看无线网络使用率，并快速确定是 802.11 流量还是非 802.11 干扰。
- 强大而深入的 WLAN 连接测试，从侦听到 DHCP 请求响应测试。
- 快速识别并定位经过授权的无线接入点或恶意的无线接入点。
- 完全记录故障处理过程，快速解决故障单或上报问题。

（10）OptiView™ XG 平板式手持网络分析仪。

OptiView™ XG 是专为网络工程师设计的首款平板式手持分析仪。它会自动分析网络问题与应用问题的根源，使用户花更少的时间排除故障，将更多的时间用于其他工作。该分析仪可支持新技术的部署，其中包括：统一通信、虚拟化、无线技术与 10 Gbit/s 以太网。

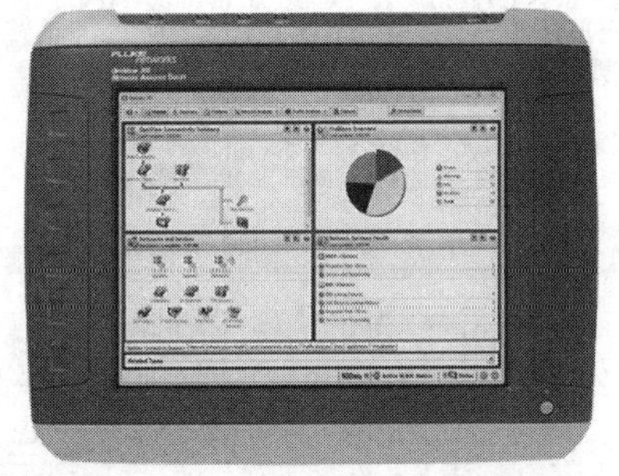

图 9-12 OptiView™ XG 平板式手持网络分析仪

OptiView™ XG 平板式手持分析仪外形独特，为连接、分析和解决网络中任何位置（工作台、数据中心或最终用户位置）出现的问题提供移动性。对于超出传统 LAN/WAN 交换与路由功能而综合了物理设备、无线网络、虚拟网络及专有网络的真正网络结构，该分析仪可分析其中的大部分设备，如图 9-12 所示。该测试仪的产品功能主要有以下几项：

- 该分析仪集成了最新的有线与无线技术，以独特外形提供强大的专用硬件，为连接、分析和解决网络中任何位置出现的网络和应用问题提供移动性。
- 利用个性化显示面板，按需要准确显示网络。
- 提供高达 10 Gbit/s 的“在线”与“无线”吞吐量自动分析。
- 解决难以处理的应用问题时，确保数据包捕获线速高达 10 Gbit/s。
- 利用路径与基础设施分析功能，识别准确的应用路径，以便快速解决应用性能问题。
- 通过采集粒度数据，而非通过监测系统采集的聚合数据，查看间歇性问题。
- 在问题出现之前，通过分析所需信息，进行主动分析。
- 执行以应用程序为中心的分析，提供网络应用的高级视图和轻松深入查看功能。
- 测量 VMware®环境的性能，包括管理程序可用性、接口利用率以及资源使用水平。

- 自动检测网络问题，建议解决流程。
- 实时发现引擎，可跟踪多达 30 000 个设备和接入点。
- 利用获奖的 AirMagnet WiFi Analyzer、Spectrum XT、Survey and Planning 工具，能够分析 WLAN 环境。
- 仪表定义报告与个性化报告技术数据表。

9.2.2　理想公司

美国理想工业公司(IDEAL INDUSTRIES INC.)由创始人 Walter Becker 先生于 1916 年，在芝加哥创立。物超所值，注重服务是 IDEAL 的一贯经营理念，此理念始终贯穿于企业运营的 90 年间。IDEAL 的总部位于美国伊利诺伊州欣克摩尔市。IDEAL 生产超过 6500 种成熟可靠的高性能电子产品，其中一些产品因功能独特已成为了专业的代名词。IDEAL 产品主要种类包括：数据通信测试产品、电气测试与测量仪表、导线连接器、线缆安装和管理产品、工具和工具包以及 OEM 业务。它们已成为专业人士手中不可或缺的工具和仪器，并已巩固了 IDEAL 作为世界领先而且值得信赖的电子产品制造商的地位。2004 年，IDEAL 成功收购英国 Trend Communications 通信测试公司。IDEAL 现可提供局域网，接入网和广域网通信测试仪表。

IDEAL 的制造厂遍及美国、加拿大、英国、南美和亚太地区。并在英国、德国、澳大利亚、中国和巴西设立了分公司和办事机构，分布于世界各地的数百家经销商和零售商随时为客户提供快捷而准确的服务。

2003 年 3 月，IDEAL 正式在中国北京设立了办事处；6 月，在北京成立了国际服务中心(International Service Center)，使用户能够得到更加及时和周到的服务，于同年，在深圳设立了线缆连接产品的制造工厂，年产量达 10 亿只。2004 年，IDEAL 在上海和香港设立了分支机构。随着业务的拓展，IDEAL 将陆续在广州、成都、西安等地设立办事机构或制造厂，以便为广大的中国用户提供最优势的产品和服务。以下几款 IDEAL 的验证和认证测试设备：

(1) SIGNALTEK-FO 线缆/光纤性能测试仪。

该设备可进行光纤与铜缆千兆性能测试(按 IEEE 802.3 标准，对光纤与铜缆链路进行测试)、多媒体千兆性能测试(测试 VoIP、视频、网页浏览等业务在光纤上的应用)、误码率 BERT 及光衰减测试(对光链路进行比特错误率测试，并测量光功率衰减值)、双波长测量(支持使用 850 nm 和 1 300 nm 波长的所有局域网光链路测试应用)、使用小型可插拔光模块(小巧、现场可更换)、可存储数千条测试报告(使用内存或 U 盘存储测试报告以供打印)，如图 9-13 所示。

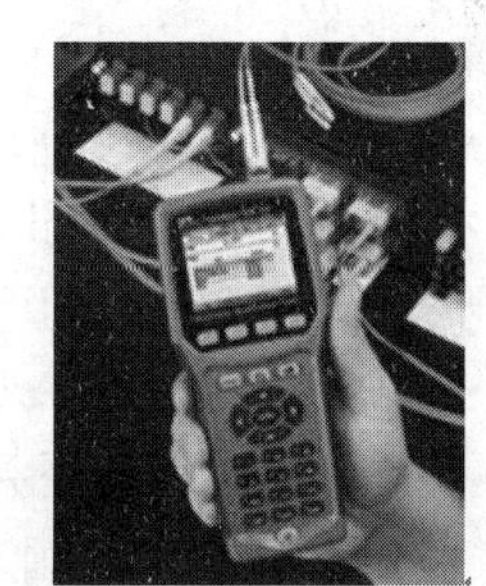

图 9-13　SIGNALTEK-FO

(2) LANTEK 系列线缆认证测试仪。

LANTEK 系列线缆认证测试仪是美国理想工业公司推出的全中文操作界面的局域网线缆认证测试设备。LANTEK 系列测试仪，采用多项专利技术，其先进的链路适配器及嵌入式安装方式，有效降低了购买、使用、维护及管理的费用，并构成稳定、牢固的测试平台。用户只需通过标准跳线将测试仪与被测链路相连，即可完成标准规定的所有测试模型的测试，无须改变适配器。适配器不外露，因此了减少了受损的可能，使维护成本大为降低。测试仪如图 9-14 所示。

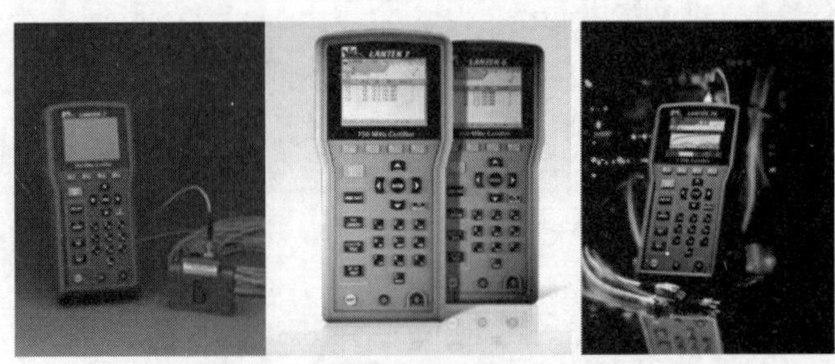

图 9-14 LANTEK 系列线缆认证测试仪

该系列中的 LANTEK 6 系列测试仪，其带宽可达 350 MHz，完全符合 6 类/ISO E 级布线测试要求，执行完整的 6 类/ISO E 级自动测试，只需 21 s。LANTEK 7G 系列认证测试仪其测试带宽更可达到 1GHz，从而满足并超过超 6 类及 ISO F 级标准。同时两种系列的测试仪均可向下兼容 3、5、5e 各类布线测试。该系列测试的特点包括以下几项：

- 全中文操作界面及在线帮助。
- 主机采用业界最明亮的 4 英寸彩色 VCA 液晶显示器,远端机提供双行黑白液晶屏幕。
- 可直接以图形方式直观地显示测试结果,存储 500 条 6 类图形测试结果。
- 支持双通道测试,跳线可以任意的弯曲，不影响测试结果 。
- 应用专利技术,只需一套适配器即可完成信道、链路测试及现场校准,有效降低用户投资 。
- LANTEK6 测试带宽达 350 MHz，超过 6 类/ISO E 级标准。
- LANTEK7 测试带宽达 750 MHz，超过 7 类/ISO F 级标准草案信道与链路测试全部通过 ETL 四级精度认证。
- LANTEK7G 测试带宽达 1 GMHz，超过 7 类/ISO F 级标准草案信道与链路测试全部通过 ETL 四级精度认证。
- 6 类/E 级自动测试只需 21 s，7 类/F 级自动测试只需 35 s。
- 嵌入式 TDR 功能，实现铜缆与光纤故障定位。
- 配合 IDEAL 首创的光纤选件可显示光纤链路中事件的距离与规模。
- 提供 RS232 及 USB 接口，实现上载测试结果及固件升级。
- 两个全功能 PCMCIA 插槽，可插接小型闪存卡并可用于将来的功能扩展。

（3）LANTEK II 系列线缆认证测试仪。

LANTEK II 是美国理想新近推出的第二代线缆认证测试仪，高速、高性价比，9 s 完成 5e 类认证测试，14 s 完成 6 类认证测试，10 Gb 线外串扰测试速度较同类仪表快 4 倍。采用专利技术,不再使用特殊永久链路适配器,只用普通标准跳线即可完成绝大多数布线工程测试任务,最大限度地节约了时间与成本。

LANTEK II 350、LANTEK II 500、LANTEK II 1000 分别以其最高测试带宽命名。LANTEK II 350 线缆认证测试仪可认证 6 类及以下级别铜缆；LANTEK II 500 线缆认证测试仪专为 6A 类铜缆设计，同时向下兼容所有类别铜缆认证测试；LANTEK II 1000 是世界上能满足 1 000 MHz 测试带宽的最快认证测试仪表,超过 7 类(F 级)600 MHz 测试要求,达到 7A 类(FA 级)1 000 MHz 认证标准，并满足有线电视、数据、语音共享系统的测试要求，如图 9-15 所示。

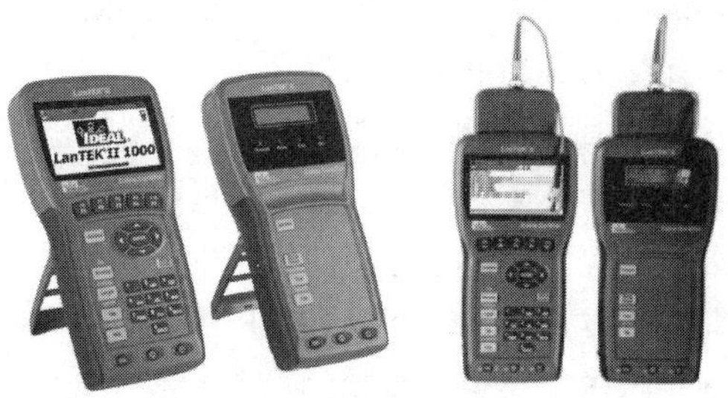

图 9-15　LANTEK II 系列线缆认证测试仪

如同上一代产品一样，LANTEK II 线缆认证测试仪仍然采用专利测试技术只使用一个通用测试适配器实现通道和永久链路的测量。用户不再需要为更换昂贵的专用测试线付出额外费用。测试仪继续提供专利的双模式测试功能，只按一次 AutoTest 键，就可得到两种不同测试模型或评判标准的测试结果，实现对已安装系统进行前瞻性应用带宽裕量评估，而又不增加测试时间与成本。配合 FiberTEK FDX 可在单根光纤上实现“双向双波长”认证测试，测试速度 3 倍于现有仪表。此外该款测试仪的另一个特点是与其配套使用的 DataCENTER 分析和报告管理软件（简称：IDC），IDC 以表格和图形方式显示所有测试参数，使用户快速深入地分析数据，其图形界面可根据用户要求自行定义，改变频率范围、分贝标尺、显示项目及详细数据。该系列测试的特点包括以下几项：

- 全中文，内置 GB50312-2007 综合布线测试标准。
- 认证 6 类（E 级）到 7A 类（FA 级）线缆并向下兼容。
- 350 MHz 与 500 MHz 型号均可升级至 1 000 MHz 测试带宽。
- 单一适配器完成“信道”“永久链路”“跳线”测试，最大限度减少用户投资。
- 使用 FiberTEK FDX 适配器，在单根光纤上实现“双向双波长”认证测试。
- 采用 4.3 宽屏 480×272 像素、彩色液晶显示器，有效显示面积 95×54 mm。
- 9 s 完成 5e 类认证测试，13 s 完成 6 类认证测试，15 s 完成“双向双波长”光纤认证测试。
- 仪表内存能存储 1 700 条带图形数据的 6 类线缆测试结果，7 倍于同类测试仪容量。
- 仪表外存不再使用存储卡，而直接支持 U 盘，最大 U 盘容量达 64 GB。
- 智能锂离子电池，18 h 工作时间，同时支持“边充边测”。

（4）33-960 系列手持 OTDR 测试仪。

33-960 系列手持 OTDR 测试仪专为系统集成设计，兼顾了卓越性能与使用简单，轻巧耐用的特点，是一款真正的手持式仪表。测试仪既能提供多模光纤测试，也能提供单模光纤测试。33-960 系列手持 OTDR 测试仪衰减及事件死区非常小，有助于精确定位事件位置和描述事件类型，适用于最短光链路的测试。具有较高的动态范围，多模光纤测试最长达到 40 km，单模则可达到 160 km。该测试仪的测试参数可采用双波长“自动测试”功能自动调整；手动模式可定义所有测试参数；实时故障定位模式有助于识别间歇故障。友好的中文界面让操作更简单。33-960 OTDR 测试仪可存储 500 条测试数据，通过 USB 接口可将数据上传至 PC。

33-960 OTDR 测试仪是局域网（LAN）、校园网、广域网（WAN）光纤网络工程安装与故障定位的理想设备。各种型号都能提供高精度测试，用户界面友好，一键操作，精确给出连接器、熔接点的描述，实现快速、可靠的故障定位，测试仪如图 9-16 所示。

（5）LanXPLORER 系列接入式局域网测试仪。

LanXPLORER 系列接入式局域网测试仪是 IDEAL 公司推出的一系列杰出的接入型式、主动兼被动方式局域网测试仪，以触摸彩色显示器作为操作界面，为局域网（LAN）管理者提供卓越的测试功能，高质量、高性能、简单方便的操控性，在同类仪表中独占鳌头。

完全接入与终端仿真测试方式，使 LanXPLORER 系列测试仪不仅胜任对铜缆介质的验证，而且能对铜缆和光纤网络进行链路层主动型检测。其无线（Wi-Fi）测试功能，能使用户直接获取无线网络连接性能，为网络测试提供了空前的灵活性。方便易用的全面测试功能，使其成为满足专业 IT 集成商和系统管理者要求的完美检测工具，如图 9-17 所示。

图 9-16　33-960 系列手持 OTDR 测试仪

图 9-17　LanXPLORER 系列接入式局域网测试仪

9.3 测 试 模 型

综合布线工程中的测试模型包括通道链路模型和永久链路模型，以下就详细介绍两种测试模型。

9.3.1 通道模型（Channel）

通道用来测试端到端的链路整体性能，又被称作用户链路。通道模型的定义如图 9-18 所示，它包括：最长 90 m 的水平电缆，一个信息插座，一个靠近工作区的可选的附属转接连接器，在楼层配线间跳线架上的两处连接跳线和用户终端连接线，总长度不得超过 100 m。实际通道示意图如 9-19 所示。

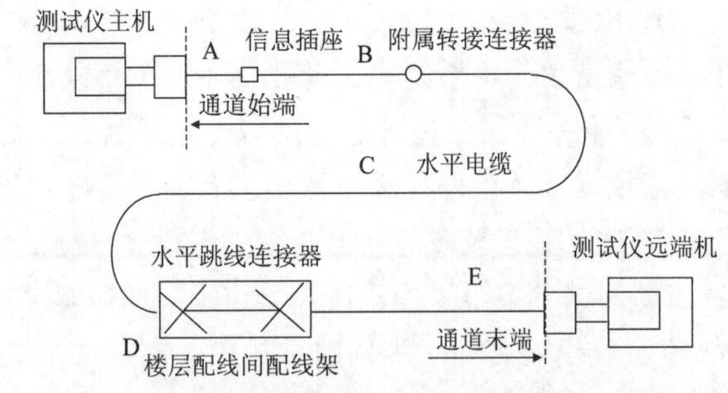

说明

A：用户终端连接线 B：用户转接线 C：水平线缆 D：跳线架连接跳线

B+C≤90m E：跳线架到通信设备连接线 A+D+E≤10m

图 9-18　通道模型定义

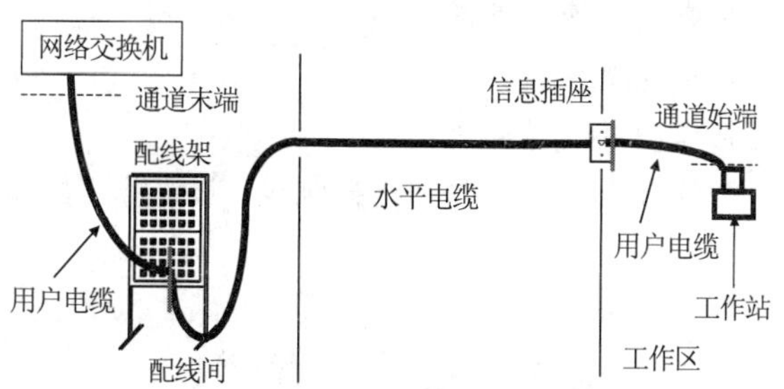

图 9-19　通道模型示意图

9.3.2　永久链路模型（Permanent Link）

永久链路又称固定链路，在国际标准化组织 ISO/IEC 所制定的超 5 类、6 类标准及 EIA/TIA568-B 中新的测试模型定义中，定义了永久链路模型，它将代替基本链路方式。永久链路方式提供给工程安装人员和用户，用以测试所安装的固定链路性能。永久链路连接方式由 90 m 水平电缆和链路中相关接头（必要时增加一个可选的转接/汇接头）组成，与基本链路方式不同的是永久链路不包括现场测试仪插接线和插头，以及两端 2 m 的测试电缆，电缆总长度为 90 m，而基本链路包括两端的 2 m 测试电缆，电缆总长度为 94 m。永久链路的定义如图 9-20 所示，模型示意图如 9-21 所示。

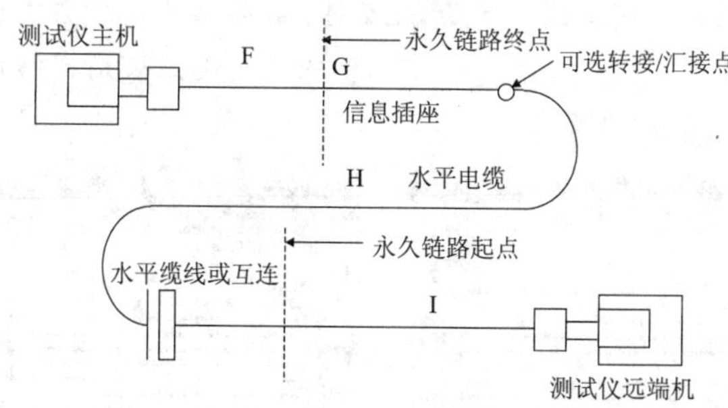

F—测试设备跳线 2 m；G—信息插座；H—可选转接/汇接点及水平电缆；
I—测试设备跳线 2 m；H≤90m。

图 9-20　永久链路定义

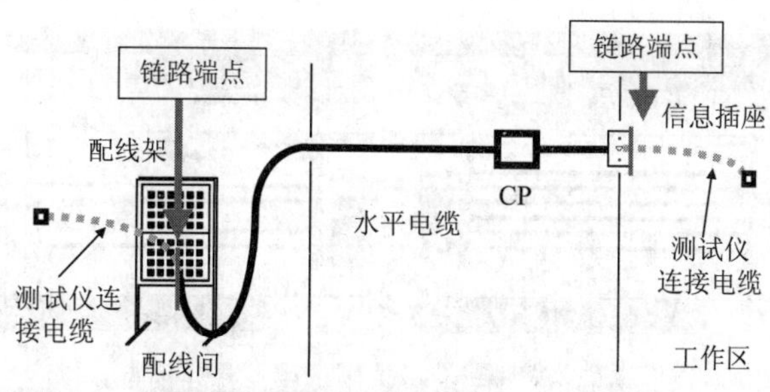

图 9-21　永久链路模型示意图

永久链路具体包括以下几个部分：

（1）铺设在配线间和工作区之间的水平电缆。

（2）配线间内端接水平电缆的连接硬件。

（3）可选转接点或合并点连接器。

（4）工作区内用于端接电缆的信号插座。

注意永久链路不包括配线间和工作区内的接插跳线，布线链路的起点是配线间，结束点是工作区内的信息插座。

9.4 电气参数

1. 接线图

接线图（Wire Map）是为了确定链路的连接是否正确，以及链路线缆的线对接续是否正确，要求不能产生任何开路、串绕等现象。如图 9-22 所示，显示的就是正确的链路连接；如果链路连接错误，会有开路、跨接、反接和串绕等情况出现，开路是指当电缆内一根或多根线缆已经被折断或接续不完全时就会出现开路故障，一般可使用 TDR 技术进行故障定位。跨接是指一端的 1、2 线对接在另一端的 3、6 线对，而 3、6 线对接在了另一端的 1、2 线对，实际上就是一端实行568A 的接线标准，另一端则使用568B 的标准，这种接法一般用在网络设备之间的级联或两台电脑之间的互连，也就是平常所说的反线。当一个线对的两根导线在电缆的另一端被连接到这一端相反的针上时，就会出现反接现象。串绕是指虽然保持了线缆的连通性，但实际上两对物理线对被拆开后又重新组合成新的线对，最典型的串绕案例就是施工人员不清楚正确的接线标准，而按照 1、2、3、4、5、6、7、8 的线对关系进行接线而造成串绕现象。其中的反接和跨接故障效果如图 9-23 所示。

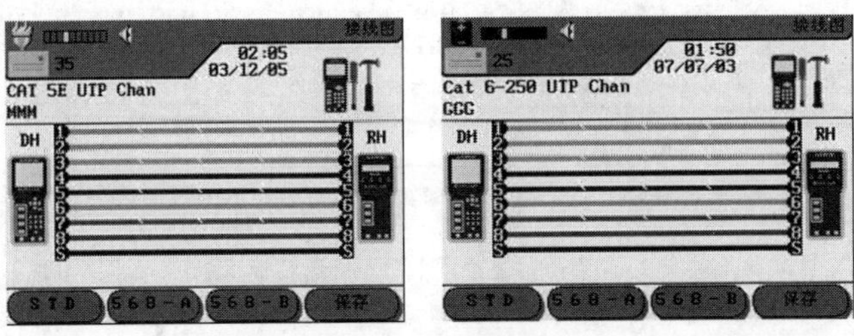

图 9-22　正确的链路接线图

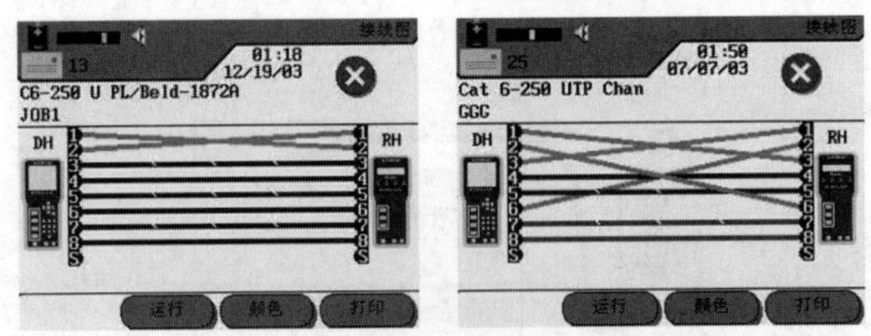

图 9-23　反接和跨接等错误接线图

2. 长度

基本链路的最大物理长度是 94 m，通道的最大长度是 100 m。基本链路和通道的长度可通过测量电缆的长度来确定，也可以从每对芯线的电气长度测量中导出。

电缆长度的测试一般有 2 种方法：其一是通过 TDR 技术，其二是通过测量电缆的电阻。当测试仪进行 TDR 测量时，它向一对线发送一个脉冲信号，并且测量同一对线上信号返回的总时间，用纳秒（ns）表示。获得这一经过时间测量值并知道了电缆的额定传输速度（NVP）值后，用 NVP 乘以光速再乘以往返传输时间的一半就得到了电缆的电气长度。所谓额定传输速度是表示电信号在电缆中传输速度和光在真空中传输速度之间的比值，一般都是由厂商给定的。NVP=信号传输速度/光速。不同仪器对长度测试的结果如图 9-24 所示。

电缆长度的计算公式如下：

$$L=T/2\times(\mathrm{NVP}\times C)$$

式中：L——电缆长度；

T——信号传送与接收之间的时间差；

C——真空状态下的光速（3×10^{8}m/s）。

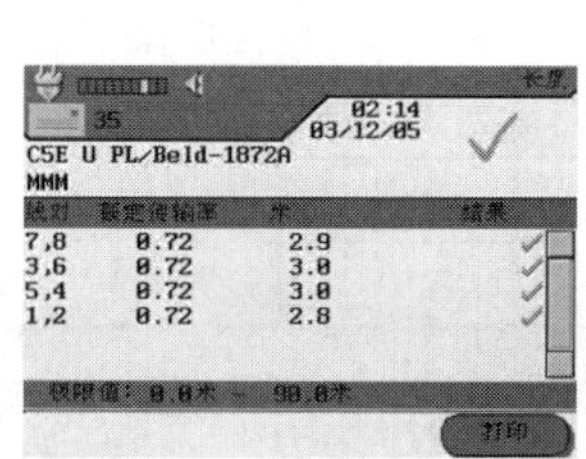

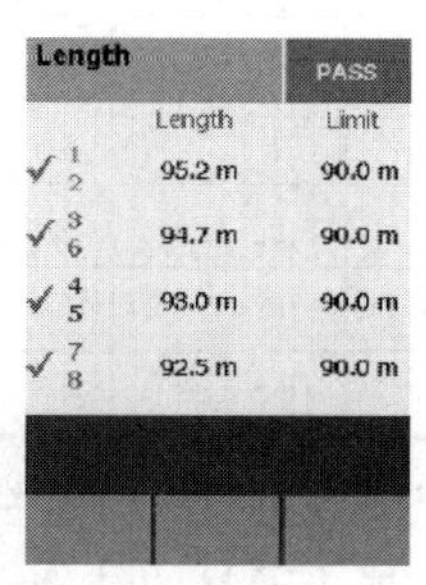

图 9-24　长度测试结果

3. 特征阻抗

特征阻抗是指阻碍电流的阻抗。通信电缆的特征阻抗是电感、电容和电阻的综合值，这些参数取决于电缆的结构，电缆的特征阻抗建立在电缆的物理特性上，这些物理特征为：

- 导体尺寸。
- 线对的电缆线之间的距离。
- 导线绝缘层的绝缘性能。

一般情况下，5 类和超 5 类 UTP 电缆在 1 MHz～100 MHz 的频率范围内特征阻抗为 100±15%Ω。

4. 衰减

衰减是信号能量沿基本链路或通道损耗的量度，它取决于电缆的电阻、电容、电感的分布参数和信号频率，随频率的增高而增大、随温度的升高而增长、随线缆长度的增大而增高，其单位为分贝（dB）。信号衰减到一定程度，将会引起链路传输的信息不可靠。引起衰减的原因还有集肤效应、阻抗不匹配、连接电阻以及温度等因素。

在现场测试中发现衰减不通过往往与两个原因有关，其一是测试链路过长，其二是链路阻抗异常，过高的阻抗消耗了大量的信号能量，使得接收端无法判读信号。

在选定的某一频率上，通道和基本链路的衰减允许极限值如表 9-1 所示，该表内的数据是在 20℃时给出的允许值。随着温度的增加，衰减也会增加。具体来说，3 类电缆每增加一摄氏度衰减增加 1.5%，4 类 5 类电缆每增加一摄氏度衰减就增加 0.4%；当电缆安装在金属管道内时，链路的衰减增加 2%～3%。TSB67 规定，在其他温度下测得的衰减值通过下列公式进行转换，使其换算成 20℃时的相应值再与表 9-1 中的数值进行比较。

$$\alpha_{20}=\frac{\alpha_T}{1+K_t(T-20)}$$

式中：T——测量环境温度，℃；

α_T——测量出的衰减值，dB；

α_{20}——修正到 20℃的衰减，dB；

K_t——电缆温度系数，1/℃。

表 9-1 通道与基本链路的衰减极限值

频率（MHz）	20℃下最大衰减值（dB）				频率（MHz）	20℃下最大衰减值（dB）			
	通道（100 m）		基本链路（94 m）			通道（100 m）		基本链路（94 m）	
	3 类	5 类	3 类	5 类		3 类	5 类	3 类	5 类
1	4.2	2.5	3.2	2.1	20		10.3		9.2
4	7.3	4.5	6.1	4.0	25		11.4		11.5
8	10.2	6.3	8.8	5.7	31.25		12.8		16.5
10	11.5	7.0	10.0	6.3	62.5		18.5		16.7
16	14.9	9.2	13.2	8.2	100		24.0		12.6

现场测试仪应测量已安装的同一根电缆内所有线对的衰减值。通过比较其中衰减最大值与衰减允许值后，给出通过或未通过的结论，如图 9-25 所示。

5. 近端串扰

串扰是高速信号在双绞线上传输时，由于分布互感和电容的存在，在邻近传输线上感应的信号。近端串扰是指同一电缆的一个线对中的信号在传输时耦合进其他线对中的能量。近端串扰又被称为线对之间的串扰。定义近端串扰值和导致该串扰的发送信号之差值为近端串扰（NEXT）。一般测试时会对所有线对的组合都进行测试即双向测试，对近端串扰的测试要在链路的两端各进行一次，总共需要测试 12 次。NEXT 的单位是 dB，定义为导致串扰的发送信号功率与串扰之比。导致串扰过大的原因主要有 2 类，其一是选用的元器件不符合标准，如购买了伪劣产品或不同标准的元器件混用等，其二是施工工艺不规范，常见的有施工时电缆的牵引力过大，破坏了电缆的绞距，接线图错误等，其原理图如 9-26 所示。

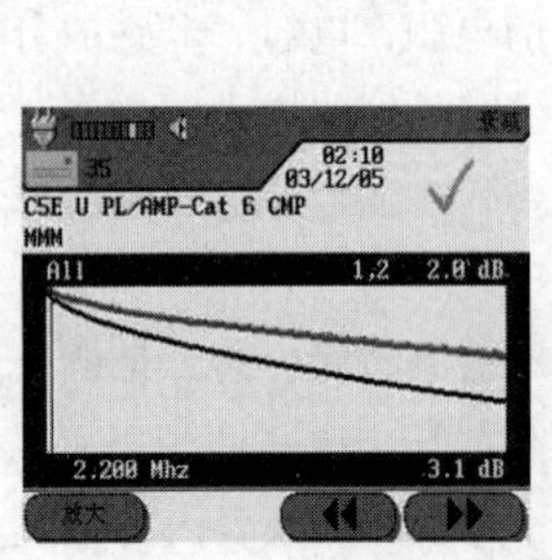

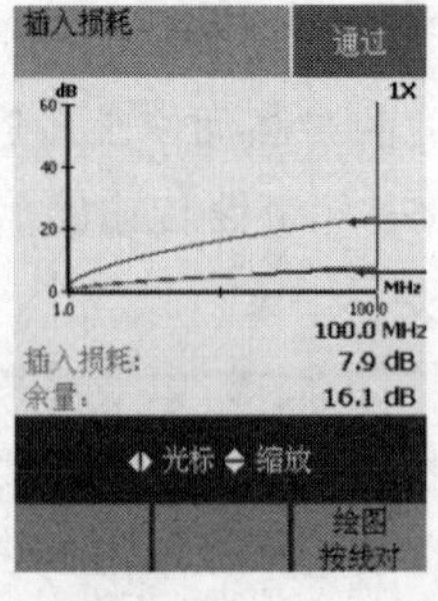

图 9-25 信号衰减测试

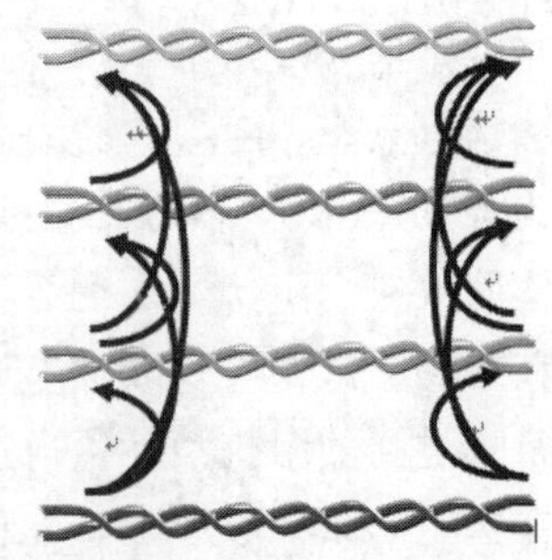

图 9-26 近端串扰

对于双绞线电缆链路，近端串扰是一个关键的性能指标，也是最难测量精确的一个指标，特别是随着信号频率的增加其测试难度就更大了。TSB-67 中定义，5 类电缆链路必须在 1～100 MHz的频率范围内测试，3 类链路是 1～16 MHz，4 类链路是 1～20 MHZ。表 9-2 表示不同频率下，通道与基本链路的近端串扰最小值。

表 9-2　通道与基本链路的近端串扰最小值

频率（MHz）	20℃下最大衰减值（dB）				频率（MHz）	20℃下最大衰减值（dB）			
	通道（100 m）		基本链路（94 m）			通道（100 m）		基本链路（94 m）	
	3 类	5 类	3 类	5 类		3 类	5 类	3 类	5 类
1	39.1	60.0	40.1	60.0	20		39.0		40.7
4	29.3	50.6	30.7	51.8	25		37.4		39.1
8	24.3	45.6	25.9	47.1	31.25		35.7		37.6
10	22.7	44.0	24.3	45.5	62.5		30.6		32.7
16	19.3	40.6	21.0	42.3	100		27.1		29.3

近端串扰必须进行双向测试：TSB-67 明确指出，任何一种链路的近端串扰性能必须由双向测试的结果来决定。这是因为绝大多数的近端串扰是由在链路测试端的近处测到的。在实际中大多数近端串扰发生在远端的连接件上，只有长距离的电缆才能累计起比较明显的近端串扰。有时在链路的一端测试近端串扰是可以通过的，而在另一端测试则是不能通过的，这是因为发生在远端的近端串扰经过电缆的衰减到达测试点时，其影响已经减小到标准的极限值以内了。所以，对近端串扰的测试要在链路的两端各进行一次。实际近端串扰的效果图如 9-27 所示。

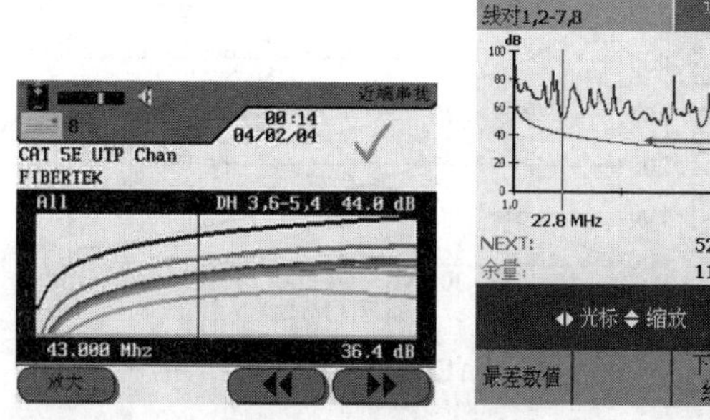

图 9-27　近端串扰

6. 回波损耗

回波损耗是指由于综合布线系统阻抗不匹配导致的一部分能量的反射。当端接阻抗与电缆的特征阻抗不一致时，在通信电缆的链路上就会导致阻抗不匹配。阻抗的不连续性引起链路偏差，电信号到达链路偏差区时，必须消耗掉一部分的能量来克制链路的偏移，这样会导致两个后果，一个是信号损耗，另一个是少部分能量会被反射回发射机。因此，阻抗不匹配会导致信号损耗，又会导致反射噪音，原理如图 9-28 所示，测试通过结果如图 9-29 所示。

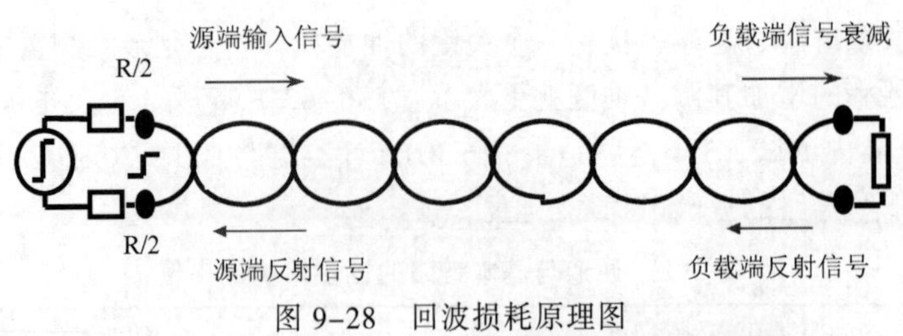

图 9-28　回波损耗原理图

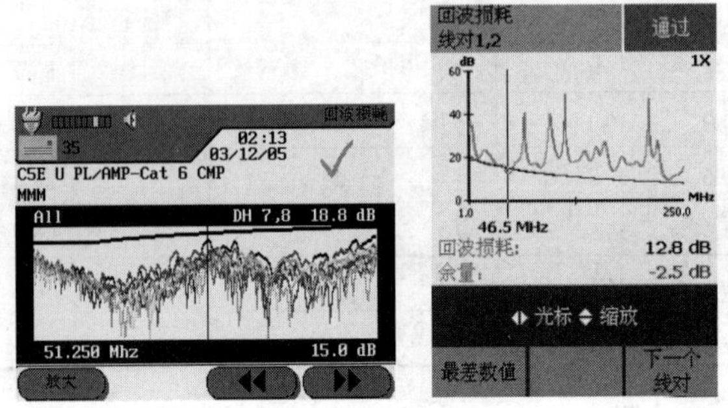

图 9-29　回波损耗测试

7. 衰减与近端串扰比（ACR）

衰减与近端串扰比（ACR）表示了信号强度与串扰产生的噪音强度的相对大小。它不是一个独立的测量值，而是衰减（A）与近端串扰（NEXT）的差值，单位是 dB。ACR 的值越大越好，衰减，近端串扰，衰减与近端串扰比的关系如图 9-30 所示。

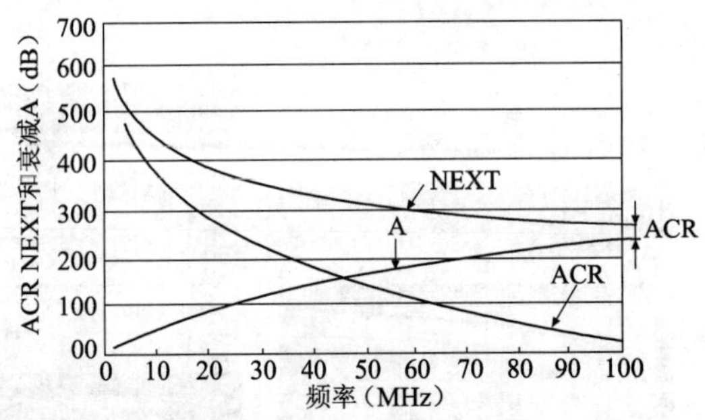

图 9-30　ACR、NEXT 和衰减的关系

其计算公式为：

$$ACR(dB)=NEXT(dB)-A(dB)$$

8. 传播延迟

传播延迟是信号在一个电缆线对中传输时所需要的时间，因为传播延迟是实际的信号传播时间，因此传播延迟会随着电缆长度的增加而增加。

通信电缆中每个线对的传播延迟稍有不同，原因在于四个线对的缠绕密度不同，这意味着一些电缆线对比同一电缆中的其他线对缠绕要多，增加线对的缠绕密度可以减小电缆的近端串扰但却增加了线对的程度。缠绕密度过高的电缆线对长度会变得很长，这会导致更大的传播延迟。

传播延迟通常是指信号在 100 m 电缆上的传输时间，单位是纳秒（ns）。有关 5e 类电缆的规范要求，在 100 MHZ 的传输频率下，100 m 电缆通道的最大传输延迟不得超过 538 ns。

9. 综合近端串扰

综合近端串扰（PS NEXT）是一对线感应到的所有其他线对对其的近端串扰的总和。综合近端串扰是一个计算值，而不是直接的测量结果，综合近端串扰跟近端串扰一样，也要进行双向测试。原理图和测试结果图如图 9-31 所示。

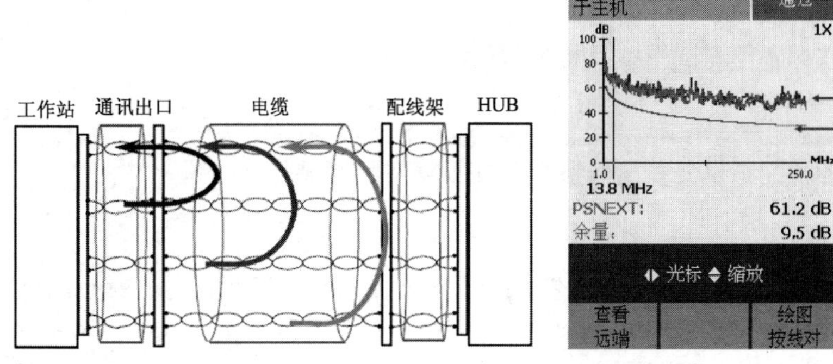

图 9-31　综合近端串扰原理图和测试图

实训 9　网络测试市场调查

背景描述：

你是某第三方网络测试公司的市场调查员，现公司领导要求你对当前网络工程测试市场情况做出全面的调查和分析，并上交一份具体的调查报告。

实训要求：

要求你对目前网络测试工程相关情况进行深入了解。

实训内容：

进行市场调查，完成一份调查报告。

实训报告：

1. 通过市场调查，了解目前网络测试业务中使用的认证测试仪包括哪几个型号及价格？
2. 主流认证测试仪的生产厂家有哪几家，其各自主页地址是什么？
3. 在当地各测试仪生产厂商的销售代理商主要是哪些公司，其主页地址？
4. 在进行第三方认证测试前，应从用户处搜集哪些具体的信息和资料？
5. 通过调查，了解进行第三方认证测试时相关收费情况（如测试一个信息点应收取多少费用比较妥当）。

实训 10 认识各类测试模型与电气参数

背景描述：

你是某第三方网络测试公司的现场测试工程师，为了能更好的完成日常的各类认证测试业务，你不但要熟练掌握各类认证测试仪器的使用，还需要对各类测试模型和电气参数有一个比较完整的了解。

实训要求：

要求熟练掌握各类测试模型及相关电气参数特性。

实训内容：

了解掌握各类测试模型和电气参数，并根据实际情况分析问题。

实训报告：

1. 使用 LANTEK 测试仪对永久链路和通道链路进行认证测试时，对于测试跳线的使用是否有所不同，具体有什么区别？

2. 在进行线缆的电气长度测试时，有一个参数值的准确度将直接决定电缆长度的标准度，这个参数是什么？该值是否能进行手动修改？该值被修改一般出现在哪些场合？

3. 测试仪在进行线缆或光缆的故障定位时主要使用的哪类技术，并简单描述相关技术特点和实现步骤？

4. 超 5 类现场测试一般需要进行哪些项目的电气参数测试？

习 题

1. 工程检测标准可以分成________、________和________ 3 类，其中测试标准定义了测试的________，________以及过程，例如 TSB-67。

2. 从工程的角度来说，测试一般可分为两种：________和________。

3. TIA/EIA 568-A-5-2000 发布于 2000 年 1 月 28 日，是________标准。

4. ANSI/TIA/EIA 568-B 全称为“________”，定义了元件的性能指标、电缆系统设计结构的规定、安装指南和规定、安装链路的性能指标等。

5. ANSI/TIA/EIA 568-B.3 是________部件标准。

6. RJ 是 Registered Jack 的缩写，RJ 是描述公用电信网络的接口，常用的有________和________，计算机网络的 RJ-45 是标准 8 位模块化接口的俗称。

7. 国际上主要有两大标准制定委员会，分别是________（美国通信工业委员会）和 ISO（________）。

8. 目前测试仪器的生产厂商主要有两家，分别是________和 IDEAL。

9. MicroScannerⅡ电缆检测仪是________测试仪，LANTEK 测试仪属于________测试仪。

10. 基本链路是指综合布线中的固定链路部分，基本链路又被称作________。

11. 通道用来测试端到端的链路整体性能，又被称作________总长度不得超过________。

12. 永久链路又称________，它将代替________方式，电缆总长度为 90 m。

13. 接线图的测试包括内容有端端连通性、________、错对、________和串绕，其中的错对就是________双绞线，主要用于同级设备之间的连接。

14. 电缆长度的测试一般有两种方法分别是测量电缆的电阻和________。

15. 测量电气长度是基于信号传输延迟和电缆的________（NVP）值来实现的。额定传输速度一般都是由厂商给定的，NVP=________。

16. 电气长度的计算方法是用________乘以光速再乘以往返________的一半，既得到了电缆的电气长度。

17. 通信电缆的特征阻抗是________、电容和________的综合值。

18. 传播延迟通常是指信号在________电缆上的传输时间，单位是________（ns）。

19. 衰减是信号能量沿基本链路或通道损耗的量度，随________、________和________的增加而增大，其单位为分贝（dB）。

20. 引起衰减测试未通过的主要原因是________和________。

21. 近端串扰又被称为________。近端串扰必须进行________，有 12 个测试结果。

22. 导致近端串扰的主要原因是选用的元器件不符合标准和________。

23. 综合近端串扰是一对线感应到的所有其他线对对其的近端串扰的________，是一个计算值，而不是测量值，也必须进行双向测试。

24. 衰减与近端串扰比（ACR）是衰减与________的差值，单位是 dB。

25. 回波损耗是指信号在电缆中传输时被反射回来的信号能量的强度，引起回波损耗的主要原因是________。

第 10 章　认证测试仪基本使用

本章主要介绍各类认证测试仪的基本使用及相关的认证测试过程，认证测试仪包括 IDEAL 公司的 Lantek 6B、Lantek II 和 FLUKE 公司的 DSX-5000，并分别对跳线、通道链路、永久链路，光纤链路等内容进行了认证测试流程介绍。

10.1　认证测试仪简介

认证测试仪作为竣工验收测试中必不可少的关键设备越来越被用户和项目承包商所重视，在此主要以两款认证测试仪作为介绍对象，对认证测试仪的基本操作和实际操作平台做一个全面而详细的介绍。在此以 LANTEK6B 认证测试仪为例进行基本操作内容介绍。

10.1.1　LANTEK 系列线缆认证测试仪

LANTEK 系列线缆认证测试仪是美国理想工业公司推出的全中文操作界面的局域网线缆认证测试设备，产品共分两代，以 LANTEK 6B 为代表的是第一代产品，以 LANTEK II 为代表的是第二代产品。

认证测试仪基本使用

LANTEK 6B 系列测试仪，其带宽可达 350 MHz，完全符合 6 类/ISO E 级布线测试要求，执行完整的 6 类/ISO E 级自动测试，只需 21 s。LANTEK 7G 系列认证测试仪其测试带宽更可达到 1 GHZ，从而满足并超过超 6 类及 ISO F 级标准。同时两种系列的测试仪均可向下兼容 3、5、5e 各类布线测试。如图 10-1 所示。

链路测试

LANTEK II 系列认证测试仪是美国理想推出的第二代线缆认证测试仪，高速、高性价比，9 s 完成 5e 类认证测试，14 s 完成 6 类认证测试，10 Gb 线外串扰测试速度较同类仪表快 4 倍。采用专利技术，不再使用特殊永久链路适配器，只用普通标准跳线即可完成绝大多数布线工程测试任务，最大限度地节约了时间与成本。

LANTEK II 350、LANTEK II 500、LANTEK II 1000 分别以其最高测试带宽命名。LANTEK II 350 线缆认证测试仪可认证 6 类及以下级别铜缆；LANTEK II 500 线缆认证测试仪专为 6A 类铜缆设计，同时向下兼容所有类别铜缆认证测试；LANTEK II 1000 是世界上能满足 1 000 MHz 测试带宽的最快认证测试仪表，超过 7 类（F 级）600MHz 测试要求，达到 7A 类（FA 级）1 000 MHz 认证标准，并满足有线电视、数据、语音共享系统的测试要求，如图 10-2 所示。

图 10-1　LANTEK6B 线缆认证测试仪

图 10-2　LANTEK II 系列线缆认证测试仪

10.1.2　LANTEK 6B 认证测试仪的基本界面

LANTEK6 线缆认证测试仪是由主机和远端机组成，如图 10-3 所示，其相关按钮功能如表 10-1 所示。

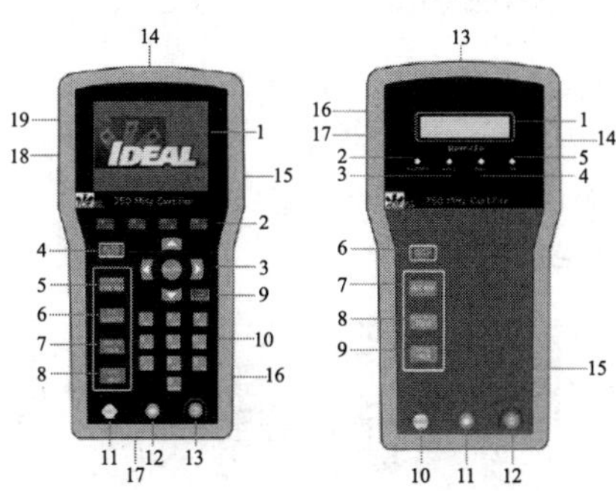

图 10-3　LANTEK 测试仪的主机单元和远端机单元

表 10-1　LANTEK 测试仪功能键介绍

主 机 单 元	远 端 单 元
1. 彩色中文显示屏	1. 双行 LCD 显示屏
2. 选项键	2. 危险指示灯
3. 箭头/确认键	3. 合格指示灯
4. 自动测试键	4. 不合格指示灯
5. 接线图键	5. 电源指示灯
6. 长度/时域反射（TDR）测量键	6. 自动测试键
7. 对讲/分析键	7. 退出键
8. 帮助/设置键	8. 音调键
9. 退出键	9. 对讲键
10. 字符数字键	10. 功能转换键
11. 功能转换键	11. 背光键
12. 背光键	12. 电源开关
13. 电源开关	13. 低串扰连接器接口
14. 低串扰连接器接口	14. 耳机话筒插口
15. 耳机话筒插口	15. 直流输入插口
16. 直流输入插口	16. DB9 串口
17. PCMCIA 插槽	17. USB 接口
18. USB 接口	
19. DB9 串口	

10.1.3　LANTEK 6B 认证测试仪的基本功能模块介绍

启动 LANTEK 6B 测试仪的电源开关后，将出现欢迎界面，显示测试仪的型号，软件版本，时间和日期，供电方式等信息。进入测试仪后将出现操作主界面，如图 10-4 所示。

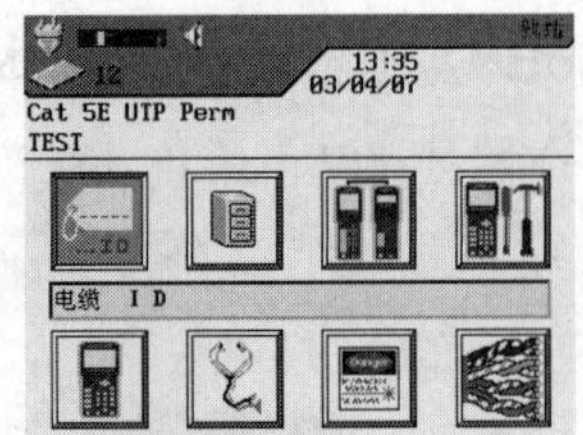

图 10-4　测试仪欢迎界面及开始界面

在主界面中可以看到，该测试仪共有 8 个主要的操作菜单，分别是“电缆 ID”“已存储测试”“现场校准”“首选项”“仪器”“分析”“光纤”“电缆类型”，如图 10-5 所示。

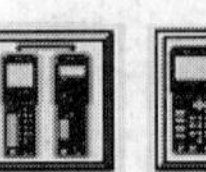

图 10-5　功能按钮介绍

1. 电缆 ID 设置

该选项中主要设置的是测试作业的 ID 号，以及单个 ID 和双重 ID 之间的切换。首先在主界面中采用方向键选择“电缆 ID”，按确认键选择进入该设置菜单。进入后将会有三个选择菜单，“增加电缆 ID”“设置电缆 ID”“选择双重 ID”。

具体操作步骤：

（1）选择电缆 ID 选项卡

首先在主界面中选中电缆 ID 选项卡，进入后可看到三个基本选项，如图 10-6 所示。

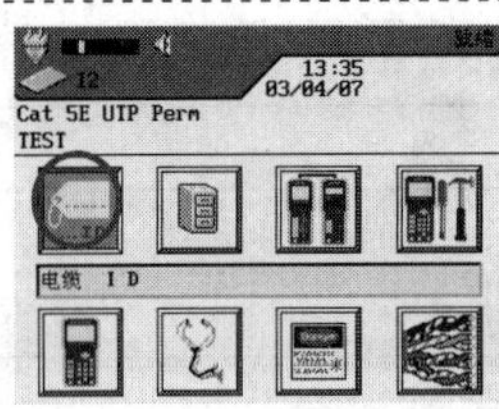

图 10-6　选择电缆 ID 选项卡

（2）增加电缆 ID

单击“增加电缆 ID”选项卡后将在屏幕下方的数字自动添加 1，由原先的 0000 变为 0001，如图 10-7 所示。

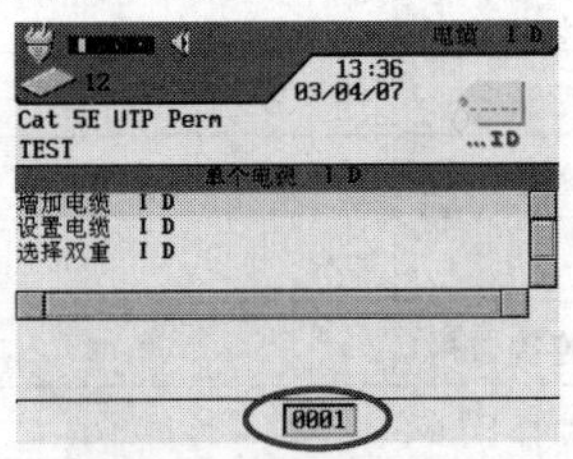

图 10-7　增加电缆 ID

（3）设置电缆 ID

使用该选项可对单独的一根测试电缆进行自定义的设置，主要包括设置电缆名称和当前值。测试仪中对测试电缆的命名主要包括电缆名称+当前值，如 Test0000、Test0001、Test0002，如图 10-8 所示。

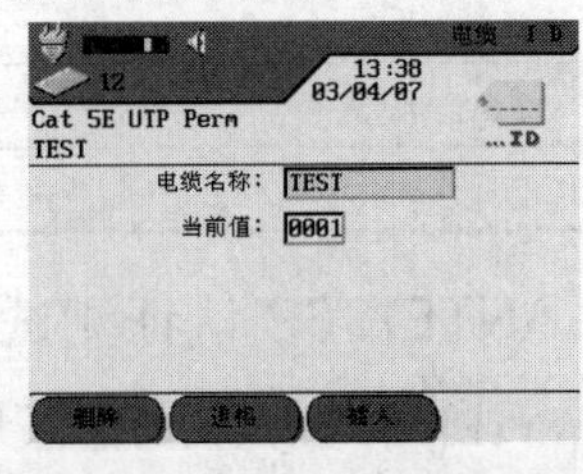

图 10-8　设置电缆 ID

（4）选择双重 ID 设置

使用双重 ID 方式是为了更明确地表示出测试的内容以及测试的地点。既在工作区和管理间同时对一条链路进行测试，但所采用的标识却可以不同，从而比较两个测试结果的不同，这就是双重 ID 方式，如图 10–9 所示。

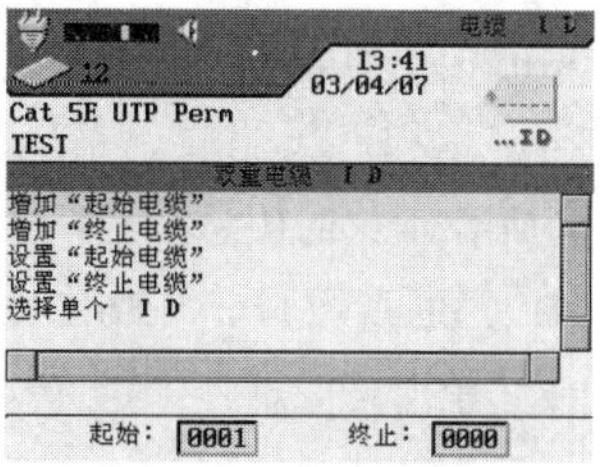

图 10–9　设置双重 ID

（5）双重 ID 具体设置

具体设置中包括增加起始电缆、增加终止电缆、设置起始电缆和设置终止电缆。相关设置内容和单个 ID 是相似。最后可以选择单个 ID 来返回单个电缆 ID 方式，如图 10–10 所示。

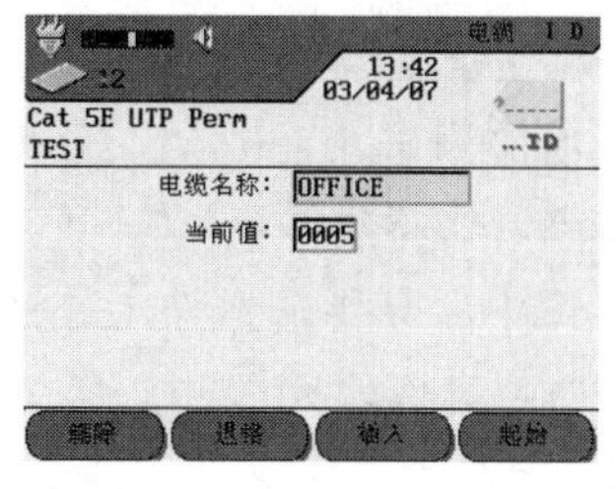

图 10–10　双重 ID 具体设置

2. 已存储测试设置

该选项中主要设置的是测试结果保存在哪个文件夹中，以及新建作业文件夹，删除作业文件夹，选择当前文件夹，查看文件夹中的测试记录等内容，是测试仪中的一个关键选项，因为所有重要的测试数据都是在该选项中，在进行测试数据下载时也是直接运行该选项来进行操作的。进入该选项后选择屏幕下方的“选项”按钮，将能对当前文件夹做更多的相关处理，包括显示当前作业和所有作业的信息，删除或重命名作业，新建作业，使当前作业处于当前状态，恢复全部已删除的作业，将选择的作业存储至袖珍内存。

具体操作步骤：

（1）选择已存储测试选项卡

首先在主界面中选中已存储测试选项卡，进入后可看到所有的作业列表，既所有的存储结果文件夹，如图 10–11 所示。

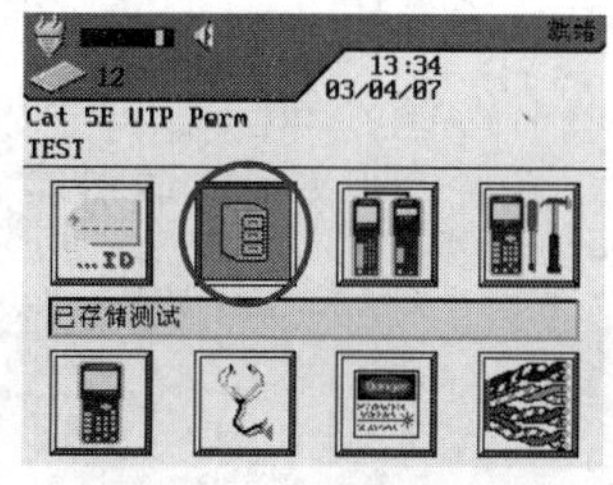

图 10–11　已存储测试选项卡

（2）查看所有作业列表

进入选项卡后可查看到所有的作业信息，在此界面中请注意界面下方的“选项”按钮，使用功能键【F2】进入“选项”按钮后可对作业列表进行具体操作，如图 10–12 所示。

图 10–12　作业列表

（3）查看当前作业信息和所有作业信息

当单击“选项”按钮后，可以查看当前作业的信息和所有作业的信息，具体查看的内容包括测试总数、已通过数目、失败数目、已测试长度和已用内存等相关信息，如图 10-13 所示。

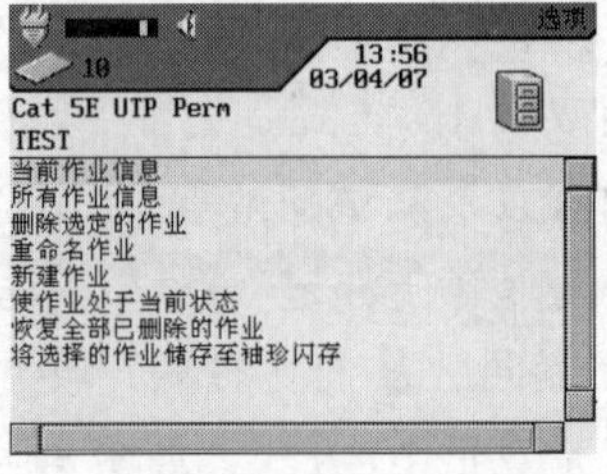

图 10-13　查看作业信息

（4）新建作业

为当前的测试新建一个文件夹，用于保存测试结果。如新建作业 A2，可选择新建作业选项，选中后会要求你输入作业名称，可使用字符数字键区输入文件夹名，如图 10-14 所示。

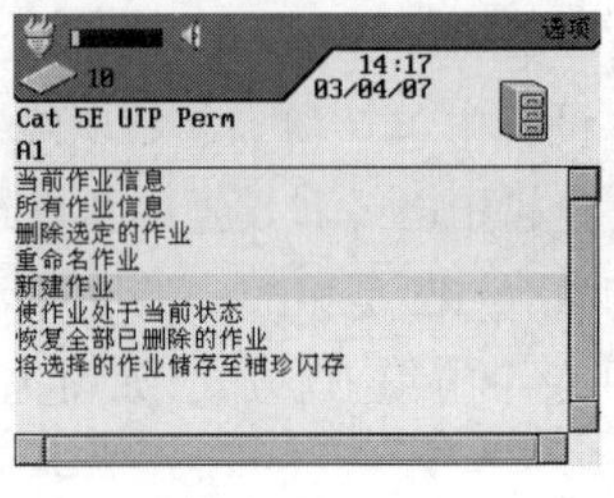

图 10-14　新建作业

（5）输入新作业名

使用字符数字键区输入文件夹名，如图 10-15 所示。

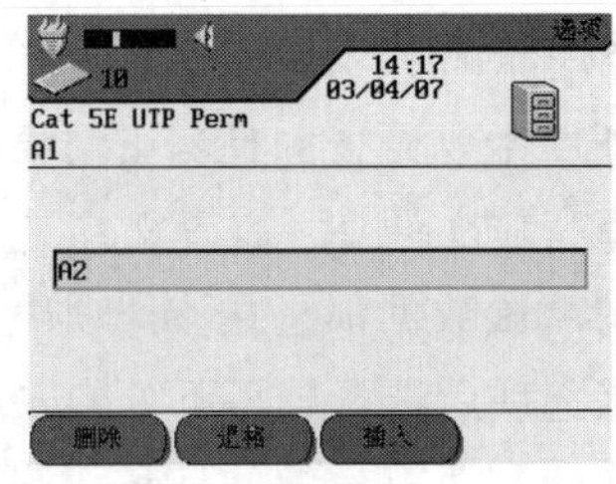

图 10-15　输入作业名

（6）查看当前活动作业

使当前文件夹处于活动状态，所有测试结果将全部保存在该文件夹中。用户可以在作业列表的左上角查看到当前作业文件夹的名称，如 TEST，如图 10-16 所示。

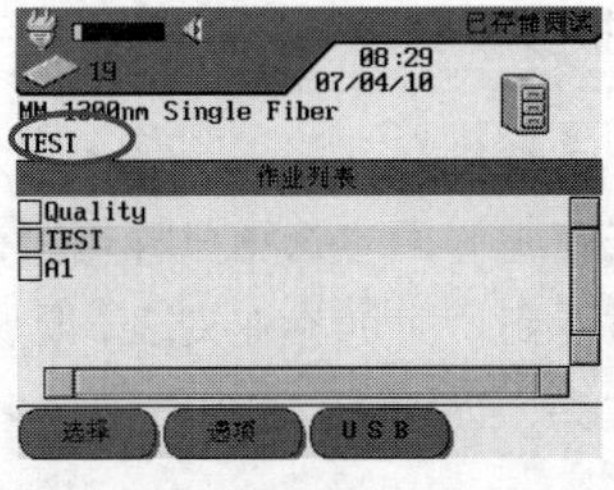

图 10-16　查看当前活动作业

（7）选中文件夹

要指定文件夹处于活动状态就必须先选中它，使用作业列表界面下方的“选择”按钮，选中文件夹，如 A1，如图 10-17 所示。

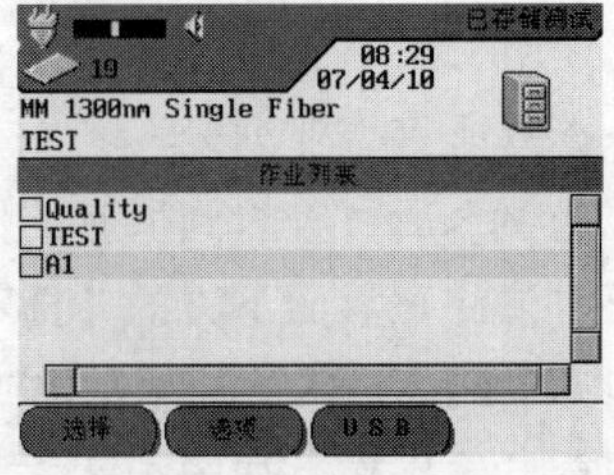

图 10-17　选中文件夹

（8）具体设置

选中文件夹后可使用功能键选择“选项”按钮，在其中的选择使作业处于当前状态，这时系统将自动返回作业列表，并且屏幕左上角将变换为指定文件夹，如 A1，如图 10-18 所示。

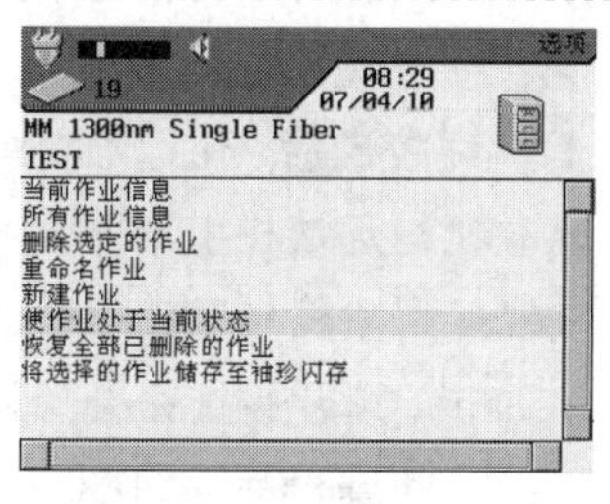

图 10-18　使作业处于当前状态

（9）删除选定作业和恢复全部已删除的作业

用户可以对测试结果进行删除，当对某个测试结果进行删除后，其删除效果其实是并未被完全删除，只是被逻辑删除，类似电脑中的垃圾桶功能，在此就有这么一个功能可完全恢复已被逻辑删除的文件，如图 10-19 所示。

图 10-19　删除和恢复作业

3．现场校准设置

现场校准是测试仪在进行各类测试之前必须完成的一项任务，因为测试仪在多次测试后必然会出现某些误差，一般情况下，每隔 7 天就必须对测试仪进行一次全面的校准，以保证测试结果的正确，还有在进行大规模测试之前也需要对测试仪进行一次校准，因此也被称为是现场校验，校准原理比较复杂，但在操作上测试仪专门为其设置了一个“现场校准”选项，方便使用者进行校准。

具体操作步骤：

（1）选择现场校验测试选项卡

首先为主机与远端机装好信道适配器，打开主机电源和远端机电源，将准备用于远端机使用的测试跳线，接到主机与远端机上，主机准备就绪后，选择现场校准选项卡，如图 10-20 所示。

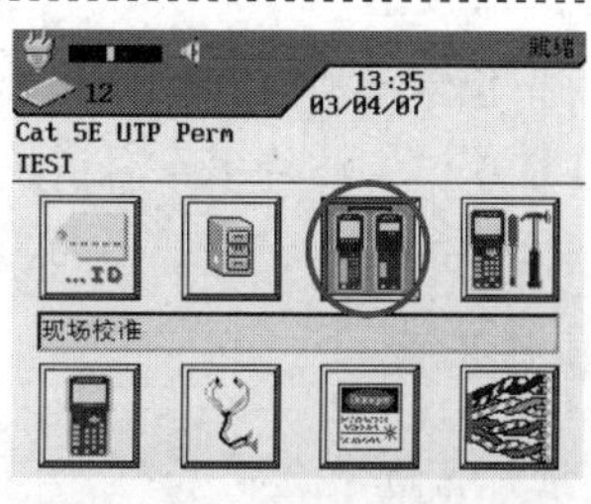

图 10-20　现场校验选项卡

（2）开始校验

在主机现场校准屏，使用功能键选开始按钮对第 1 根跳线（远端跳线）的校准过程，此过程持续约 30 s 后完成，如图 10-21 所示。

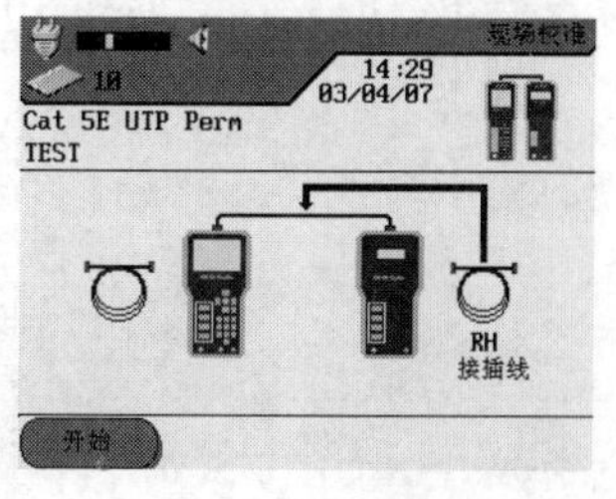

图 10-21　开始校验

（3）第二步校验

第 1 根跳线校准后，在远端机的接线上做好标记。从主机与远端机上取下此跳线，将第 2 根测试跳线接到主机与远端机适配器上。从主机现场校准屏，选开始按钮开始对第 2 根跳线的校准过程，此过程持续约 30 s 后完成，如图 10-22 所示。

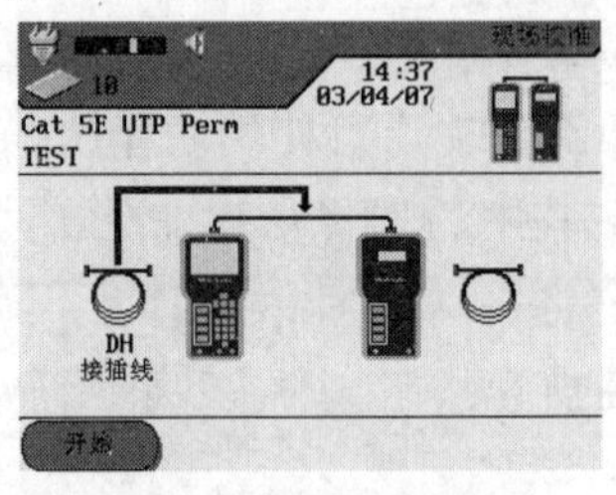

图 10-22 第 2 步校验

（4）第三步校验

第 2 根跳线校准后，从远端机上取下跳线，（主机跳线不动）。将第 1 根跳线作有标记的一段插回远端机适配器。在主机现场校准屏，选开始按钮（或“AUTOTEST”）开始第 3 步校准过程，同时，在远端机上，按 AUTOTEST 开始同步校准，如图 10-23 所示。

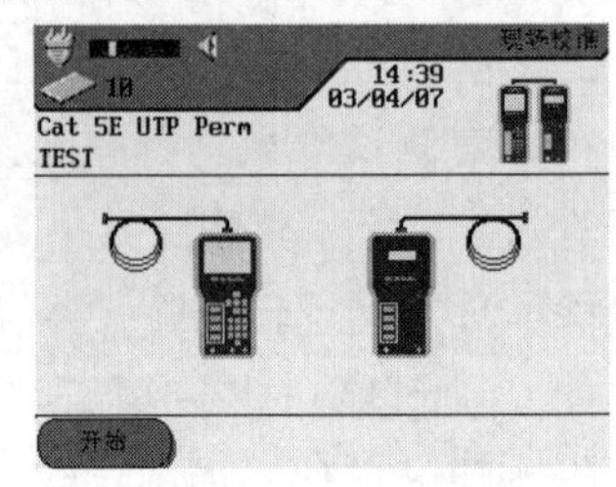

图 10-23 第 3 步校验

（5）校准完成

如果校准成功，主机将显示简明提示，“校准完成”并且远端机的合格指示灯亮。如果校准不成功，主机将显示简明提示，如图 10-24 所示。

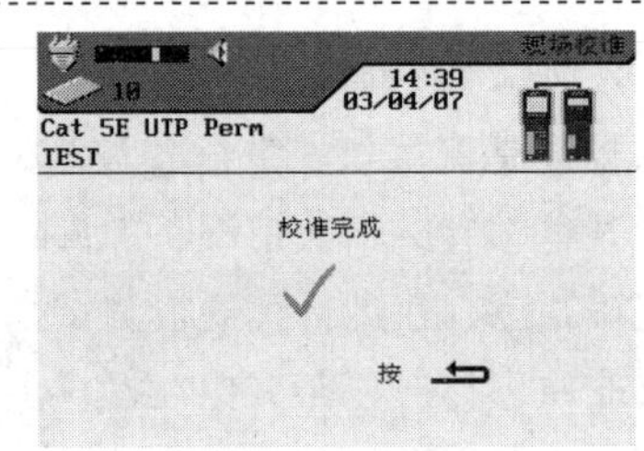

图 10-24 校验完成

4. 首选项设置

首选项中包含了所有与测试仪有关的参数，包括用户信息，自动测试首选项，对比度，超时选项，度量单位，波特率，对讲机，日期和时间，语言，恢复默认值，选择保存介质等。以下简单几项内容的基本设置。

具体操作步骤：

（1）选择首选项选项卡

首先在测试仪主界面中选择首选项选项卡，进行各类参数的设置，如图 10-25 所示。

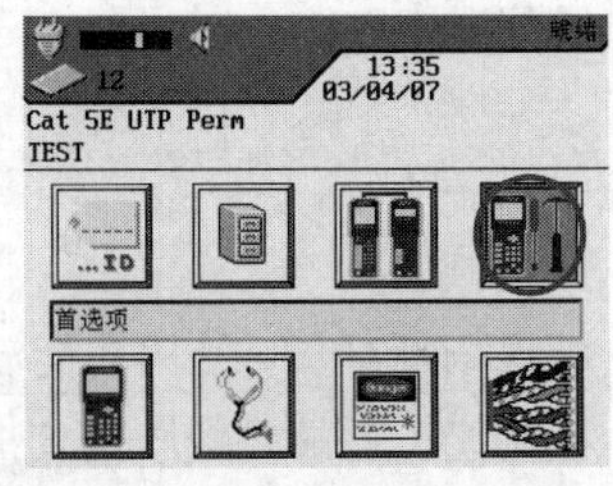

图 10-25 首选项选项卡

（2）更改用户信息

进入首选项设置模式后，可看到所有的设置选项，包括用户信息、度量单位、日期时间、语言、恢复默认等相关内容，其中的用户信息是标明测试工程的实施者，如图 10-26 所示。

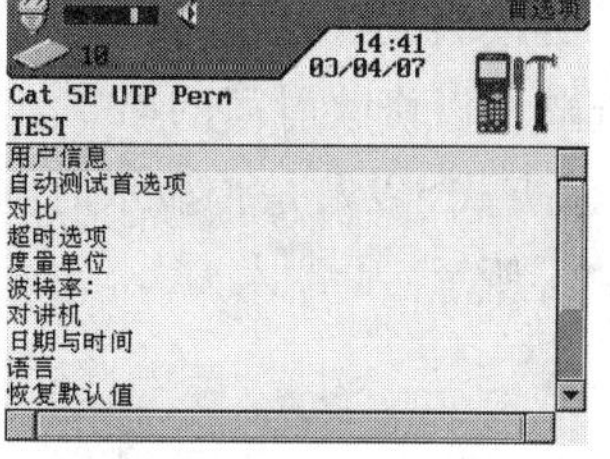

图 10-26　更改用户信息

（3）设置用户信息

在用户信息设置选项中，可以对用户的名称、公司名称以及承包商进行具体的设置，如图 10-27 所示。

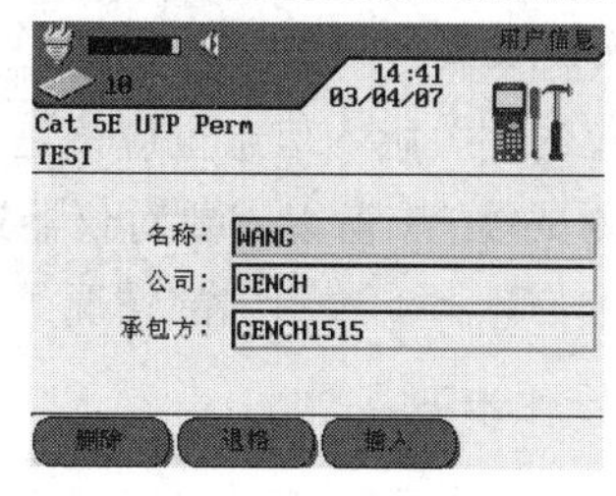

图 10-27　用户信息设置

（4）更改自动测试首选项

自动测试首选项是设置自动测试的情况下添加的附加条件，如测试失败时自动停止、自动保存测试结果、自动增加电缆 ID 号等，具体设置方式为进入首选项卡后，选择自动测试首选项就可进入进行相关设置，如图 10-28 所示。

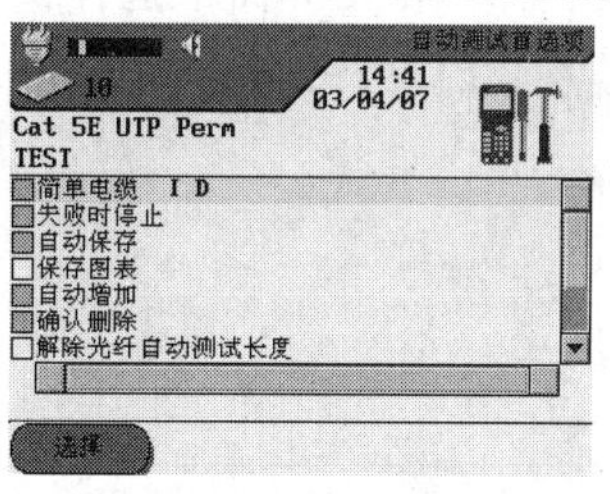

图 10-28　自动测试首选项设置

（5）更改度量单位

度量单位是指测试时显示的线缆长度，默认情况下是使用英尺作为度量单位，也可以使用米作为标准度量单位，可使用功能键进行设置，如图 10-29 所示。

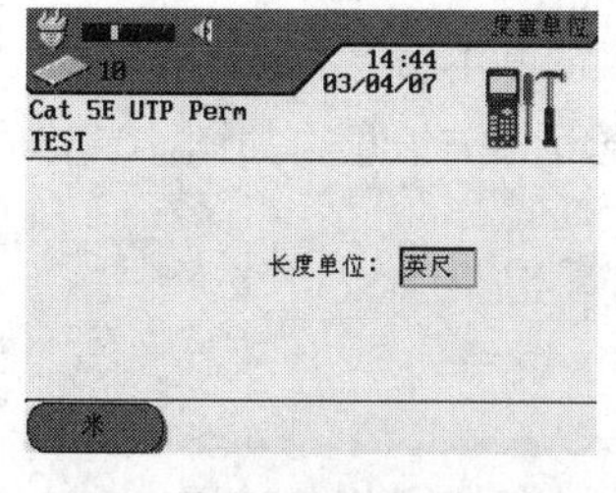

图 10-29　度量单位设置

（6）更改语言选项

为了能使各个不同国家的用户都能使用，测试仪能够支持多国的语言系统，默认情况下是英语，可以使用上下的方向键来改变相关的语言设置，如图 10-30 所示。

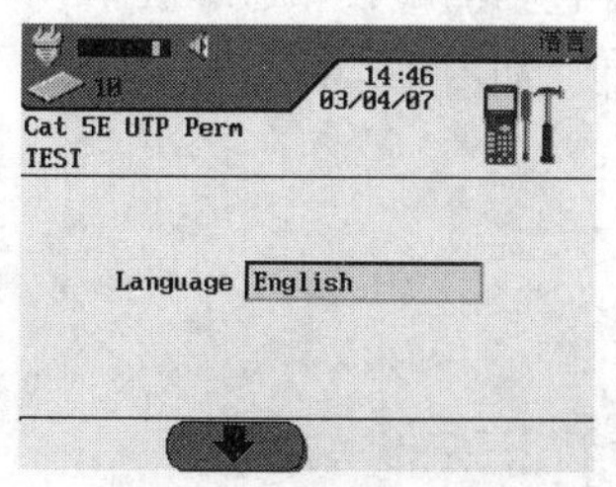

图 10-30　语言选择

（7）更改测试仪显示时间

该选项可以修改时间的格式，当前时间和日期，显示方式，以及是否显示时间和日期等，如图 10-31 所示。

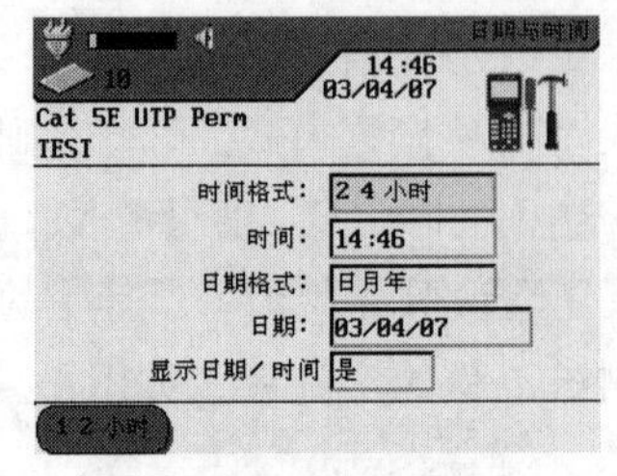

图 10-31　时间设置

5. 仪器设置

测试仪的相关版本信息也应该是用户关注的一个重点，因为需要及时为测试仪进行软件升级以提高测试效能。所以需要对仪器这个选项卡进行相关的设置和查看，包括需要了解测试仪的详细版本信息，上次测试的情况等。

具体操作步骤：

（1）选择仪器选项卡

首先在测试仪主界面中选择仪器选项卡，进行各类参数的查看，如图 10-32 所示。

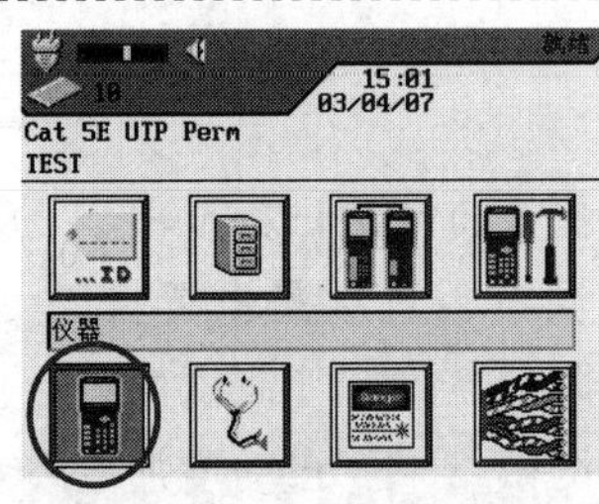

图 10-32　选择仪器选项卡

（2）查看测试仪的基本信息

进入选项卡后可选择其中的关于选项，查看测试仪的基本信息，包括测试仪型号，版本，基本带宽等相关信息，如图 10-33 所示。

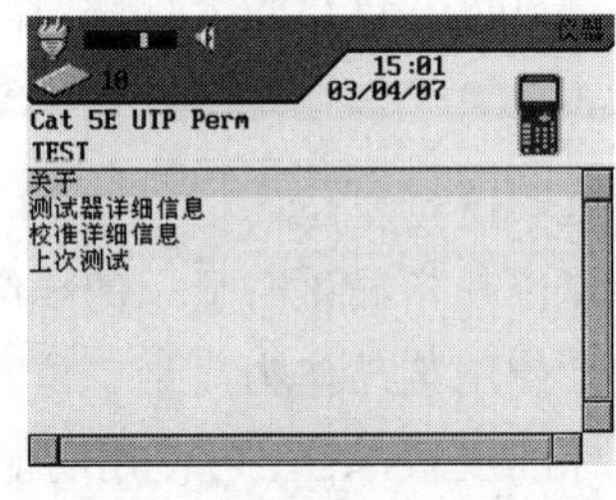

图 10-33 仪器卡选项内容

（3）查看测试仪相关信息

内容包括测试仪型号，版本，基本带宽等相关信息，如图 10-34 所示。

图 10-34　测试仪基本信息

（4）查看校验详细信息

内容包括工厂校验信息和现场校验信息，以便能及时进行测试仪的校验操作，如图 10-35 所示。

图 10-35　校验详细内容

6．逐项分析线缆情况

测试仪上专门有一个作为逐项分析的选项，内容包含所有需要进行测试的电气参数，包括有接线图，电阻，长度，电容，近端串扰，衰减，回波损耗，阻抗等几乎所有的电气特性，用户可根据实际的需要来对电缆进行某一项的专项测试。

具体操作步骤：

（1）选择分析选项卡

首先在测试仪主界面中选择分析选项卡，进行各类参数的查看，如图 10-36 所示。

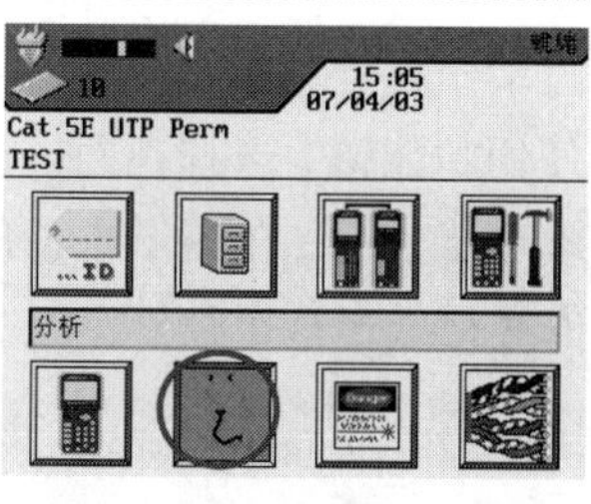

图 10-36　分析选项卡

（2）查看所有电气参数

进入选项卡后可根据电缆的类型和测试标准，提供了所有电气参数的单项测试选项，包括有接线图，电阻，长度，电容，近端串扰，衰减，回波损耗，阻抗等，如图 10-37 所示。

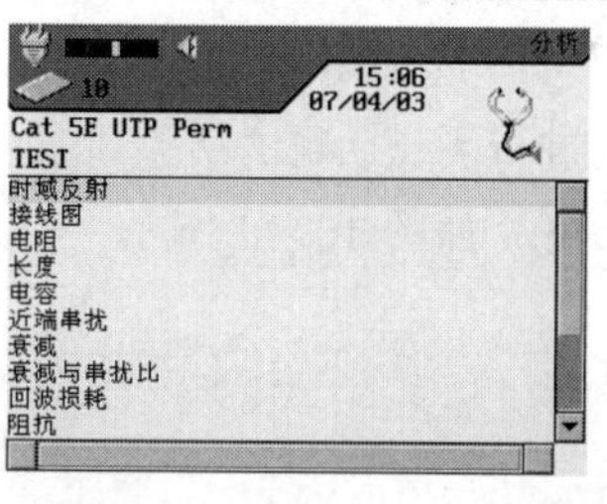

图 10-37　选项内容

（3）接线图单项测试

将线缆与测试仪的两个模块适配器相连，选择分析选项，选择其中的接线图测试就能得到当前线缆的直观接线图，如图 10-38 所示。

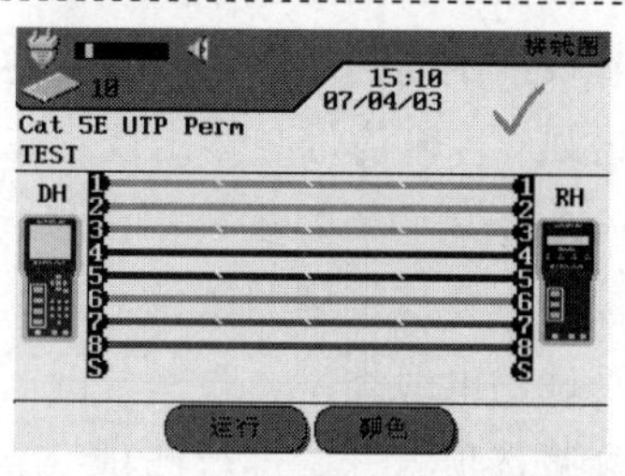

图 10-38　接线图测试

（4）近端串扰单项测试

近端串扰作为测试过程中的一个重要参数，一共有 12 个测试结果，其中只要有一个不通过，整个结果就不通过，在每个测试结果中我们可以继续查看相关的测试图形，如图 10-39 所示。

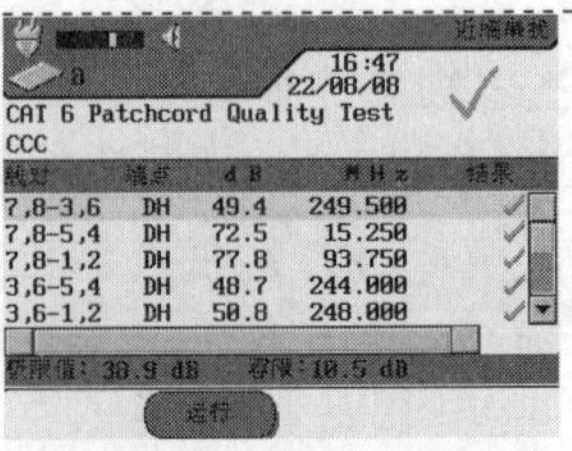

图 10-39 近端串扰测试

（5）未通过的近端串扰

在测试过程中，只要有一个线对的近端串扰未通过，就会被判定为不通过，如图 10-40 所示。

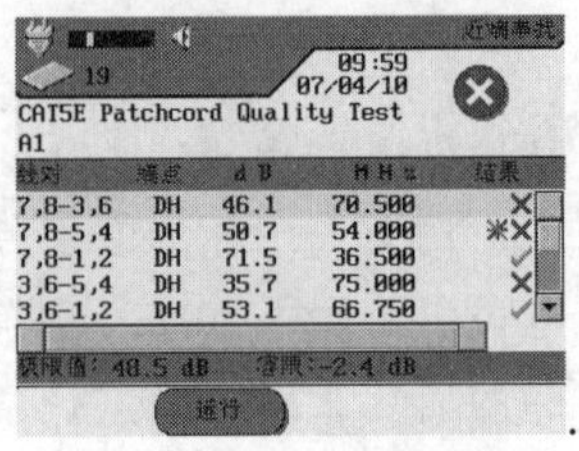

图 10-40 未通过测试

（6）近端串扰详细分析

可以使用功能键，选择运行，进一步查看线对的近端串扰情况，在图形中黑的线为极限值，测量值必须低于这个值，一旦超出这一个测试就告不通过，如图 10-41 所示。

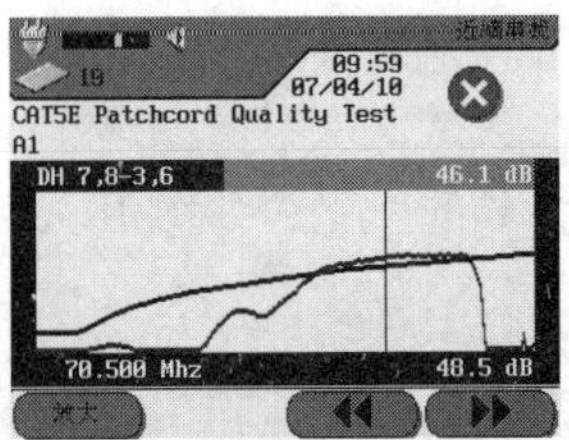

图 10-41 详细测试结果

（7）线缆长度单项测试

使用分析选项卡中的长度测试对当前线缆的长度进行测试，测试结果将显示每个线对的电缆长度，如图 10-42 所示。

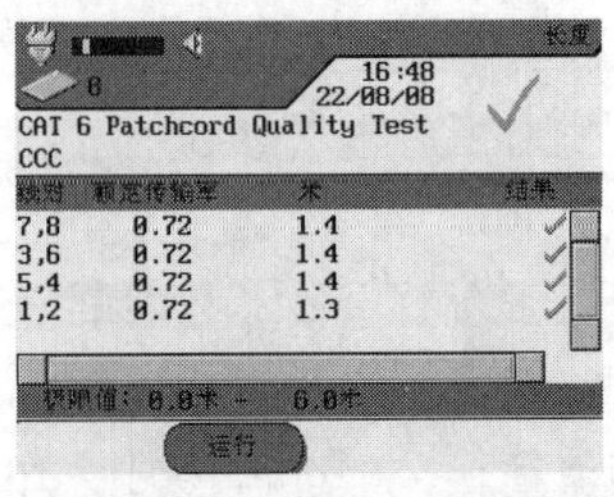

图 10-42 线缆长度测试

（8）衰减单项测试

随着线缆距离的增大，以及线缆所受到的干扰的增强，传输信号必然出现衰减。因此衰减也是一个非常重要的参数，在测试操作上，同样将被测电缆连接到测试仪的两个模块上，并选择正确的电缆类型，选择分析选项，选择其中的衰减选项，开始进行测试。衰减共有 4 个结果一对线出一个衰减结果。在显示中会指明所测试到的最差值，以及与极限值之间的容限，如图 10-43 所示。

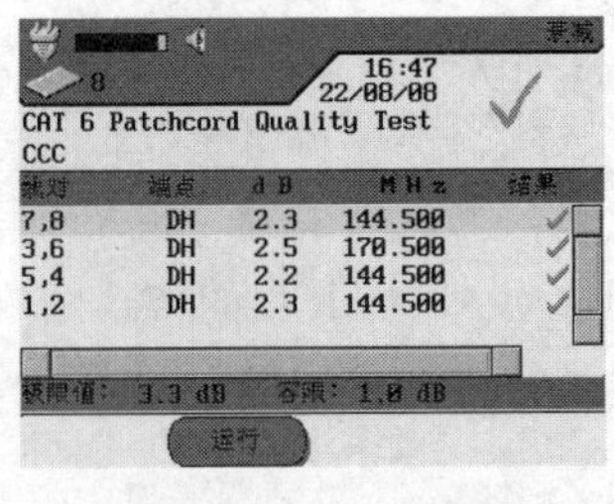

图 10-43 衰减测试

（9）回波损耗单项测试

回波损耗测试是测量反射信号对传输信号强度的比率，优质的电缆铺设的线路其所产生的反射信号很少，说明线路各个部件中阻抗匹配性好，如图 10-44 所示。

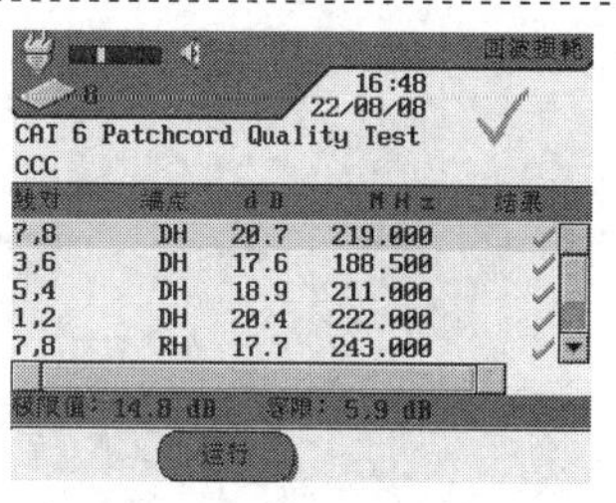

图 10-44　回波损耗测试

7. 光纤类型与电缆类型选择

在进行任何测试操作之前必须首先选择合适的测试电缆或光缆类型，这样才能提供正确的测试标准，在这里就提供了两个电缆选择的菜单，光纤菜单和电缆类型菜单。

具体操作步骤：

（1）选择光纤选项卡或电缆选项卡

在测试仪主界面中可选择光纤选项卡或电缆类型选项卡，进行各类电缆或光缆的选择，如图 10-45 所示。

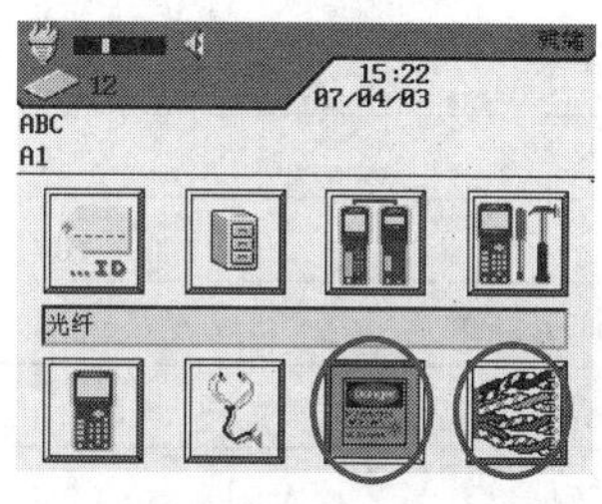

图 10-45　光纤和电缆类型选项卡

（2）光纤类型选择

在光纤选项卡中，可根据实际测试光纤选择光纤的基本类型，包括单模、多模，如图 10-46 所示。

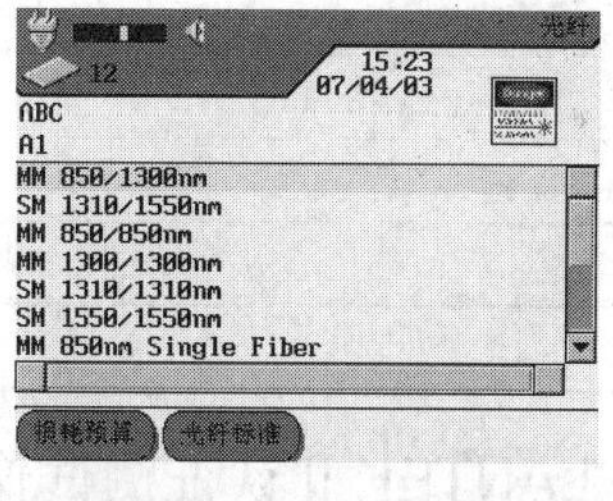

图 10-46　光纤类型选择

（3）电缆类型和链路类型选择

在电缆类型选项卡中可对线缆的类型和链路的类型进行选择，包括永久链路选择、通道链路选择、基本链路选择、杂项类型等，如图 10-47 所示。

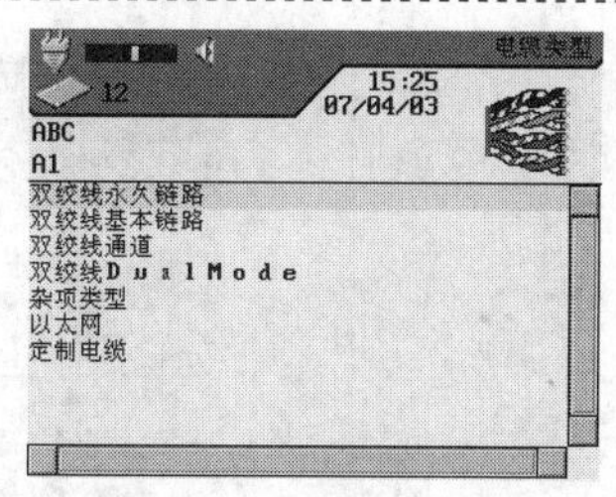

图 10-47　电缆类型选择

10.1.4　LANTEK II 认证测试仪的基本界面

LANTEK II 线缆认证测试仪是由主机和远端机组成，如图 10-48 所示，其相关按钮功能如表 10-2 所示。

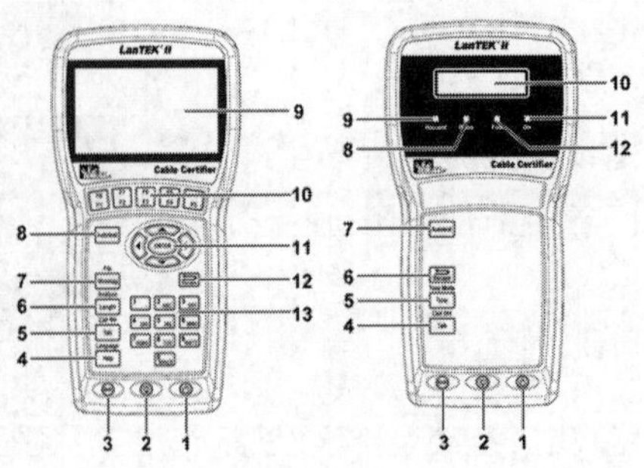

图 10-48 LANTEKII 测试仪的主机单元和远端机单元

表 10-2 LANTEK II 测试仪功能键介绍

主 机 单 元	远 端 单 元
1. 开/关	1. 开/关
2. 背景照明灯	2. 背景照明灯
3. Shift	3. Shift
4. 帮助/语言	4. 通话/呼叫主机单元
5. 通话/呼叫远端单元	5. 音调/音调模式
6. 长度/分析	6. Escape 键
7. 接线图/文件	7. 自动测试
8. 自动测试	8. 测试通过 LED 指示灯
9. TFT 显示器	9. 危险电压指示灯
10. 功能键 F1 至 F5 / F6 至 F10	10. LCD 显示屏
11. 箭头/ Enter 键	11. 开机指示灯
12. Escape 键	12. 测试不合格指示灯
13. 字符键	

10.1.5 LANTEK II 认证测试仪的基本功能模块介绍

LANTEK II 认证测试仪在主界面上与 LANTEK 6B 测试仪基本类似，如图 10-49 所示。

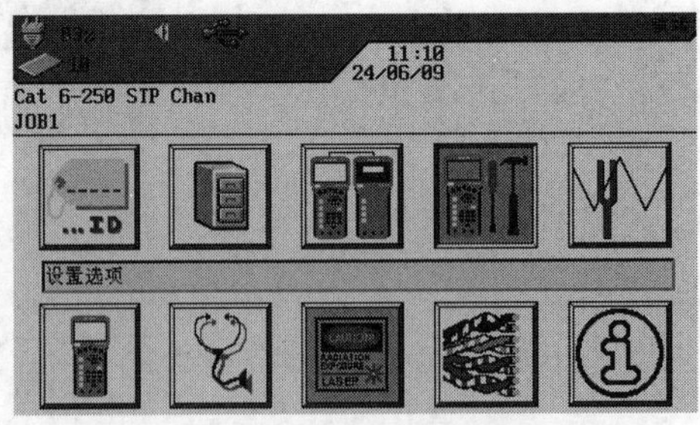

图 10-49 LANTEK II 主界面

在主界面中可以看到，该款测试仪共有 10 个操作菜单，分别是“电缆 ID”“已存储测试”“现场校准”“首选项”“发生器”“仪器”“分析”“光纤”“电缆类型”和“帮助”，与第一代的

LANTEK 6B 测试仪相比，增加了“发生器”和“帮助”菜单，如图 10-50 所示。

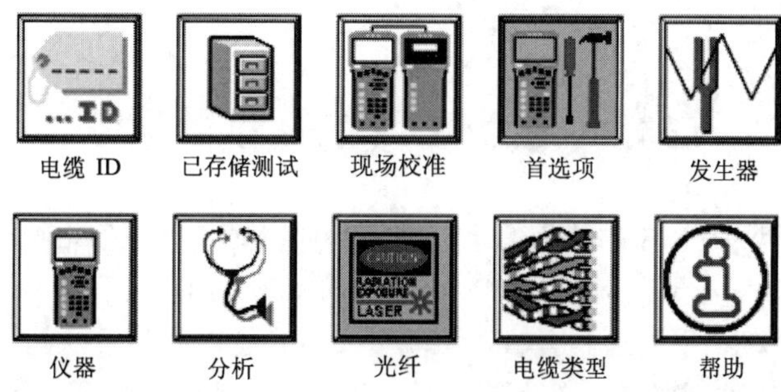

图 10-50　LANTEK II 主菜单

LANTEK II 线缆认证测试仪作为 IDEAL 公司推出的第二代线缆认证测试仪，在功能与操作界面上与第一代基本相同，因此不再进行重复介绍，只对新增的两个菜单模块进行简单的介绍和说明。

1. 发生器

LANTEK II 线缆认证测试仪的主机端和远端机都配备了音频发生器的功能，即使用主机端或者远端机，配合音频探针，能进行线缆的探寻，主机端或者远端机能发出“低”音调，“高”音调，或“颤音”音调，这些声音能被大多数标准电缆音频探针检测到。典型连接图如 10-51 所示。

具体操作步骤：

（1）将主机端与被测电缆相连。

（2）用方向键在主界面上选择发生器功能模块，按回车键确认。

（3）使用软按键上下按钮选择发生音频信号的线对（线对 12、线对 36、线对 54 或线对 78）

（4）选择音调信号，即按【Shift】键，并用软按键激活低音、高音或颤音。

（5）使用探针探寻相关目标线缆。

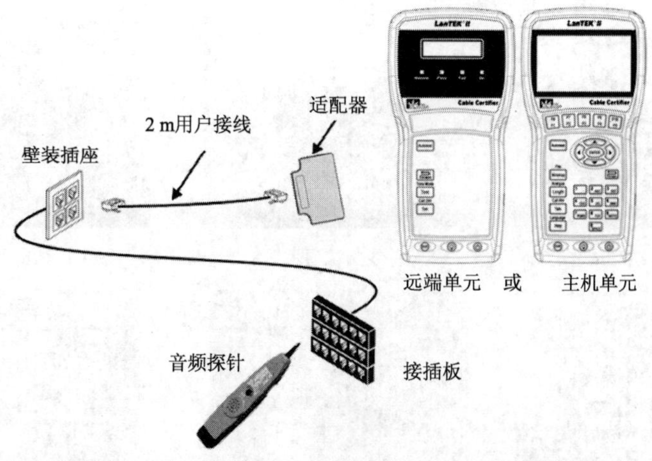

图 10-51　音频发生器典型连接图

2. 帮助

帮助功能菜单主要是为了使用户能更快捷的使用设备的相关帮助功能，LANTEK 系列认证测试仪提供了全中文的帮助信息，只需要选择该功能就可对目前显示的条目进行详细的介绍与说明。

10.2　数据跳线的认证测试

FLUKE 公司推出的 DTX 系列认证测试仪通过提高测试过程中各个环节的性能，大大缩短了整个认证测试的时间。一般完成一次 6 类链路自动测试的时间比其他仪器快 3 倍，进行光缆认证测试时快 5 倍。DTX 系列还具有 IV 级精度、以及智能故障诊断能力、900 MHz 的测试带宽、12 h 电池使用时间和快速仪器设置，并可以生成详细的中文图形测试报告，如图 10-52 所示。DTX 系列线缆认证测试仪同样具有主机端和远端两部分组成。

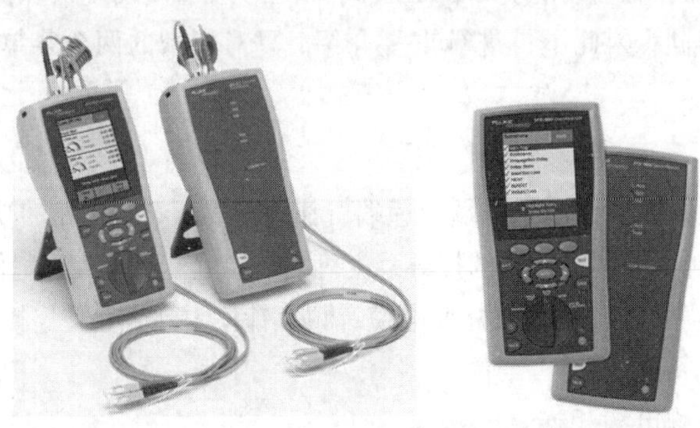

图 10-52　DTX 认证测试仪

DTX 系列认证测试仪可以通过更换背板模块的方式完成多种不同类型的认证测试，可更换的背板模块包括通道链路测试适配器、永久链路测试适配器、光纤链路测试适配器、100 m 电缆测试适配器、跳线测试适配器和同轴电缆测试适配器等，具体模块如图 10-53 所示。

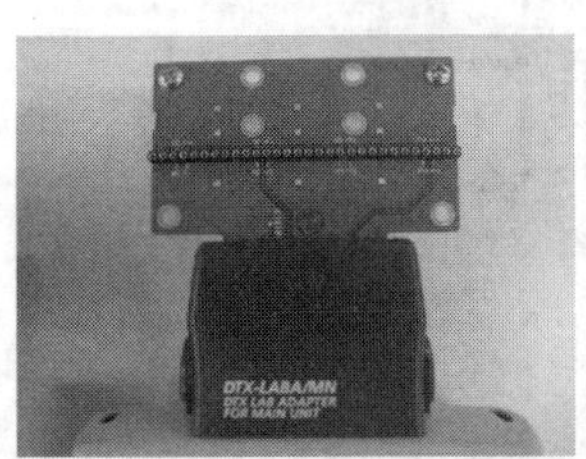

（a）100 米电缆测试适配器

（b）跳线测试通用适配器

（c）同轴电缆测试适配器

（d）光纤测试适配器

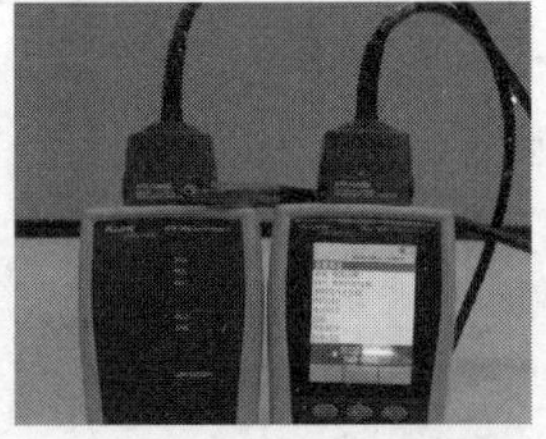

（e）永久链路测试适配器

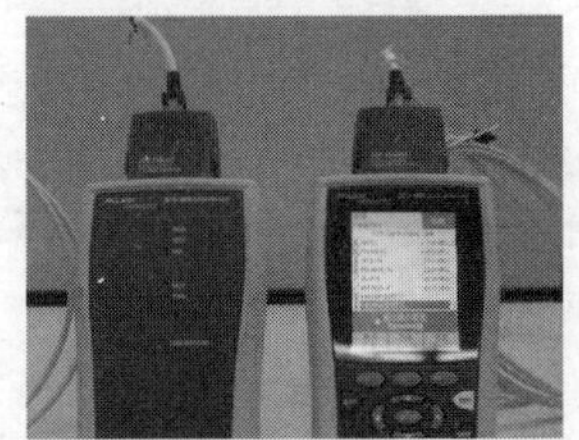

（f）通道链路测试适配器

图 10-53　DTX 测试适配器

具体测试过程：

（1）测试适配器选择

DTX 认证测试仪在进行数据跳线测试时，可根据实际情况配合不同的测试适配器，进行不同项目的测试，在此介绍两种情况，即 100 m 电缆认证测试和基本跳线认证测试，首先在进行测试前安装相应的适配器，并从六类线缆中截取 100 m 长度的线缆，将线缆剥去外表皮，连接到 FLUKE 的专用 100 m 线缆测试适配器上，插入 8 个金属孔中准备进行测试，如图 10-54 所示为 100 m 电缆测试适配器。

图 10-54　更换测试模块

（2）进入设置模式

转动测试仪的旋转按钮，调整至测试仪设置模式，即 SETUP 模式，在屏幕中将显示可进行设置的选项，包括电缆和光缆类型的选择，仪器的初始化设置值，网络设置等，在此首先选择“双绞线”选项，如图 10-55 所示。

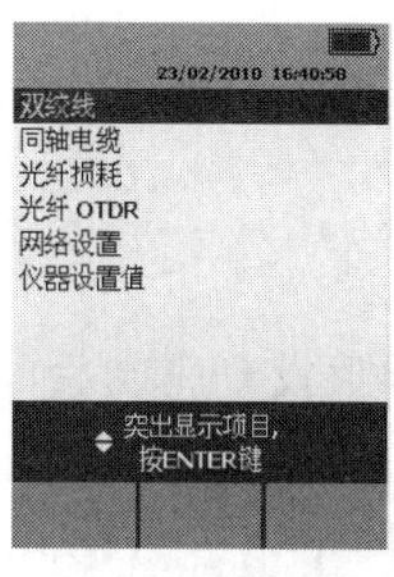

图 10-55　设置模式列表

（3）电缆类型选择

选择“双绞线”选项，进入子菜单对测试电缆类型进行设置，包括测试极限值和线缆类型，首先选择线缆的测试极限值对极限值进行选择，如图 10-56 所示。

图 10-56　测试极限值设置

（4）测试极限值选择

进入测试极限值选项后，可选择不同的电缆类型，如果所需要选择的标准未在屏幕上，可选择更多按钮，如图 10-57 所示。

图 10-57　选择电缆类型

（5）确定测试极限值

进入测试极限值选项列表后，选择更多按钮，选择列表最末端的其他选项，如图 10-58 所示。

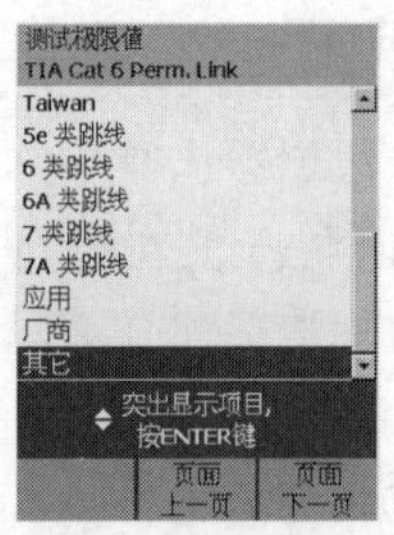

图 10-58 选择其他选项

（6）选择六类电缆标准

选择其他选项后，进入下级列表，选择其中的六类 100 m 电缆标准，即 TIA C6Cable 100m(LA)，如图 10-59 所示。

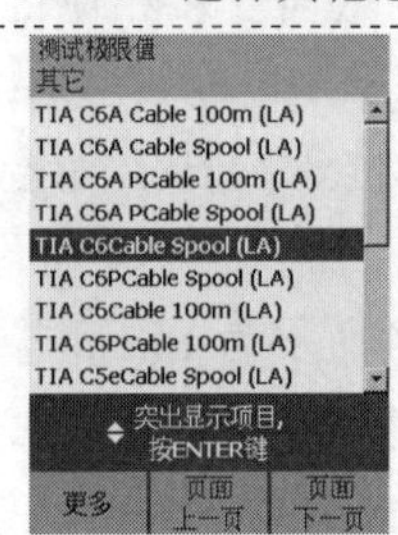

图 10-59 选择标准

（7）其他设置

测试极限值设置完成后可对线缆类型、NVP 值、插座配置进行设置，其中 NVP 值可根据产品说明书设置，如 69.0，插座配置是指打线色标，主要与被测对象的打线色标顺序一致即可，设置界面如图 10-60 所示。

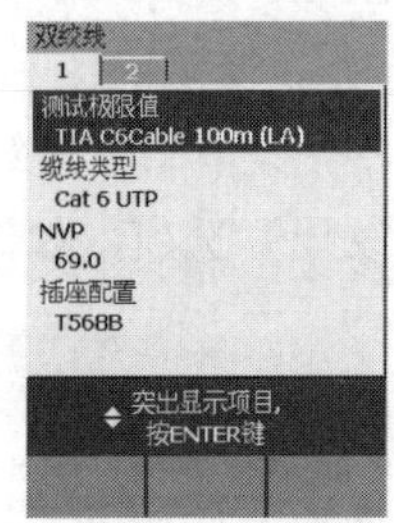

图 10-60 其他设置

（8）自动测试

将功能旋钮旋转到 AUTOTEST 模式，可以看到在屏幕上显示了当前测试极限值、线缆类型、操作员信息等相关内容，如确认无误可按下主机测试按钮 TEST 键开始测试，如图 10-61 所示。

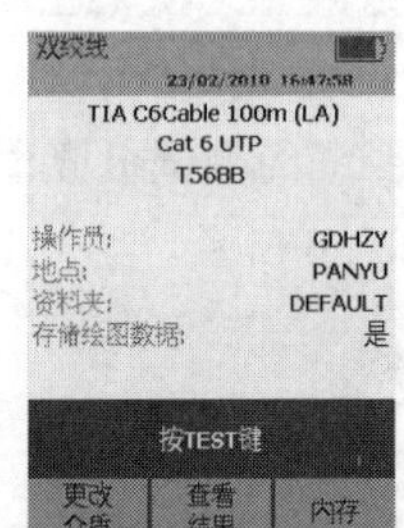

图 10-61 自动测试

（9）测试结果

测试完成后，可在屏幕上看到具体的测试结果，如图 10-62 所示。

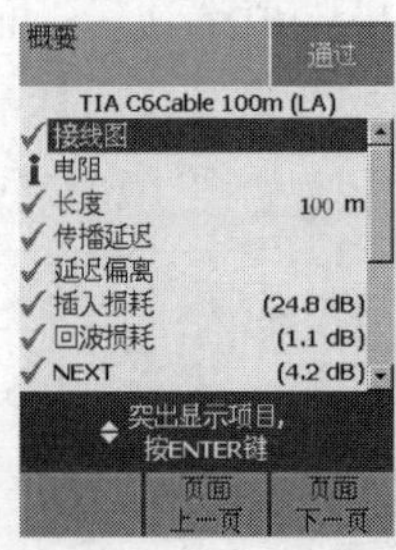

图 10-62 测试结果

（10）更换适配器

在进行基本跳线认证测试时，需要首先更换测试适配器，如图 10-63 所示。

图 10-63　更换适配器

（11）选择电缆类型

转动测试仪的旋转按钮，调整至测试仪设置模式，选择双绞线选项，进入子菜单后首先进行测试极限值的设置，选择其中的 6 类跳线，如图 10-64 所示。

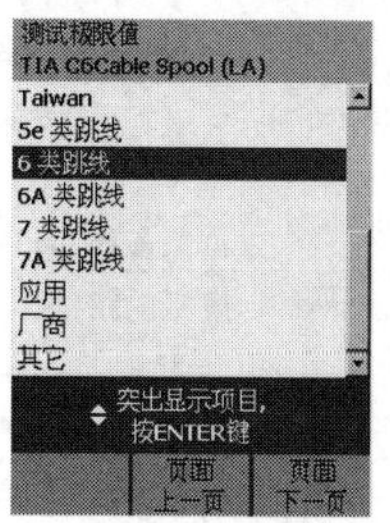

图 10-64　选择标准

（12）确认电缆类型

进入电缆类型选择界面后，可进一步选择电缆类型，如屏幕上未显示所需电缆类型，可选择“更多”按钮进行查找，如图 10-65 所示。

图 10-65　更多选项

（13）电缆类型选定

选择“更多”按钮后，可以更详细选择电缆类型，例如，选择 TIA Patch Cord Cat6 2.0m，如图 10-66 所示。

图 10-66 电缆类型选择

（14）自动测试

将功能旋钮旋转到 AUTOTEST 模式，按 TEST 键开始自动测试，如图 10-67 所示。

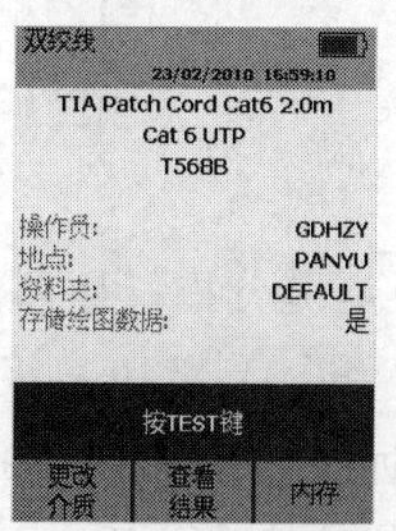

图 10-67　自动测试

10.3 通道永久链路认证测试

通道链路测试是用来测试端到端的链路整体性能，又被称作用户链路测试。通道链路通常包括最长 90 m 的水平电缆，一个信息插座，一个靠近工作区的可选的附属转接连接器，在楼层配线间跳线架上的两处连接跳线和用户终端连接线，总长度不得超过 100 m。在此使用福禄克公司的 DSX-5000 测试仪进行通道链路测试，连接方式如图 10-68 所示。

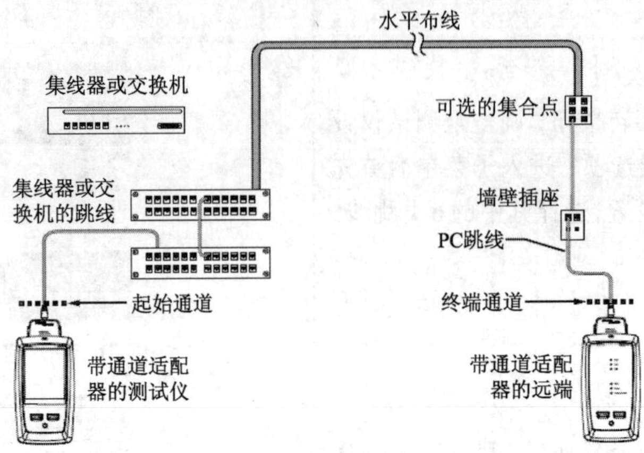

图 10-68 通道链路测试模型

永久链路又称固定链路，其将代替基本链路方式。永久链路是由 90 m 水平电缆和链路中相关接头组成，永久链路不包括现场测试仪插接线和插头，以及两端 2 m 的测试电缆，电缆总长度为 90 m。在此使用 FLUKE 公司的 DSX-5000 测试仪进行通道链路测试，连接方式如图 10-69 所示。

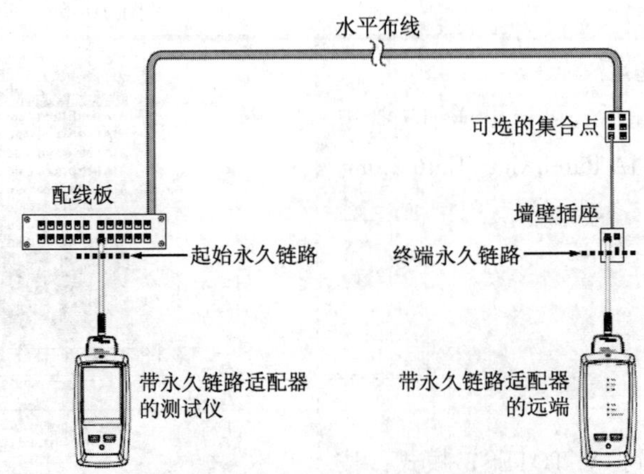

图 10-69 永久链路测试模型

DSX-5000 电缆分析仪是福禄克网络公司推出的经 Intertek（ETL）认证的，其精度符合 IEC 61935-1 的 IIIe 级、IV 级和 V 级要求以及 ANSI/TIA-1152 的 IIIe 级要求的认证测试仪。测试仪分为主机端和远端，如图 10-70 所示。

该款测试仪的特点包括：

- 采用模块化的设计理念，可以支持铜缆认证测试，光缆认证测试。

- 用户操作界面简单，可以防止操作失误。
- 可以根据测试结果生成测试报告。
- 得到了世界范围内超过 28 家电缆制造厂家的支持和认可。
- 内置外部串扰测试功能。

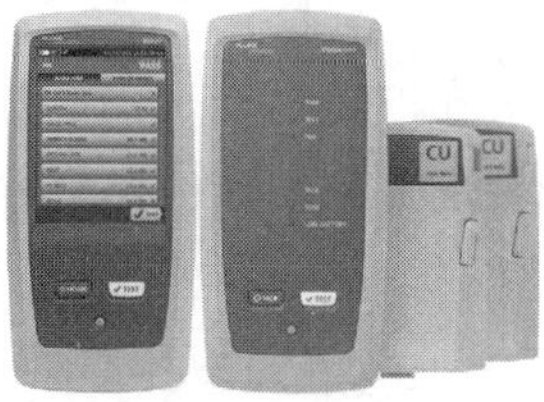

图 10-70　DSX-5000 电缆分析仪

具体测试过程：

（1）初始化设置

使用测试仪进行相关测试前，需要对测试仪进行初始化设置，包括语言设置，测试仪校准等，首先在主界面上选择“工具”选项卡，如图 10-71，并在其中选择“设置参照”选项，开始进行测试仪自我校验。

图 10-71　设置参照

（2）自校验设置

在主机端安装 DSX-PLA004S 永久链路适配器，在远端机上安装 DSX-CHA004S 通道适配器，然后将永久链路适配器末端插在 DSX-CHA004S 通道适配器上，并在设置参照选项卡界面中选择“测试”按钮，如图 10-72 所示。

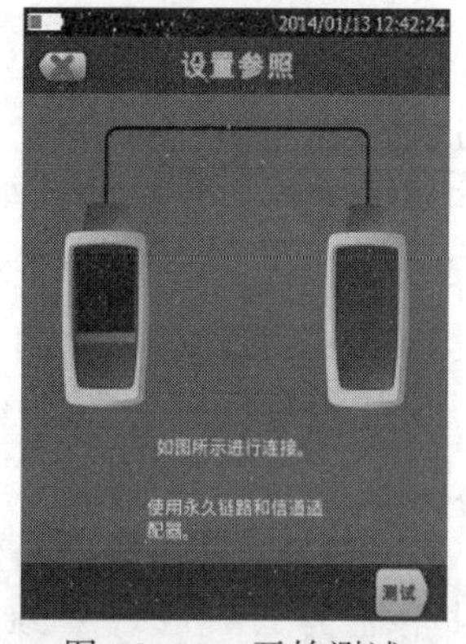

图 10-72　开始测试

（3）设置操作员

在主界面中，选择操作员选项卡，进行操作员的基本情况设置，选择编辑列表，可以进行删除原有操作员，新建操作员等设置，如图 10-73 所示。

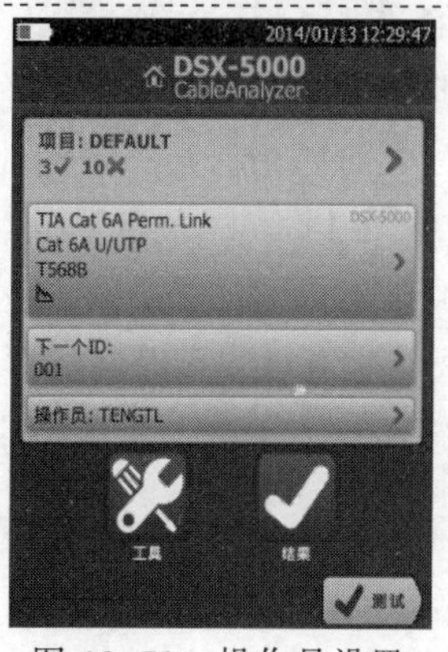

图 10-73　操作员设置

（4）选择测试仪

在主界面中，选择测试设置，可以对测试内容进行更改，包括测试仪型号，电缆类型，NVP值，测试极限值，存储绘图数据，插座配置等，此次实验中，选择的测试仪型号为DSX-5000，如图10-74所示。

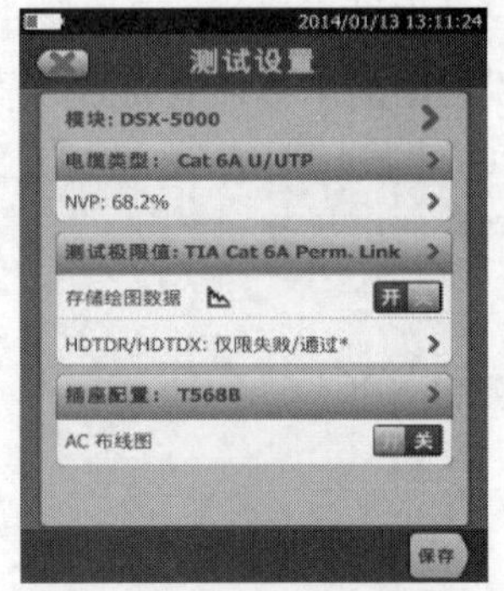

图10-74　测试仪型号选择

（5）选择电缆类型

选择了正确的测试仪型号后，可以根据实际情况选择正确的电缆类型，例如，选择Cat 6A U/UTP，如图10-75所示。

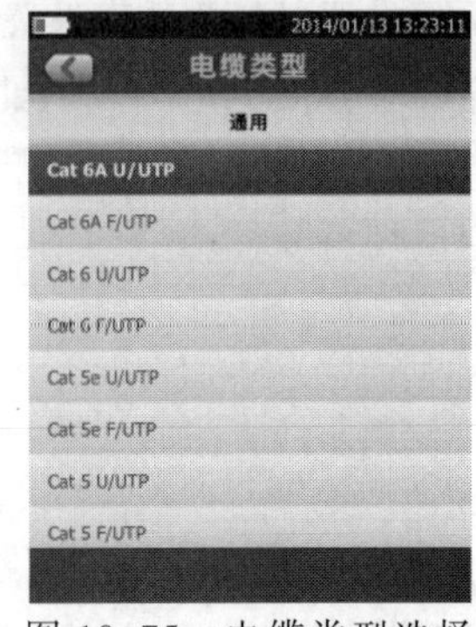

图10-75　电缆类型选择

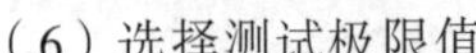

（6）选择测试极限值

根据测试链路要求选择正确的极限值，如果需要测试的是通道链路模型，需要在主机端和远端都安装DSX-CHA004S通道适配器，如果测试的是永久链路模型，需要在主机端和远端都安装DSX-PLA004S永久链路适配器，在此次实验中，以CAT 6A通道链路模型为例，选择测试极限值为TIA CAT 6A CHANNEL，并选择“保存”按钮保存设置，如图10-76所示。

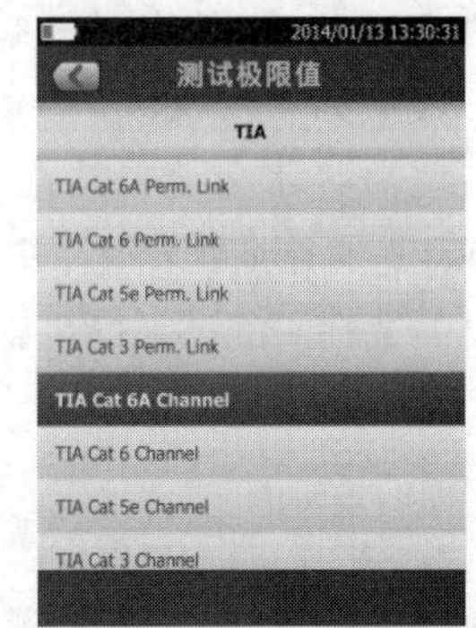

图10-76　测试极限值选择

（7）选择测试选项

根据实际链路情况选择正确的测试内容，例如，选择CAT 6A通道链路测试，使用DSX-5000测试设备，并使用插座配置为T568B，选择完成后，可以选择“测试”按钮开始进行链路自动测试，如图10-77所示。

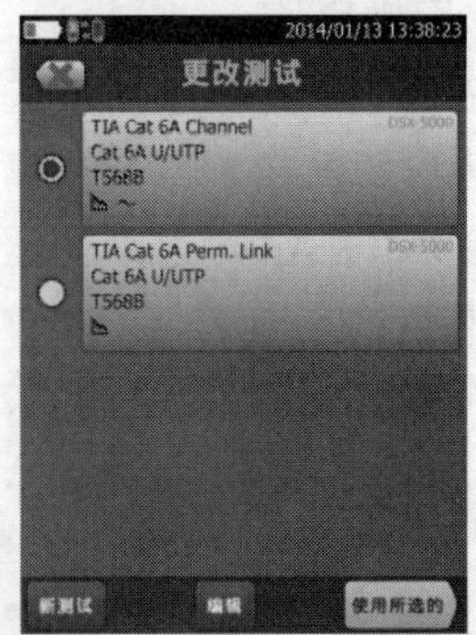

图10-77　选择测试选项

（8）测试进程

选择正确的测试条目后，开始进行链路测试，测试进程如图 10-78 所示，测试完成后查看具体测试内容。

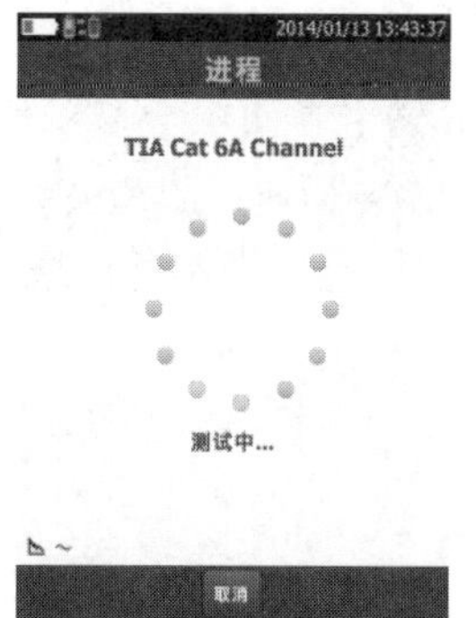

图 10-78　测试进程

（9）测试结果

测试完成后将会显示相关测试结果，用户可以选择对应内容进行查看详细信息，如图 10-79 所示。

图 10-79　测试结果

（10）错误数据查看

完成自动测试后，用户可以直接通过触摸屏幕的方式查看错误线对的故障现象，可以对每一个故障点进行详细的内容分析和查看，并可以了解数据最差值等详细信息，如图 10-80 所示。

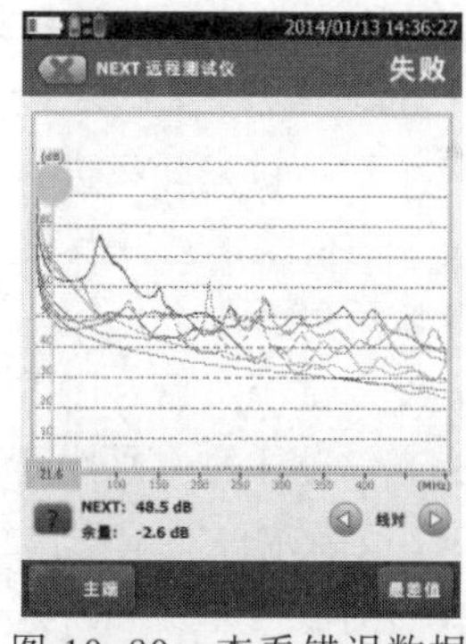

图 10-80　查看错误数据

（11）保存结果

一旦测试结果存在错误，仪器将允许用户进行两种选择，其一是稍后解决，其二是再次测试，如果选择稍后解决，将进入到测试结果保存界面，在电缆 ID 处输入名称，选择进行数据的保存，如图 10-81 所示。

图 10-81　保存结果

（12）查看结果

在测试仪主界面中会显示所有测试结果的基本情况，包括通过的和失败的具体数值，选择该选项后，可以对测试的结果内容进行详细查看，如图 10-82 所示。

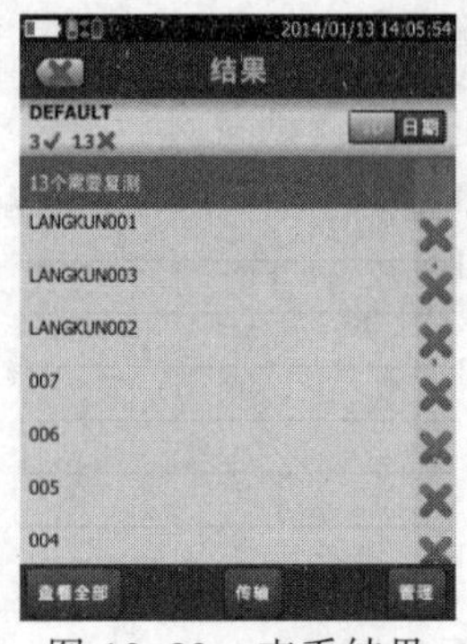

图 10-82　查看结果

10.4　光纤测试技术

目前在综合布线工程中使用光缆进行铺设的工程已经越来越多，在完成一项光缆铺设任务后，结束该项工程前，必须对光缆进行一次全面的测试和评估，其目的是为了证明光缆铺设和端接是否正确，一般要求对每条光缆进行逐一测试，还要对每条光缆内的每束光纤进行测试，以确保其端接和铺设正确。在进行光纤测试前，首先必须选购合适的光纤测试设备，即光纤测试仪，一般此类设备由两部分组成，一个是光源，包括发光二极管（LED）和半导体激光，主要用于发送测试信号。另一部分是光功率计，负责测量接收到的信号。

光纤测试比跳线测试和链路测试难度都大，在进行光纤测试前必须首先了解光纤的测试等级及测试内容。所谓光纤测试等级是指在现场进行光纤测试时的测试级别，一般可分为两个级别，即等级 1 和等级 2。

（1）等级 1 是指对光纤只进行衰减和长度测试，使用的设备有光功率计等。

（2）等级 2 是指除了衰减及长度测试外还可以进行 OTDR 断点测试，进行等级 2 测试时需要使用到光时域反射计。

了解了光纤测试等级后，还需要清楚光纤测试的具体内容，在工程中进行光纤测试时，其测试内容包括有：光纤的连通性测试，光纤的输入输出功率测试，光纤的衰减和损耗测试，光纤的长度测试，故障定位测试等内容。以下就以其中一束光纤为例，进行详细的光纤测试分析。

根据光纤的测试内容，可以将光纤的测试技术分为 4 种类型，即光纤的连通性测试、光纤的衰减和损耗测试、收发功率测试、反射损耗测试。

10.4.1　光纤的连通性测试

连通性测试是最简单的测试方法，只需在光纤的一端导入光线（如手电光，闪光灯等），在光纤的另外一端查看是否有光线闪烁即可。连通性测试的目的是为了确定光纤中是否存在断点。这种方法可对配线盘中的每根光纤进行快速检测，非常便利和实用。

但由于连通性测试使用的是发光二极管做测试光源，光源的光级别较低，使得实际进入光纤芯子的光较少，结果是导致这些光经过长距离的传输后很难被看到或者根本就看不到。

10.4.2　衰减损耗测试

光纤的衰减损耗测试一般采用光损耗测试仪，这种设备由两部分组成，一是光功率计和另一个是光纤测试光源。光功率计是测试光纤布线链路的基本测试设备，如图 10-83 所示，它可以测量光纤的出纤功率，大多数的光功率计是手提式设备，测试波长根据测量对象的不同而改变，可分为 850 nm 和 1 300 nm（多模光纤）、1 310 nm 和 1 550 nm（单模光纤）。光纤测试光源是一种能提供稳定光脉冲的设备，如图 10-84 所示，光纤测试光源必须与光功率计相匹配，其波长也必须符合测试要求。在测试多模光纤时使用到的光源通常是 LED，产生波长为 850 nm 和 1 300 nm 的稳定光脉冲。在测试单模光纤时一般使用激光作为光源，波长一般选用 1 310 nm 和 1 550 nm。

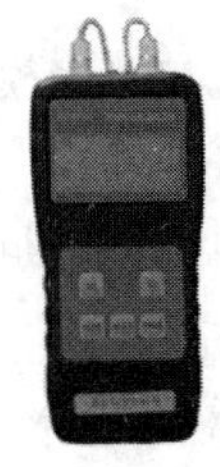

图 10-83　光功率计

图 10-84　测试光源

10.4.3　收发功率测试

收发功率测试是测试布线系统光纤链路的有效方法，使用的设备是光纤功率测试仪和一段跳接线，在实际情况下，链路的两端可能相距很远，但只要测得发送端和接收端的光功率，就可判断出光纤链路的状况，具体操作如下：

（1）在发送端将测试光纤取下，用跳接线取而代之，跳接线一端为原来的发送器，另一端为光功率测试仪，使光发送器开始工作，这时在光功率测试仪上就能测得发送端的光功率值。

（2）在接收端使用跳接线取代原来的跳线，接上光功率测试仪，在发送端的光发送器工作的情况下，即可测得接收端的光功率值。

发送端和接收端的光功率值之差，就是该条光纤链路上所产生的损耗。

10.4.4　反射损耗测试

反射损耗测试是光纤链路维护时非常有效的一种手段，它使用光时域反射计，又称光纤时间区域反射仪（OTDR）来完成测试工作，其原理是利用导入光与反射光的时间差来测定距离，如此可以准确判断出故障所在的位置。OTDR 将探测脉冲注入光纤，在反射光的基础上估计光纤的长度。OTDR 适用于故障定位，特别是用于确定光缆断开或损坏的位置。

OTDR 一般采用激光作为其测试光源，通过测试会最终形成一份 OTDR 测试曲线，如图 10-85 所示。

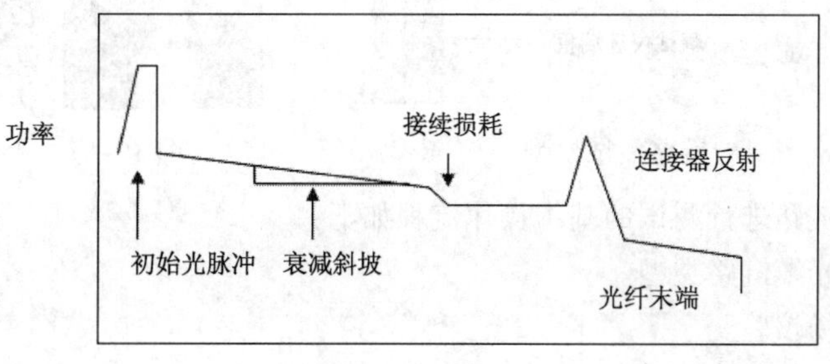

图 10-85　OTDR 曲线

10.4.5 光纤测试标准

光纤的测试必须符合工业标准和光纤测试标准的规定，光纤性能规范的标准主要来自于ANSI/TIA/EIA-568-A 和 ANSI/TIA/EIA-568-B.3 标准。这些标准对光缆性能和光纤链路中的连接器和接续子的损耗都有详细的规定。

ANSI/TIA/EIA-526-7 关于单模光缆设备的功率损耗的测试标准。规定了单模光缆布线系统的测试程序。

ANSI/TIA/EIA-526-14 关于多模光缆设备的功率损耗的测试标准。规定了多模光缆布线系统的测试程序。

ANSI/TIA/EIA-455-171A 关于短尺寸多模光缆，折射率渐变光缆和单模光缆组合的衰减测试标准。

ANSI/TIA/EIA-455-61 关于用 OTDR 测试光纤或光缆的衰减的测试标准。

ANSI/TIA/EIA-568.3-D 规定了对光纤、连接器、连接以构建及转接线的要求，采用了 TIA 568-C.0 中的极性内容，使用与 TIA 568-C.0 中相同的光测量方法，支持平行和阵列连接器，OM3 和 OM4 损耗降低至 3.0 dB/km，规定必须采用环通量接入线条件等内容。

此外在 ISO 中也更新了相关的规范，例如，ISO 14763-3 已安装光纤布线测试标准，增加了布线接口的视检标准，增加了接口推荐清洁方法等。

10.4.6 光纤链路测试

光纤链路的测试是指对光纤的整个布线链路进行测试，测试内容包括耦合器、光纤接线盘、尾纤、布线光缆、光纤跳线等，测试模型如图 10-86 所示。

目前对光纤链路的测试设备有很多，如 IDEAL 公司的 LANTEK 及 FLUKE 的 DTX 系列，但由于光纤接口与线缆的接口完全不同，因此在测试前必须为测试仪更换测试模块，如图 10-87 所示。

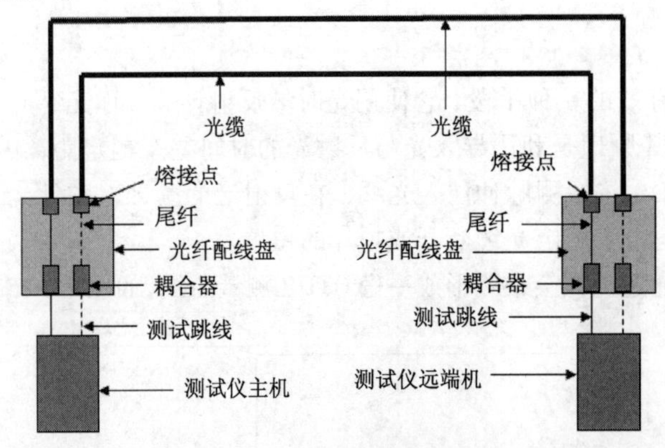

图 10-86 光纤链路测试模型

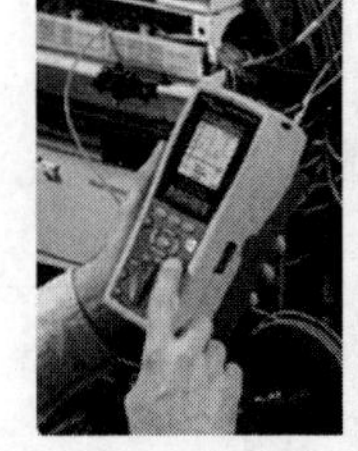

图 10-87 光纤测试设备

测试仪对光纤链路进行测试的基本操作流程如下：

（1）选择测试光缆链路类型。

（2）测试仪现场校验。

（3）对光纤链路进行自动测试。

（4）测试结果保存。

以下就以 LANTEK 测试仪和 DTX 测试仪对多模光纤链路测试为例进行具体介绍。

DTX 测试仪具体测试过程：

（1）安装光纤模块

进行光纤测试前首先需要更换测试模块，由于涉及的测试为光纤一级测试，因此需要使用 DTX 系列光纤长度损耗测试模块，如图 10-88 所示。

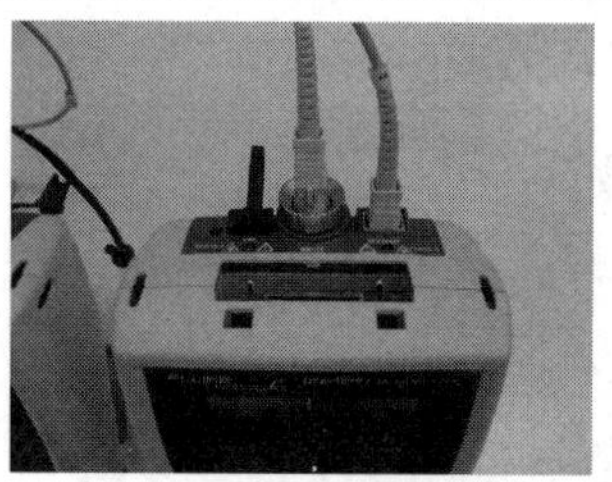

图 10-88　更换模块

（2）更换介质

在进行测试前，首先需要使用功能键【F1】选择“更改介质”选项，将测试仪转换成光纤测试界面，如图 10-89 所示。

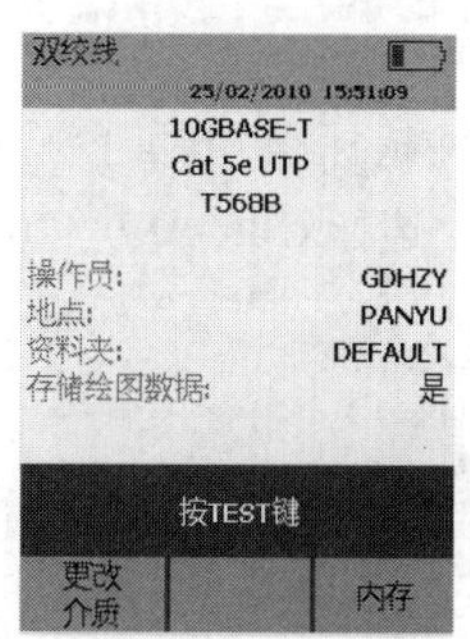

图 10-89　更换介质

（3）光纤损耗设置

选择“更换介质”选项后，出现“介质类型”选项列表，在其中需要首先选择“光纤损耗”选项，选择正确的光缆类型，如图 10-90 所示。

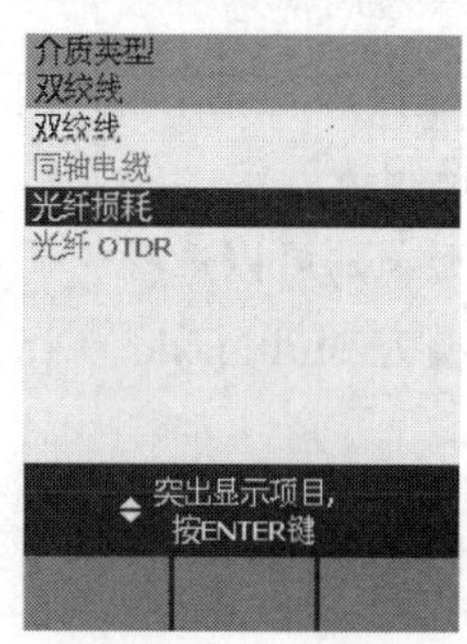

图 10-90　光纤损耗设置

（4）光纤测试极限值

选择了“光纤损耗”选项后，需要首先确定测试极限值，选中“测试极限值”，并按【Enter】键确认，如图 10-91 所示。

图 10-91　测试极限值设置

（5）选择标准

选取了测试极限值后，可进入下级列表，在该列表中选择 China 选项，如图 10-92 所示。

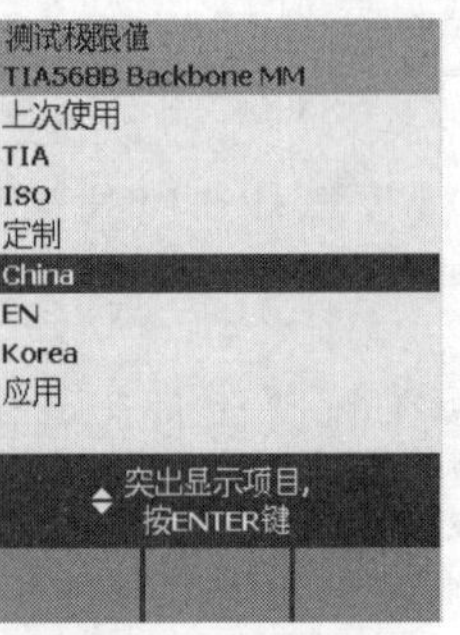

图 10-92 选择标准

（6）确认标准

进入下级列表后，可查看该款测试设备所拥有的光纤测试标准，在其中选取正确的测试标准，例如，选择 GB50312—2007 Fiber Link，如图 10-93 所示。

图 10-93 确认标准

（7）光纤类型选择

确定测试极限值后，还需要确定光纤类型，可以选择制造商定义的光纤类型，如果不知道具体类型，则可以选择"通用"类型，如选择光纤类型为 Multimode 62.5，如图 10-94 所示。

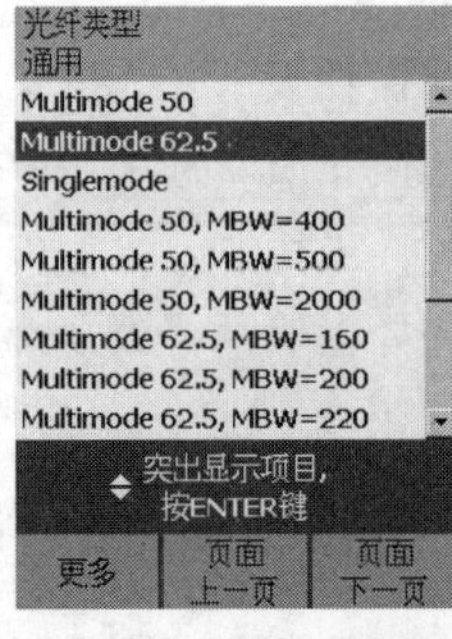

图 10-94 光纤类型设置

（8）远端端点设置

确认了测试极限值和光纤类型后，还需要进行远端端点设置，具体包括智能远端，环路，远端信号源等内容的设置，一般可以选择智能远端，在双向选项卡中，选择双向，

即光纤两个方向的衰减值都要测试，测试合格意味着今后这根光纤可以任意互换收发模块的方向，如图 10-95 所示。

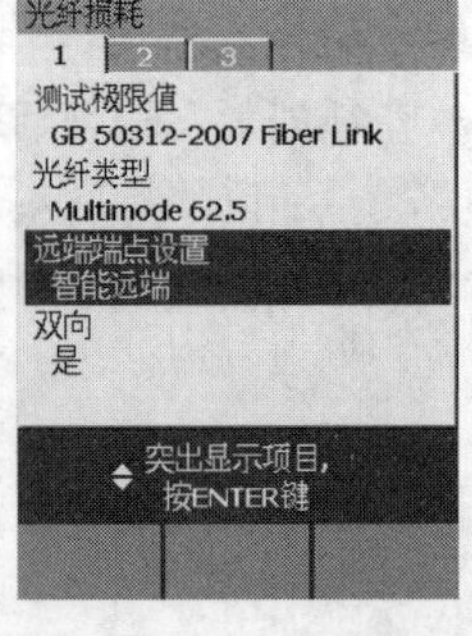

图 10-95 远端端点设置

（9）适配器熔接点设置

设置完成相关的测试极限值、类型等内容后，还需要选择第 2 个标签，在该标签中需要对适配器数目、熔接点数目、连接器类型等内容进行设置，这些选项对提高测试精度和准确性有重要影响，其中适配器数目是指被测光纤链路中的连接器的数量，一般的光纤链路只有链路“首、尾”两个适配器，中间有跳接的则需要增加计算在内，如图 10-96 所示。

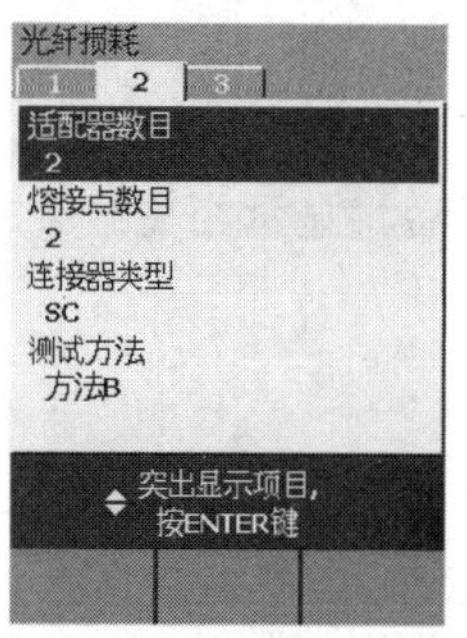

图 10-96　适配器设置

（10）准备校准

完成相关参数设置后，需要将旋钮转动至 SPECIAL FUNCTIONS，开始设置基准，如图 10-97 所示。

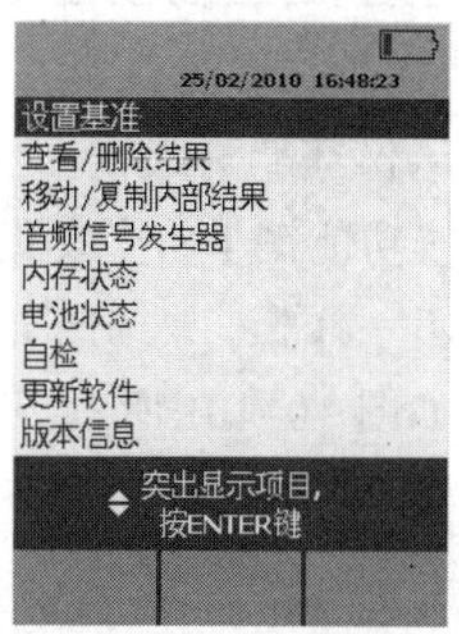

图 10-97　准备校准

（11）选择适配器

进入设置基准选项，在其中选择“光缆模块”选项，如图 10-98 所示。

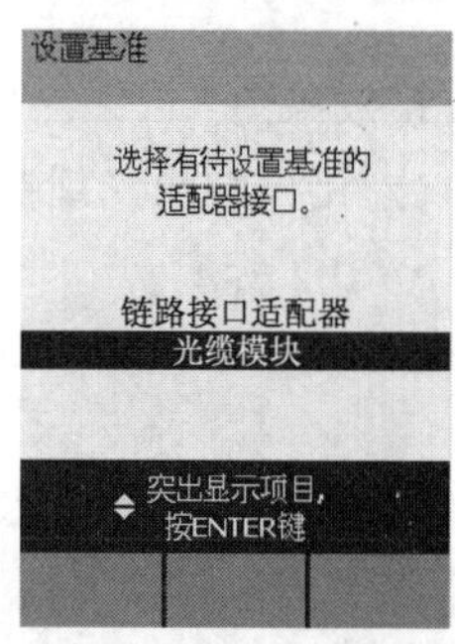

图 10-98　选择适配器

（12）设备连接

选择了光缆模块后，屏幕将出现具体连接界面，按照仪器屏幕显示的提示，将两对测试跳线（1#和 2#）各挑出一根连接主机和远端机的对应 OUTPUT 端口和 INPUT 端口，为了避免识别混乱，每根测试跳线两端都有颜色标记（一端红、一端黑），跳线的连接要点是：“红入黑出”，即让光从跳线的红色端进入，从黑色端输出，如图 10-99 所示。

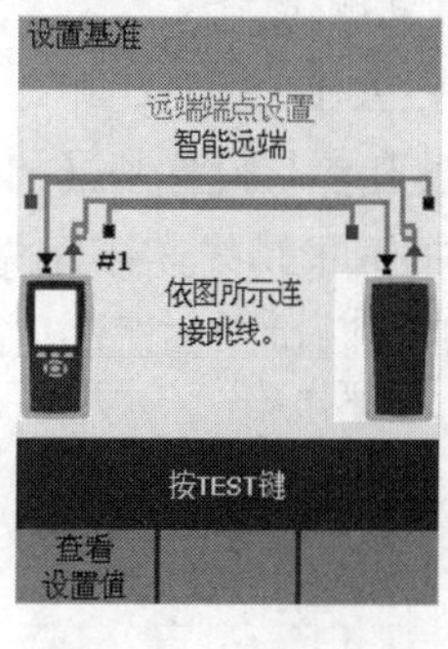

图 10-99　连接设备

（13）基准校验

连接完成后按下 TEST 键，开始进行基准设置，完成后将显示相关结果，如图 10–100 所示。

注意：

跳线与仪器连接的插头在之后的测试过程中不能拔出，否则测试精度会受影响，必须重新进行基准设置。

图 10–100 测试结果

（14）跳线长度设置

完成测试仪基准测试后，还需要进行跳线长度设置，按功能键【F1】设置跳线长度，测试跳线可以不一样长，并按照屏幕显示进行光缆的连接，如图 10–101 所示。

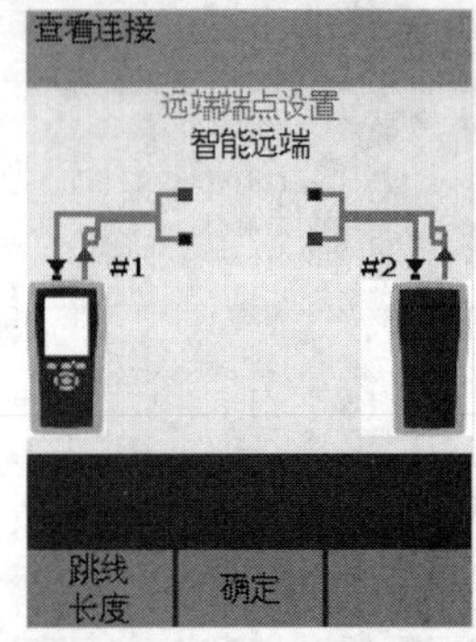

图 10–101 跳线长度设置

（15）连接效果图

将测试仪连接到被测光纤链路中，连接效果图，如图 10–102 所示。

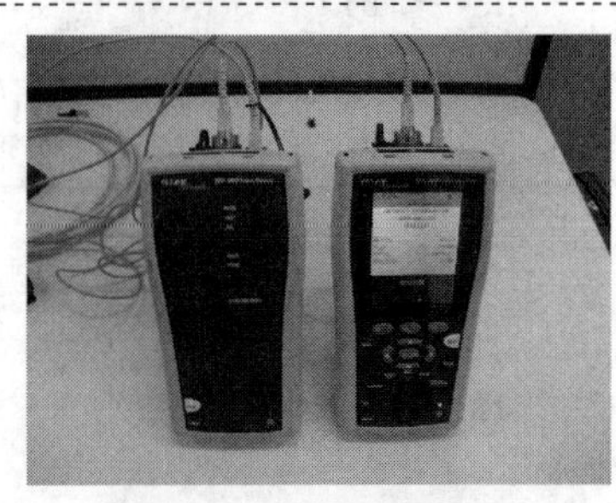

图 10–102 连接效果图

（16）自动测试

旋转旋钮置于 AUTOTEST 档位准备进行测试，使用没有参与设置基准的两根跳线和参与基准设置的两根跳线连接好两根被测光纤，按 TEST 键开始测试，如图 10–103 所示。

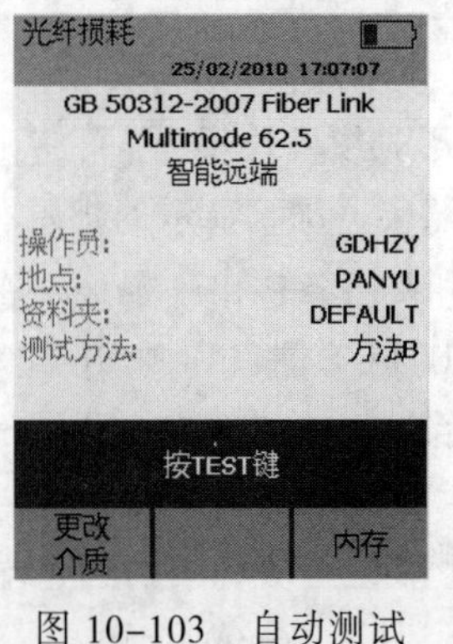

图 10–103 自动测试

（17）第一部分完成

一个方向测试完成后屏幕提示交换测试跳线插入位置再测试另一个方向（因为一根光纤的衰减值两个方向是不同的，都要进行测试），切换好后，按【F2】确定键继续完成另一个方向的测试，如图 10-104 所示。

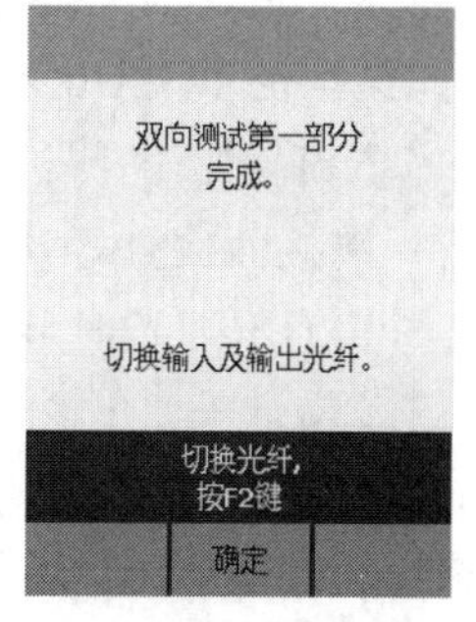

图 10-104　第一部分完成测试

（18）完成测试

完成测试后会在屏幕上显示结果概要，如图 10-105 所示。可以移动光标进入想要查看的结果查看测试参数的详细结果，按下 SAVE 键可保存结果。

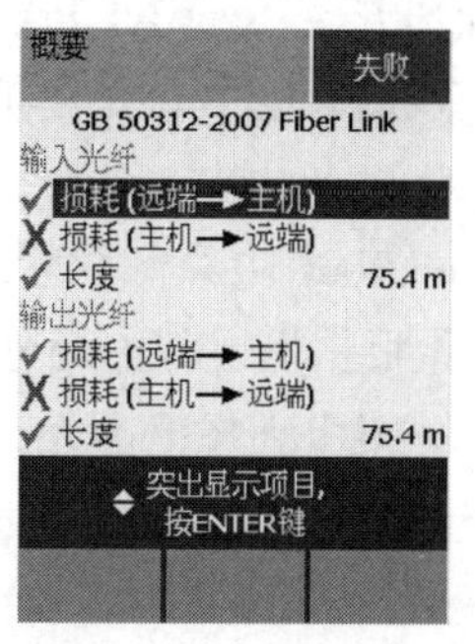

图 10-105　测试完成

10.5　反射损耗测试

反射损耗测试是指使用光时域反射计（OTDR），对断点进行测试和判断，是光纤链路维护时非常重要的一种手段。然而 OTDR 测试对设备和操作要求都很严格，如果需要掌握全部 OTDR 系统的测试技术，相对比较困难，因此很多厂商提供了一些直观简便的测试设备和模块，以求快速准确的进行故障定位，如 IDEAL 公司的 TRACETEK 模块、FLUKE 公司的 DTX 专用紧凑型 OTDR 模块、FLUKE 公司的 OptiFiber 光缆认证（OTDR）分析仪、安捷伦公司的 E6020B FTTx OTDR 等，都是此类产品，以下就以 FLUKE 公司的 OptiFiber 光缆认证（OTDR）分析仪为例进行相关测试介绍。

FLUKE 公司推出了 2 种测试方案来进行 OTDR 测试，其一为 DTX 紧凑型 OTDR，其二为 OptiFiber 光缆认证（OTDR）分析仪。

DTX 紧凑型 OTDR 是全功能的光时域反射计（OTDR）模块，附加在福禄克网络 DTX 电缆分析仪上使用。它使 DTX 成为一个完整的、易于使用的 OTDR，能够截获并分析单模和多模光纤的信号。如图 10-106 所示，其主要功能包括：

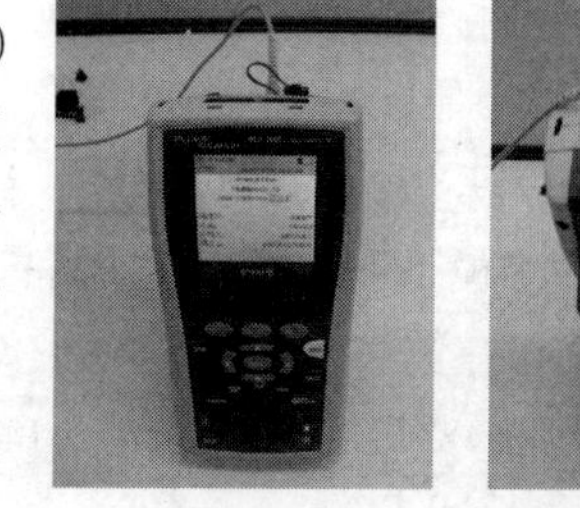

图 10-106　DTX 紧凑型 OTDR

- 利用“DTX 紧凑型 OTDR”执行具有专家水准的测试与检测。
- 可测量 850 nm、1 300 nm、1 310 nm、1 550 nm 单模和多模链路的 OTDR 曲线。

- 借助功能强大的 DTX，执行扩展二级认证测试。

OptiFiber 光缆认证（OTDR）分析仪是第一台将光缆损耗/长度测试、自动 OTDR 分析、端接面检查等功能集成在一起的现场 OTDR（光时域反射计）测试仪，可以满足千兆、10 千兆或更高速度网络应用的严格测试需求。如图 10-107 所示，其主要功能包括：

图 10-107 OptiFiber 光缆认证（OTDR）分析仪

- 利用集成的 ChannelMap™、自动 OTDR 和光纤端面检查工具，诊断并解决光纤线路问题。
- 界面操作方便、外形小巧、重量轻便，可大大提高工作效率。
- 通过集成的自动 OTDR 分析、自动损耗和长度测量、光纤端面检查等功能进行光纤认证。
- 事件盲区短，非常适合在企业、校园、城域网络的环境下使用。
- 通过 LinkWare 电缆测试管理软件记录光纤测试结果。

OTDR 测试根据发展历史可分为干线型 OTDR 和园区网型 OTDR，干线型需要支持长距离断点定位测试，要求动态范围大（比如 35 dB 以上），但对于解析度则要求不高（比如不能识别 2 m 的跳线，而可能把一根 15 m 的跳线认为是一个连接器）。园区网型 OTDR 则要求解析度高，能识别短跳线，长度一般不超过 20 km，所以动态范围要求 20 dB 左右即可满足要求。

以下我们就以福禄克公司的 OptiFiber 光缆认证（OTDR）分析仪为例介绍具体测试步骤：

具体测试过程：

（1）更换测试模块

开机，初始界面如图 10-108 所示。连接发射补偿光纤到 OTDR 测试端口，确认被测光纤当中没有光信号，然后将一段"发射补偿光纤"的另一端插入被测光纤链路的插座（如果第一个被测连接点是插头，则用耦合器接入）。使用发射补偿光纤的目的有两个，一是减少仪器 OTDR 测试接口的磨损，延长端口的使用寿命（被磨损的是发射补偿光纤），另一个重要目的就是避开发射死区，使得第一个连接点的质量状况也能被精确测试，不受发射死区的影响。同样地，如果希望精确查看对端（最后一个）连接器，那么需要在对端也连接一段"接收补偿光纤"。补偿光纤（卷）一般建议多模 100 m，单模 130 m，这样的长度可以完全保证第一个或最后一个连接点的质量完全不受补偿光纤长度的影响（过短的补偿光纤会影响分析精度）。

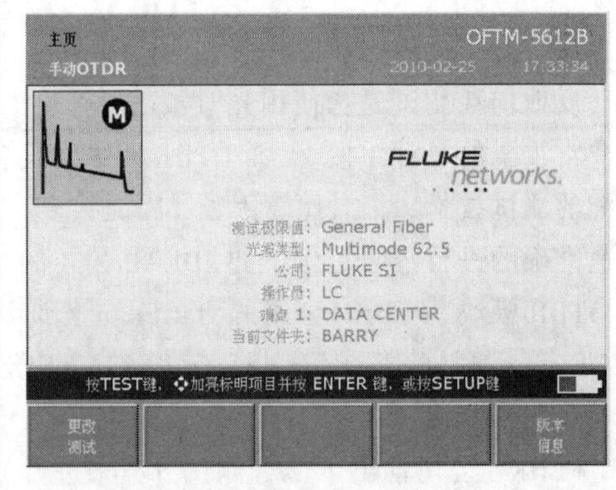

图 10-108 主界面

（2）开始测试

按下白色 TEST 键，仪器开始自动测试。由于被测链路的首个接头的质量可能对测试结果影响很大，故仪器会自动对第一个被测端口进行质量评估（分为差、可、好三级）。如果是差，则需要先更换测试跳线或者清洁第一个测试插头，如图 10-109 所示。

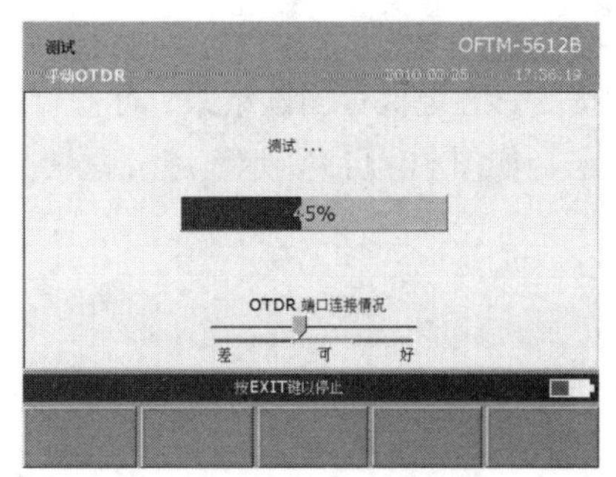

图 10-109　开始测试

（3）测试结果

测试结果“概要”如图 10-110 所示，此结果为一个非常典型的万兆高速链路故障测试结果：电缆长度是 228.53 m（OM3 光纤），没有超过 300 m 长度限制。衰减值是 3.13 dB，通过。但链路的误码率很高，网速受到了较明显的影响。问题的原因可能是链路中有质量比较差的连接点或者熔接点。

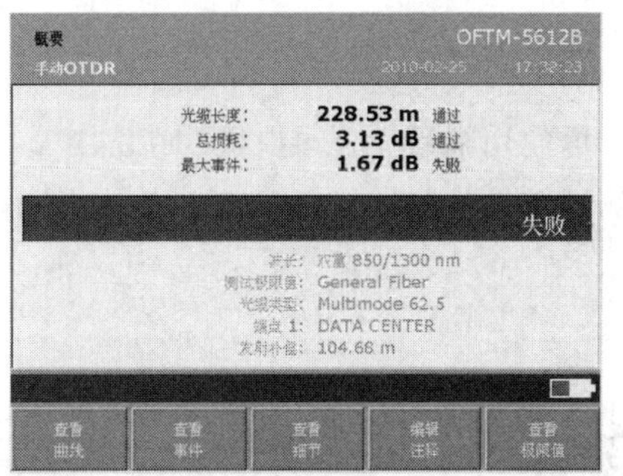

图 10-110　测试结果

（4）查看结果

按【F2】“查看事件”键，显示链路中的各个“事件”的列表。其中，在 50 m 处的连接器损耗超差（达到了 1.67 dB，失败，需要用光纤显微镜观察质量原因，或者需要重新清洁），61 m 处的熔接点超差（达到了 1.22 dB，失败，需要重新熔接），这很可能就是引起万兆链路误码率升高的真正原因。根据统计结果，高速光纤链路误码率升高的主要原因 90% 是因为接头污染（灰尘、手纹），如图 10-111 所示。

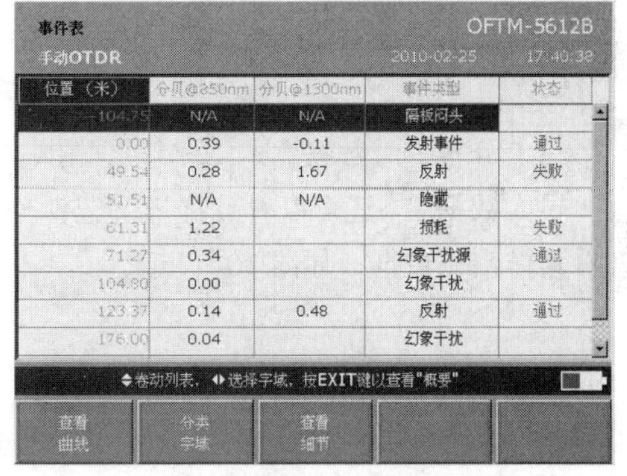

图 10-111　查看结果

（5）查看曲线

按下【F1】“查看曲线”键还可以直观地查看 OTDR 测试曲线，如图 10-112 所示。从测试结果图中可以观察到 50 m 和 61 m 的异常情况。

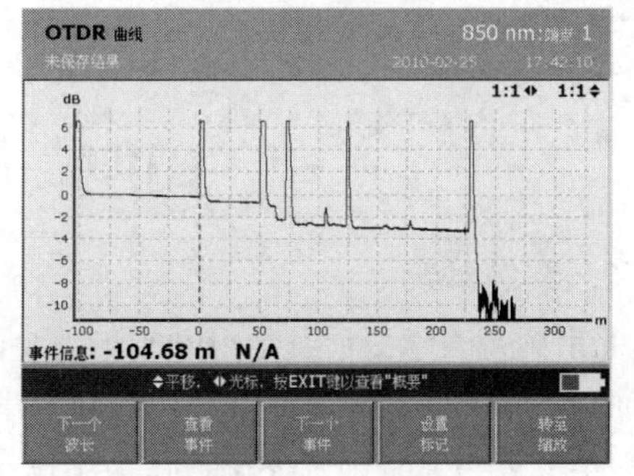

图 10-112　查看曲线

（6）保存结果

按 SAVE 键保存测试结果，可进行标识码的确定，如图 10-113 所示。

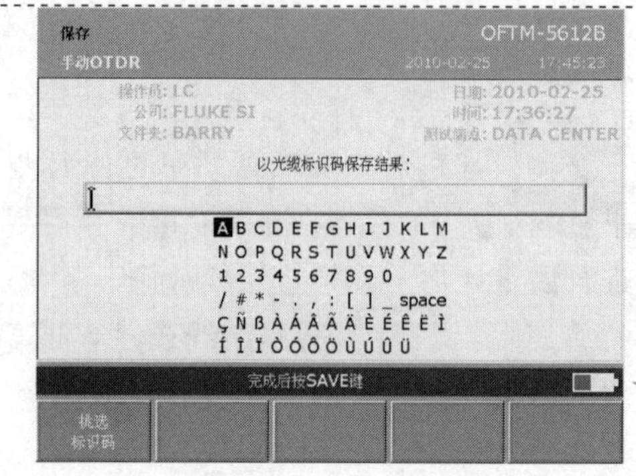

图 10-113　标识码更改

（7）读取数据

可使用福禄克公司提供的 LinkWare 软件将测试结果从测试仪中读取出来，如图 10-114 所示。

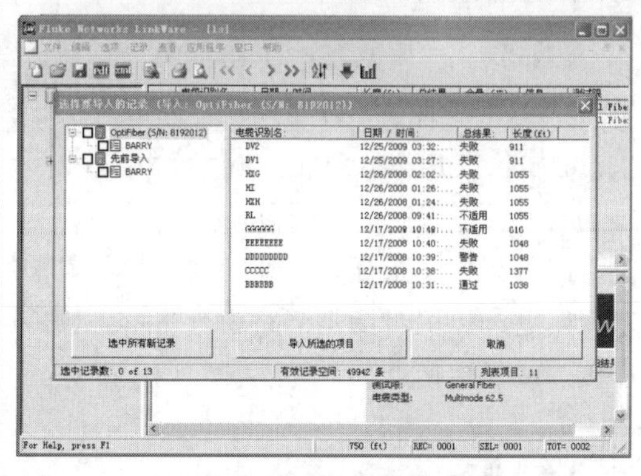

图 10-114　读取数据

（8）分析查看数据

导入数据后，还可以对数据记录记性分析查看具体测试数据，如图 10-115 所示。

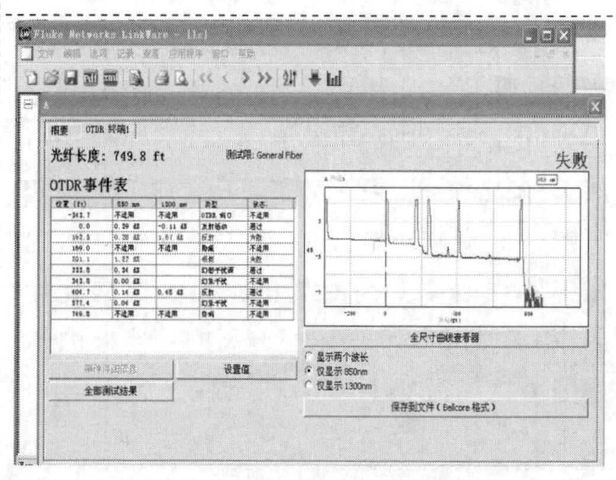

图 10-115　分析查看数据

10.6　测试案例介绍

1. 案例背景

北京师范大学的前身是 1902 年创立的京师大学堂师范馆，她开创了中国现代高等师范教育的先河。1908 年改称京师优级师范学堂，独立设校。1912 年改名北京高等师范学堂，1923 年更名为北京师范大学，成为中国历史上的第一所师范大学。学校校园现有建筑面积

57 万平方米。在校学生 20 000 余人，其中：全日制本科生 7 000 余人，研究生 5 000 余人，留学生 1 000 余人；继续教育学院和网络教育学院学生 10 000 余人。学校现有教职工近 2 500 人，有 15 个学院，12 个系，12 个研究院、所、中心。建校 100 多年来，学校为国家培养了大批的优秀人才。

随着现代化教育的发展趋势，计算机教学成为现代教育发展的必由之路，北京师范大学的不断增扩和建设的校园网为网络教学、学生查阅信息、教学交流营造了一个良好的网络环境。

北京师范大学校园网的主体主要由主办公楼、数学楼、科技楼、电子楼、化学楼、图书馆、物理楼、学生宿舍等建筑组成，楼与楼之间由多模光纤连接，楼内到桌面为超五类双绞线，校园网通过单模光缆连到北邮接入因特网，信息点上千个，逻辑拓扑图如 10-116 所示。

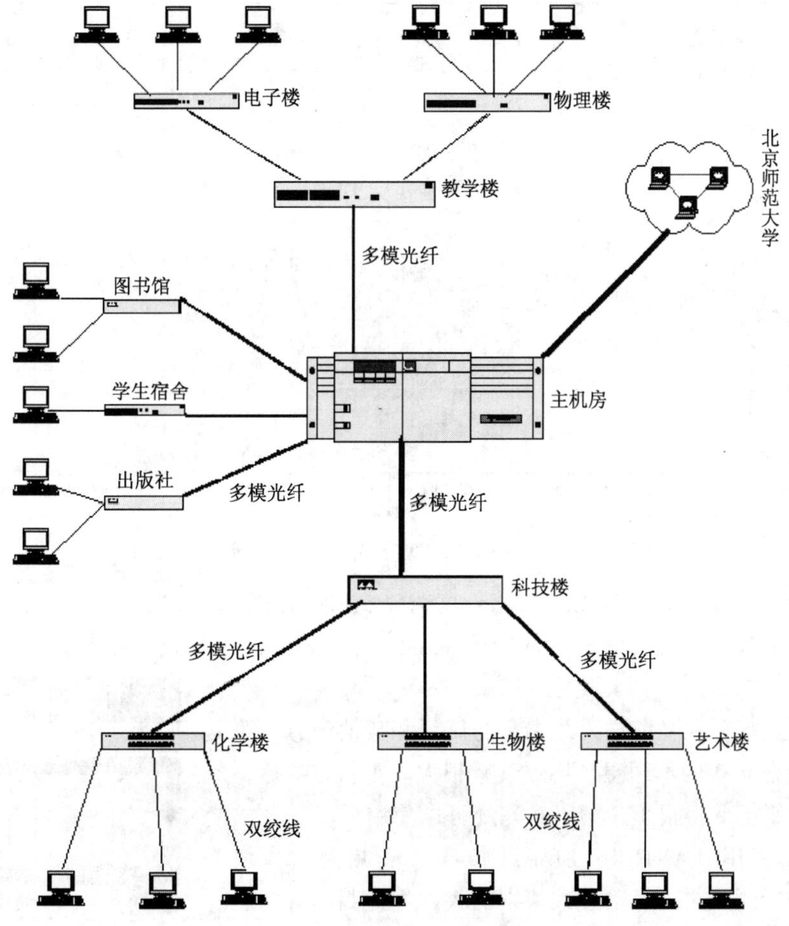

图 10-116　网络拓扑图

由于网络庞大，信息点上千，光缆数量众多，要保证整个网络的健康运行，维护人员的工作量可想而知。为了尽可能地维护网络正常运转，迅速查找网络故障，减轻网络维护人员的工作量，北京师范大学网络中心于 2003 年底购入一整套美国 IDEAL 公司的 LANTEK 6 线缆光纤测试仪，包括光缆长度、衰减测试模块和光缆故障定位模块，为网络中使用的光缆、线缆的质量提供了强有力的保证，大大减少了解决线缆、光纤故障的工作时间。网络中心购入设备后对网络中存在的线缆、光缆故障进行了查找，发现了下列故障点，并进行了及时排除。

2. 故障点描述

故障一：校园网络中心主机房到北京师范大学的 6 芯单模光缆中有两芯不能通信。

故障二：从网络中心到数学楼的 8 芯多模光缆中有两芯不通。

3. 故障点分析

故障一：大致可判断这两芯光纤可能衰减过大或已经折断。通过使用 LANTEK 6 加光纤故障定位模块 TRACETEK 测得的图形上传计算机后，显示图形如图 10-117 所示。

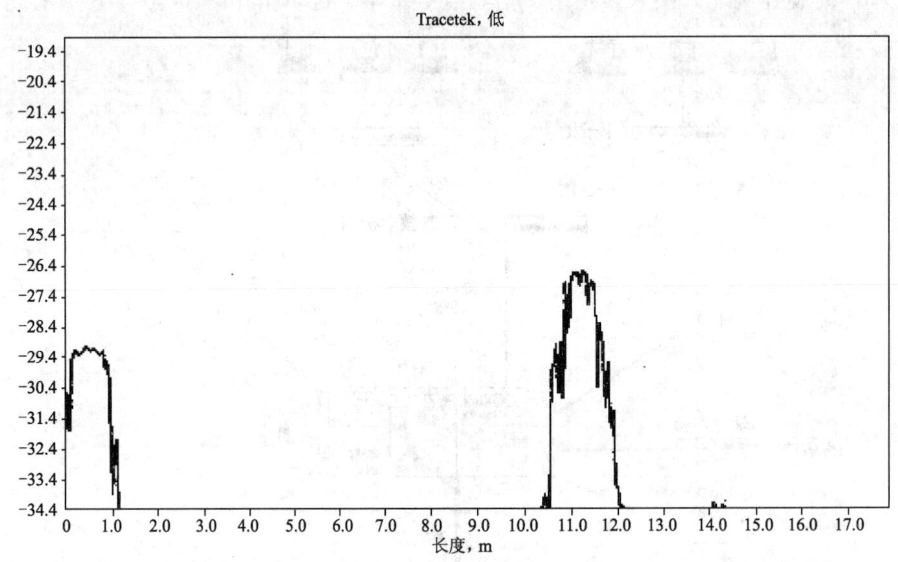

图 10-117 LANTEK 光纤测试结果

从测试图中可以看到，该光纤的总长度为 1 618.8 m，在 10 m 处有一个尖锋，其余的区域都是平的，去掉 8 m 的盲区和 1 m 的测试跳线，可以断定故障在光缆进入机房终端盒 1 m 的位置。

经过检查发现，在光缆进入终端盒与尾纤相接的地方，第 1 对光纤的 1 芯熔接的不理想，导致衰减很大。重新熔接后，再测试发现尖锋已变得很小，第 1 对光纤可以使用了。

故障二：使用 LANTEK6 加光纤长度、衰减测试模块 FIBERTEK 进行测试时，显示衰减特别的大，据此判断有两芯光缆可能在某个地方折断了，通过使用 TRACETEK 测试的图形如图 10-118 所示。

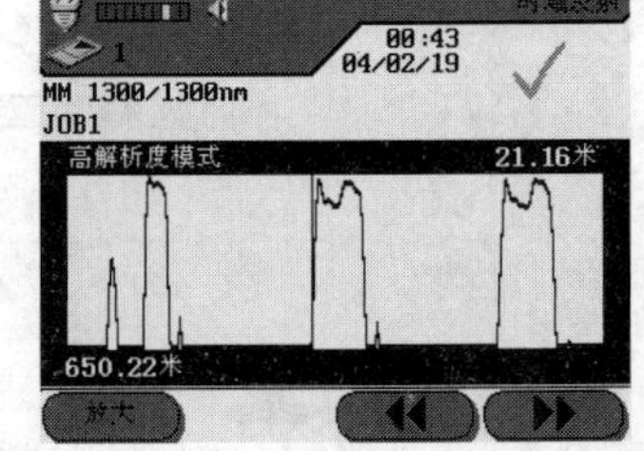

图 10-118 光缆测试结果图

从图中显示光纤的总长度为 650.22 m，在 21.16 m 和 45 m 的均有一个很高的尖锋。经过查找发现光缆在 20 m 处有两芯光缆在安装时折断了，在 40 m 的地方也有缺陷，最后经过重新铺设和熔接，把故障排除了。再使用 LANTEK6 的 FIBERTEK 光纤模块对光纤长度、衰减进行测试时，测试结果显示衰减在标准要求的范围之内了。

实训 11　认证测试仪基本使用

背景描述：

你是某第三方网络测试公司的现场测试工程师，现公司新购买一批 LANTEK 系列认证测试仪和 FLUKE 的 DTX 认证测试仪，现要求你对两款仪器的基本使用有一个全面的了解和掌握，以便在日后测试服务中为用户提供服务。

实训要求：

要求熟练掌握认证测试仪的基本使用。

实训内容：

对 LANTEK 测试仪及 DTX 测试仪进行操作，并能根据实际情况进行具体设置。

实训报告：

1. 简述 LANTEK 6B 系列认证测试仪其现场校验的基本步骤？

2. 简述如何修改在 LANTEK 测试仪和 DTX 测试仪的测试人员信息设置（如将测试人员设置为个人的姓名缩写，将公司设置为 class，将承包商设置为 test）。

3. 查看在 LANTEK 测试仪和 DTX 测试仪的固件版本信息、工厂校验时间和现场校验时间，并加以记录。

4. 分别使用 LANTEK 测试仪和 DTX 测试仪，更改测试人员信息为个人的姓名缩写，并在电缆类型中选择双绞线永久链路模型，并对模拟链路进行自动测试，要求测试结果自动保存图表（注意模拟链路为 UTP 超 5 类链路），并记录其长度、近端串扰、回波损耗和衰减的测试值，分析两款测试仪对同一链路测试的不同结果。

实训 12　数据跳线的认证测试

背景描述：

你是某跳线生产厂商的线缆测试员，现要求你对新生产的一批超 5 类数据跳线和 6 类数据跳线进行认证测试，要求使用 LANTEK 测试仪和 DTX 测试仪，并要求对数据跳线进行单项测试和全面自动测试，并要求保留测试结果。

实训要求：

熟练掌握使用 LANTEK 认证测试仪和 DTX 认证测试仪对数据跳线进行测试。

实训内容：

测试仪准备工作：

1. 修改电缆名称为 LX，从 0001 开始。
2. 新建测试文件夹并将测试结果保存在该文件夹下（文件夹名为 classX）。
3. 修改用户名称为 test。

4. 修改测试度量单位为米。

5. 修改测试仪时间为正确时间。

6. 要求自动测试时保存图表。

数据跳线准备工作：

1. 完成一根平行跳线，进行认证测试。

2. 完成一根交叉跳线，进行认证测试。

3. 分别制作开路效果，交叉效果，串绕效果的跳线，进行认证测试。

测试内容：

1. 对测试仪进行现场校验。

2. 使用 LANTEK 认证测试仪进行接线图测试，长度测试，衰减测试。

3. 使用 LANTEK 认证测试仪对超 5 类跳线进行自动测试，保存结果。

4. 使用 DTX 认证测试仪对 6 类跳线进行测试。

5. 对错误跳线进行测试，并显示测试结果（开路、跨接、交叉、串绕）。

6. 使用 LANTEK 认证测试仪进行 6 类跳线的自动测试，并保存结果。

实训报告：

1. 本次实训中所使用测试仪的型号？

2. 简述实训中错误线缆的制作方法。

3. 简述实训中所遇到的跳线电缆标准是哪些。

实训 13　线缆链路认证测试

背景描述：

你是某测试公司的现场测试工程师，现要求你对某布线工程的链路进行认证测试，包括通道链路测试，永久链路测试和双链路测试。

实训要求：

熟练掌握使用认证测试仪对各种链路模型进行测试，并保存测试结果。

实训内容：

1. 对模拟链路进行通道链路测试，并将测试结果命名为 CHAN。

2. 对模拟链路进行永久链路测试，并将测试结果命名为 PERM。

3. 对模拟链路进行双链路测试，并将测试结果命名为 DOUBLE。

实训报告：

1. 简述本次实训中所使用测试仪的型号。

2. 简述实训中对通道及永久链路进行测试时所选择的电缆类型。

3. 简述永久链路与通道链路哪个更严格。

4. 简述使用 LANTEK 测试仪对通道链路及永久链路测试时，跳线的使用有何不同。

实训 14　光纤链路测试及故障定位测试

背景描述：

你是某测试公司的现场测试工程师，现要求你对某工程中的某段光纤链路进行测试，并对某一光纤断点进行判断和定位操作。

实训要求：

熟练掌握光纤链路的测试技术，并能掌握光纤故障定位技术。

实训内容：

光纤链路准备：

1. 制作模拟光纤链路，要求包括光纤跳线盘、尾纤、耦合器、室外光纤等。
2. 制作模拟断点光纤链路，要求模拟光纤链路中存在光纤断点。

光纤链路测试：

1. 使用 LANTEK 测试仪进行模拟光链路测试，要求进行现场校验。
2. 使用 LANTEK 与 TRACETEK 模块对模拟断点光纤链路进行测试并将断点距离加以记录。
3. 使用 OptiFiber 光缆认证（OTDR）分析仪对模拟断点链路进行测试。

实训报告：

1. 本次实训中使用的测试设备是________________________________。
2. 本次实训中进行光纤链路测试时，LANTEK 测试仪选择的光纤链路类型是：________________________________。
3. 本次实训中进行 OTDR 测试时，LANTEK 测试仪选择的光纤链路类型是：________________________________。
4. 光纤链路自动测试时，包括的测试项目有________________________。
5. 使用 LANTEK 测试仪对光纤断点测试时，需要选用的模块是________________。
6. 使用 LANTEK 进行 OTDR 测试时，光纤解析模式包括有：________________________________。
7. 本次实训中光纤断点距离是________________________。

习　题

1. 测试仪包括认证测试仪和________，LANTEK 系列测试仪属于________。
2. NAVITEKTM 线缆测试仪共有 3 种测试模式，分别是________、________和。
3. NAVITEKTM 线缆测试仪中有一功能为闪烁链路 LED 灯，其主要用于________。
4. LANTEK 测试仪带宽可达 350 MHz，完全符合________布线测试要求。
5. LANTEK 测试仪的主界面上共有 8 个操作菜单，分别是________、________、________、________、________、________、________、________。

6. 若要查看 LANTEK 测试仪的仪器版本信息等内容，可选取________选项卡。

7. 使用 LANTEK 测试仪，若要更改操作人员信息，可选择________选项卡，在其中进行设置，操作人员信息设置的内容包括有________、________和________。

8. 使用 LANTEK 测试仪，若要在进行自动测试过程中能保存图表信息，以便更清楚的了解测试结果，则应选择________选项卡，在其中的________选项中进行相关设置。

9. DTX 认证测试仪若要进行自检，必须同时使用________适配器和________适配器。

10. 在进行现场校验的过程中 LANTEK 测试仪一般需要进行________次的校验。

11. 在 LANTEK 测试仪中，若要将测试仪数据导出到电脑中，除了将 USB 线连接到电脑和测试仪接口外，还需要选择________选项卡，再使用功能键【F3】选择________选项，从而完成连接。

12. 在 LANTEK 测试仪中，若误删除了作业文件，一般可选择________选项卡，并使用功能键【F2】选择“选项”，在其列表中选择________________进行恢复数据。

13. 简述永久链路测试的基本步骤。

14. 简述通道链路测试的基本步骤。

15. 简述双链路测试的基本步骤。

16. 简述光纤测试等级。

17. 简述光纤的测试技术分为哪几类。

18. 简述光纤链路的组成及测试内容。

19. 简述光缆链路测试步骤。

20. 简述使用 LANTEK 进行 OTDR 测试的结果图中波峰的含义。

第 11 章　测试报告生成软件安装与报告分析

本章主要介绍了测试报告生成软件的基本安装，以及相关测试记录的导出，并能对测试报告进行逐项的分析和说明，主要以 FLUKE 公司和 IDEAL 公司的 2 款软件为范例进行介绍。

11.1　测试报告生成软件安装

无论是电缆测试还是光缆测试最终目的都是为了向用户提供一份具有权威说服力的认证测试报告。因此如何将测试记录从测试设备中导出就显得非常重要，各家测试设备生产厂商都提供了各自的测试报告生成软件，如图 11-1 所示就是 FLUKE 公司和 IDEAL 公司的 2 款测试报告生成软件。

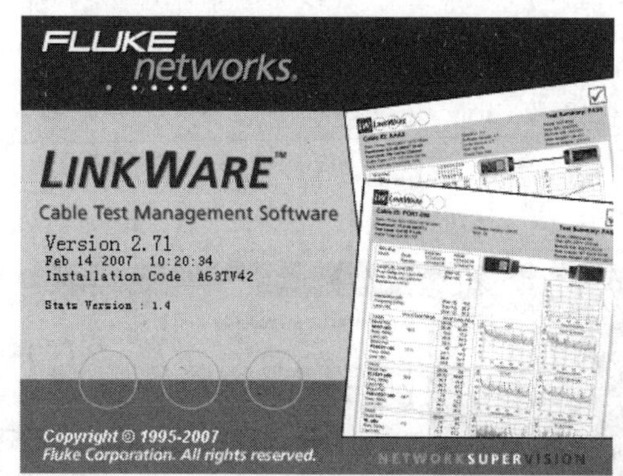

图 11-1　测试报告生成软件

测试报告生成软件的安装与普通应用软件安装并无大的区别，以下就以 IDEAL 公司的测试报告生成软件为例进行介绍。

具体安装步骤：

（1）测试报告生成软件可通过网络下载或从相关的测试仪供应商处获得。

（2）运行安装程序，开始进行安装，首先可看到相关的软件介绍，并接受相关的协议要求，单击 Next 继续安装，如图 11-2 所示。

（3）选择测试生成软件安装的文件夹，默认安装在 C 盘的 LANTEK_Reporter 文件夹中，并确认相关选择，单击 Install 按钮开始安装，如图 11-3 所示。

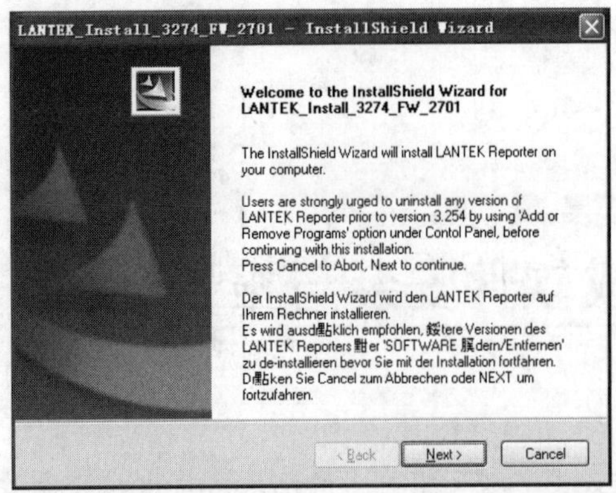

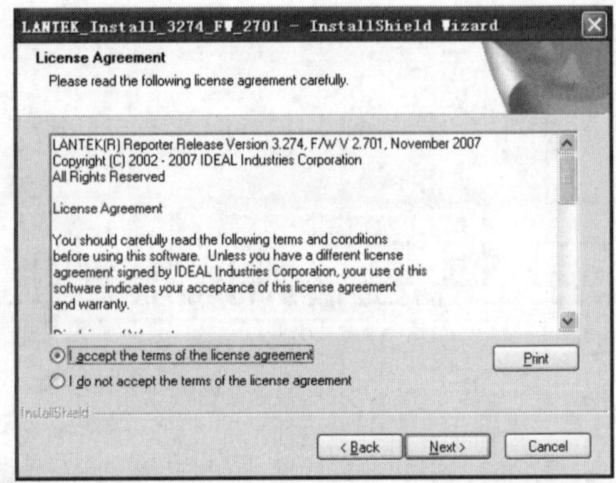

图 11-2　开始安装

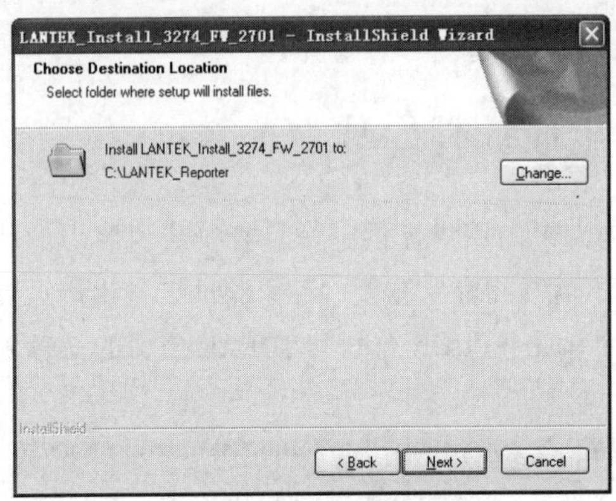

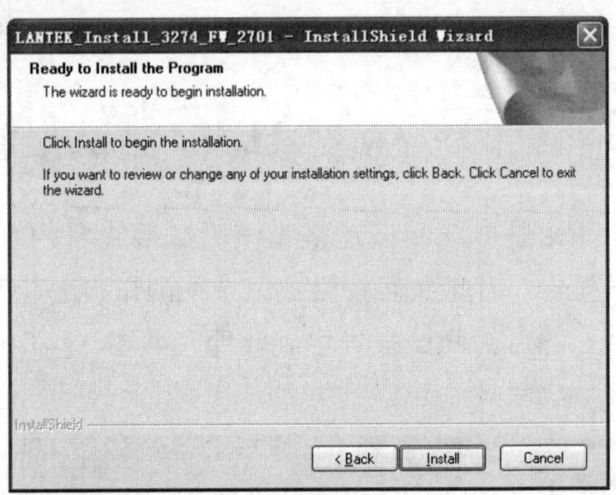

图 11-3　继续安装

（4）开始安装软件，显示相关安装进程，完成后单击 Finish 按钮结束安装，如图 11-4 所示。

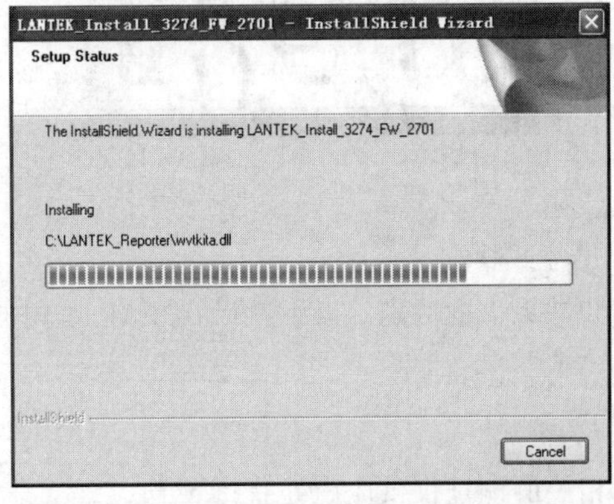

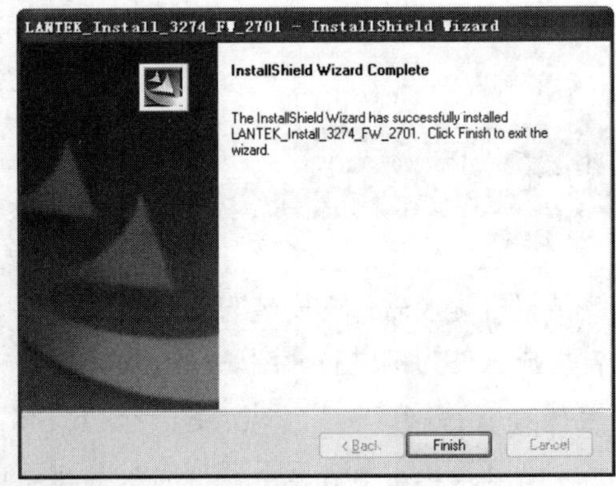

图 11-4　完成安装

（5）完成后软件会自动在桌面上建立相关的快捷方式，直接双击就可打开测试报告生成软件，如图 11-5 所示。

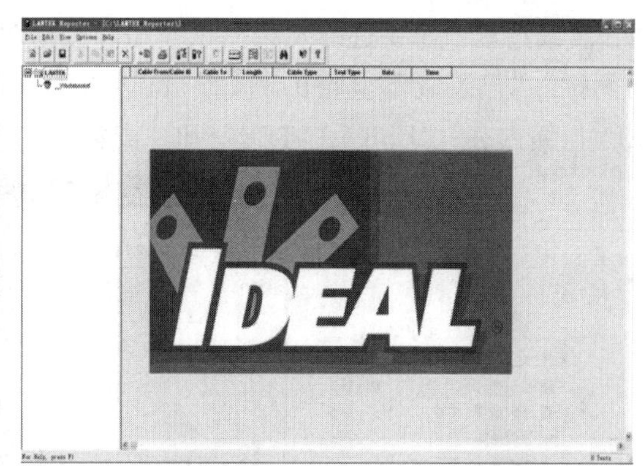

图 11-5　快捷方式及软件界面

11.2　测试报告生成软件基本使用

测试报告生成软件最主要的作用就是将测试仪中的测试记录导出到电脑中，并形成测试报告，交付给用户，因此测试报告生成软件的主要功能包括有：

（1）测试数据的导入。

（2）相关测试记录的查看，包括详细信息。

（3）测试报告的导出。

（4）测试报告分析。

以下就以 IDEAL 和 FLUKE 公司的 2 款测试报告为例进行相关使用介绍。

11.2.1　IDEAL 测试报告生成软件

IDEAL 测试报告生成软件

IDEAL 公司推出的这款测试报告生成软件主要用于将 LANTEK 系列测试设备中的测试记录导出到电脑并生成最终测试报告，软件使用简单，但功能强大，能快速准确的导出测试记录，并生成测试报告，以下就逐项介绍相关的软件功能。

（1）准备工作。

在进行测试记录导出前，首先需要将测试仪与电脑通过 USB 线连接，如图 11-6 所示。

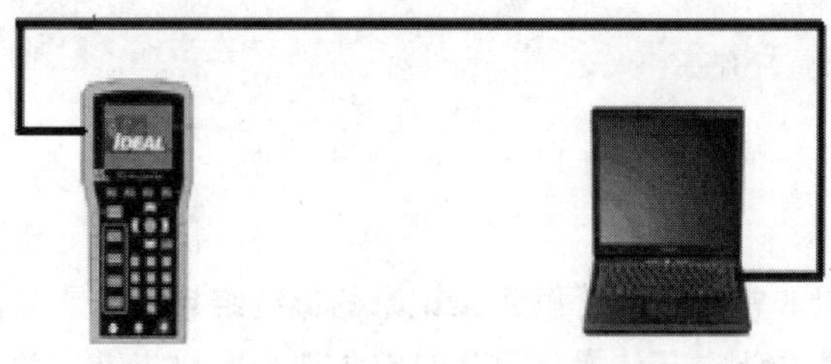

图 11-6　准备工作

（2）测试数据的导入。

初次启动软件时，软件为英文版，可通过 Options 菜单下的 Language 选项将其设置成中文版。测试数据的导入是最为关键的一步，可使用文件菜单下的“从测试器装载”选项从测试仪上装载数据，装载过程中需要选择装载测试类型和数据源。装载测试类型包括“全部”“仅装载已通过的测试”“仅装载不合格的测试”和“选择”测试项。数据源则包括“通信端口”“USB\PCMCIA 压缩内存”“USB LANTEK”和“浏览测试”，如图 11-7 所示。

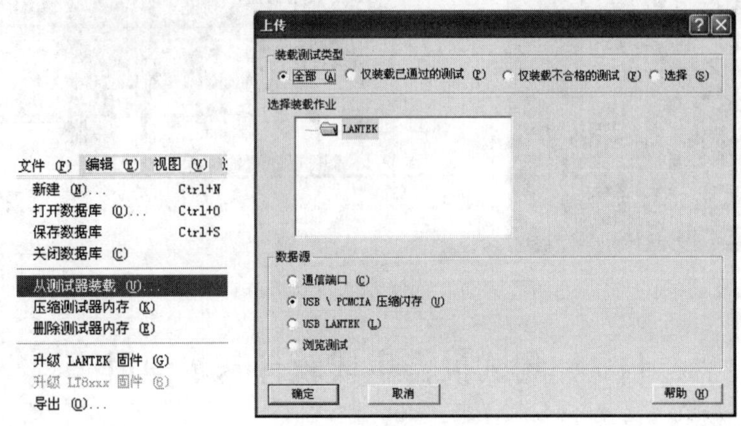

图 11-7 开始装载测试记录

选择完装载测试类型和数据源后，软件会给出相关的提示操作步骤，具体包括打开测试仪电源、将 USB 电缆从测试仪连接到电脑、按下功能键【F2】、【F3】使测试仪处于 USB 模式，单击“确认”后开始装载数据。装载完成后，会根据测试仪内的原始数据进行同等的文件夹分类，各个文件夹中均有多条测试记录，其中打勾的为测试通过的，打叉的则是未通过的，用户可逐条进行查看和分析，如图 11-8 所示。

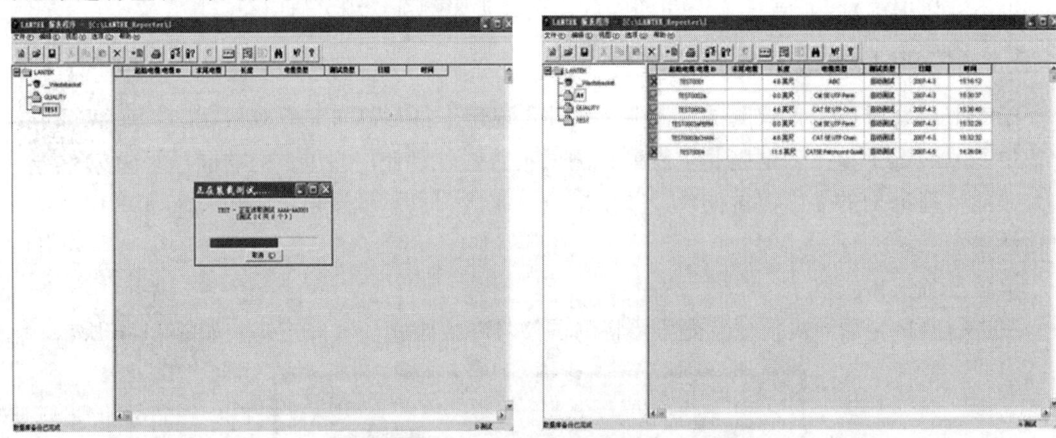
图 11-8 装载测试数据

（3）测试数据查看。

查看测试信息，可以非常详细地了解每条记录的最终结果，若是不合格的测试则可显示不合格的参数与相关的数据情况。具体操作方法是首先选择需要查看参数的记录，选择视图菜单的测试信息选项，或者直接双击记录，均能显示测试信息。对于有些参数，单击窗体下方的图表按钮可查看更加详细的图表进行说明，如图 11-9 所示。

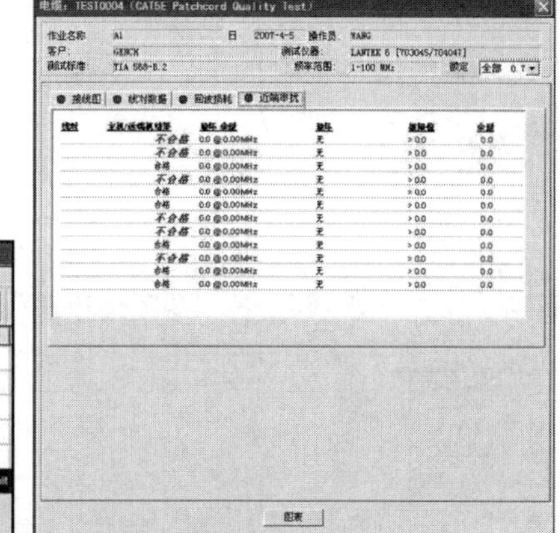

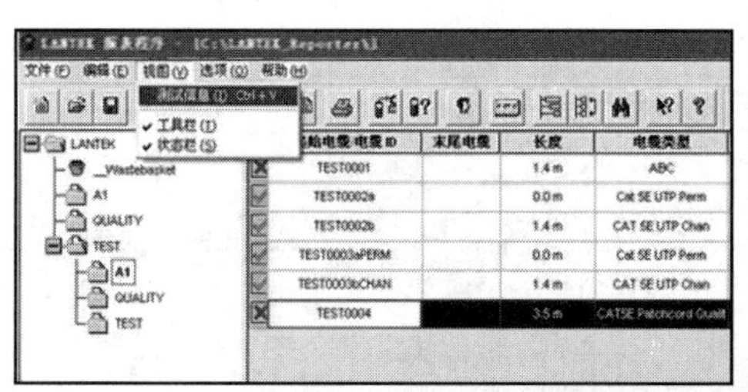

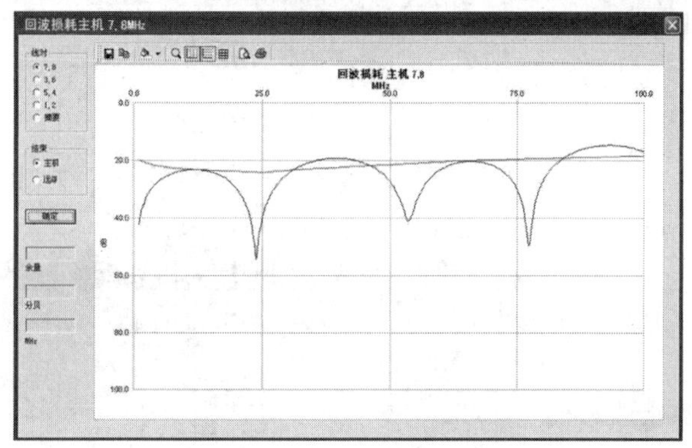

图 11-9　查看测试记录

（4）操作员修改。

更改操作员是为了能对每一份测试报告负责，使测试报告的结果能得到全面的评估，也是对操作员的考核。设置方法非常简单，只需要选中测试记录并右击，选择其中的设定操作员进行修改即可，如图 11-10 所示。

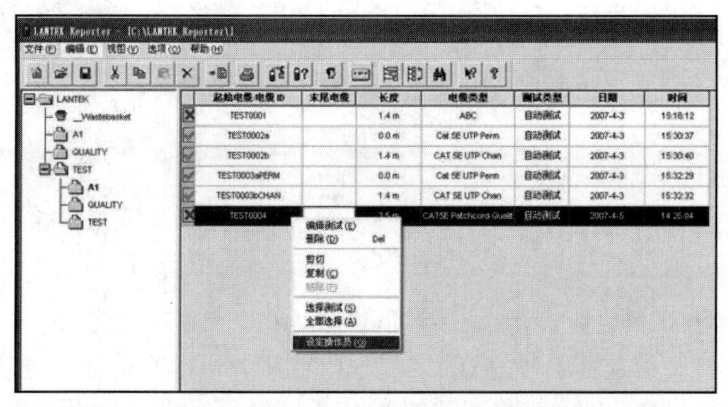

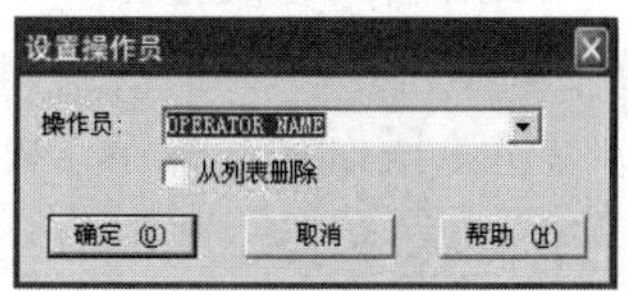

图 11-10　设置操作员

（5）测试数据导出。

测试数据的导出方式包括将测试记录以文件方式导出，或者将测试记录以打印方式导出，以文件方式导出是指将测试记录以文件方式导出到计算机中，具体操作方法包括首先选中需要导出的测试记录，选择文件菜单的导出选项，导出的文件类型包括文本文件、HTML 文件等，导出的报表类型可以是单行报表、简短报表或详细报表，如图 11-11 所示。

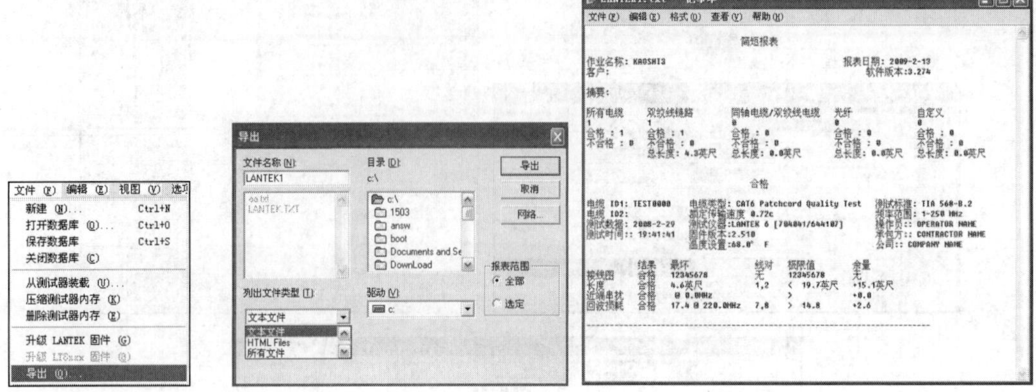

图 11-11　测试记录导出

将测试数据以打印方式导出，其方法与普通的文本打印类似，打印的测试报告类型同样包括单行报表、简短报表和详细报表，如图 11-12 所示。

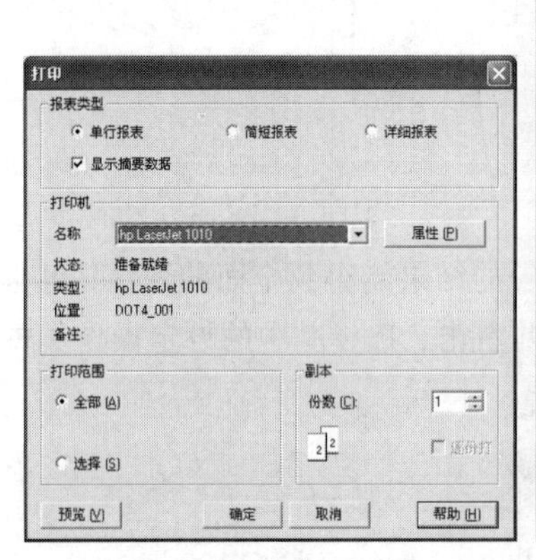

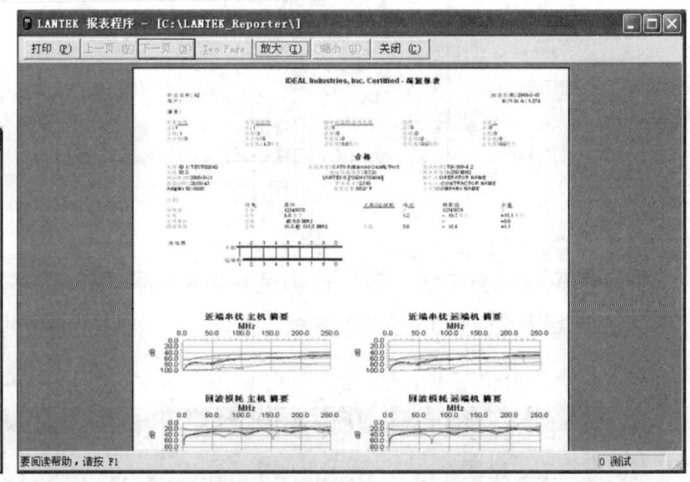

图 11-12　打印测试报告

11.2.2　FLUKE 测试报告生成软件

FLUKE 公司提供的 LinkWare 软件，其最主要的功能是数据导入功能和报告生成功能，以下就主要围绕这两大功能进行介绍。

首先使用连接线将计算机与测试仪进行连接，安装 LinkWare 软件，并运行软件，首次运行时该软件的版本界面为英文版，可选择软件的 Option 菜单，在其中选择 Languege 选项，并在其中选择简体汉字 Simplifidied Chinese，将界面切换到中文，初始软件界面如图 11-13 所示。

选择工具栏上的红色箭头图标从测试仪导入测试记录，在导入记录时可选择导入所有记录或者按需要选择部分记录导入，操作界面如图 11-14 所示。

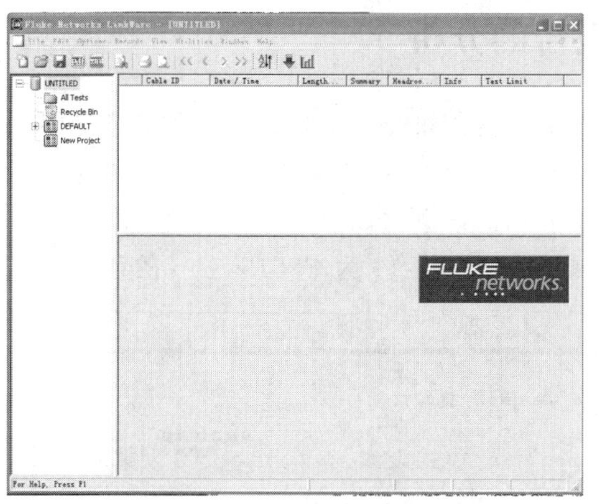

图 11-13　软件初始界面

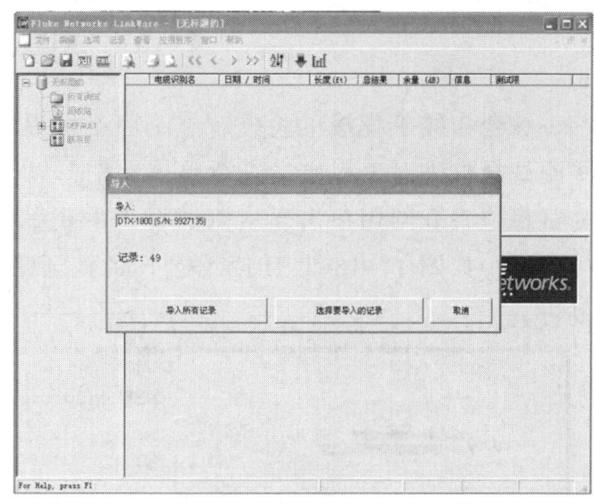

图 11-14　导入测试记录

测试记录导入后，可在屏幕上显示所有测试仪中的测试记录，并可逐条查看记录的详细结果和相关属性，双击文件名即可打开，操作界面如图 11-15 所示。

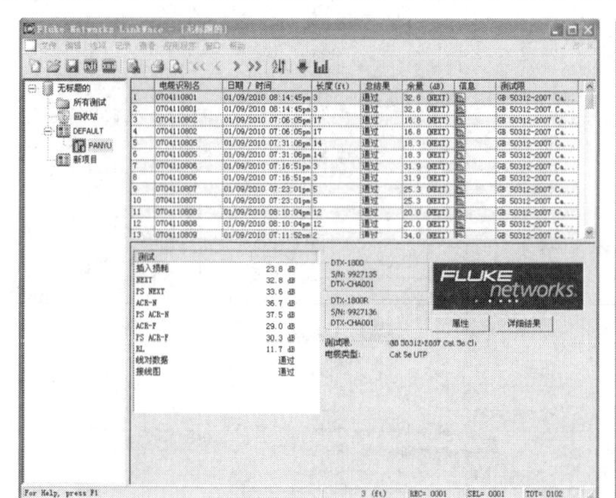

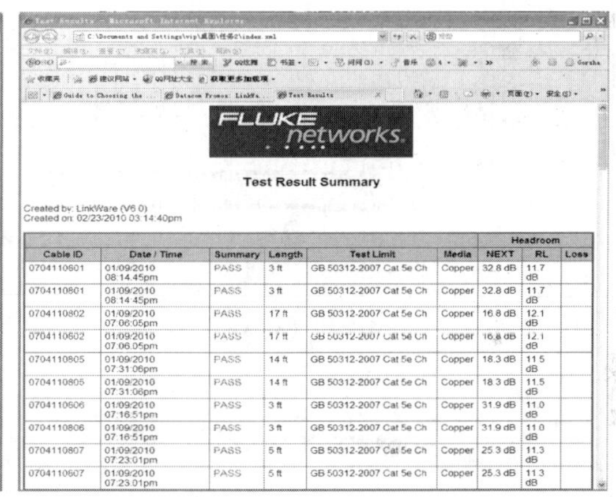

图 11-15　查看测试结果

FLUKE 测试报告生成软件导出报告的方式较多，具体包括 3 种方式，即以文件方式导出、以 PDF 格式导出和打印输出测试报告。具体操作步骤如下：

（1）以文本文件输出时可选择文件菜单下的“输出至文件”选项，在其中还可选择是输出自动测试报告还是输出自动测试摘要，如图 11-16 所示。

（2）以 PDF 格式导出时只需要单击格式栏上的红色 PDF 图标即可，如图 11-17 所示。

（3）以打印方式导出，其操作步骤只需要选择文件菜单选择打印即可。

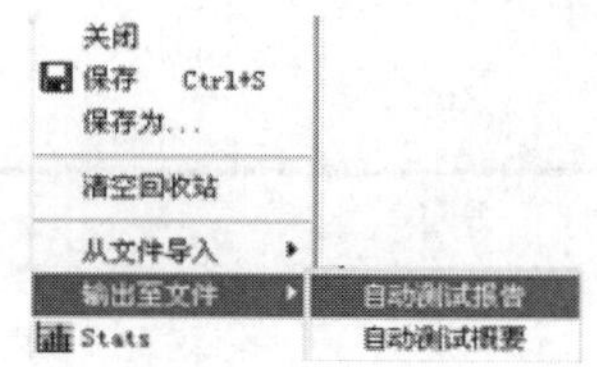

图 11-16　以文件方式导出

图 11-17　以 PDF 格式导出

11.3 测试报告的分析

综合布线工程竣工验收时施工商必须提供相关的测试报告，而用户则需要通过分析这些测试报告来对工程质量进行整体评估，以下就分别以 IDEAL 公司和 FLUKE 公司的仪器测试报告来介绍用户需要从测试报告中获得哪些有用的信息，以及如何进行相关测试结果的分析，如图 11-18 为 IDEAL 公司的认证测试报告，图 11-19 为 FLUKE 公司的认证测试报告。

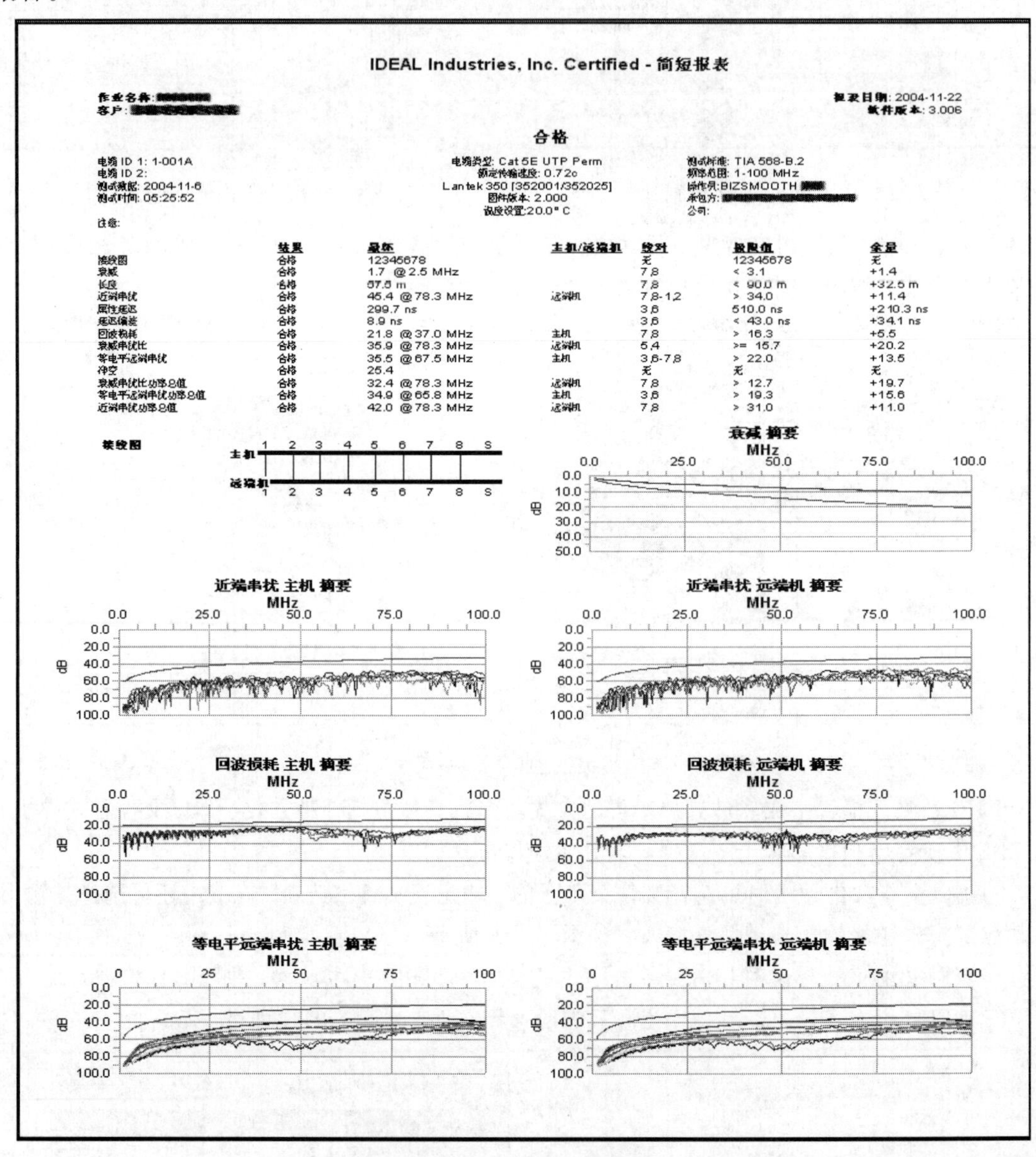

IDEAL Industries, Inc. Certified - 简短报表

作业名称：
客户：
报表日期：2004-11-22
软件版本：3.006

合格

电缆 ID 1: 1-001A
电缆 ID 2:
测试日期：2004-11-6
测试时间：05:25:52

电缆类型：Cat 5E UTP Perm
额定传输速度：0.72c
Lantek 350 [352001/352025]
固件版本：2.000
温度设置：20.0° C

测试标准：TIA 568-B.2
频率范围：1-100 MHz
操作员：BIZSMOOTH
承包方：
公司：

注意：

	结果	最坏	主机/远端机	线对	极限值	余量
接线图	合格	12345678		无	12345678	无
衰减	合格	1.7 @2.5 MHz		7,8	< 3.1	+1.4
长度	合格	57.5 m		7,8	< 90.0 m	+32.5 m
近端串扰	合格	45.4 @78.3 MHz	远端机	7,8-1,2	> 34.0	+11.4
属性延迟	合格	299.7 ns		3,6	510.0 ns	+210.3 ns
延迟偏差	合格	8.9 ns		3,6	< 43.0 ns	+34.1 ns
回波损耗	合格	21.8 @37.0 MHz	主机	7,8	> 16.3	+5.5
衰减串扰比	合格	35.9 @78.3 MHz	远端机	5,4	>= 15.7	+20.2
等电平远端串扰	合格	35.5 @67.5 MHz	主机	3,6-7,8	> 22.0	+13.5
净空	合格	25.4		无	无	无
衰减串扰比功率总值	合格	32.4 @78.3 MHz	远端机	7,8	> 12.7	+19.7
等电平远端串扰功率总值	合格	34.9 @65.8 MHz	主机	3,6	> 19.3	+15.6
近端串扰功率总值	合格	42.0 @78.3 MHz	远端机	7,8	> 31.0	+11.0

图 11-18　IDEAL 认证测试报告

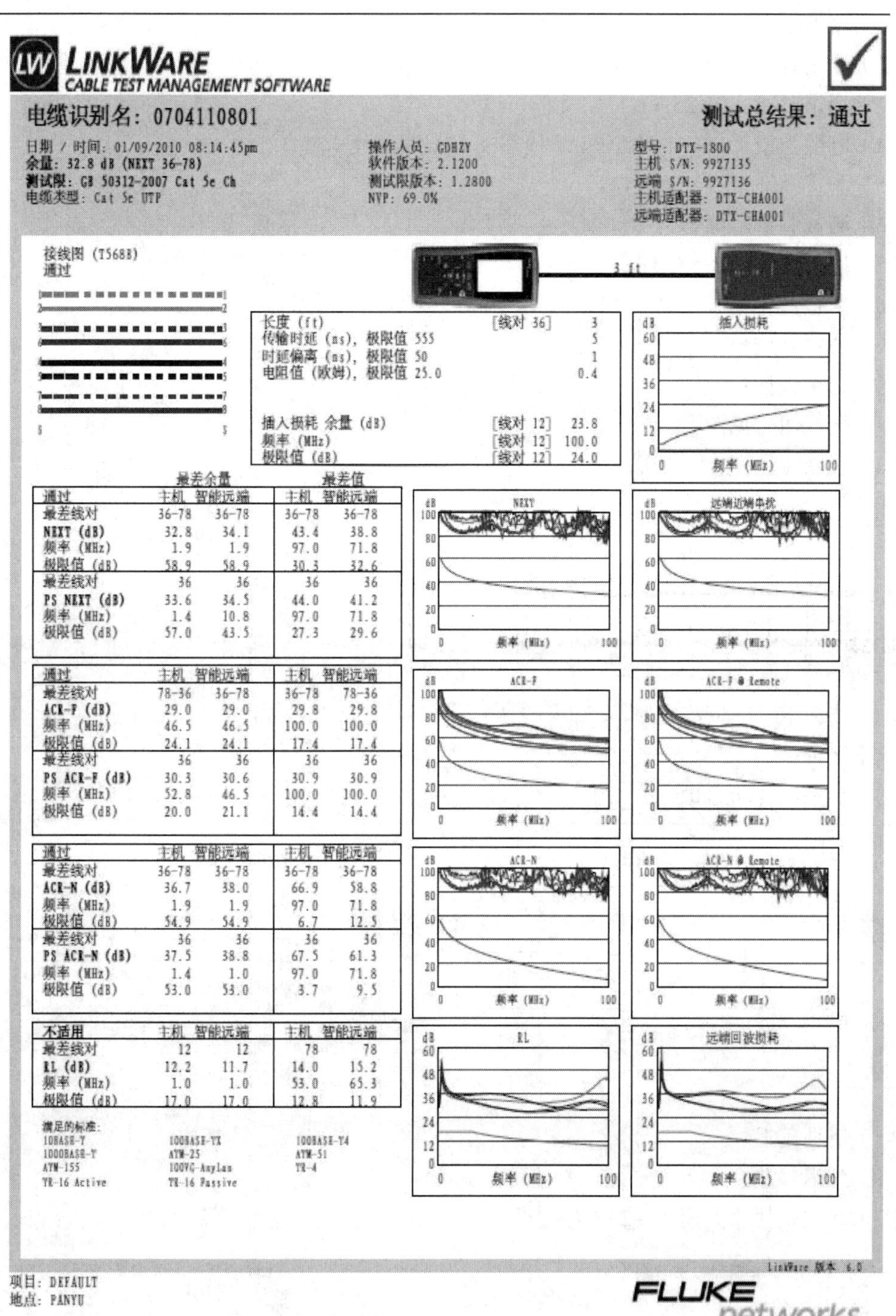

LINKWARE CABLE TEST MANAGEMENT SOFTWARE

电缆识别名：0704110801　　　　测试总结果：通过

日期 / 时间：01/09/2010 08:14:45pm　　操作人员：GDHZY　　型号：DTX-1800
余量：32.8 dB (NEXT 36-78)　　软件版本：2.1200　　主机 S/N：9927135
测试限：GB 50312-2007 Cat 5e Ch　　测试限版本：1.2800　　远端 S/N：9927136
电缆类型：Cat 5e UTP　　NVP：69.0%　　主机适配器：DTX-CHA001
远端适配器：DTX-CHA001

接线图 (T568B)
通过

3 ft

长度 (ft)	[线对 36]	3
传输时延 (ns)，极限值 555		5
时延偏离 (ns)，极限值 50		1
电阻值 (欧姆)，极限值 25.0		0.4
插入损耗 余量 (dB)	[线对 12]	23.8
频率 (MHz)	[线对 12]	100.0
极限值 (dB)	[线对 12]	24.0

	最差余量		最差值	
通过	主机	智能远端	主机	智能远端
最差线对	36-78	36-78	36-78	36-78
NEXT (dB)	32.8	34.1	43.4	38.8
频率 (MHz)	1.9	1.9	97.0	71.8
极限值 (dB)	58.9	58.9	30.3	32.6
最差线对	36	36	36	36
PS NEXT (dB)	33.6	34.5	44.0	41.2
频率 (MHz)	1.4	10.8	97.0	71.8
极限值 (dB)	57.0	43.5	27.3	29.6

通过	主机	智能远端	主机	智能远端
最差线对	78-36	36-78	36-78	78-36
ACR-F (dB)	29.0	29.0	29.8	29.8
频率 (MHz)	46.5	46.5	100.0	100.0
极限值 (dB)	24.1	24.1	17.4	17.4
最差线对	36	36	36	36
PS ACR-F (dB)	30.3	30.6	30.9	30.9
频率 (MHz)	52.8	46.5	100.0	100.0
极限值 (dB)	20.0	21.1	14.4	14.4

通过	主机	智能远端	主机	智能远端
最差线对	36-78	36-78	36-78	36-78
ACR-N (dB)	36.7	38.0	66.9	58.8
频率 (MHz)	1.9	1.9	97.0	71.8
极限值 (dB)	54.9	54.9	6.7	12.5
最差线对	36	36	36	36
PS ACR-N (dB)	37.5	38.8	67.5	61.3
频率 (MHz)	1.4	1.0	97.0	71.8
极限值 (dB)	53.0	53.0	3.7	9.5

不适用	主机	智能远端	主机	智能远端
最差线对	12	12	78	78
RL (dB)	12.2	11.7	14.0	15.2
频率 (MHz)	1.0	1.0	53.0	65.3
极限值 (dB)	17.0	17.0	12.8	11.9

满足的标准：
10BASE-T　100BASE-TX　100BASE-T4
1000BASE-T　ATM-25　ATM-51
ATM-155　100VG-AnyLan　TR-4
TR-16 Active　TR-16 Passive

LinkWare 版本 6.0

项目：DEFAULT
地点：PANYU

FLUKE networks.

无标题的.flw

图 11-19　FLUKE 认证测试报告

从图 11-18 中可以获得的重要信息如下：

基本信息包括：

（1）电缆ID号：1-001A。

（2）测试数据日期：2004-11-6。

（3）测试时间：05:25:52。

（4）电缆类型：Cat 5E UTP （超5类非屏蔽双绞线电缆）。

（5）测试标准：TIA 568-B.2。

（6）测试频率范围：1—100 MHz。

（7）操作员：BIZSMOOTH。

（8）承包商：***。

（9）公司：***。

测试结果包括：

（1）接线图（见图11-20）。

（2）衰减（见图11-21）。

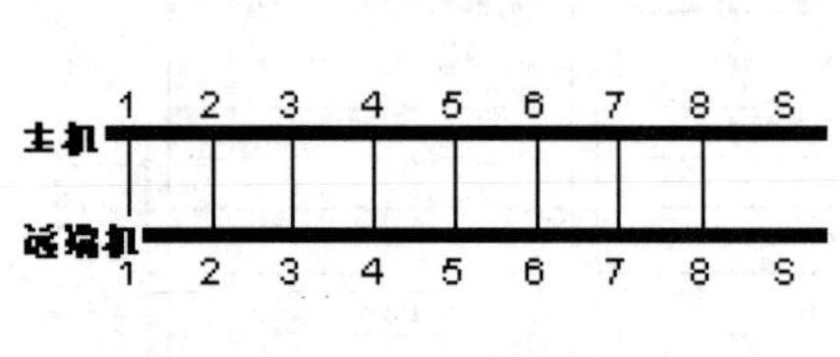

图11-20 接线图

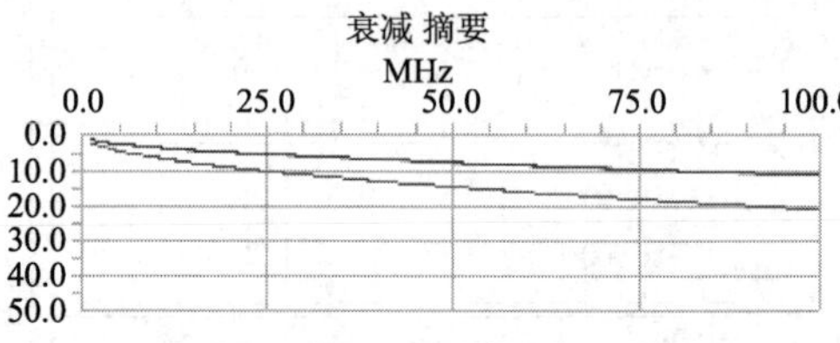

图11-21 衰减

（3）长度。

（4）近端串扰（见图11-22）。

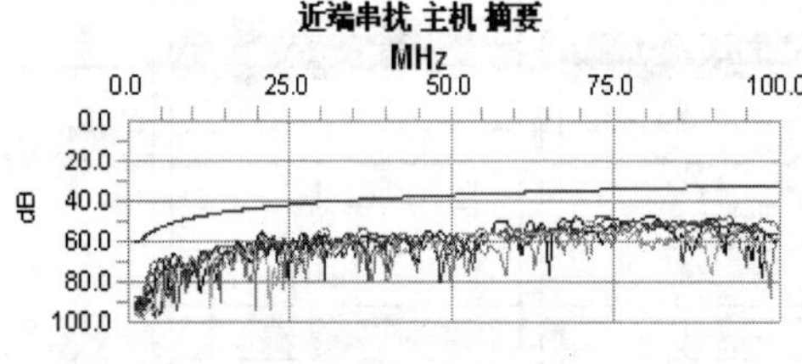

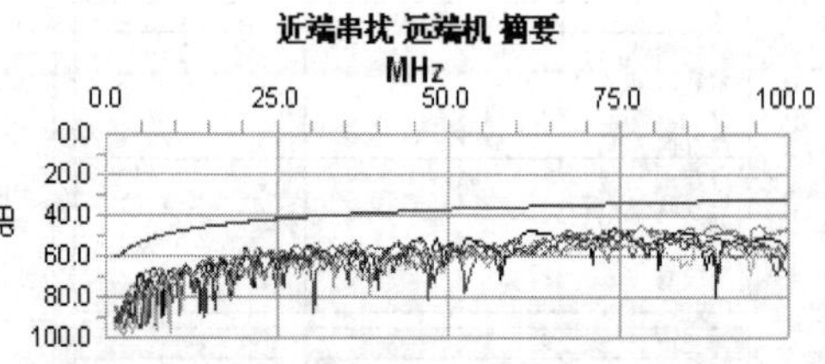

图11-22 近端串扰

（5）属性延迟。

（6）延迟偏差。

（7）回波损耗（见图11-23）。

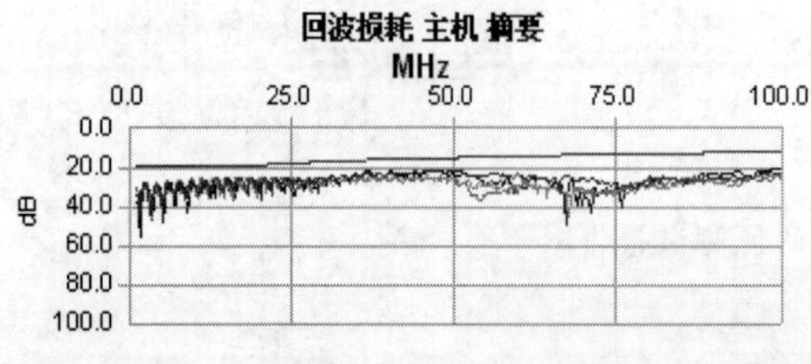

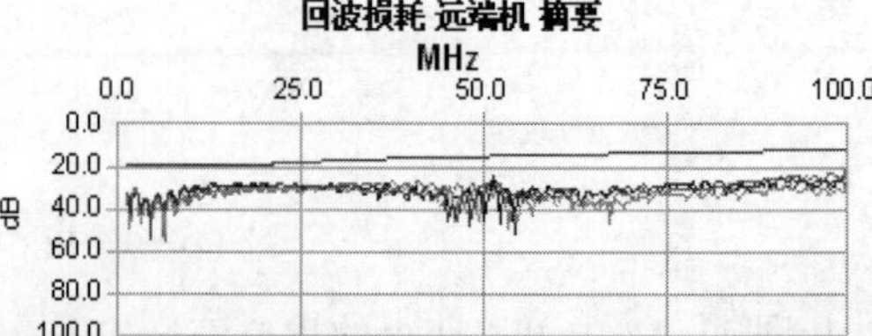

图11-23 回波损耗

（8）衰减串扰比。

（9）等电平远端串扰。

（10）净空。

测试结果有“合格”和“不合格”两种，在此份认证测试报告中，被测电缆的电气特性都显示合格。报告中一般会显示主机端和远端机的两个基本参数，并且还会显示测试的极限值，余量和最坏测量值等信息。

从图 11-19 中同样可以获得与上述 IDEAL 测试报告相类似的测试结果内容，在此就不再进行详细说明。

实训 15　测试报告生成软件安装与报告打印

背景描述：

你是某测试公司的现场测试工程师，现要求你使用 LANTEK 测试仪和 DTX 测试仪分别对跳线、电缆链路、光缆链路进行测试，并使用测试报告生成软件将记录导出到电脑。

实训要求：

熟练掌握测试报告的导入和生成操作，并对之前的测试内容进行回顾。

实训内容：

测试仪准备工作：

1. 修改电缆名称为 LX，从 0001 开始。
2. 新建测试文件夹并将测试结果保存在该文件夹下（文件夹名为 TEST）。
3. 修改用户名称为姓名缩写（如张三输入 ZS）。
4. 要求自动测试时保存图表。

测试内容准备工作：

1. 完成一根平行跳线。
2. 制作一条模拟的电缆链路，即在双绞线两端打上 2 个模块。
3. 制作一条模拟光纤链路，要求包括光纤跳线盘、尾纤、耦合器、室外光纤等。

实训步骤：

1. 对测试仪进行现场校验。
2. 对数据跳线进行认证测试。
3. 对模拟链路分别进行通道及永久链路测试。
4. 更换光纤模块，并进行现场校验。
5. 对模拟光纤链路进行测试。
6. 安装测试报告生成软件，并将所有测试记录导入到电脑。
7. 将所有测试记录以文本文件方式逐个导出到计算机 C 盘根目录下，导出报表类型为简短报表，文件名自定。

实训报告：

1. 使用 LANTEK 测试仪将测试记录导入到电脑时，需要将测试仪设置成什么模式？
2. 简述如何使用测试报告生成软件更改操作员。
3. 简述测试记录进行装载时可选取的数据源包括有哪些。

习　题

1. 使用软件导出测试报表时一般可选择几种报表类型？
2. 测试报告生成软件的主要功能包括哪些。
3. 简述测试报告在综合布线工程中的重要性。

第 12 章 综合布线系统工程网络分析

本章主要介绍 FLUKE 公司的 OptiView XG 平板式手持网络分析仪，以及相关操作模块介绍，并以案例方式介绍了网络分析仪在实际网络维护中的重要性。

12.1 OptiView XG 平板式手持网络分析仪

计算机技术和网络技术的发展，使人们越来越离不开网络，在工作中需要使用网络来收发邮件、联系客户，在生活中需要使用网络进行网上购物、网上冲浪，然而随着网络规模的不断扩大，如何保证网络正常、稳定、高效地运转则成为网络管理者的一项重要任务。为了解决这一难题，就需要利用网络分析仪来对网络的运行情况进行全面的分析，并以此为依据进行网络管理和维护操作。所谓网络分析仪是指通过测定网络的反射参数和传输参数，从而对网络中元器件特性的全部参数进行全面描述的测量仪器，用于实现对线性网络的频率特性测量。目前能提供网络分析仪的厂商有很多，最主要的提供商包括有 FLUKE 公司和 PSIBER 公司等。以下就以 FLUKE 公司的 OptiView XG 网络分析仪为例进行具体的介绍和功能操作说明。

OptiView XG 是专为网络工程师设计的首款平板式手持分析仪。该设备可自动分析网络问题与应用问题的根源，使用户花更少的时间排除故障，将更多的时间用于其他工作。该分析仪可支持新技术的部署，其中包括：统一通信、虚拟化、无线技术与 10Gbps 以太网。

OptiView XG 平板式手持分析仪外形独特，为连接、分析和解决网络中任何位置（工作台、数据中心或最终用户位置）出现的问题提供移动性。对于超出传统 LAN/WAN 交换与路由功能而综合了物理设备、无线网络、虚拟网络及专有网络的真正网络结构，该分析仪可分析其中的大部分设备，如图 12-1 所示。性能优点如表 12-1 所示，该测试仪的产品功能主要有以下几项：

- 该分析仪集成了最新的有线与无线技术，以独特外形提供强大的专用硬件，为连接、分析和解决网络中任何位置出现的网络和应用问题提供移动性。
- 利用个性化显示面板，按需要准确显示网络。
- 提供高达 10 Gbit/s 的“在线”与“无线”吞吐量自动分析。
- 解决难以处理的应用问题时，确保数据包捕获线速高达 10 Gbit/s。
- 利用路径与基础设施分析功能，识别准确的应用路径，以便快速解决应用性能问题。
- 通过采集粒度数据，而非通过监测系统采集的聚合数据，查看间歇性问题。
- 在问题出现之前，通过分析所需信息，进行主动分析。
- 执行以应用程序为中心的分析，提供网络应用的高级视图和轻松深入查看功能。

- 测量 VMware® 环境的性能，包括管理程序可用性、接口利用率以及资源使用水平。
- 自动检测网络问题，建议解决流程。
- 实时发现引擎，可跟踪多达 30 000 个设备和接入点。
- 利用获奖的 AirMagnet WiFi Analyzer、Spectrum XT、Survey and Planning 工具，能够分析 WLAN 环境。
- 仪表定义报告与个性化报告技术数据表。

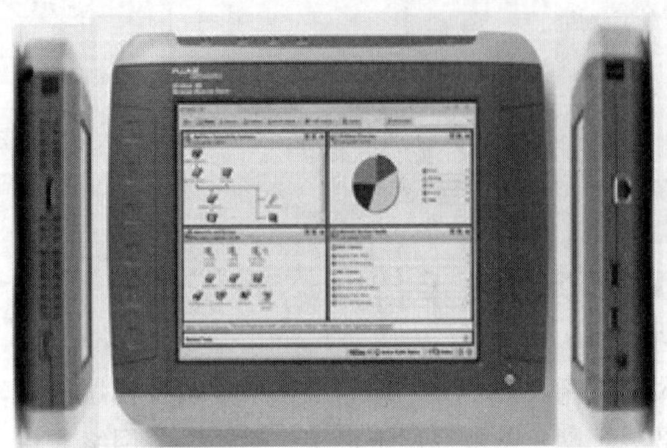
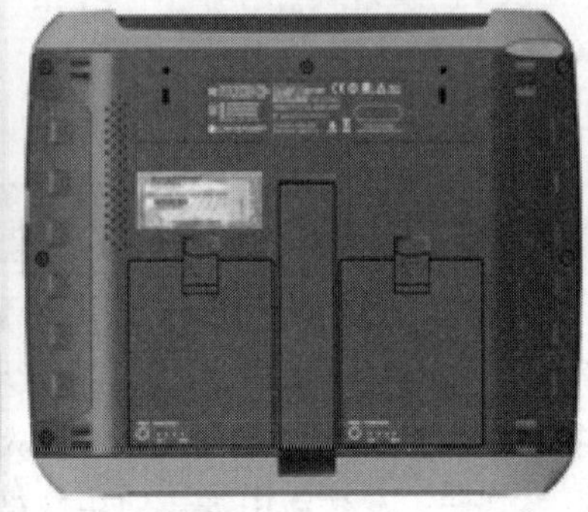

图 12-1 OptiView XG 平板式网络分析仪

表 12-1 OptiView XG 平板式网络分析仪性能优点

功　能	优　点	价　值
通道分析	快速掌握应用所经过的确切路径，从而快速解决由网络基础架构导致的应用性能问题	降低问题“发现时间”，自动识别可能存在的瓶颈
详细、快速网络发现	数秒内发现网络中的设备（本广播域内或外）及它们是如何连接的	一线响应人员即可解决问题，无须问题升级
主动分析细化数据	拥有相关的细化数据，从而在问题发生前即分类并解决问题	更快解决关键业务间歇性问题（分钟 vs. 小时/天），获得同时对多个问题进行分类的能力
自动问题检测，指导性故障处理	自动检测网络中的问题，XG 的问题日志不仅识别问题，还推荐解决问题的后续步骤	提高一般维护人员的工作效率，使得他们可以更快、更多地解决问题，无须依赖高级维护人员或高收费的咨询人员即解决问题
一体化有线和无线分析	XG 集成了最新的网络技术，包括多个分析端口，多无线网卡，及更大的、亮度更高的触摸显示屏	通常有一些问题的唯一解决方法是在数据包流经的通道上，或从最终用户的角度查看。使用 XG，您可以得到任何解决问题需要的信息
有线和无线集成	获得管理您的 802.11 a/b/g/n 无线及 10 MB / 100 MB / 1 GB/ 10 GB 铜缆、光纤以太网的可视性	提供查看会话双方（有线/无线）的一体化能力，可移动性地解决任何问题，不需要拿来其他工具，不需要笔记，更少的工具=合并=节省时间/金钱
虚拟化	获得 VMware 环境下的可视性，分析管理程序的可用性、接口利用率，资源利用水平，进而快速评估性能	运行于日益发展的虚拟环境，为网络人员提供 VM 服务器的可视性
全线速 10 G 捕包与流量发生	线速连接、监视及捕捉 10 G 流量.	确保在处理棘手的应用和网络问题时捕捉到全部数据包

续表

功　　能	优　　点	价　　值
多用户配置仪表盘	一览网络当前状态，查看路由器、交换机、防火墙、服务器、服务、应用及其他基础设施的关键参数	使得组织机构内不同层次共享数据，为用户定制他们所需要看到的信息。不同的组可以根据需要共享通用数据。
IPv6 发现与分析	快速发现 IPv6 安全、配置及性能问题，在线查看隧道协议、路由通告	确保无由于设备配置错误导致的安全漏洞，加快部署 IPv6
以应用为中心的分析	快速总览网络中的应用健康状况，同时具有进一步获得详细信息的能力	简化包捕捉，最小化之前花费长时间解决错误和问题的时间，以应用为中心的分析使得您不需捕包即可得到有关协议问题的答案
10 Gbit/s 全线速吞吐量测试	验证关键链路全面支持 10 Gbit/s，服务提供商依合同提供承诺带宽	确保您投资的关键网络性能如期提供，得到付费所应获得的服务；不为无用资源付出
流量分析-实时监视高达 10 Gbit/s 的流量	实时查看流量、会话、最高流量会话，按协议轻松确定对于哪一个会话您需要捕包/详细分析	查看何人在使用带宽；掌握关键链路上的流量分布，而无须进行捕包

OptiView XG 平板式网络分析仪预装 WIN 7 操作系统，配置 4G 内存，为用户提供了全新的测试体验，其主界面如图 12-2 所示。

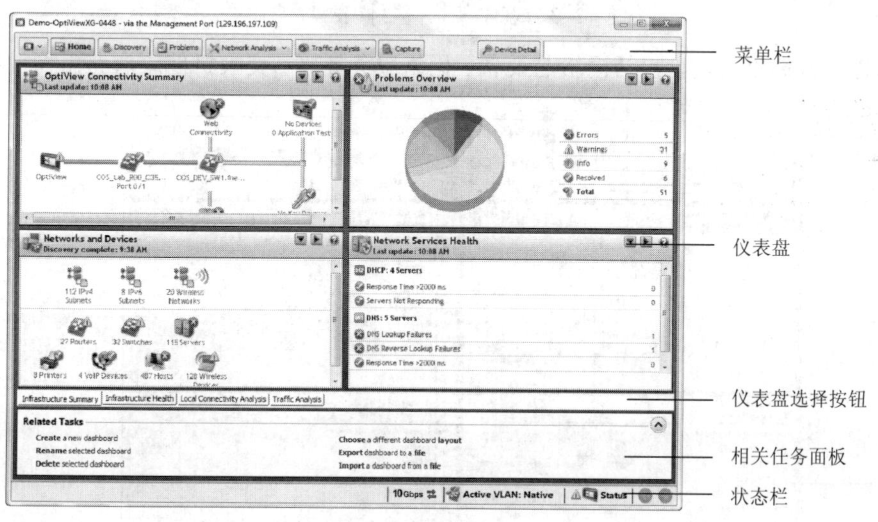

图 12-2　OptiView™ XG 平板式网络分析仪主界面

OptiView XG 平板式网络分析仪是 OptiView™分布式网络分析仪和 OptiView™集中式网络分析仪的更新换代产品，因此其除了拥有前者的所有基本功能，还具备很多全新的功能，以下就简单介绍几项。

1. 个性化仪表盘

OptiView XG 平板式网络分析仪可以根据用户的实际需求定制仪表盘，使用户可以根据个人的喜好排列仪表盘上的各个功能模块，方便用户更有效地管理和组织信息资源，具体功能包括定制新仪表盘、删除仪表盘、重命名仪表盘、导出仪表盘和导入仪表盘。此外分析仪还可以提供多种缺省仪表盘，包括基础架构概要仪表盘、基础架构健康仪表盘、本地连通性能仪表盘和流量分析仪表盘等。

（1）基本架构概要仪表盘包括连通性概要、问题简介、网络和设备、网络服务健康，如图 12-3 所示。

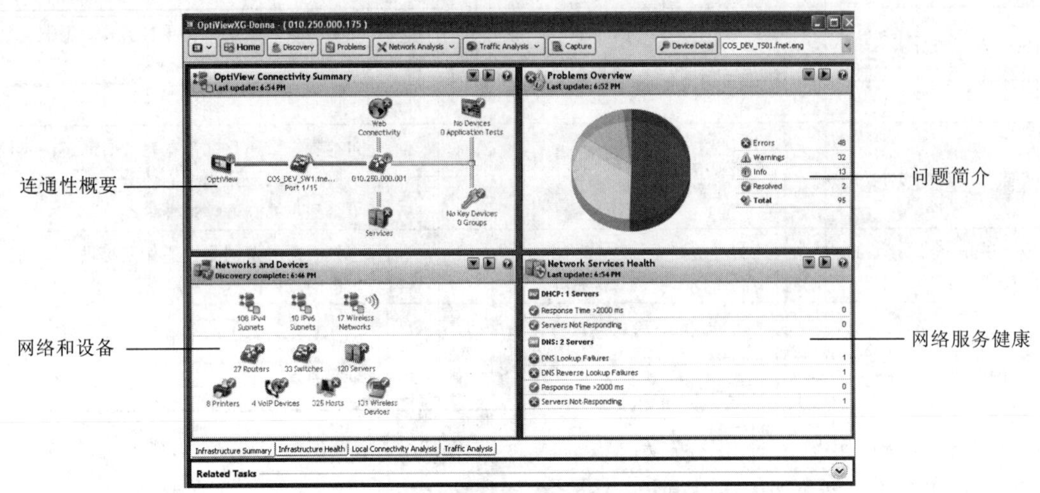

图 12-3　基本架构概要仪表盘

（2）基础架构健康仪表盘包括网络与设备、网络服务健康、交换机健康和路由器健康，如图 12-4 所示。

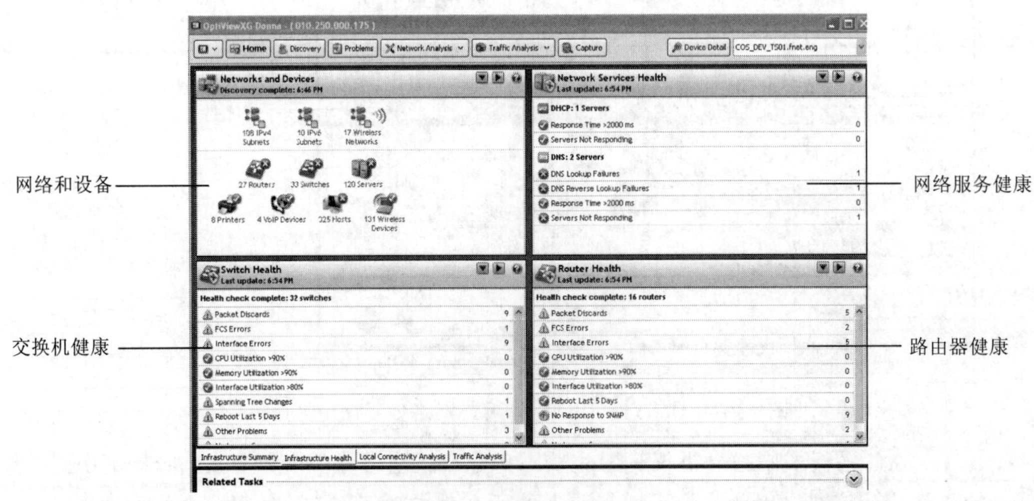

图 12-4　基础架构健康仪表盘

（3）本地连通性能仪表盘包括网络接口、最近的交换机监视、缺省路由器监视和 Internet 网页测试，如图 12-5 所示。

（4）流量分析仪表盘包括流量最高会话、流量最高主机、流量最高协议和本地利用率，如图 12-6 所示。

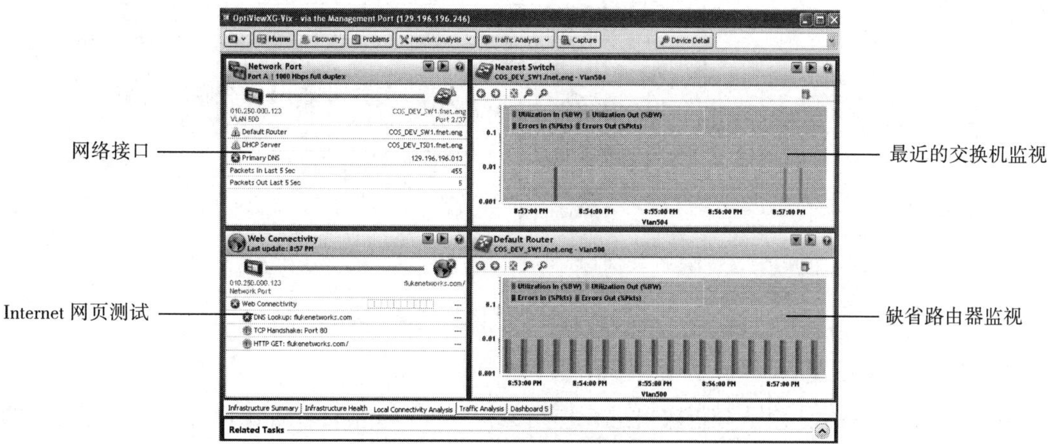

图 12-5　本地连通性能仪表盘

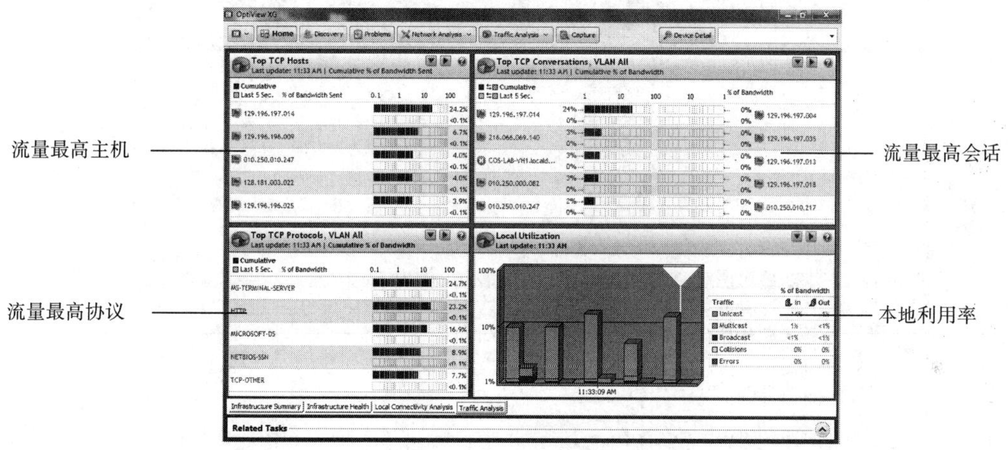

图 12-6　流量分析仪表盘

2. 交换机、路由器健康监视

OptiView XG 平板式网络分析仪可以测试所有发现的交换机和路由器设备，对设备的重要指标进行测试，并将测试结果摘要显示在仪表盘中，分析仪还可对最近交换机和缺省路由器接口进行实时的分析，并以柱形图的方式显示在屏幕上，如图 12-7 所示。

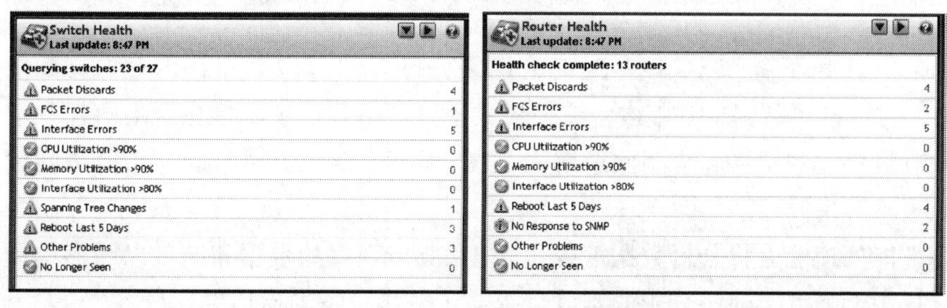

（a）交换机健康测试　　　　（b）路由器健康测试

图 12-7　交换机路由器健康监视

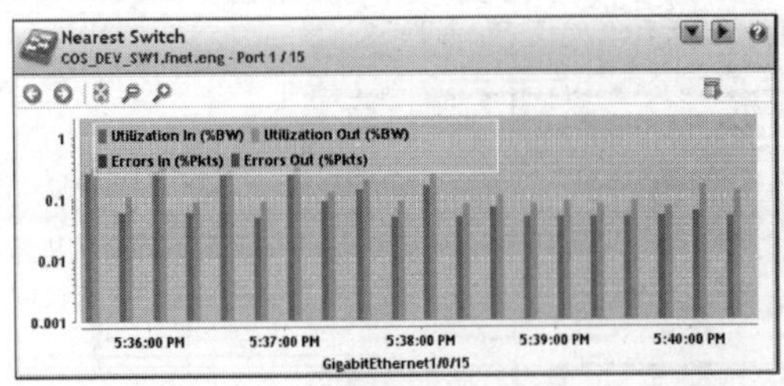

（c）最近交换机监视

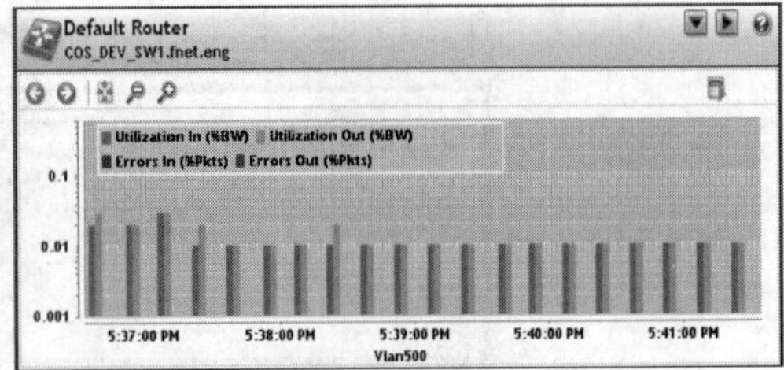

（d）缺省路由器监视

图 12-7 交换机路由器健康监视（续）

3．应用架构设置

OptiView XG 平板式网络分析仪可进行应用架构设置，包括设备资源设置、接口监视设置、通道分析设置、NetFlow 监视设置，测试结果如图 12-8 所示。

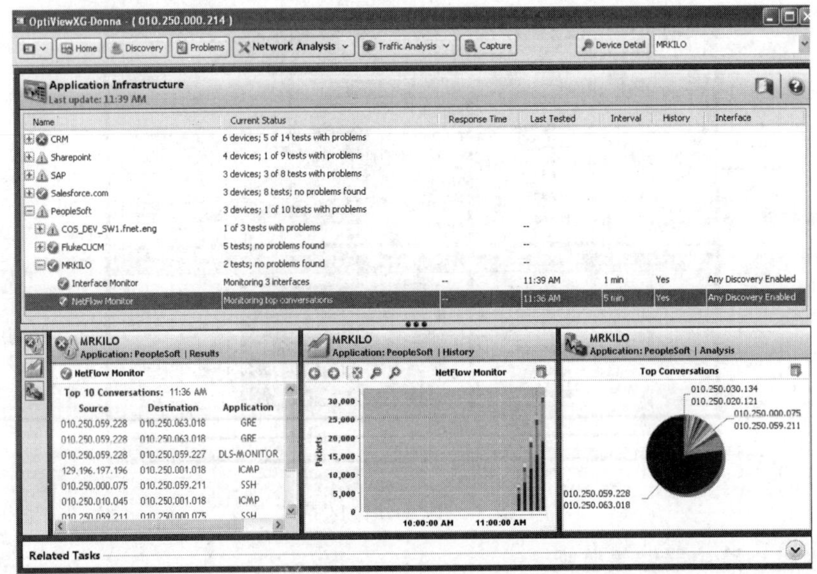

图 12-8 应用架构设置

12.2 OptiView XG 平板式手持网络分析仪功能模块介绍

OptiView XG（以下简称 XG）是 FLUKE 网络公司 2011 年 7 月推出的业内首部平板式手持网络分析仪，目前已更新到 v10 版本。该平板式手持网络分析仪支持在网络中任意位置提供最快的无线和有线接入的网络和应用问题解决方案，同时，该工具可自动分析网络问题并提供引导式故障处理来解决问题。

借助高性能处理能力将分析数据可视化，把采集卡获得的数据和结果以图形或图像的方式加以展现，这大大降低了网络分析的难度，提高了分析设备的易用性。

XG 的设计沿用了网络分析的通用架构，分成 4 层架构和模块：（1）数据采集；（2）数据管理；（3）数据分析；（4）数据表示。

12.2.1　数据采集

XG 数据采集模块集成了有线和无线两种数据获取方式，测试端口分为 4 个有线端口以及两块无线网卡和一块无线频谱卡。有线端口分为 A、B、C、D 4 个，端口 A 和 B 为内置固定端口，10/100/1000M 自适应，而端口 C 为 SFP 方式，可以更换不同测试模块如 1000BASE-SX SFP 光收发器模块、1000BASE-LX SFP 光收发器模块、1000BASE-ZX SFP 光收发器模块、100BASE-FX SFP 光收发器模块等；端口 D 为 SFP+方式，可以更换不同测试模块如 10GBASE-SR SFP+光收发器模块、10GBASE-LR SFP+光收发器模块、10GBASE-LRM SFP+光收发器模块。无线端口工作于 802.11a/b/g/n 模式，802.11a：6/9/12/24/36/48/54 Mbit/s，802.11b：1/2/5.5/11 Mbit/s，802.11g：6/9/12/24/36/48/54 Mbit/s，802.11n（20 MHz）：MCS0-23，最高 216 Mbit/s，802.11n（40 MHz）：MCS0-23，最高 450 Mbit/s。无线网卡 Wi-Fi #1（通用）用于分析仪的 Wi-Fi 端口，供发现功能使用；无线网卡 Wi-Fi #2（仅限 AirMagnet 使用）用于 Fluke Networks AirMagnet Wi-Fi 分析仪和勘测软件。设备端口图如图 12-9 所示。

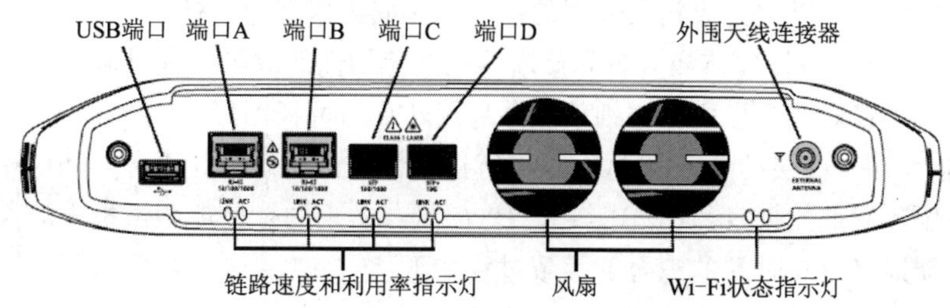

图 12-9　设备端口图

采集端口可工作于主动和被动两种模式，主动方式下，通过测试端口发送测试报文，借助本地接收端口或远程接收端口配合采集被测网络的响应数据；被动方式下，通过测试端口，被动监听网络数据。XG可借助软件界面实现各采集端接口的开启和关闭，以降低设备的功耗，如图 12-10 所示。

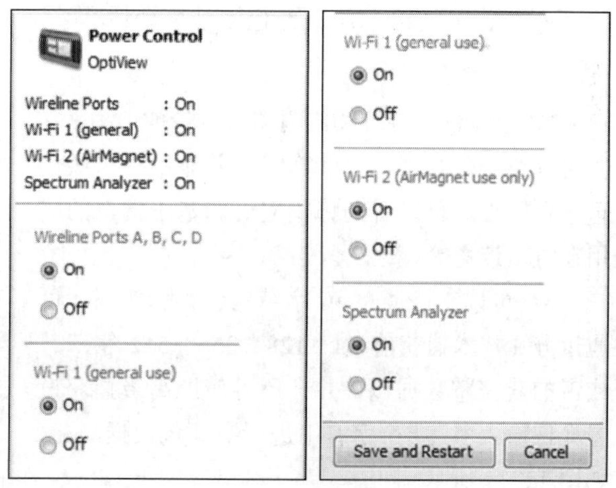

图 12-10　开启关闭端口

12.2.2　数据管理

XG 的数据管理模块负责将采集数据进行预处理和存储，预处理的方式有助于后续实时分析功能的实现，而存储则为后期深度分析提供原始数据，XG 中预处理的工作包括对数据进行分类、过滤、统计，存储的工作主要将数据存储到 Buffer 空间，当捕获结束时转换为捕包文件。

测试时可以通过网络端口 A、B、C 或 D，或者通过内置的无线适配器将 XG 与网络相连接。

XG 在测试中会依据实际配置进行数据采集，对应的数据管理方式也有所差异，比较复杂。对于设备接收到的数据，XG 视情况将其分类成主动测试数据回应或者是被动接收数据。

1. 主动数据管理

（1）性能测试。

在 XG 测试仪进行主动压力测试时，可以生成不同的流量负载，对网络进行压力测试。协议类型、包大小、每秒包数量，以及百分比利用率均可随流量类型进行配置，例如广播、多播或至具体设备。可对本地网络内的设备或本地网之外的指定设备发生流量。

当执行主动测试时，数据管理由接收端（自身或远端）负责对回应数据进行分类识别并统计，如吞吐量、丢包率、延时、抖动等。

（2）功能测试。

同时 XG 测试仪也支持多种注入式的功能测试方式，如 SNMP 轮询方式，PING，连通性测试等。

SNMP 是现有大规模投入商业应用的测试方式之一，它是基于轮询式的网络测试模型。借助发送 SNMP 四种操作 Get，GetNext，Set 和 Trap，测试仪获得 SNMP agent（网络设备等）的一个或多个对象实例，以此完成相关数据的统计，完成数据管理任务。

XG 借助 SNMP 实现接口监测分析和诊断网络及应用性能故障，提供服务器、交换机和路由器接口利用率及错误严重程度等详细信息并后续转化为可视图形。

XG 还可借助注入高层的 TCP 测试数据进行连通性测试，以验证服务器和应用的连通性。这是通过打开服务器上的指定 TCP IPv4 和 IPv6 端口实现的。该项测试报告的往返时间为网络延迟和服务器连接建立时间的组合。大致过程如下：

- 在所选的端口上发送一个 TCP SYN 数据包。
- 向分析仪返回一个 SYN ACK 数据包。
- 发送一个 RESET 数据包，结束会话。

2. 被动数据管理

XG 分析仪支持持续监测端口流量的能力。它实时分类全部数据包、计算统计并显示。这些信息进行管理后可以看到哪些主机和基于端口的应用在占用带宽等。

XG 可以支持最大 4G 字节的包存储空间，可通过分片技术捕获前 64、128、256、512 字节，或者捕获完整数据包，并且还可借助高级捕获设置允许输入多达 8 个字符串进行数据包数据匹配，如图 12-11 所示。

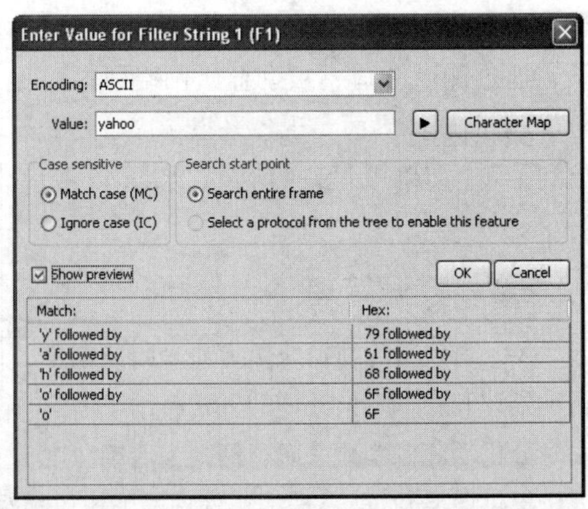

图 12-11　数据匹配设置

捕获时工作于“混杂模式”，对线路上的一切进行侦听。分析仪的过滤和触发可减少不希望的流量数量。对数据进行管理后可用于：

- 分析网络故障。
- 验证网络安全。
- 确保用户遵循管理策略。

- 检测网络入侵。
- 跟踪网络上不允许的应用和内容。
- 跟踪接收到的应用错误消息，例如，丢失与 Outlook 服务器的连接。
- 定位难以发起、跟踪和抑制的病毒。
- 监测网络性能。
- 调试客户端/服务器通信。
- 检查用于不同应用的协议栈。
- 逆向工程网络上使用的协议。
- 捕获密码。

3. 主动被动结合数据管理

对于 XG 的数据管理来说，还有一种混合管理方式，即主动和被动相结合的方式。如 XG 运行发现功能时，设备通过广播域的 ARP 扫描、交换机和路由器的 SNMP 查询，以及被动监测流量（较少）发现设备，XG 预处理特性可以支持多达 30 000 各设备的发现并报告汇总。

整个发现和数据管理过程如下：

- 被动监测链路上接收到的数据包。发现的设备被添加至发现结果。
- OptiView XG 发送一组广播包，激励设备进行响应。发送 6 个 IP 包、6 个 IPv6 包和 2 个 NETBIOS 包。
- OptiView XG 确定链路广播域上的哪个子网被使用。对本地发现的子网进行 ARP 扫描。发现的设备被添加至发现结果。
- 可在扩展发现范围内配置的子网中执行 PING 扫描（ICMP 回应）。发现的设备被添加至发现结果。
- 按需向发现的设备发送 SNMP 查询。

12.2.3 数据分析

数据分析模块负责将数据管理模块预处理的数据以及记录存储的数据进行后续分析，按照不同的分析功能模块进行处理，实现主要两方面的功能，一是数据统计分析、二是事件分析。

数据统计分析中，将统计如网络设备的端口信息、利用率信息、CPU 趋势、协议和协议关联等；而事件分析则是指分析模块根据内建的判断准则或者专家库，对数据进行匹配分析，用于判断网络故障或者网络性能。

12.2.4 数据表示

XG 的数据表示模块可看作安装了 Windows 操作系统的 PC，它将测试分析结果以图形化或者报表化的方式展现，并可根据使用者的习惯定制仪表板界面，生成各类告警、提示信息等，XG 显示界面方式包括显示屏和 LED 指示，如图 12-12 所示。

XG 的主要分析界面包括：主界面、发现界面、问题界面、网络分析界面、流量分析界面以及捕获分析界面，如图 12-13 所示。

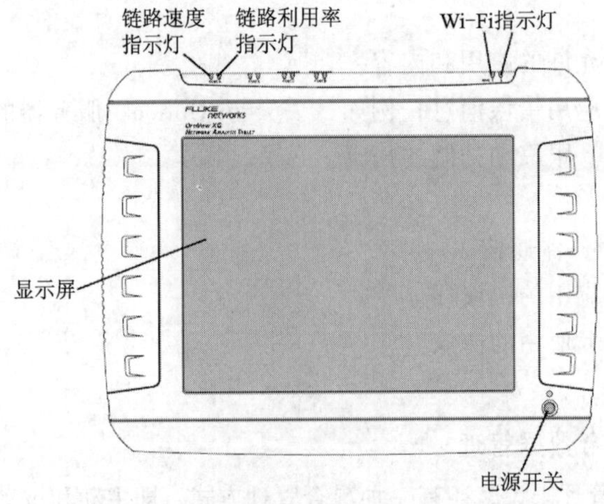

图 12-12　仪器显示屏和 LED 指示灯

（a）主界面　　（b）发现界面

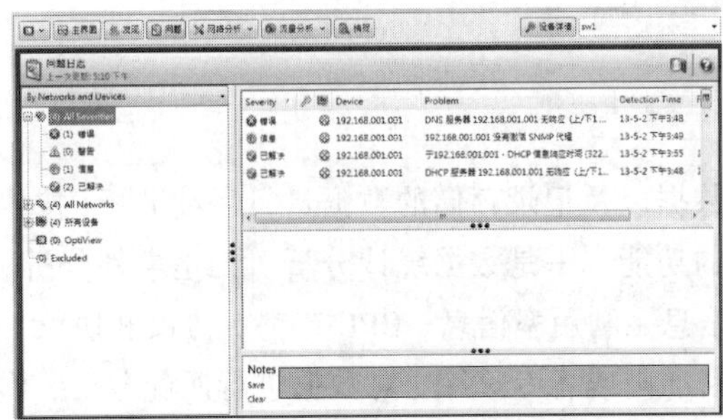

（c）问题界面

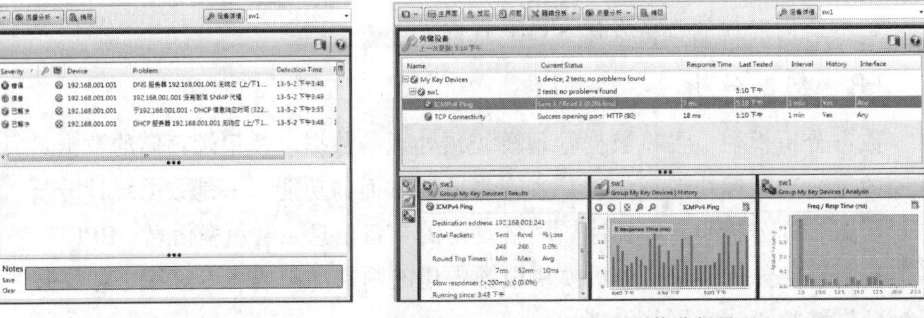

（d）网络分析界面

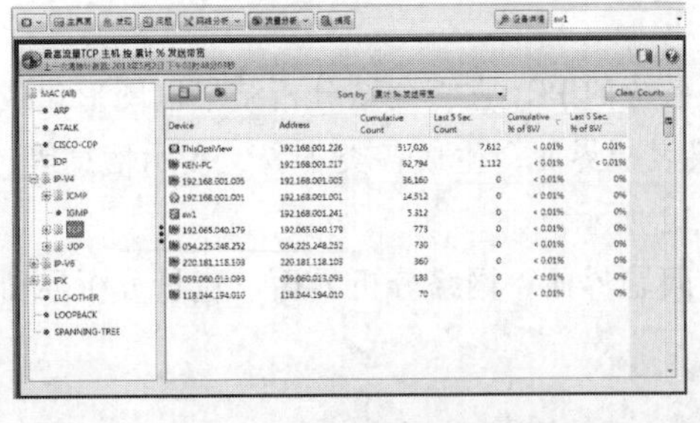

（e）流量分析界面

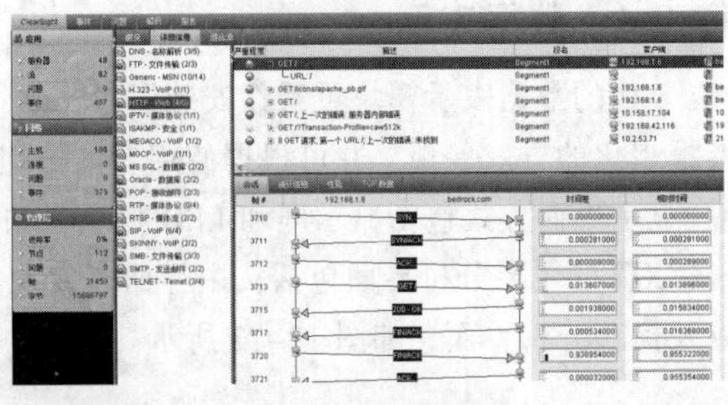

（f）捕获分析界面

图 12-13　仪器分析界面

12.3　OptiView XG 平板式手持网络分析仪基本设置

12.3.1　设备网络端口的配置

1. 选择主界面中 OptiView 按钮(位于屏幕的左上角),在下拉菜单中选择“OptiView 设置”。
2. 配置测试端口，并设置 IP 地址信息，如图 12-14 所示。

- 选择 OptiView 按钮（位于屏幕的左上角）。
- 选择 OptiView Settings（OptiView 设置）按钮。
- 选择 Active Port 项，在下拉菜单中选择相应的测试端口。
- 选择 Active VLAN 项，选择所需的 VLAN id。
- 选择 是否启用完全被动接收测试方式。
- 选择 IP Address 配置，选择 IP 获取方式，自动获得还是手动设定。

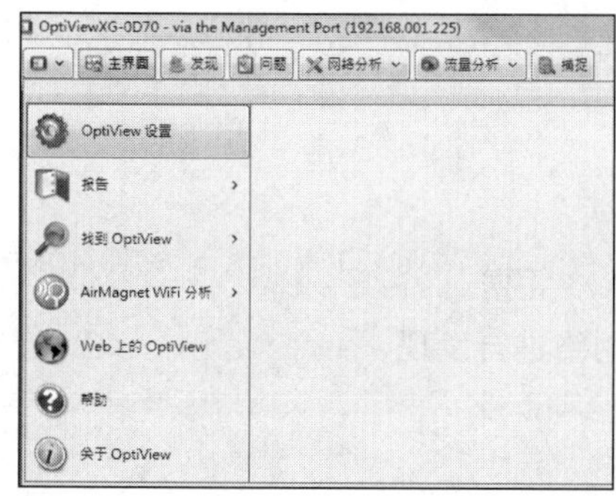

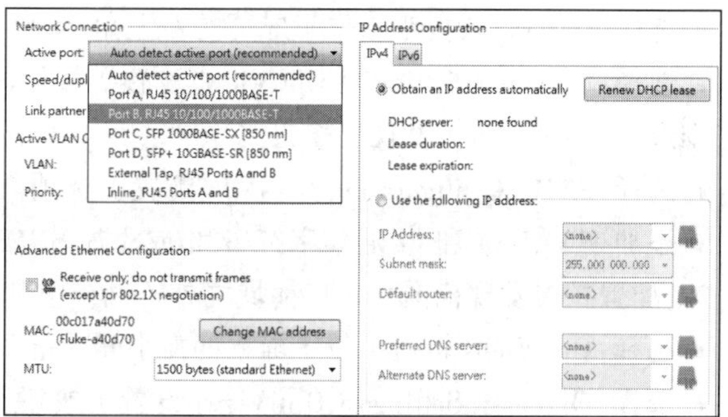

图 12-14　端口设置

12.3.2　发现控制配置

发现控制是 XG 中极富特点的功能，如图 12-15 所示，用于快速获得整个网络的设备信息，在配置上通过 SNMP 的配置、扩展发现范围等选项进行实现大致过程如下：

1. 配置 发现控制 Discovery Control，使 OptiView XG 能够完全发现和分析网络。

- 选择 OptiView 按钮（位于屏幕的左上角）。
- 选择 OptiView Settings（OptiView 设置）按钮。
- 选择 Discovery（发现）按钮。
- 选择 Discovery Control（发现控制）选项。
- 默认设置下，网络端口（Network Port）上的发现被启用。此外，通过选择相应的选择框，可启用无线端口（Wireless Port）和/或管理端口（Management Port）上的发现。
- 默认配置下，高级发现被禁用。通过启用高级发现功能，可以发现整个企业内的基础设施设备。选择 Advanced Discovery（高级发现功能）选择框来启用该功能。
  - ➢ 当 XG 发现路由器时，将查询其配置的子网，并将子网信息其加入发现范围内。
  - ➢ 启用高级发现功能后，XG 将向路由器的 SNMP 路由 MIB 表查询下一跳设备。如果下一跳设备为路由器，它被添加至网络并查询其相关信息。如果这些设备又显示下一跳设备，将同样询问这些路由器并添加至发现。另外，高级发现过程查询任意

Cisco 设备的 CDP 缓存 MIB 库，CDP 缓存内的每个设备都将被添加至发现并同样被查询。

- 当 XG 查询启用了 SNMP 的设备时，即使禁用高级功能时，仍然能够发现临近广播域的子网。分析仪识别这些设备上的所有 IP 地址，并将其相应的子网添加至发现结果，当子网处于 Extended Discovery Ranges（扩展的发现范围）中且非受限 Restricted 时，将主动扫描这些子网。
- 网外（广播域外）网络内不会自动执行设备发现功能。只有添加了子网范围后，XG 才会进行网外设备发现功能。一般可以有两种操作方式，一、右击（或点击并保持）网络，并选择 Add to Extended Discovery Range（添加至扩展发现范围）；二、直接在 Extended Discovery Ranges（扩展的发现范围）进行配置。这样 XG 将会发现该网络内的设备。

2. 配置 SNMP 通信字符串和/或凭据，使 OptiView XG 能够完全发现和分析网络。

- 选择 OptiView 按钮（位于屏幕的左上角）。
- 选择 OptiView Settings（OptiView 设置）按钮。
- 选择 Discovery（发现）按钮。
- 选择 SNMP Configuration（SNMP 配置）选项。
- 添加 SNMP v1 和 v2 通信字符串和/或添加 SNMP v3 凭据。

3. 配置扩展发现范围，对广播域之外（网外）的网络进行发现。

- 选择 OptiView 按钮（位于屏幕的左上角）。
- 选择 OptiView Settings（OptiView 设置）按钮。
- 选择 Discovery（发现）按钮。
- 选择 Extended Discovery Ranges（扩展发现范围）选项，并输入相应的地址。

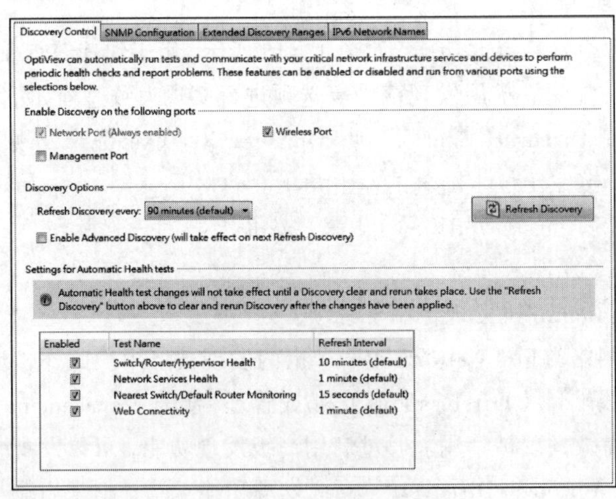

图 12-15　发现控制配置

12.3.3 远程控制配置

XG 既可在本机借助触摸屏进行操作，也可以通过软件远程操作。在配置了 IP 地址后，即可通过 Remote UI 远程控制软件进行遥控，最大控制客户端可达 32 个，首次使用远程控制时需要在 PC 上安装远程控制软件，在 Web 浏览器中输入 XG 的 IP 地址，在图形界面中选择 Install Remote UI 下载安装文件，如图 12-16 所示。

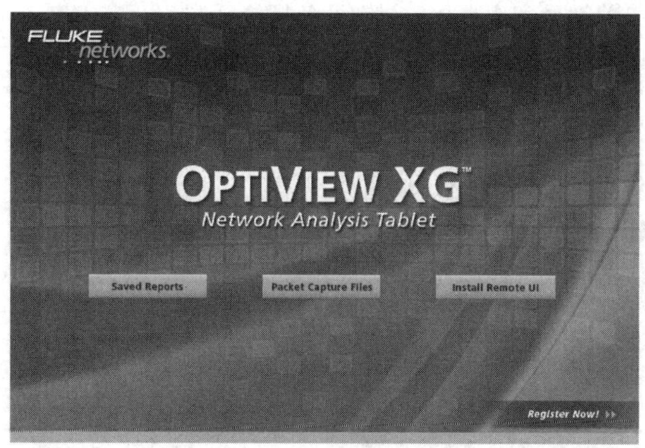

图 12-16　下载安装软件

安装完毕，从程序组中打开 OptiView XG 远程控制软件。在 IP 输入框内输入 XG 的 IP 地址。软件界面中将显示 OptiView XG 的列表，包含了测试设备名称、连接方式、IP 地址以及软件版本等信息，双击列表中的某一测试仪即可打开远程控制的主界面，如图 12-17 所示。

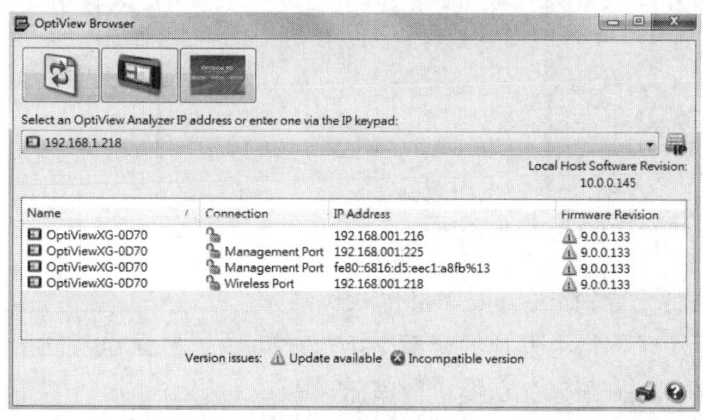

图 12-17　远程控制界面

12.3.4　测试项目仪表板配置

XG 测试仪进入主界面后将显示默认的仪表板，包括：Infrastructure Summary 基础设施概述，Infrastructure Health 基础设施健康，Local Connetcivity Analysis 本地连通性分析，Traffic Analysis 流量分析等 4 个视图，如图 12-18 所示。

通常需要按照实际监控测试要求对仪表板进行定制，XG 提供了多种测试面板模板，包括：

- 健康检查面板：交换机健康、路由器健康、网络服务健康、关键设备健康、应用基础架构健康。
- Optiview 连通性面板：OptiView 连通性概要、网络端口、无线端口、最近的交换机监测、默认路由器监测和 Web 连通性。

- 基础设施面板：网络和设备与无线网络和设备。
- 发现的问题面板：故障概览、故障设备、故障类型。
- 关键设备面板：关键设备组概览、关键设备概览、结果、历史和分析。
- 应用面板：应用基础架构概述、应用设备概述、结果、历史、分析。
- 虚拟化面板：管理程序健康、有问题的管理程序、有问题的虚拟机、关键应用程序概述。
- 流量分析面板：本地利用率、最高流量协议、最高流量主机、最高流量 VLAN、最高流量会话。

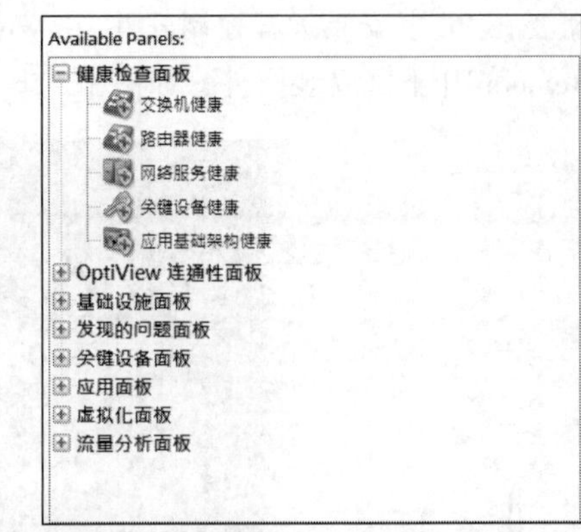

图 12-18　测试项目仪表板定制

在监控视图的框架中定义好面板类型，并且对每个面板进行配置后，就可以执行该视图内的网络测试条目了，如图 12-19 所示。

图 12-19　定义面板类型

每个面板需要另行配置，如 Switch Health（交换机健康）面板显示关于网络上发现的全部交换机的状态信息。如图 12-20 所示，交换机健康面板测试以下信息：

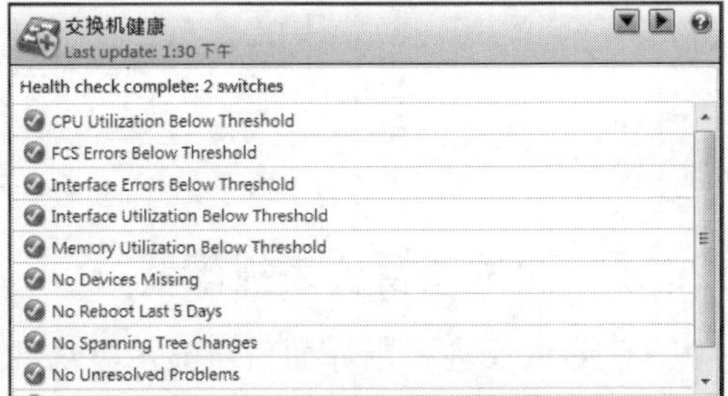

图 12-20　交换机健康面板

- 网络上有多少交换机？
- 网络上是否存在任何不能到达的交换机？
- 多少交换机存在故障？
- 多少及哪些交换机存在丢包、FCS 错误及接口错误？
- 多少及哪些交换机超过了 CPU、内存或接口利用率门限？
- 多少及哪些交换机在最近几天改变了生成树和/或重启？

为确保 Switch Health（交换机健康）面板正常工作，建议对以下内容进行配置。

- SNMP 配置：查询交换机需要的 SNMP 通信字符串。
- 自动健康测试：交换机健康测试被配置为 OptiView XG 上电时自动运行。可利用发现设置自动健康测试配置屏幕进行修改。

- 网外发现：如需查询 OptiView 所连广播域之外的交换机，增加扩展发现范围。
- 全局设置：故障门限和严重程度可在故障设置屏幕进行调整。这些设置为应用于 OptiView XG 全局。
- 配置发现：当 OptiView XG 通过一个非发送端口（例如，镜像端口、非汇聚新分路器等）连接至网络，或者当被测网络被设置为仅接收时，启用无线端口和/或管理端口上的发现功能，因为它可提供：
  - 更快的名称解析。
  - 完全发现，启用主动测试（例如，测试关键设备的可用性和性能，以及识别作为会话一部分的被分析设备相关的问题）。
  - 当网络端口 A、B、C 或 D 上无连接时，强制启用无线端口或管理端口上的发现功能。
- 测试间隔：修改进行交换机健康测试的时间间隔，或者在发现设置自动健康测试配置屏幕中将其彻底禁用。
- 面板更新：默认配置下，面板上的信息每 10 min 进行更新。可利用自动健康测试设置进行修改，可在发现设置屏幕的发现控制选项上修改设置。

12.4　OptiView XG 平板式手持网络分析仪网络部署

按照数据的获取方式，XG 在测试时又分主动测试方式和被动测试方式，为避免对网络产生影响，我们一般采用被动测试的方式获得原始数据流，而主动方式测试时，也通常采用定期收集数据 NETFLOW 或者轮询的方式如 SNMP 进行，对于大流量模拟或压力测试还是报以非常谨慎的态度来执行。

12.4.1　OptiView XG 平板式手持网络分析仪接入部署介绍

1. 被动测试

在实际网络中，为了更高效地采集到原始数据包，测试设备需要根据不同的网络架构进行部署，而通常由于 XG 测试仪测试端口有限，同时工作一般为一到两个端口，因此接入方式一般可参照如下几种，如图 12-21 所示。

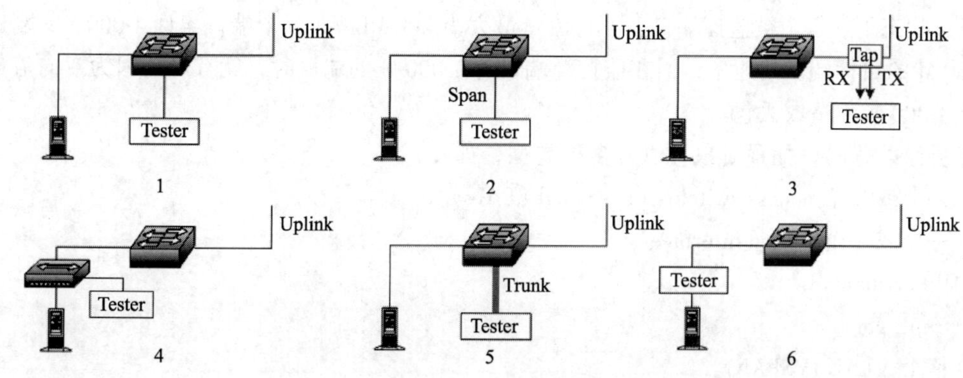

图 12-21　仪器接入模式

XG 分析平台支持多种方式下的网络分析，如表 12-2 所示。

表 12-2 接入网络分析

项目	直接接入	SPAN 镜像方式	在线 TAP	HUB	多 VLAN 环境	串行接入
序号	1	2	3	4	5	6
优点	方便，快速	不必中断链路数据比较真实	完全的真实流量的协议分析	测试方便	同时监控多个 VLAN	真实流量，协议分析
缺点	只能检测到少量的流量信息，如广播，组播。	需要配置交换机数据失真消耗交换机资源	需要连接器或嵌入链路当中	由于强制把链路转换成为半双工模式，只适用于低流量网络	需要配置交换机数据失真消耗交换机资源，或占用交换机端口	容易形成单点故障，性能问题容易导致网络质量下降
负荷能力	轻负荷能力	负荷能力中等	全负荷能力	轻负荷能力	负荷能力中等	
突出功能	快速了解本地网络中的设备，和基于广播方式的异常流量	查看网络层数据以及应用层的数据，包括捕包解码，定位错误	真实反映网络数据，	成本较低，易于实现	快速查看 VLAN 内的流量分布情况，判断异常 VLAN	接入方便，无须配置

从上述六种接入方式来看，均有优缺点，目前用于分析的主要是前三种，但其他的接入方式也是有其独特的适用场合，可以作为条件受限时的补充接入方式。

方式 1 接入采用的是直接接入交换机端口进行数据帧的获取，区别于方式 4 的 Hub 的直接接入，在 Hub 环境中，整个 Hub 上的端口属于同一个共享环境，每个端口上的流量都可以被其他端口看到，故协议分析时可以监测到所有 Hub 端口上的流量，而在 Switch 交换机上，如果不做镜像配置，交换机只负责在该端口上转发广播、组播以及和测试仪相关的单播流量，故协议分析仪做分析时监测不到其他站点间的对话，信息非常有限。但可以用做广播、组播流量的分析。

方式 2 接入采用的是 SPAN（Switched Port Analyzer）的方式，俗称镜像，是网络中应用非常普遍的分析方式，其作用就是将特定的数据流（可以是某个端口，或者某组端口，亦或者某个 VLAN）复制给一个监控端口，一般交换机考虑到性能问题，可以启用的镜像线程有限，比较典型的是 2 个线程。镜像时可以只分析进入流量或外发流量，也可以选择 both 选项进行双向监控，但是需要注意目标端口速率最好是大于或等于源端口的带宽，否则可能会出现丢包的情况。比如说目标端口速率是 1 000 M，那么在监控 5 个 100 M 速率的端口时不会有问题，因为即使是全线速全双工状态下，每个被监控端口上下行流量最大为 200 Mbit/s，5 个端口累计 1 000 M，刚好等于 1 000 M 的目标端口的速率；而在监控源端口为 1 000 M 的端口时，就有可能因为双向流量相加大于 1 000 M 而造成丢包。

在镜像配置时，配置对象可以是多种类型，如：

- 一个或多个 access switchports（Local SPAN）。
- 一个或多个 routed interface。
- EtherChannel。
- trunk port。
- 整个 VLAN (VSPAN)。

在 SAPN 时，镜像数据可以是 inbound 方向或者 outbound，也可以是 Both。借助以下操作，可以创建 SPAN 源，实例如下：

```
Switch(config)# monitor session 1 source interface fa0/10 rx
Switch(config)# monitor session 1 source interface fa0/11 tx
Switch(config)# monitor session 1 source vlan 100 both
```

第一条命令创建了一个 monitor session，分配了线程号码 1，当指定一个目标端口时，必须使用同一个 session 号，命令的后半部分定义了端口 fa0/10，并且是镜像所有接收（rx）的流量。

第二条命令添加了第二个端口到镜像的 session 1，镜像的方向为发送流量（tx）。

第三条命令添加了一个 VLAN 到镜像的 session 1，镜像的是端口所有流量（both）。

如果想监测 trunk 链路的流量，需要指定我们需要监测的 VLAN。

```
Switch(config)# monitor session 1 filter vlan 1-5
```

在设置好了数据源后，接下来，需要定义目标端口，

```
Switch(config)# monitor session 1 destination interface fa0/15
```

这样配置了源和目标后，镜像过程就完成了，在镜像目标端口上，可以接上协议分析仪进行数据分析了。

在通过 SPAN 命令进行流量监控时，需要注意镜像命令仅在本交换机上有效，其实质是交换机通过 CPU 处理，将部分端口的流量复制到指定端口，而在网络分析上有异地分析时，即跨交换机分析时，则需要使用 RSPAN 技术，进行远程镜像，但在这里强烈指出非必要情况下，尽量不要使用 RSPAN，由于镜像流量大小不确定，在 RSPAN 操作时，很可能带来网络的拥塞。另外 RSPAN 不支持二层协议，如 BPDU 包或其他二层交换机协议。并且在分析时前需要先在 VTP 服务器上配置 RSPAN VLAN，这样，VTP 服务器可以自动将正确的信息传播给其他中间交换机。否则，要确保每台中间交换机都配置的有 RSPAN VLAN。

RSPAN 的具体配置如下，借助以下操作，可以创建 RSPAN VLAN。

```
Switch (config) # vlan 901
Switch (config) # remote span
Switch (config) # end
```

借助以下操作，可以创建一个完整的 RSPAN 实例，从 Switch1 的 fa0/10 镜像到 Switch3 的 fa0/12，如图 12-22 所示。

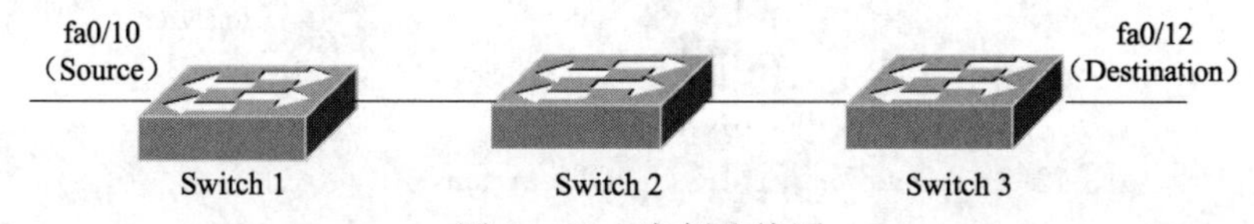

图 12-22　实例连接图

在 Switch 1 上进行如下配置：

```
Switch(config)# vlan 123
Switch(config-vlan)# remote-span
Switch(config)# monitor session 1 source interface fa0/10
Switch(config)# monitor session 1 destination vlan 123
```

在 Switch 2 上进行如下配置：

```
Switch(config)# vlan 123
Switch(config-vlan)# remote-span
```

在 Switch 3 上进行如下配置：

```
Switch(config)# vlan 123
Switch(config-vlan)# remote-span
Switch(config)# monitor session 1 source vlan 123
Switch(config)# monitor session 1 destination interface fa0/12
```

在通过 SPAN 或者 RSPAN 分析时，需要注意如果怀疑并定位帧错误类型的故障时，SPAN 有其局限性，由于 SPAN 是借助网络设备的上层 CPU 资源来完成流量复制，因而对于物理层的错误信息无法全面知晓，因此对于这种情形下的分析，更倾向于 TAP 三通接入，由于其接入位置通常串接于链路中，可以真实的获取网络物理层传输中的信息，并提供给分析仪，使得故障现象得以真实还原。

方式 3 接入采用的是 TAP（Test Access Point）接入方式，TAP 可以说是一个网络测试和故障诊断中的基础设施，它突破了前两种被动测试方式中的限制。

在 SPAN 方式中，有几个问题是分析中的难点：

• 不能一对多分析。

交换机设置镜像的时候，由于镜像会话数有所限制，往往不能实现一对多的监控。而实际网络运行中，这又是一个普遍的测试需求。图 12-23 展示的是 DataCom 公司 SINGLEstream 系列 TAP 的接入示意图，它实现了路由和防火墙，防火墙和交换机之间两段流量的获取，并且通过过滤配置，还可以将数据分配给不同的网络测试和分析设备如 IDS 入侵检测设备，取证采集设备，协议分析仪以及应用监控平台等，这给网络测试分析带来了极大的便利。

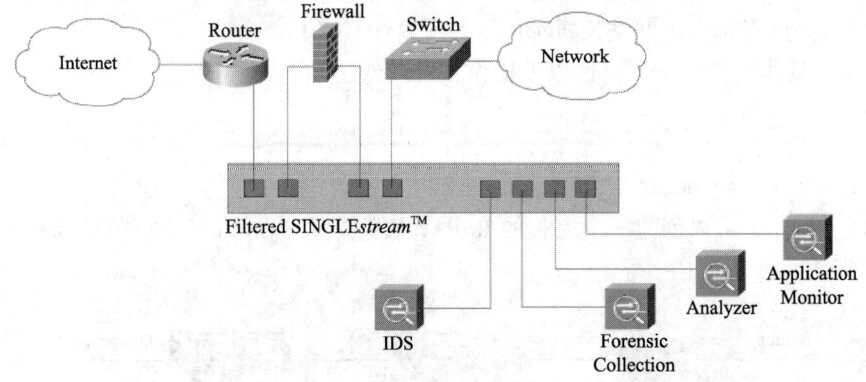

图 12-23　DataCom 公司的 SINGLEstream TAP 接入示意图

• 不能多个一对一分析。

由于交换机本身是作为网络运行设备，无法牺牲大量端口数量来实现网络测试的基本需求，导致在需要多个一对一流量分析时，端口数量不够用。图 12-24 展示的是 VSS 公司 V 16.8 L.C-J-AS TAP 的部署示意图，它实现了 8 条网络路径同时接入分析的功能，且位于右侧的 8 个监控口可以根据软件任意配置，非常方便得实现了多个一对一的功能。

• SPAN PORT 不能被再次 SPAN。

在 SPAN 技术中，多段数据合并也是个难题，这需要将不同交换机镜像口的数据再进行一次汇总合并，这在现有多数交换机和网络设备中是无法实现的。图 12-25 所示展示的是 DataCom 公司 VERSAstream TAP 的接入示意图，它实现了 6 条 SPAN 流量的再次汇总的功能，分配给不同的测试分析设备，且 TAP 允许进行过滤和配置，测试分析时更具灵活性。

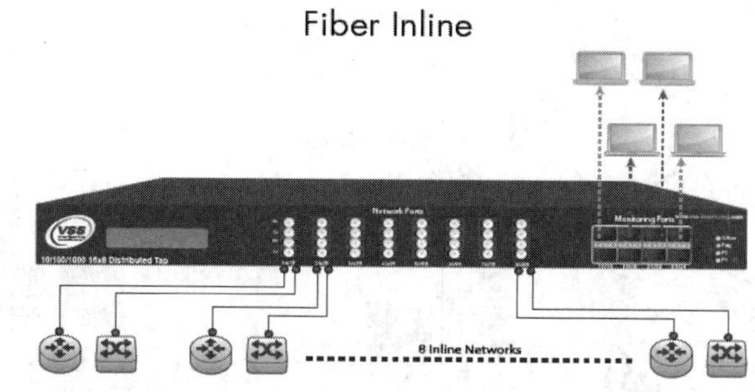

图 12-24　VSS 公司的 V 16.8 L.C-J-AS TAP 部署示意图

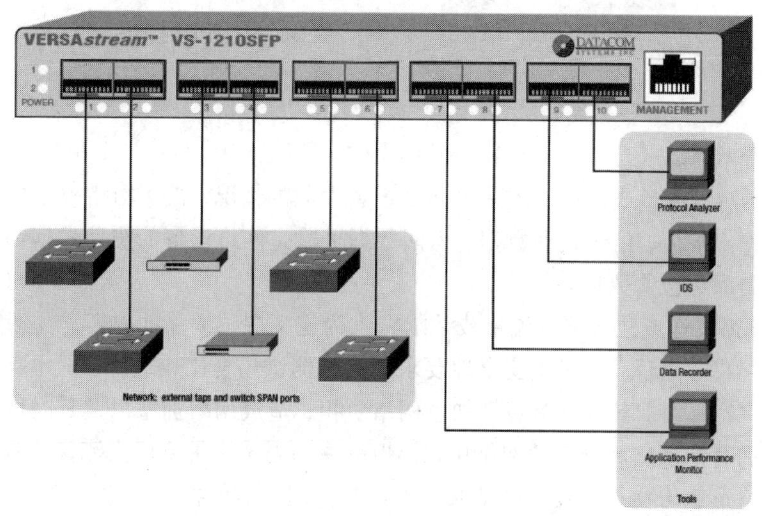

图 12-25　DataCom 公司 VERSAstream TAP 的接入示意图

- SPAN 不能保留物理层错误。

由于 SPAN 需要借助网络设备的上层 CPU 资源来完成，因而对于物理层的错误信息无法知晓，但是 TAP 由于其接入位置通常串接于链路中，可以真实的获取网络物理层传输中的信息，并提供给分析仪，使得故障现象得以真实还原。

应当说 TAP 的出现，极大拓展了网络测试和分析的范围，同时降低了部署的难度，它从根本上改变了被动测试网络时监测分析工具的接入方式，使得整个监测在大规模网络中部署难度大大降低，且系统性更完整，为大型网络测试和分析平台的应用奠定了基础。

但也要客观看待 TAP 的分析方式所固有的一些缺陷，如 TAP 对于整网部署时，需要考虑状态监测，避免引起单点故障，同时 TAP 不能获取网络设备内部的信息，这在虚拟技术称为潮流的今天也是面临的一大挑战，另外 TAP 的部署伴随着大量的资金投入，在方案选择时有需要做出充分考虑。

OptiView XG 在被动测试的应用如图 12-26 所示。

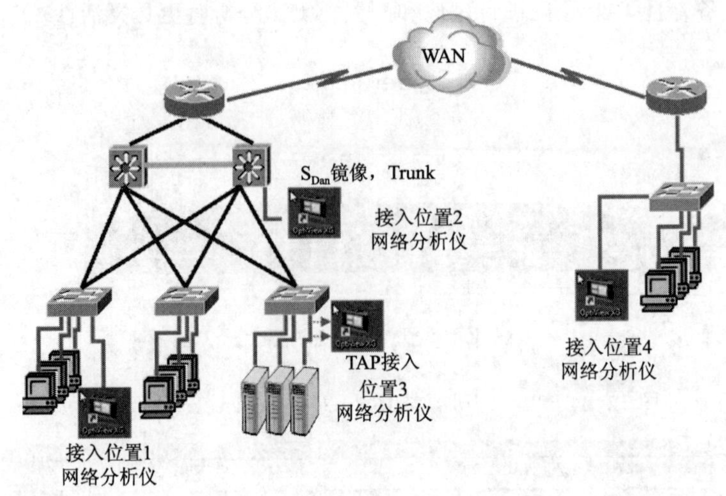

图 12-26 被动测试应用实例

2. 主动测试

在测试时，测试流量或测试请求是由测试设备发起的情况，被测网络根据接收到的测试流量或测试请求作出响应，给予返回数据，返回数据可以是网络设备的统计数据如 SNMP 的查询结果，也可以是回应报文数据。

XG 允许按需发送或注入测试流量或请求，人为定义测试流量的内容，灵活性非常高，同时由于不监控用户数据信息，对于安全性要求较高的测试场合比较适合。但也存在局限性，如在网络繁忙时，容易增加额外的流量，加重网络负担，造成网络拥塞以及延时增大。并且在大型网络尤其是拥有众多广域分支的网络中，模拟的主动测试将带来巨大流量，额外的流量很可能会对被测网络形成干扰，导致测试结果偏差，在使用上需要特别注意。

而在主动测试中，XG 又将测试分为两种：性能测试和功能测试。

性能测试有时也称压力测试，Stress Testing，XG 可以支持最新的 Y.1564 性能压力测试，在进行压力测试时，需要远端进行配合，将发送的数据复制回传或者双向传送相同的测试数据，一般远端需配置 FLUKE LRAT-2000 或者另一台型号相同的 OPTIVIEW XG，如图 12-27 所示，压力测试配置界面如图 12-28 所示。

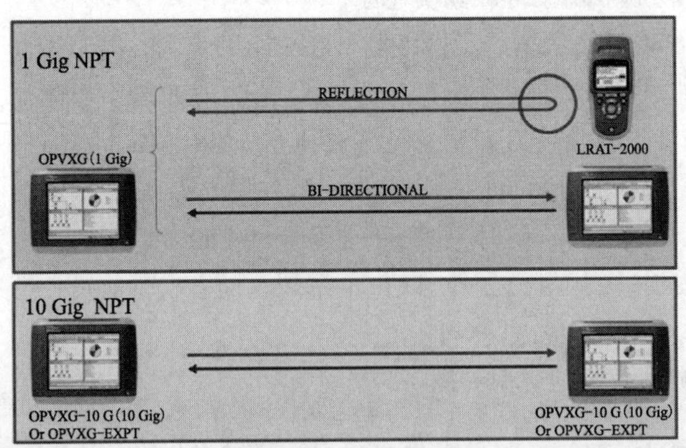

图 12-27 连接方式

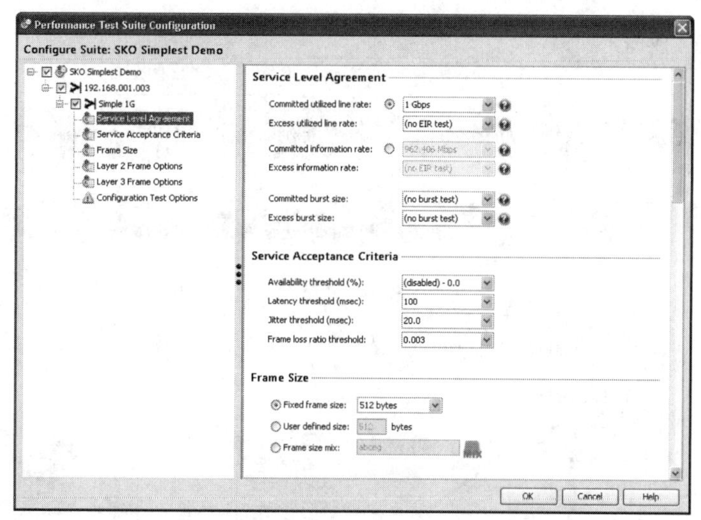

图 12-28　XG 压力测试配置界面

而功能测试时，OptiView XG 也提供了多种快捷、简单的方式来进行主动测试，如检查设备连通性和 TCP 应用端口状态。分析仪主动测试网络和所选设备并测量响应时间和 Ping 测试的丢包，可通过 TCP 端口扫描探测潜在安全风险，TCP 端口的连通性可用于表示应用响应时间。

每项测试均可自定义配置，并且可一次对同一个设备进行多项测试。如果需要，您可创建同一类型的多项测试，采用不同的参数（例如，两项 Ping 测试，一项采用小净荷，另一项采用大净荷）。添加测试后，可方便地编辑测试配置，以及重新运行测试。只要分析仪用户界面应用程序保持打开，就一直保留测试配置和结果，或者可以选择保存测试并在其他设备上重复使用。

可采用以下一项或多项测试，可定期测试设备：

- ICMPv4 Ping
- ICMPv6 Ping
- TCP 连通性
- TCP/IPv6 连通性
- TCP 端口扫描
- TCP/IPv6 端口扫描

在作压力测试时，XG 可以支持不同环境要求下的测试项目，以实现测试数据的定制，如多区域位置间的测试、定义不同的服务等级、视频流量的评估以及应用的模拟等，如图 12-29 所示。

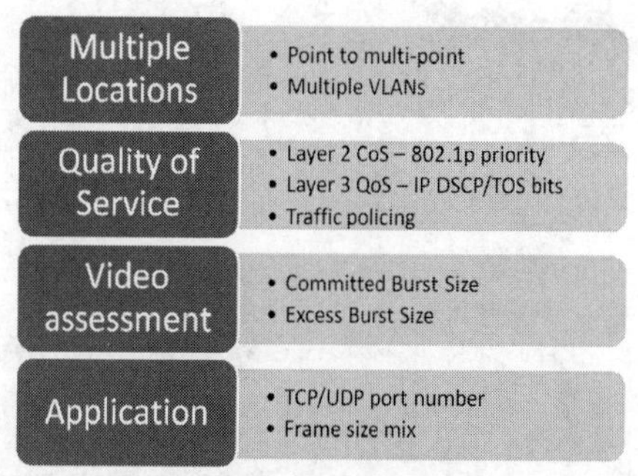

图 12-29　测试项目

在执行 Y.1564 测试时，可以定义测试项目，将复杂的多节点测试变成配置简单的端到端分支，再将端到端分支细化成不同的业务流，整个测试配置仅需简单操作即可完成，极大地简化了一线测试的配置工作，同时避免配置上的错误，如图 12-30 所示。

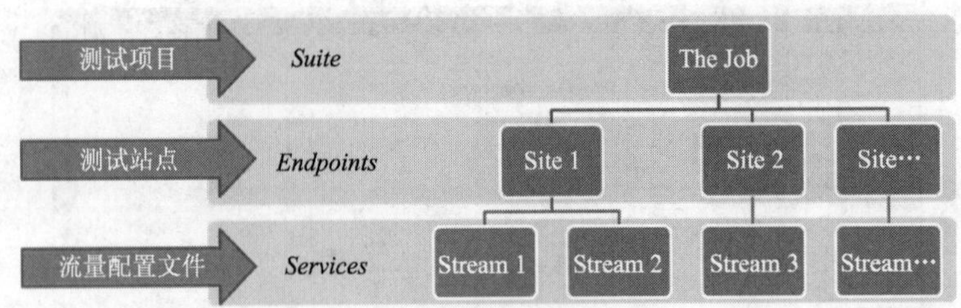

图 12-30 分解测试

OptiView XG 在主动测试的应用如图 12-31 所示。

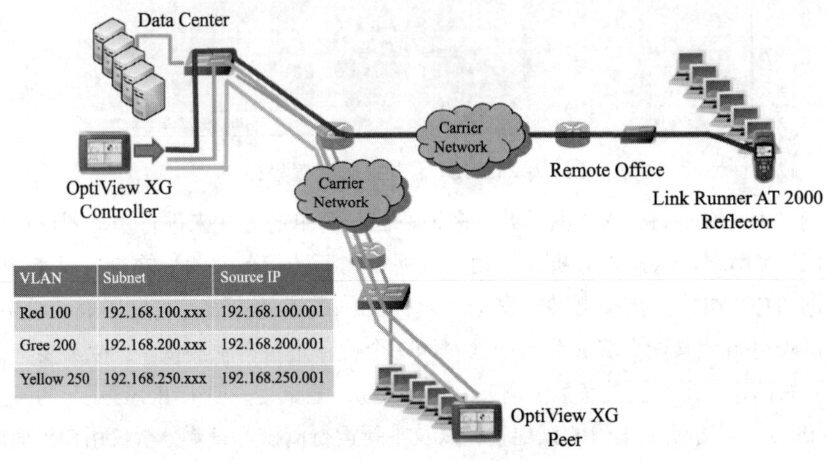

VLAN	Subnet	Source IP
Red 100	192.168.100.xxx	192.168.100.001
Gree 200	192.168.200.xxx	192.168.200.001
Yellow 250	192.168.250.xxx	192.168.250.001

图 12-31 主动测试实例

案例以模拟三个流并行测试的情形，借助简单的配置步骤，即可实现 XG 向远端同时进行不同类型流量的模拟，同时借助 XG 的网管查询功能还可对途经节点健康状况进行分析，如图 12-32 所示。

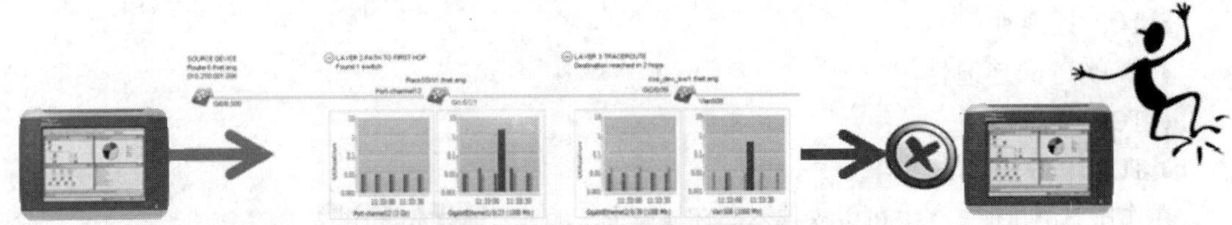

图 12-32 主动测试示意图

案例测试报告如图 12-33 所示。

Performance Test

Details

Simple 1G (Round-trip) Started at: 12/10 01:44:17 PM - Finished at: 12/10 01:44:25 PM

Overall Status	CIR	Throughput (Mbps)			Frame Loss		Latency				Jitter			
	%	Min	Avg	Max	Count	Ratio	Min	Avg	Max	%	Min	Avg	Max	%
CIR Test														
240.6 Mbps	25	240.60723	240.60723	240.60723	0	0	<1	<1	<1	100	0	<0.001	<0.001	100
481.2 Mbps	50	481.20217	481.20217	481.20217	0	0	<1	<1	<1	100	0	<0.001	<0.001	100
721.8 Mbps	75	721.80121	721.80121	721.80121	0	0	<1	<1	<1	100	0	<0.001	<0.001	100
CIR: 962.41	100	962.34291	962.34291	962.34291	0	0	<1	<1	<1	100	0	<0.001	<0.001	100

图 12-33 主动测试报告

Overall Status	Throughput (Mbps)			Frame Loss		Latency				Jitter				Avail	Unavail
	Min	Avg	Max	Count	Ratio	Min	Avg	Max	%	Min	Avg	Max	%	%	Count
Overall Results	962.34946	962.35084	962.35110	0	0	<1	<1	<1	100	0	<0.001	<0.001	100	100	0
12/10 3:03 PM	962.35028	962.35089	962.35110	0	0	<1	<1	<1	100	0	<0.001	<0.001	100	100	0
12/10 3:02 PM	962.35028	962.35083	962.35110	0	0	<1	<1	<1	100	0	<0.001	<0.001	100	100	0
12/10 3:01 PM	962.35028	962.35089	962.35110	0	0	<1	<1	<1	100	0	<0.001	<0.001	100	100	0
12/10 3:00 PM	962.35028	962.35083	962.35110	0	0	<1	<1	<1	100	0	<0.001	<0.001	100	100	0
12/10 2:59 PM	962.34946	962.35076	962.35110	0	0	<1	<1	<1	100	0	<0.001	<0.001	100	100	0

图 12-33　主动测试报告（续）

12.4.2　OptiView XG 平板式手持网络分析仪关键应用业务

XG 的关键应用业务主要是服务器群的应用故障分析，相关问题如表 12-3 所示。

表 12-3　关键应用业务

网络中存在问题	服务器群的应用故障分析
场景描述	应用服务为多级架构，用户端向网站 web 服务器进行通讯，而服务器和 SQL 数据库服务器进行通信
故障现象	用户端向网站服务器提交请求后，响应慢，延时大

1. Web 应用故障的分析的部署方式

进行 Web 分析前需要进行分析，了解被测系统的大致情况，以确定如何部署测试工具，以及以何种方式进行结果分析。如 HTTP 不同版本中，访问特点会有所区别，在 HTTP1.0 中，客户端每次请求都会建立一次连接，而在 HTTP1.1 中增加了持久的连接，可以响应多个请求，以减少带宽消耗和提升访问速度。Web 中传输内容可能包括文本、图像、文件、音频、视频、多媒体等，在应用效能优化上，不同的传输内容将直接影响到客户终端的使用感觉。

而针对延时类的问题，需要分析业务工作的流程中的每段时延，一般的 Web 访问可分为 4 个部分。

- DNS 查找解析：客户端首先会查找 DNS 服务器，通过 DNS 获取访问网站的 IP 地址信息，DNS 将信息返回给客户端。
- TCP 连接建立：客户端和 Web 服务器建立连接。
- 服务器响应：服务器在接收到客户端请求后，通常会运行处理后再传送数据。
- 数据传送：服务器将数据传送给客户端。

对于客户端来说，上述 4 个步骤任何一个部分存在问题，都会导致用户感觉应用缓慢。

同时在 Web 应用分析时，需要注意服务群的访问流程，又称作分层应用，如采用了多级架构的模式，Web 应用仅为前端应用，后端还有其他服务器如认证服务器或数据库服务器等等，那么需要在分析时，同时捕获到其他服务器的流量，进行合并后协同分析。

另外还需要注意 Web 应用中路径中的相关设备配置，如采用了 Cache 缓存技术、镜像服务器技术、CDN 内容分发网络等。在这类环境中测试时，就需要在多个网络路径上部署探针捕获数据。

综上所述，在应用故障分析环境中，部署时需要注意应用协议分析软件的解码能力（即深度分析应用的能力，如可以分析定位到传输类型：文本、图片、文件等），应用工作所经过的各个网络节点，以及记录每个数据包的时间轨迹。

根据不同的环境和测试条件，在测试时需要进行有选择性的部署，4 种部署方式，对应着四种不同的情形，如图 12-34 所示。部署位置说明如表 12-4 所示。

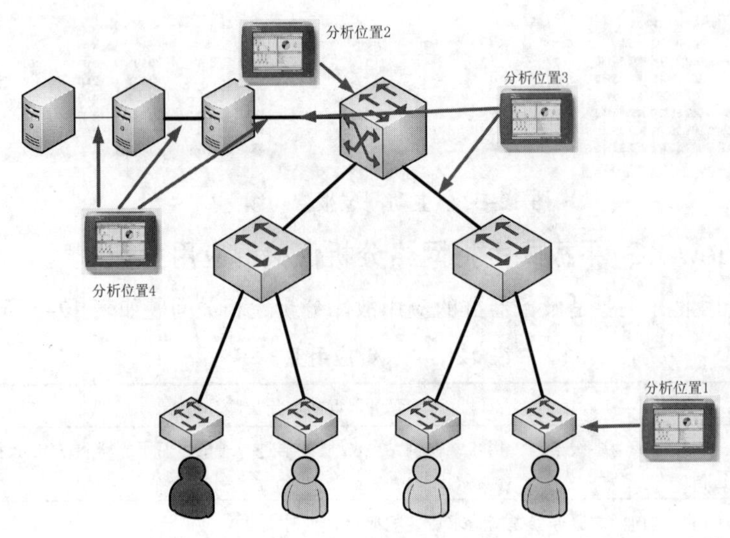

图 12-34　部署方式

表 12-4　部署位置说明

	说　明
位置 1	分析重点在于排除客户端是否存在问题，如 DNS 响应请求慢、客户端时延是否合理等
位置 2	分析重点在于排除服务器端是否存在问题，是服务器段还是网络段问题
位置 3	分析重点在于途径设备后数据包是否存在内容变化或者时延变化
位置 4	分层应用，分析重点在于多级架构服务器中，数据流访问是否有异常

2．Web 应用故障的分析方式

确认了接入部署方式后，就可以进行测试分析了。

如果遇到局域网中 Web 应用故障时，首先需要排除网络本地的问题，即访问局域网内其他类似 Web 服务器，查看是否正常，排除 PC 客户端本身的问题。

一般协议分析的过程可分为几个阶段，XG 接入被测系统后，就开始实时监控，而在需要时进行捕包过程，在捕包完成之后，启用数据后期显示分析功能。

标准的 Web 访问，一般经过 DNS 查找解析、TCP 连接建立、服务器响应、数据传送 4 个步骤。如果想分析 Web 应用类故障，那么需要对网页的加载过程进行逐步详细分析。

在 DNS 查询并返回结果后，客户端和服务器会进行 TCP 三次握手建立连接。

在连接建立后，客户端会向服务器请求数据，一般情况下 HTTP 服务器会向客户端回应其相应的 HTTP 报头和数据，当数据传输完后，客户端发送 FIN 数据包关闭连接。

如果处于位置 1 处，那么 XG 借助三次握手中的前两个数据包的间隔时间可近似认为网络上的往返延迟，将延迟除以 2 即可得到单向延迟。

如果处于位置 2 处，那么 XG 借助三次握手中的后两个数据包的间隔时间可近似认为网络上的往返延迟，将延迟除以 2 即可得到单向延迟。

在获得了单向延迟后，XG 借助就可以对服务器延迟或者客户端延迟进行分析。如图 12-35

所示，假设监控位置位于位置 1 处（即客户端），那么网络延迟通过三次握手的前两个步骤近似获得 74ms（147ms/2）。那么帧 194598 到帧 194675 减去环回时延（147 ms）即近似得到服务器的处理时间为 23 ms（0.170558-0.147184）。而以接收到帧 194675 后到回应 194720，两者间隔耗时为 0.132855 s，扣去网络延迟，实际客户端处理时间为 59 ms。需要指出的是由于这里统计网络延迟时取值源自三次握手，而由于路由或者网络可用带宽可能存在变化的原因，每个会话实际的网络延迟也是变化中的，因此通常通过上述分析方式进行定性的分析而非定量的分析。

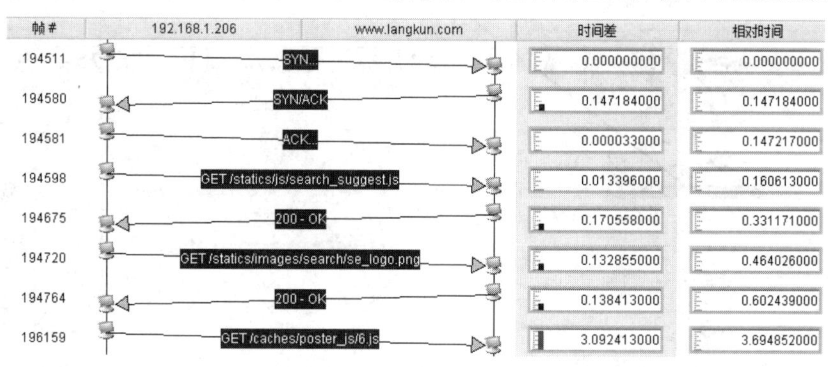

图 12-35 帧分析

在位置 2 处的处理方式依此类推，这里不再赘述。

通过位置 1 和位置 2 的部署方式，可以分析 Web 应用访问缓慢的原因，如：

- 客户端与服务器距离太远。这将导致三次握手的时间过长，经过两者之间的路由器增多，数据包传送时的路径增加导致速度慢。
- 服务器响应时间过长。某些操作比如请求中存在过多页面脚本或图片等，便会造成响应的时间增加，导致反问速度变慢。

注意： *在访问一个网站时，往往会同时打开 Web 服务器上的多个 TCP 连接，如每一张图片都单独使用一个 TCP 连接进行传输。*

常态和故障时服务器的占用时间变化情况，通过两组数据的比对，可以判断故障是由于服务器延时的增加而导致的，如图 12-36 所示。

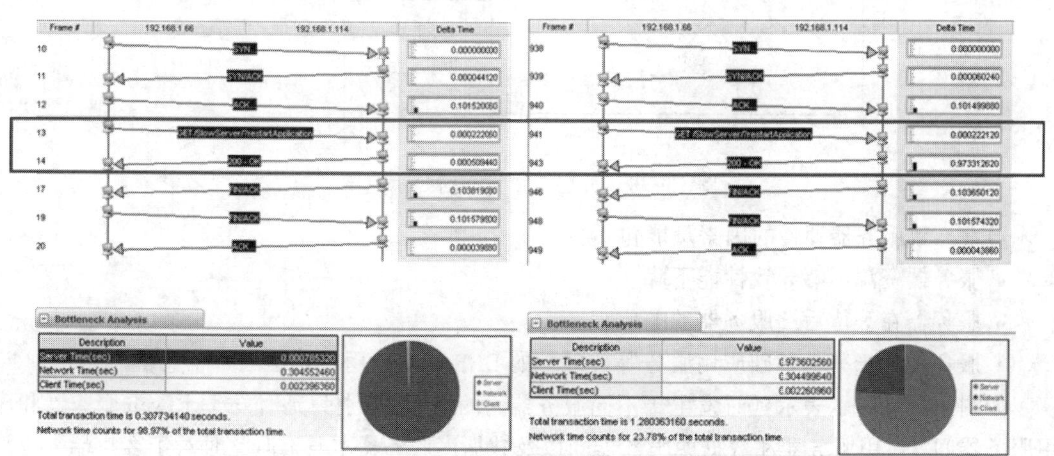

图 12-36 常态和故障时服务器耗时的比对

如果处于位置 3 处，就相当于在网络数据传输的路径上，预设了多个监控点，观察经过数据包的变化情况。如图 12-37 所示，同一个数据帧经过了不同的网络传输设备，在合并后的视图中，通过比对，可以获知数据包有没有被改变，并且时延情况如何等信息。

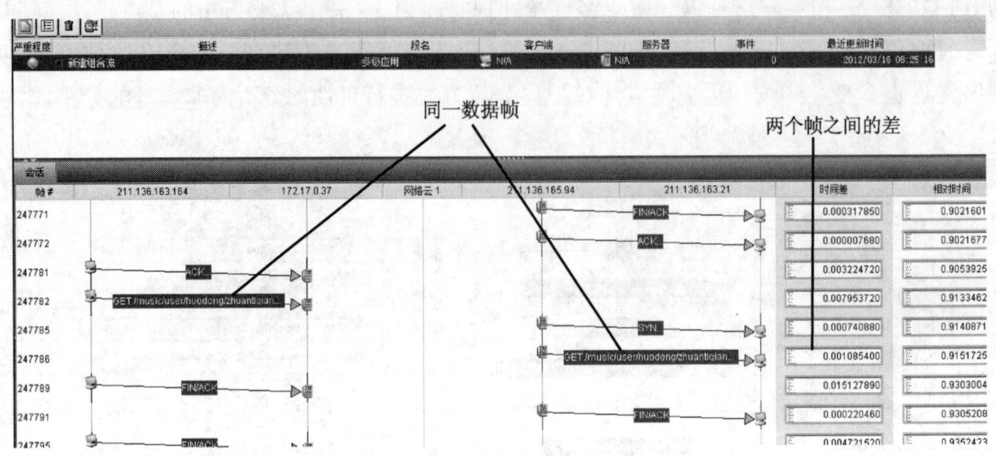

图 12-37　数据包分析

如果处于位置 4 处，面对分层应用网络环境，就相当于在网络服务群中数据传输的路径上，预设了多个监控点，观察经过不同服务器的数据包的变化情况。在分析上可以分层查看，如图 12-38 所示，将用户的访问分层三层，每层实现不同的功能，并且可以记录时间信息，这样多级架构的应用访问就变得可视了，我们可以清楚了解到每层中所消耗的时间。

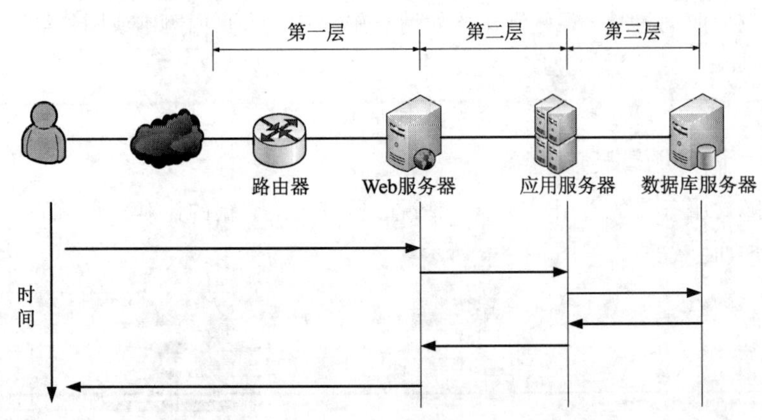

图 12-38　分层应用访问时延示意图

通常导致服务器变慢的因素可能包括：

- 服务器资源不够导致性能下降。
- 服务器在等待后续服务器的响应。
- 服务器处于其他基础应用服务等待中，如 DNS 查询或用户认证通过信息等。

如图 12-39 所示表示延时发生于不同服务器间的情形，分别为延时发生于 web 服务器和应用服务器间、应用服务器和数据库服务器间以及数据库服务器本身。但此时对于客户端来说没有区别，但是感觉访问服务有问题。

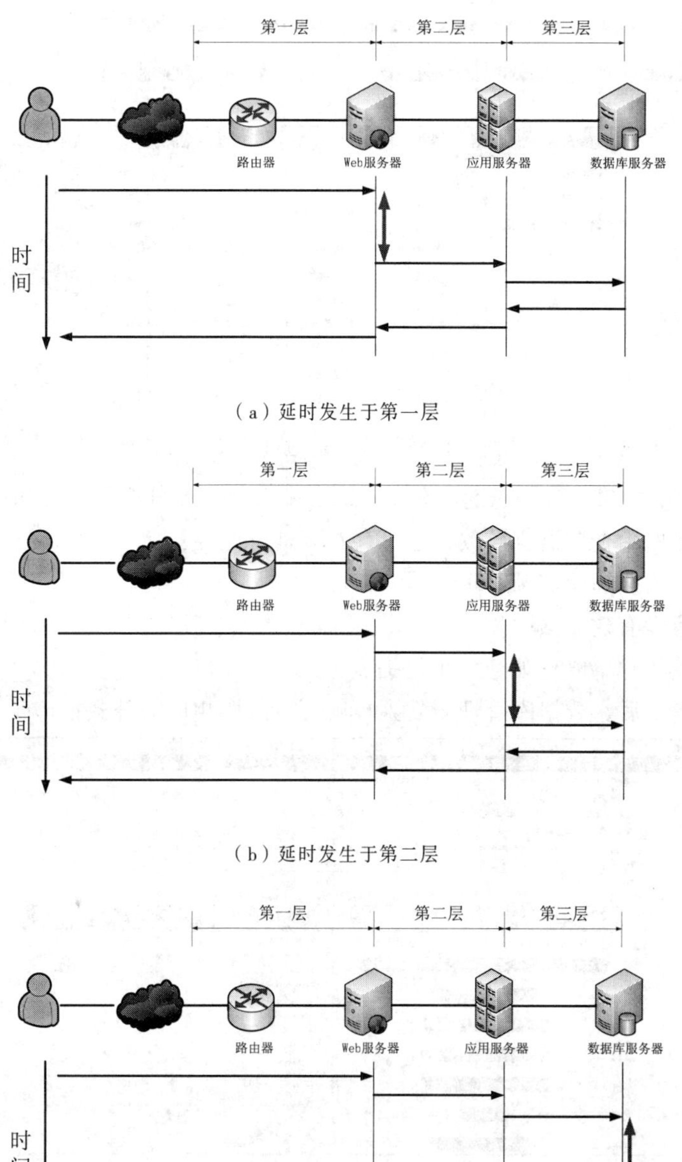

（a）延时发生于第一层

（b）延时发生于第二层

（c）延时发生于第三层

图 12-39　访问延时

区别于位置 3 时的情况，由于服务器采用多级架构时，数据包的对应关系就不存在了，譬如说客户端请求 Web 服务器 A，而 Web 服务器继而访问数据库服务器 B，那么客户端同服务器 A 的数据以及服务器 A 和服务器 B 之间的数据通常只有时间上的关联，内容上关联性和小，有时很难区分。具体流程分析如图 12-40 所示，将流程相关服务器进行手动关联，指定时间点后展现在同一视图中。

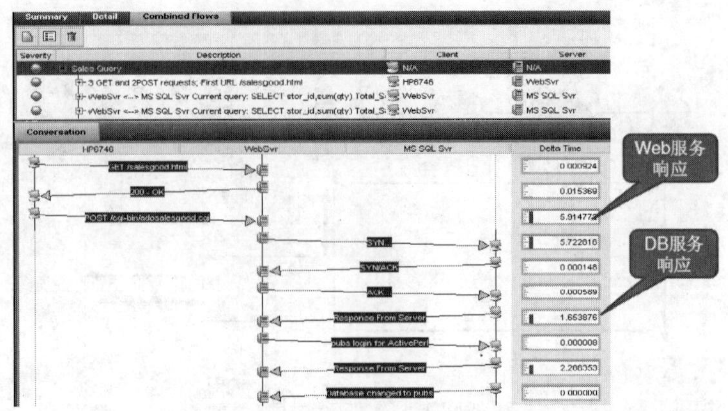

图 12-40 分析时将两段数据通过手动方式进行关联

在故障解决时，如果区分了引起时延的位置，那么就可以分析具体的访问流程信令了，譬如是否因为某条数据库查询语言导致，这里存在多种可能性：

- 数据库检索为全局而非某一字段时。
- 被查询内容没有建立索引。
- 数据库系统优化不够，如遇到重复提交等。

在获得具体指令后，数据库管理开发人员就可以采取相应的补救措施了（见图 12-41）。

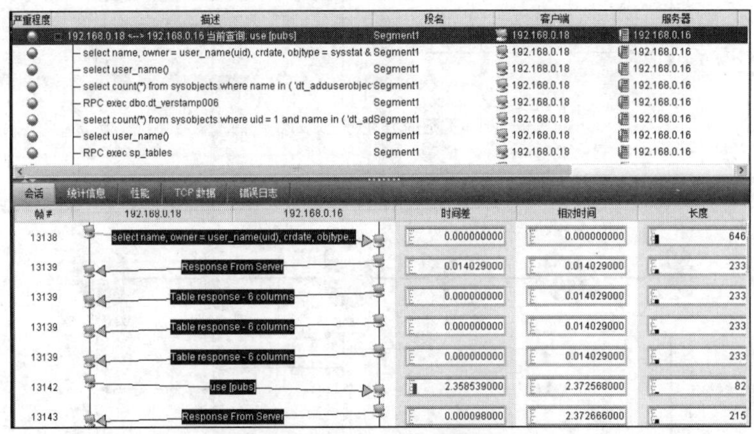

图 12-41 通过协议分析获得数据库操作指令

12.5 OptiView XG 平板式手持网络分析仪应用实例

12.5.1 运用 OptiView XG 处理应用响应缓慢问题实例

（1）测试目的：为了分析应用响应缓慢的问题。

（2）测试设备：一台 Optiview XG 分析仪。

（3）测试功能说明：关键应用服务器分析。

（4）仪器接入网络位置如图 12-42 所示。

本次测试在 6509 上做了镜像，Gi8/6-7，Gi8/9 的流量镜像给 Gi8/25，而 Optiview XG 测试设备接在 25 口上。测试从 15：05 到 15：29 分，实际端口吞吐量 7.9Mbit/s，捕获了 2.3G 的数据包。

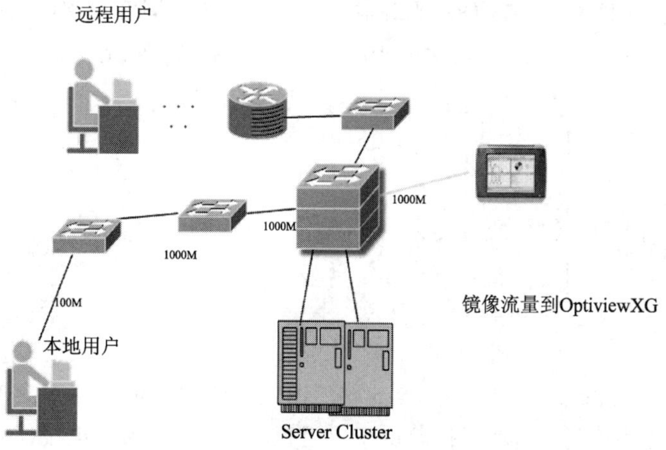

图 12-42　仪器接入位置

一共捕获了 2.31G 的流量，10.136.53.83 占用最多，达到 958 M 字节，10.136.53.188 第五位，为 103 M 字节，如图 12-43 所示。

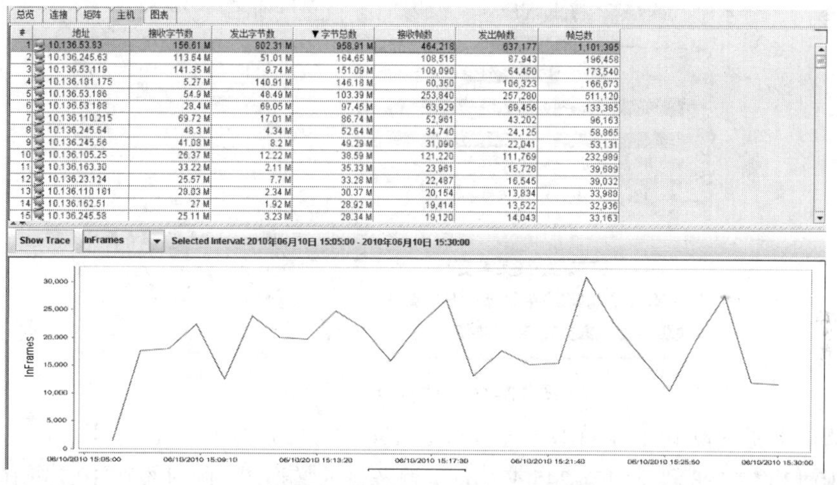

总览 | 连接 | 矩阵 | 主机 | 图表

#	地址	接收字节数	发出字节数	▼字节总数	接收帧数	发出帧数	帧总数
1	10.136.53.83	156.61 M	802.31 M	958.91 M	464,219	637,177	1,101,395
2	10.136.245.63	113.64 M	51.01 M	164.65 M	108,515	87,943	196,458
3	10.136.53.119	141.35 M	9.74 M	151.09 M	109,090	64,450	173,540
4	10.136.181.175	5.27 M	140.91 M	146.18 M	60,350	106,323	166,673
5	10.136.53.186	54.9 M	48.49 M	103.39 M	253,840	257,280	511,120
6	10.136.53.188	28.4 M	69.05 M	97.45 M	63,929	69,456	133,385
7	10.136.110.215	69.72 M	17.01 M	86.74 M	52,961	43,202	96,163
8	10.136.245.64	48.3 M	4.34 M	52.64 M	34,740	24,125	58,865
9	10.136.245.56	41.08 M	8.2 M	49.29 M	31,090	22,041	53,131
10	10.136.105.25	26.37 M	12.22 M	38.59 M	121,220	111,769	232,989
11	10.136.163.30	33.22 M	2.11 M	35.33 M	23,961	15,728	39,689
12	10.136.23.124	25.57 M	7.7 M	33.28 M	22,487	16,545	39,032
13	10.136.110.161	28.03 M	2.34 M	30.37 M	20,154	13,834	33,988
14	10.136.162.51	27 M	1.92 M	28.92 M	19,414	13,522	32,936
15	10.136.245.58	25.11 M	3.23 M	28.34 M	19,120	14,043	33,163

图 12-43　数据包分析

• 针对 buffer 机访问 10.136.53.186 服务器缓慢，做基于不同客户端访问的分析，按平均反应时间排序，最大为 74 s，其余依次为 55 s，49 s，由于时间较短，统计帧数非常少，虽可以看到 10.136.183.74 已经排在了第三，如图 12-44 所示。

总览 | 连接 | 主机 | 图表 | 多播

	客户端	服务器	协议	IPV6 碎...	IPV6 碎...	争议	最大严重性	▼平均反应时间 (服务...	帧总数	开始时间	
1	10.136.183.95/2297	10.136.53.186/4368	Generic	0	0	0		74.993857	13	2010年06月10日 15:15:57	2010
2	10.136.100.31/2647	10.136.53.186/4342	Generic	0	0	0		55.002548	18	2010年06月10日 15:15:53	2010
3	10.136.183.74/1810	10.136.53.186/4406	Generic	0	0	0		49.998281	19	2010年06月10日 15:15:55	2010
4	10.136.105.24/2967	10.136.53.186/4358	Generic	0	0	0		47.971087	13	2010年06月10日 15:16:03	2010
5	10.136.105.23/4773	10.136.53.186/4374	Generic	0	0	1		39.101859	21	2010年06月10日 15:15:58	2010
6	10.136.183.103/4565	10.136.53.186/4408	Generic	0	0	0		36.257362	20	2010年06月10日 15:15:59	2010
7	10.136.105.23/4771	10.136.53.186/4344	Generic	0	0	0		27.518852	13	2010年06月10日 15:15:57	2010
8	10.136.183.71/4125	10.136.53.186/4404	Generic	0	0	0		26.614766	19	2010年06月10日 15:15:53	2010
9	10.136.121.24/2211	10.136.53.186/4328	Generic	0	0	1		22.490663	54	2010年06月10日 15:15:50	2010
10	10.136.53.186/3150	10.136.105.25/2133	Generic	0	0	3		15.860910	93	2010年06月10日 15:16:38	2010
11	10.136.53.186/4378	10.136.183.66/1412	Generic	0	0	1		15.058409	21	2010年06月10日 15:22:40	2010
12	10.136.183.70/4236	10.136.53.186/4418	Generic	0	0	1		14.992082	64	2010年06月10日 15:15:50	2010
13	10.136.53.186/6129	10.136.23.244/2609	Generic	0	0	4		11.584883	144	2010年06月10日 15:15:58	2010

图 12-44　单个服务器数据包分析

- 针对客户端访问 10.136.53.188 服务器缓慢，做基于不同客户端访问的分析，按平均反应时间排序，最大为 19 s，依次为 10 s，6 s，如图 12-45 所示。

总览 | 连接 | 主机 | 图表 | 多播

	客户端	服务器	协议	IPV6 碎...	IPV6 碎...	争议	最大严重性	▼平均反应时间 (服务...	帧总数	开始时间	
1	10.136.101.215/3840	10.136.53.188/80	HTTP	0	0	1		19.882491	26	2010年06月10日 15:15:56	2010
2	10.136.143.78/3601	10.136.53.188/80	HTTP	0	0	1		10.121938	16	2010年06月10日 15:16:05	2010
3	10.136.124.101/3718	10.136.53.188/80	HTTP	0	0	1		6.700797	13	2010年06月10日 15:25:17	2010
4	10.136.132.166/4422	10.136.53.188/80	HTTP	0	0	1		2.312584	18	2010年06月10日 15:25:24	2010
5	10.136.100.63/3608	10.136.53.188/80	HTTP	0	0	2		2.075241	30	2010年06月10日 15:16:59	2010
6	10.136.53.188/4058	10.136.245.42/1521	Oracle	0	0	1		0.482947	224	2010年06月10日 15:25:15	2010
7	10.136.53.188/4060	10.136.245.42/1521	Oracle	0	0	1		0.374659	640	2010年06月10日 15:25:14	2010
8	10.136.101.198/2058	10.136.53.188/80	HTTP	0	0	0		0.087920	5	2010年06月10日 15:25:18	2010
9	10.136.108.141/2348	10.136.53.188/80	HTTP	0	0	0		0.069739	6	2010年06月10日 15:22:11	2010
10	10.136.101.165/4590	10.136.53.188/80	HTTP	0	0	0		0.067783	5	2010年06月10日 15:25:24	2010
11	10.136.101.59/3439	10.136.53.188/80	HTTP	0	0	0		0.041457	5	2010年06月10日 15:15:59	2010
12	10.136.101.198/2052	10.136.53.188/80	HTTP	0	0	0		0.040344	5	2010年06月10日 15:25:26	2010
13	10.136.23.248/3191	10.136.53.188/80	HTTP	0	0	0		0.036687	5	2010年06月10日 15:25:30	2010

图 12-45　单个服务器数据包分析

取出 10.136.101.215<->10.136.53.188 的梯形图，如果 10.136.10.215 为 Web 客户，那么从时间反应来看，它是最差的，当然不排除由于应用程序处理时，保持连接，在需要时发送数据，从而造成时延较大的假象，但这属于应用软件设计上需要考虑的事情了，如图 12-46 所示。

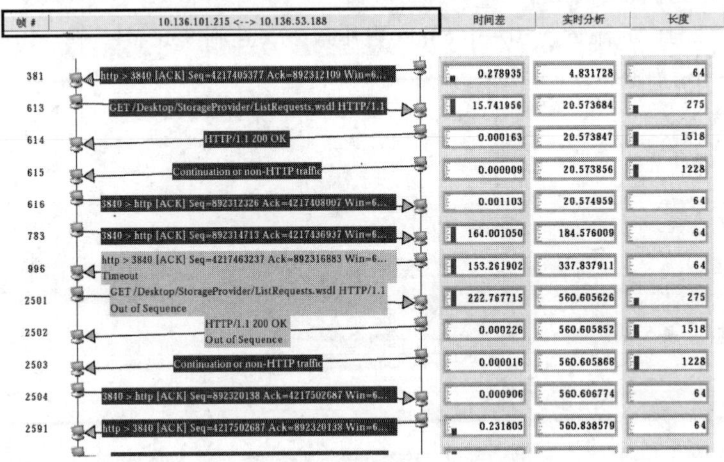

图 12-46　数据梯形图分析

另外测试中还发现 10.136.53.188 还会同 10.136.245.42 进行 Oracle 数据访问，建立多级流，如添加了 10.136.53.188 和 10.136.245.42Oracle 服务器的梯形图，同时添加 10.136.101.165 客户端访问梯形图，查看服务器相关时间内的工作状况，此类分析功能可用于多级服务应用服务架构的网络分析，如图 12-47 所示。

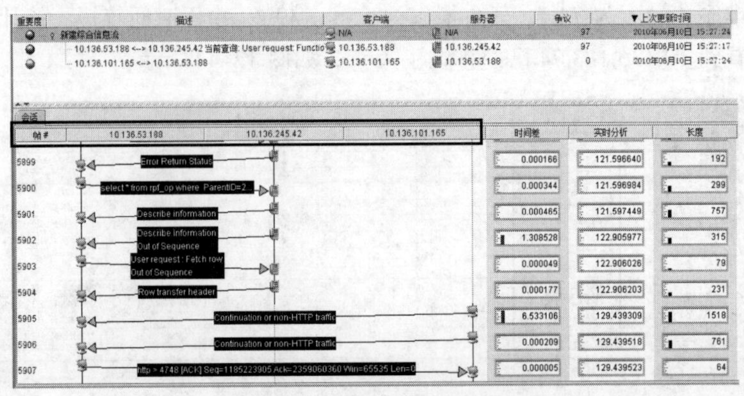

图 12-47　服务器梯形图分析

以下是针对 10.136.245.40 和 10.136.106.157 访问 10.136.53.188 的情况，

总结：应用访问慢不一定就是网络的问题，有的时候问题可能在服务器端，Optiview XG 可以区分问题根源在于哪一端，并且以报文流程图加时延的视图加以展示，方便做出判定。

188Web 服务器访问梯形图，10.136.245.40，有较大时间差，如图 12-48 所示。

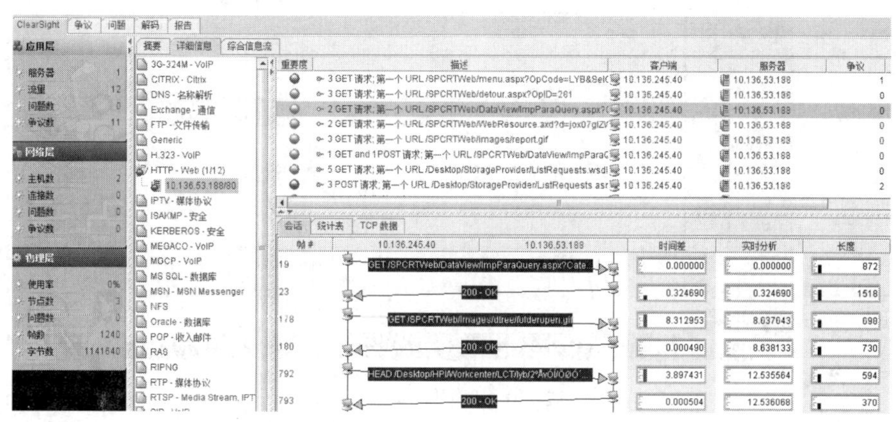

图 12-48　梯形图分析

188Web 服务器访问梯形图，10.136.106.157，时间差很小，如图 12-49 所示。

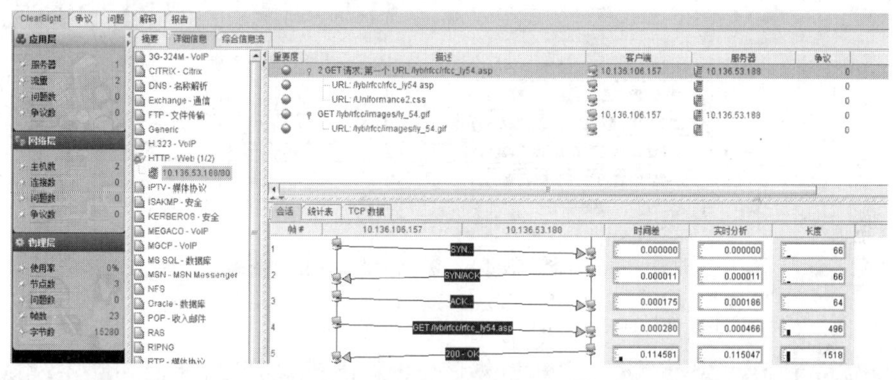

图 12-49　梯形图分析

12.5.2　运用 OptiView XG 快速获得故障时间段数据实例

在设备分析时借助 XG 可以对不同客户端发起的数据进行比对，通过数据时间轴快速获得故障时间段数据，如图 12-50 所示。

例如故障时，访问 10.136.53.188 服务器，随机观察了多组数据，发现对于 ListRequest.asmx 访问，时延服务器非常大，如图 12-51 所示，红色部分时延相加达到了 1 min。并且可以看到访问没有进行下去，服务器最终发送了 RST（reset）进行了重置。

将 XG 进行了两次数据捕获，前一次为正常访问时，后一次为访问异常，将两段数据包提取出并进行比对。

以正常测试数据显示，整个会话时延不超过 1 s，并且可以完整访问，结束有 4 次挥手的报文，这表示虽然存在 401 错误，但是服务器和客户端还是能够进行正常的访问，如图 12-52 所示。

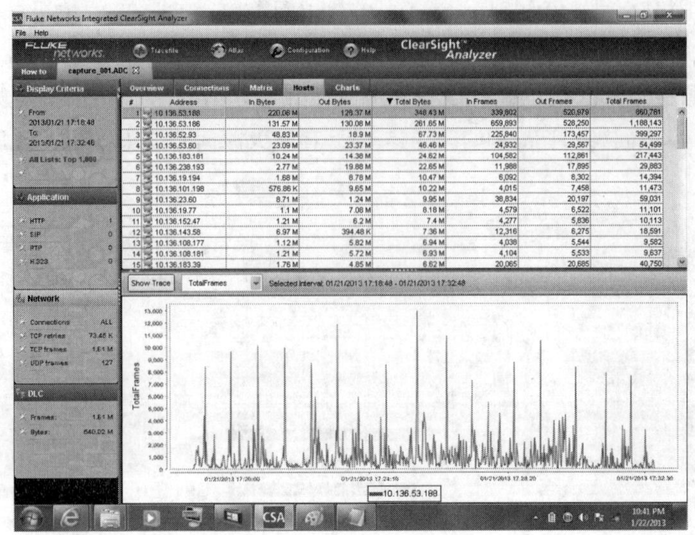

图 12-50　时间段数据获取

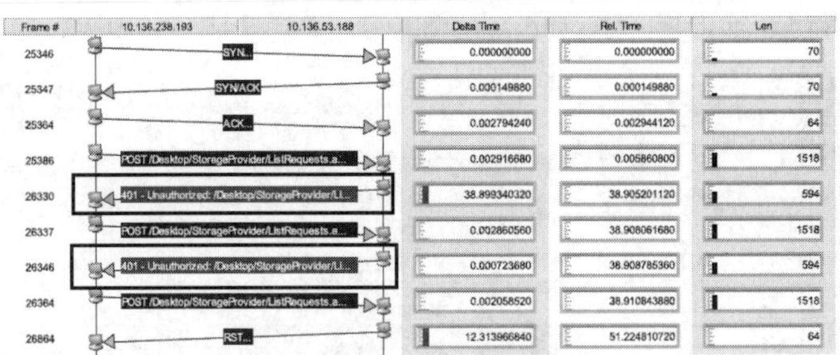

图 12-51　数据分析

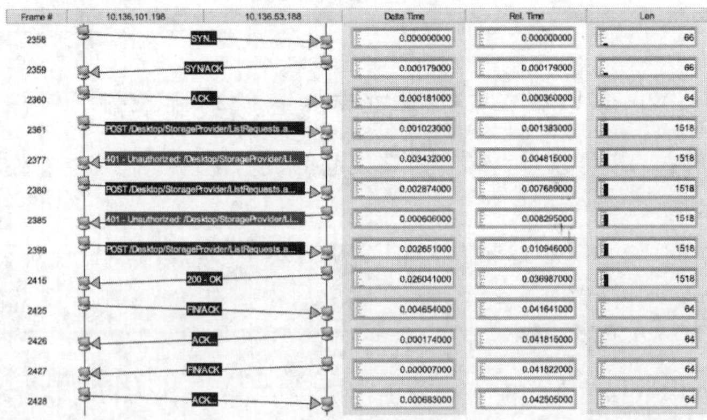

图 12-52　数据分析

从图 12-53 实施应用层还原信息中可以看到 Server Error，Unauthorized: Logon failed due to server configuration.等信息。

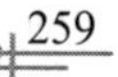

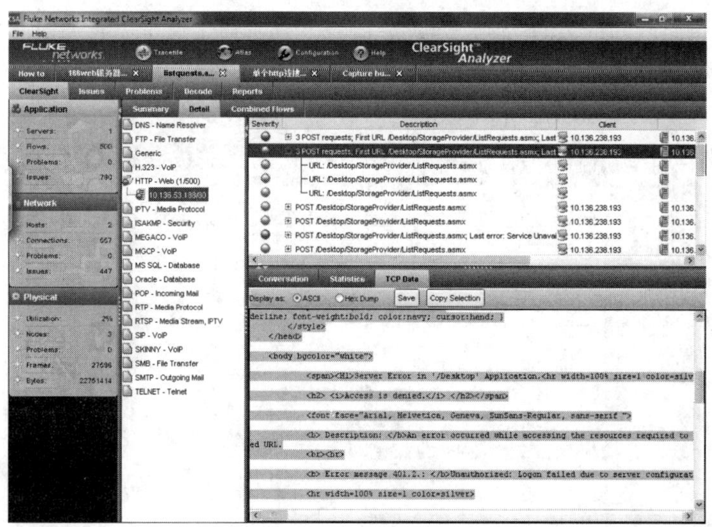

图 12-53　故障信息

总结：从捕包数据来看，由于测试部署位置位于服务器前端，可以等同于同一位置，从解码界面分析，数据 POST 请求已经到达分析仪，那么可以认为也到达了服务器端口，初步判断访问缓慢或服务不可用，主要原因来自于服务器端。报文到达了服务器端口，但是服务器没有及时作出响应，具体原因主要为应用服务软件的问题了。

12.5.3　运用 OptiView XG 分析语音视频业务实例

本例中测试语音加信令的业务，语音流量为 RTP 流，信令通过 SIP 协议进行通信，在实际运行过程中，需要对报故障的用户进行分析，确定故障的类型和原因。如：单通或者有杂音等现象。

在分析中运用了 XG 分析仪的 Clcarsight 解码中的 Atlas 功能，它可以将语音通信中的流量汇总并归类，方便从众多语音流量中分离出需要分析的语音。可以进行统计，如成功呼叫，活跃呼叫和放弃的呼叫，如图 12-54 所示。

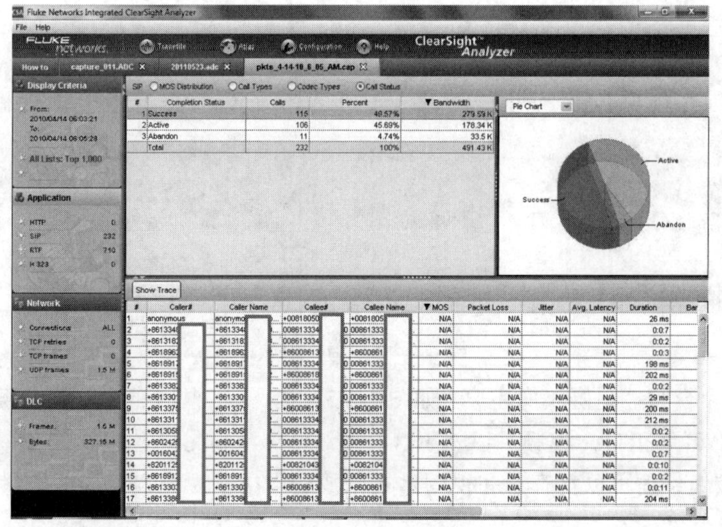

图 12-54　流量汇总

并且可查询每路呼叫的 MOS 值，通过分值直接查看通话质量，且通过实际语音流查看抖动，丢包，查看是否有比较差的通话（poor），如图 12-55 所示。

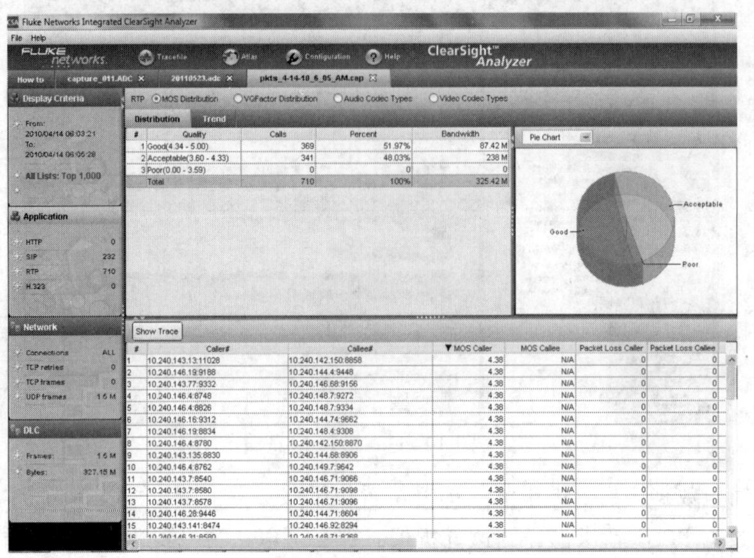

图 12-55　通话质量查询

还可统计通话质量趋势，按时间轴显示，从趋势上分析何时开始通话质量开始变差，如图 12-56 所示。

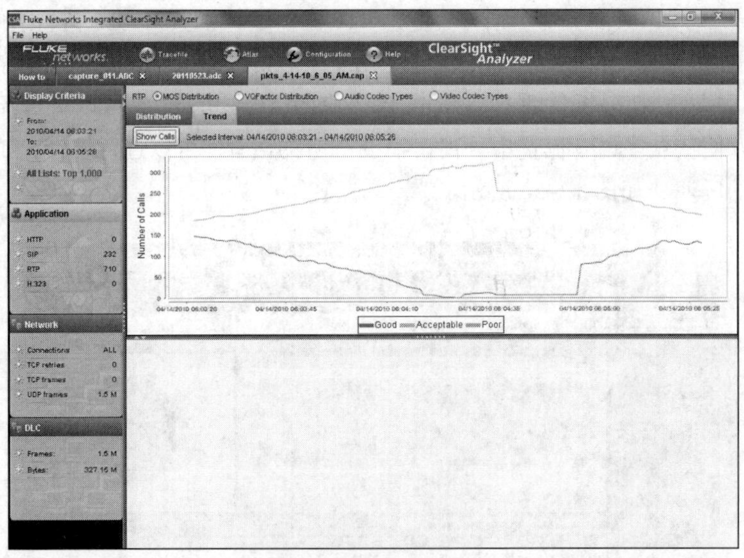

图 12-56　趋势分析

XG 进行视频音频控制协议的还原，如图 12-57 所示，红框内显示一路多媒体的通信流中，分离出来的 RTP(音频)RTP（视频）以及 RTCP 控制信令流，另外还包括丢包率，抖动情况等。直接选中播放按钮，还可以对音频和视频进行回放，直接直观地查看通信质量。

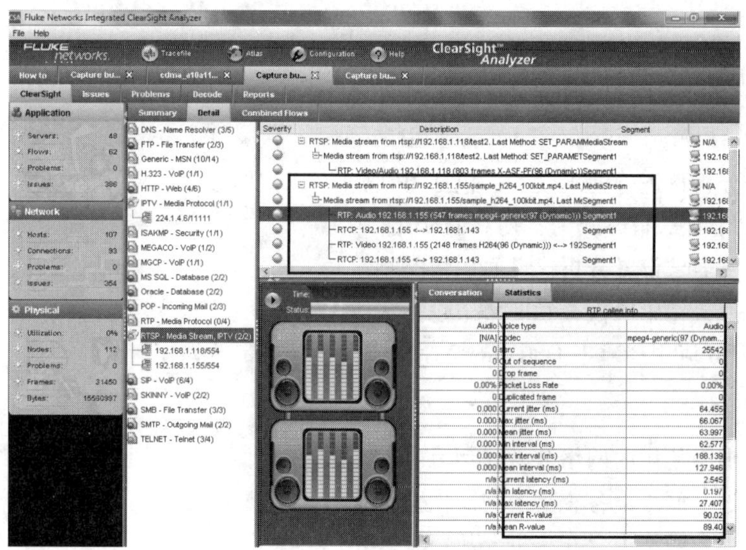

图 12-57　音频还原

通过捕获的报文直接查看视频音频情况，如图 12-58 所示，红框内为通信时的图像画面情况，测试时方便选择节点，即在网络中选择路径上的不同点，捕包进行还原，直接查看通信质量，排除视频音频类问题。

图 12-58　视频还原

实训 16　网络分析仪基本操作

背景描述：

你是某公司职员，公司为了改善网络性能，购买了一款 OptiView XG 网络分析仪，现要求你使用该设备对网络性能进行判断，对存在问题进行及时发现和解决。

实训要求：

了解什么是网络分析仪，并掌握其基本操作。

实训内容：

1. 对网络分析仪进行基本设备，包括 IP 地址、以太网参数、用户账号等。
2. 设置 IP 地址获得方式为自动获取模式。
3. 根据实际需求设置分析仪桌面面板类型。
4. 通过交换机健康模板查看网络中包括多少台交换机。
5. 设置 WEB 应用故障中 OptiView XG 网络分析仪的部署操作。

实训报告：

1. 本次实训中使用的网络分析仪型号是________。
2. 本次实训中网络设备查找中记录的会话最多的主机 IP 是________。
3. 本次实训中网络中存在多少台故障交换机________。
4. 本次实训中网络中使用最多的协议名称是________。
5. 简述 OptiView XG 网络分析仪接入网络的方式包括哪些？

习 题

1. 简述 OptiVie XG 网络分析仪的基本功能特点。
2. 简述 OptiVie XG 网络分析仪包括哪些基本架构和模块。
3. 简述 OptiVie XG 网络分析仪可以定制个性仪表板，具体包括哪些内容。
4. 简述 OptiVie XG 网络分析仪在网络中进行部署时主要采取哪些基本部署模式。

附录 A　网络综合布线与测试实验实训室介绍

本实训教程是结合上海建桥学院的网络综合布线与测试实训室建设而完成的，书中的大部分实训内容都是结合该实训室的相关设备而进行设计的，为了能给其他同类院校在网络综合布线实训室建设上有一个借鉴的作用，因此下面介绍一下该实训室的一些基本情况，包括建设方案、成本，培养方向，相关设备采购情况，运行使用情况等内容。在介绍该实训室前，首先来了解一下上海建桥学院的一些基本情况。

上海建桥学院（Shanghai Jian Qiao University）是一所以本科教育为主，培养生产、管理、服务第一线应用型专门人才的多科性民办大学。学校于 2000 年 4 月由上海建桥（集团）有限公司出资举办。2001 年 4 月，学校获批为“上海建桥职业技术学院”，主要从事专科层次的高等职业教育；2003 年学校被列为上海市 11 所示范性高职院校建设单位之一。2005 年 9 月，经上海市人民政府批准、教育部备案，同意在上海建桥职业技术学院的基础上建立“上海建桥学院”，学校成为以本科层次教育为主的全日制普通高等学校；2006 年 9 月，首批本科学生报到入学；2010 年 7 月，学校获批为学士学位授予单位。学校在连续 12 年六届获“上海市文明单位”的基础上，于 2015 年 2 月首获“全国文明单位”。2015 年秋，学校由浦东康桥整体搬迁至浦东临港新城。临港校区如图 A-1 所示，学校是教育部全国应用技术大学联盟和教育部非营利性民办高校联盟成员单位。

图 A-1　建桥学院临港校区

学校总投资已愈 26 亿元人民币，新校区占地面积 800 亩，规划建筑面积 47 万平方米，已建成面积 38 万平方米，是“上海市花园单位”，随着新校区的建成，学校已成为上海地区占地面积最大、建筑面积最多、校园环境最优美、教育教学设施最齐备、最现代化的民办高校，也将成为全国基础建设投入最大的民办高校之一。2016 年，教学科研仪器设备增加投入 5 350.35 万元，总值达 15 485.39 万元人民币。教学用计算机 4 998 台，多媒体教室 174 个，多媒体教室和语音实验室座位总数 18 448 个；目前，学校建有 9 个二级实验中心，2 个公共实践教学资源共享基地，各类实验室 147 个。图书馆座位数达到 2 500 座，馆藏纸质图书 140 余万册，各类数据库 90 个，其中自建数据库 1 个，学校微信微博平台二维码如图 A-2 所示。

图 A-2　学校微信微博平台

学校全日制在校生有 15 154 人，其中本科生 12 791 人，专科生 2 363 人，是上海地区在校生规模最大的民办院校。学校是上海市第一所获得留学生招生资质的民办高校，目前在校留学生 70 人。自创办以来，学校已累计向社会输送 13 届近 3.5 万名合格毕业生，建桥学子因“毕业即就业，上岗即上手，发展可持续”而深受用人单位欢迎。近几年，学校的就业率始终稳定在 98%以上，签约率也保持在 95%左右，雇主满意度高位稳定。

截至目前，全校折合教师 847 人，专任教师中具有硕士以上学位占比 61%，具有副高以上职称占比 36%。专任教师中“宝钢教育基金”优秀教师奖 2 人，获国务院政府特殊津贴 9 人，全国优秀教师 1 人，全国优秀辅导员 1 人，上海市模范教师 1 人，上海市优秀青年教师 3 名，晨光计划项目获得者 7 名。学校有行政教辅人员 203 人，学校还聘有一支相对稳定的兼职教师队伍，约 400 名，学校校训见图 A-3。

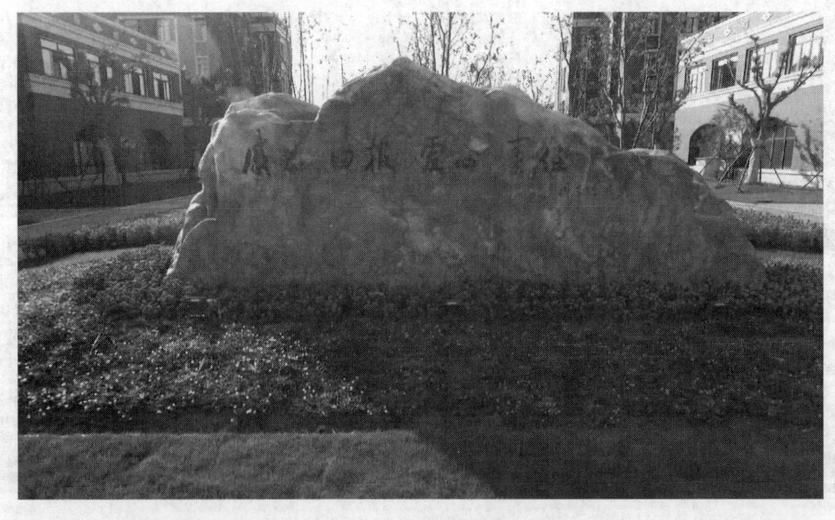

图 A-3　学校校训

学校主动适应上海和大浦东社会经济发展对人才的需求，加强学科专业布局结构调整。目前，学校设有 10 院 1 部，分别是：商学院、机电学院、新闻传播学院、信息技术学院、外国语学院、艺术设计学院、珠宝学院、通识教育学院、职业技术学院、国际设计学院和思想政治理论教学部。还设有民办高等教育研究所、新闻传播研究所、智能化运用研究所、非物质文化遗产保护与产业发展研究中心、国际商务研究中心和继续教育学院。学校现有本科专业 30 个，专科专业 12 个，专业涵盖经济学、文学、工学、管理学、艺术学等多个学科门类。

其中信息技术学院前身是信息技术系，于 2011 年 8 月建院，下设计算机科学与技术、网络工程和数字媒体技术三个系和计算机公共教学部，共有计算机科学与技术、网络工程、数字媒体技术、软件工程和物联网工程五个本科专业，并设有智能终端与移动应用和大数据与信息安全两个研究所，在校生规模 1 400 余人。学院现有专任教师 56 人，兼职教师 40 人，专职教师中教授 6 人，副教授、高级工程师 21 人，讲师、工程师 17 人，拥有硕士、博士学位者 25 人，有“双师型”教师 11 人，近年来就专业内涵建设、课程体系结构、学生培养模式、校企合作、实践环节、教师团队及国际化办学等方面进行了一系列探索实践，取得丰硕的成果，信息技术学院实验楼如图 A-4 所示。

图 A-4　信息技术学院实验楼

学院倡导理论教学与实践技能并重，充分重视动手能力的培养。学院下设信息技术实验中心，包括网络工程专业实验室、数字媒体专业实验室、物联网专业实验室、计算机科学与技术专业（智能机器人）实验室、计算机科学与技术专业（互联网+及金融 IT）实验室等。

学院目前已与中兴通讯股份有限公司、上海大唐邦彦信息技术有限公司等几十家知名企业和上海市计算机学会、上海市软件协会、上海市通信学会、上海市通信制造行业协会、上海市物联网商会、中国五交化商会机器人分会等多家知名企业联合办学，合作富有成效，中兴通讯教育合作中心工程师直接进驻学校进行专项课程教学和实践指导。多个校外实习基地既拓展了教学资源，也拓宽了学生就业之路。自第一届毕业生以来，每年学生就业率均达到 98%以上。2015 年我院与东华大学合作培养的首届专业硕士研究生也已获得硕士学位，毕业走向专业管理工作岗位，受到社会高度评价。

作为其中之一的网络综合布线与测试实验实训室，筹建于 2005 年 5 月，截至 2017 年 3 月累计投入 225 万，该实验室大大提高了学院网络工程专业学生实验实习环境，实验室效果图如图 A-5 所示。

图 A-5　网络综合布线与测试实验室

实验室在建设过程中以实用性、先进性、企业化作为建设标准，通过和企业行业合作，将企业行业的先进技术理念引入课堂教学，通过课程讲授使学生对综合布线工程领域中所能遇到的各类场景都能有所认识，并对相关的操作技能都能熟练掌握，为日后的就业提供助力。

实验室基本情况介绍

1. 实验内容

实验内容主要从综合布线系统设计、施工及测试 3 个方面开展，每个实验都有背景描述、实验要求、实验目的及实验报告，具体实验内容如下：

实训 1：标准机柜的拆装操作。

实训 2：综合布线设计方案制订及图纸绘制。

实训 3：管槽系统设计与安装。

实训 4：RJ-45 水晶头与双绞线的连接技术。

实训 5：模块压制及打线上架操作。

实训 6：语音点与数据点转换。

实训 7：光纤研磨技术。

实训 8：光纤熔接技术。

实训 9：网络测试市场调查。

实训 10：认识各类测试模型与电气参数。

实训 11：认证测试仪基本使用。

实训 12：数据跳线的认证测试。

实训 13：线缆链路认证测试。

实训 14：光纤链路测试及故障定位测试。

实训 15：测试报告生成软件安装与报告打印。

实训 16：网络分析仪基本操作。

2. 设备

（1）模拟墙（见图 A-6）。采用上海企想信息技术有限公司的实训模拟墙，能完成线管、桥架的基本安装操作，模块的压制，6 大子系统基本演示等。

图 A-6　模拟墙

（2）标准机柜（见图 A-7），采用 1.2 m 及 2 m 的标准机柜。

（3）语音设备，采用国产程控交换机。

图 A-7　标准机柜

（4）光纤研磨设备及熔接设备（见图 A-8）。采用 AVAYA 的光纤研磨设备及 DVP 的光纤熔接机。

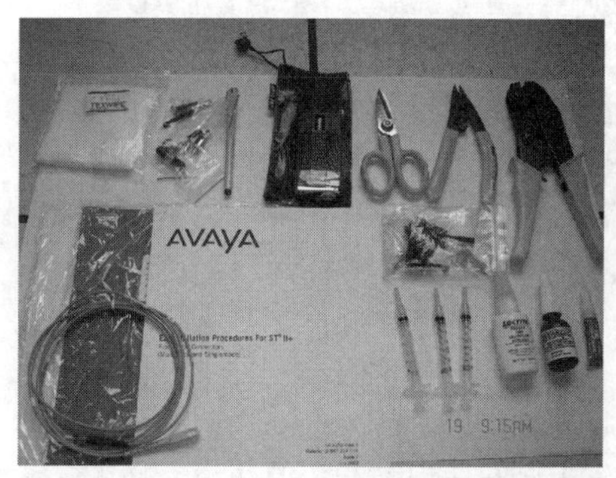

图 A-8　光纤研磨及熔接设备

（5）测试设备（见图 A-9），采用 IDEAL 公司的 LANTEK 6B 认证测试仪及 FLUKE 公司的 DTX 认证测试仪。

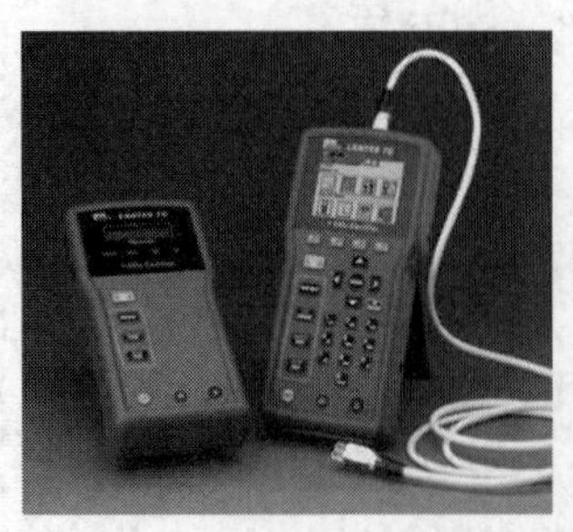
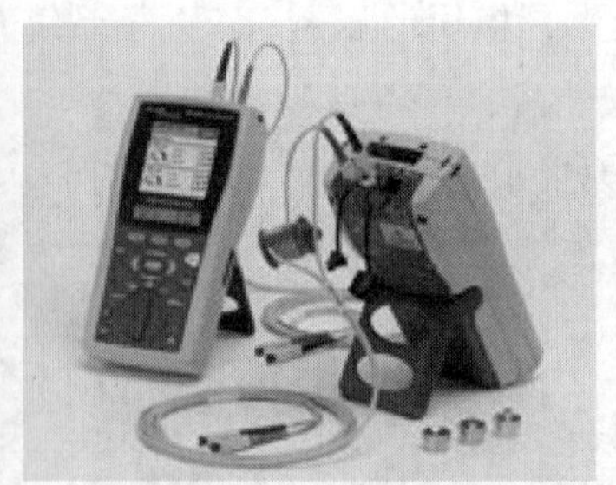

图 A-9　认证测试仪

（6）DSX-5000 电缆分析仪（见图 A-10），采用 FLUKE 公司的 DSX-5000 电缆分析仪。

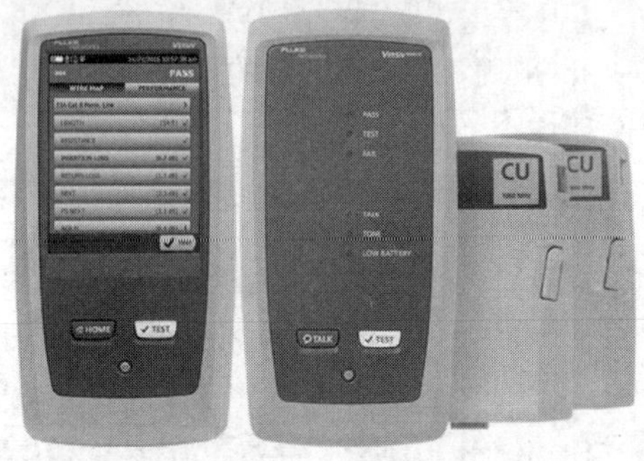

图 A-10　DSX-5000 电缆分析仪

（7）OptiView XG 网络分析仪（见图 A-11），采用 FLUKE 公司出品的 OptiView XG 网络分析仪。

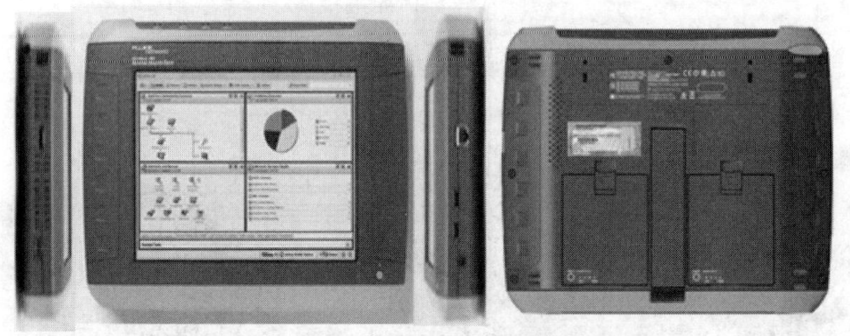

图 A-11　OptiView XG 网络分析仪

（8）工具及耗材。

工具类：

切割机、角磨机、冲击钻、线管剪、线槽剪、钳子、卷尺、直角尺、扳手、十字螺丝刀、美工刀、打线刀、制线钳、剥线器、光纤剥线钳、打线刀、制线钳、剥线器、光纤工具箱等。

耗材类：

超 5 类非屏蔽双绞线、非屏蔽 6 类双绞线、多模光纤、RJ-45 水晶头、KRONE 尾纤、ST 光纤连接器。

习题参考答案

第 1 章

1. 语音、数据；2. 兼容性、开放性、灵活性、模块化、扩展性和经济性；3. 网络产品、网络结构；4. 设备、服务器；5. 国家标准、行业标准、协会标准；6. 工作区子系统、水平干线子系统、管理间子系统、垂直干线子系统、设备间子系统、建筑群子系统；7. 基本型、增强型、综合型；8. 选择主流成熟的产品、尽量选择同一个品牌的产品、根据环境选择布线产品、根据用户功能要求选择布线产品、选取的产品必须符合布线的相关标准、综合考虑产品的性能价格比、考虑产品的售后服务；9.（略）；10.（略）；11. 建筑群主干布线子系统、建筑物主干布线子系统、水平布线子系统、工作区子系统、综合布线系统、建筑群配线架、建筑物配线架、楼层配线架。

第 2 章

1. 通过用户调查，确认建筑物中工作区的数量和用途、实际需求应满足当前需要，但也应有一定发展空间、需求分析时要求总体规划，全面兼顾。2. 用户需求分析、获得智能大厦的平面图、综合布线系统技术设计、综合布线路由走线设计、设计方案可行性论证、绘制综合布线施工图、编制综合布线工程材料清单。3. 地板下管道型、蜂窝型、无限制的进出型、吊顶型、管道型、其他类型。4. 连接主干线（垂直子系统）和水平子系统、管理本层(或若干层)的信息点，实现本层信息点的灵活移动和互换、如果主干线缆（垂直系统）采用光纤，水平系统采用双绞线，在管理子系统实现光电转换、管理可以实现本层的计算机联网。5. 确定每层楼的干线电缆要求、确定干线电缆路由、确定干线电缆长度。6. 楼宇有源通信设备主要安置场所、用于连接主干子系统、实现楼层间信息点的互换和灵活移动。

第 3 章

1. 一般在设计和施工前都需要完成相应的准备工作，具体包括技术准备、材料准备、工具准备和施工条件准备。2. 弯通的主要作用是用于连接两根口径相同的线管，使线管做 90 度转弯。3. 在使用切割机进行切割时，必须有相应的保护装置，如眼罩、手套、专用工作服等，防止切割时会有金属碎屑飞溅出来。4. 线槽内配线一般可分为清扫线槽和放线 2 个步骤。

第 4 章

1. 双绞线、大对数电缆、同轴电缆和光缆；2. 白蓝-蓝、白橙-橙、白绿-绿、白橙-橙；3. 非屏蔽双绞线和屏蔽双绞线；4. 100 欧姆、120 欧姆和 150 欧姆；5. 主色是白、红、黑、黄、紫，副色是蓝、橙、绿、棕、灰；6. 50 欧姆、数字信号、粗缆和细缆。7. 75 欧姆、模拟信号；8. 光导纤维、石英；9. S 频段；10. 1 微米、方向性、环境；11.（略）；12. 双绞线的基本特性包括接线图，连线长度，衰减，近端串扰，特性阻抗等。

第 5 章

1. 通信电缆、通信设备；2. 耐磨损性；3. RJ45；4. ST、SC、FC；5. 直通式、卡口式；6. 双工连接器；7. 光纤耦合器；8. 提供电缆连接或者光纤连接、提供连接的高度稳定性，防止电缆（光纤）的滑落或断开、建立一个低消耗的电缆通道或光通道。9. 配线盘的未来发展趋势：密度越来越高、管理越来越强、安装越来越易。

第 6 章

1. 信息传输通道；2. 水平干线子系统、非屏蔽双绞线、屏蔽双绞线；3. 模拟信号、1 对、2 对；4. 电话及数据分开布线、数据采取综合布线方式，电话则采用专线、电话与数据合并布线；5.（略）；6.（略）。

第 7 章

1. 光导纤维；2. 涂覆层、包层、纤芯；3. n1>n2；4. 单模光纤和多模光纤、突变（SI）型（或阶跃型）和渐变（GI）型（梯度型）、短波长光纤和长波长光纤、紧套光纤和松套光纤。5. 一种模态、主模态。6. 单模光纤、多模光纤、多模光纤、多模光纤。7. 传输频带宽，通信容量大、电磁绝缘性能好，不受电磁干扰影响、信号衰变小，传输距离较大。8. 光源，光纤，光发送机和光接收机。9. 8 字研磨法。10. 区分方法：（1）纤芯大小，（2）使用环境等。11.（略）。12.（略）。13.（略）。

第 8 章

1. 光纤的拼接技术、光纤的端接技术。2. 熔接技术、机械拼接技术。3. 高压电弧。4. 熔接准备工作、使用剥线钳去除光纤外表皮、涂覆层等、使用切割刀进行端面切割、将光纤放入熔接机的 V 型槽内、调节熔接机的 XYZ 坐标来使光纤端面对准、通过监视屏幕确定最佳的位置、高压放电熔接、质量检查。5.（略）。6.（略）。

第 9 章

1. 元件标准、网络标准、测试标准、测试的方法、工具。2. 验证测试、认证测试。3. 超 5 类 UTP 链路标准。4. 商业建筑通信电缆系统标准。5. 光纤布线部件标准。6. RJ11 和 RJ45。7. TIA、国际标准化组织。8. Fluke。9. 验证测试仪、认证测试仪。10. 承包商链路。11. 用户链路、100m。12. 固定链路、基本链路。13. 开路、反接、交叉双绞线。14. 通过 TDR 技术。15. 额定传输速度、信号传输速度/光速。16. NVP、传输时间。17. 电感、电阻。18. 100m、纳秒。19. 频率、温度、线缆长度。20. 测试链路过长、链路阻抗异常。21. 线对之间的串扰、双向测试。22. 施工工艺不规范。23. 总和。24. 近端串扰。25. 阻抗不匹配。

第 10 章

1. 验证测试仪、认证测试仪。2. 电缆测试模式、网络测试模式、设置与测试模式。3. 查找集线器和交换机端口。4. 6 类/ISO E 级。5. 电缆 ID、已存储测试、现场校准、首选项、仪器、分析、光纤、电缆类型。6. 仪器。7. 首选项、用户的名称、公司名称、承包商。8. 首选项、自动测试首选项。9. 永久链路适配器、通道链路适配器。10. 3 次。11. 已存储测试、USB。12. 已存储测试、恢复全部已删除作业。13.（略）14.（略）15.（略）16. 等级 1 是指对光纤只进行衰减和长度测试、等级 2 是指除了衰减及长度测试外还可以进行 OTDR 断点测试。17. 测试技术分为 4 种类型，即连通性测试、衰减和损耗测试、收发功率测试、反射损耗测试。18. 测试内容包括耦合器、光纤接线盘、尾纤、布线光缆、光纤跳线等。19. 测试步骤包括选择测试光缆链路类型、测试仪现场校验、对光纤链路进行自动测试、测试结果保存。20. 波峰表示事件，即发生连接或故障的点，可能是耦合点或熔接点等。

第 11 章

1. 单行报表、简短报表或详细报表。2. 测试数据的导入、相关测试记录的查看，包括详细信息、测试报告的导出、测试报告分析。3.（略）

第 12 章

1. 包括通道分析、网络发现、问题检测、一体化无线有线检测、多用户配置仪表盘、以应用为中心的分析、全线速吞吐量测试等。2. 基础架构概要仪表盘、基础架构健康仪表盘、本地连通性能仪表盘和流量分析仪表盘等。3. 基本架构概要仪表盘包括连通性概要、问题简介、网络和设备、网络服务健康；基础架构健康仪表盘包括网络与设备、网络服务健康、交换机健康和路由器健康；本地连通性能仪表盘包括网络接口、最近的交换机监视、缺省路由器监视和 Internet 网页测试；流量分析仪表盘包括流量最高会话、流量最高主机、流量最高协议和本地利用率等。4. 主动测试模式和被动测试模式。

参 考 文 献

[1] 刘彦舫，褚建立．网络综合布线实用技术［M］．北京：清华出版社，2010.

[2] 王公儒．综合布线工程实用技术［M］．北京：中国铁道出版社，2011.

[3] 郝文化，董茜．网络综合布线设计与案例［M］．北京：电子工业出版社，2005.

[4] 余明辉．综合布线系统的设计施工测试验收与维护［M］．北京：人民邮电出版社，2010.

[5] 梁裕．网络综合布线设计与施工技术［M］．北京：电子工业出版社，2011.

[6] 元烹，张宜，元晨，等．综合布线［M］．北京：赛迪电子出版社，2004.

[7] 王勇．网络综合布线与组网工程［M］．北京：科学出版社，2011.

[8] 魏楚元．综合布线设计与施工［M］．北京：机械工业出版社，2013.

[9] 曹庆华．网络测试与故障诊断实验教程［M］．北京：清华出版社，2006.

[10] [美] CHRIS CLARK．网络布线实用大全［M］．北京：清华出版社，2003.

[11] 黎连业．网络综合布线系统与施工技术［M］．北京：机械工业出版社，2002.

[12] [美] Cisco Systems 公司．语音与数据布线基础［M］．北京：人民邮电出版社，2005.

[13] 吴达金．智能化建筑(小区)综合布线系统［M］．北京：人民邮电出版社，2000.

[14] 宋建锋．综合布线工程实用设计施工手册［M］．北京：中国建筑工业出版社，2000.

[15] 江云霞．综合布线实用教程［M］．北京：国防工业出版社，2003.

[16] 宋建锋．综合布线工程实用设计施工手册［M］．北京：中国建筑工业出版社，2000.

[17] 张宜．数据中心综合布线系统应用技术［M］．北京：电子工业出版社，2016.